目 录 Contents

工学结合优秀案例

鑫远·湘府华城二期·景观设计
LANDSCAPE DESIGN OF HUNAN CHANGSHA CENTER MANSION

U0281797

设计说明　Design explanation

鑫远　湘府华城二期园林绿化景观设计方案说明

湖南鑫远投资集团湘府华城位于长沙市南城CBD与CBD重叠区，天心生态新城轴心，长株潭两型社会的核心腹地，芙蓉南路与友谊路的交汇处，地铁一号线南城第一个站口，与省政府隔路相望。不仅交通便捷，同时还共享鑫远集团开发的涵温泉星级酒店、高档写字楼、高档复合广场、高档住宅、精品公寓等多业态大盘配套服务的资源优势。

湘府华城的周边周边豪装修配套设施完善。住区被湘府文化公园、石冲公园等数个公园环绕，三馆一中心就近在咫尺，让自然的美景成为建城的延伸。项目周边环绕着幼儿园、青园小学、明德中学、中南林业科技大学、中南大学等着健捷。住区多个商圈毗邻。全屋教育非常便捷。200 m风情商业街、星级会所、精品屋等，齐全的配套设施将为居民提供健康、休闲、舒适的高尚生活。

更有20万 m²新城市广场，舒适的高尚生活。

湘府华城一期已建成优美的花园环境。本项目设计为湘府华城二期的园林景观工程，旨在与一期项目有机结合，与周边的花园相协调，将现代国际景观风格相协调，将现代国际景观设计理念与湘湘文化相结合，高性价比打造住区的人性化特色，践行和谐社区，和谐社区的时代的精神内涵。

1 项目概况

鑫远湘府华城二期，总用地面积为15 415.24 m²。用地呈梯形状，东西宽约145 m，南北长约168 m，北邻韶洲路，东向为规划道路，南邻王家冲路，西邻正塘路。建筑工程由4栋27层的住宅、商业门面和一个两层地下室组成，建筑占地约4 207 m²，景观设计面积约13 250 m²。园林景观工程总投资约350万元。

景观设计范围为：用红线范围内除建筑、市政车行道以外的所有园绿地，广场和道路硬地铺装、水景工程、架空层景观工程。

景观设计内容包括：由4栋板式高层德式大宅围合的中心花园、住宅外围的绿地、道路、硬地铺装、围墙、大门，架空层小型景观工程以及各种环境小品附属设施等。

2 设计依据

2.1 湖南鑫远投资集团《湘府华城二期项目景观方案设计招标任务书》

2.2 国家相关的相关设计规范

2.3 湖南长沙水文、地质、气候及人文特征等相关资料

2.4 湘府华城项目售楼书、图片资料、现场调研等资料

3 设计指导思想

3.1 合理定位，满足现代住区生活需求——以生活需求——以先进理念的设计理念，结合湘府华城项目的实际情况，因地制宜，因时而宜，以对时尚而高性价比的住区花园环境的营造，来实现科学合理的目标定位，将花园内部和外部有机结合、扬长避短、统筹兼顾，打造面向现代时尚生活和传承地域文脉的大宅景观环境。"宜人家园，诗化栖居"，追求住区景观个性创造，实现"简约舒适"与"传统神韵"的交融。

3.2 整体协调，重构现代景观价值——住区花园空间、功能、风格与总体规划一致，在商约德式大板住宅设计风格的基础上，植入长沙地域文化内涵，做到洋中用、古为今用，不局限于表面的欧陆风，不束缚于一时的卖点置场；经过精细化设计，将自然景观与人文景观有机共生、协调统一。

3.3 挖掘内涵，彰显地域文化特色——对于当代住区景观环境的营造，绝非是简单的园林绿化植物、道路硬地铺装，环境小品点缀，而是要在仔细研究居民行为活动的模式的基础上进行科学合理的功能分区，空间营造和文化价值解构；本方案除了强调实用经济的美观外，更刻意强调了湖南地域文化的内涵，旨在打造"世外桃源"的风景意境并赋予鲜明的个性特色。

3.4 以人为本，有效提升景观品质——合理利用园环境，塑造出丘丘，草坪、绿林等自然景观，以及亭廊花架，景墙步道，雕塑小品等人文景观，实现了现代住区环境的舒适性、通达性、均好性、生态性、艺术性的深度融合，让优美的花园环境为培育后代，服务老人青壮主休闲娱乐、陶冶情操创造良好的条件。

4 景观设计原则

4.1 整体性与协调性原则——景观环境规划与住宅，商铺建筑有机结合，整体把握硬质、软质景观在空间，功能，风格等方面的内在统一；注意各种尺度的相互协调，力求人与自然和谐共生，园建筑与花园环境相得益彰。

4.2 合理性与科学性原则——景观分区结构层次划分应遵循分流道的交通疏散，消防急救应范，注重儿童保护、老年人交往，残疾人无障碍通行等功能保障及合理性设计；对地下车库之上的大平台做整体花园设计所面临的楼板结构、综合管线、植物种植、排水、防水等一系列问题，进行科学合理的分析研究，给出切实可行的规划方案。

4.3 经济性与可持续性原则——景观设计不单纯解决视觉形象问题，还要联动功能实用等问题，力求具备经济可行性。

设计说明 Design explanation

的价值分析，以及植物养护、水体维护部分的经济价值分析，科学选定技术方案，合理选择建筑材料，优化绿地、水景、灯饰、树种等配置，注重经济效益与居住效益并举，保证高性价比的环境日久弥新。

4.4 安全性与归属原则——住区景观中要特别注重业主对"安全"、"安静"、"家园感"、"归属感"。在这样的住区里人们缺少美的"花园感"，"安心"的住区景观可以造能回归自然、回归原始、回归人性能的本真。

4.5 文化性与艺术性原则——作为长沙的新型楼盘，挖掘与展现现代住区花园的文化内涵十分重要。地域文化不应被外来欧陆风文化全部占据或喧夺重要。地域文化与艺术审美的交融，从而在景观环境塑造上注入"文脉""人情味"的个性特色。

5 设计立意与设计目标

5.1 设计立意

"宜人家园，诗化栖居"——追求住区景观个性创造，实现"简约舒适"与"传统神韵"的交融。

本方案设计立意源于两点：一是基于德式建筑风格，以几何线，形、体线式的穿插对比，表现出严谨的空间关系，造型简约、大气、打造出现代、轻松、开放、闲逸的户外生活情趣。二是利用现代四栋高层住宅围合成一个宽敞的梯形花园，使之具合一个富有地域文化大宅空间的理想条件：创建"内聚式邻里空间"大宅文化主题，打造富有景观文脉和谐都市邻里关系，将有限的绿化空间与自然亲切的景观天地相结合，营造高性价比的现代展示时尚的民俗风情人同情。

景观文脉上吸收"湖湘文化"的传统内涵，植入长沙人所熟悉的文化片段——"桃源小溪"，以时尚现代的手法，演绎传统人文景观的是居景观效准。正如胸渊明在《桃花源记》中描写的人间仙景：宁静致远，忽逢桃花，忘路之远近，便得一山，山有良田美池桑竹之属，阡陌交通，鸡犬相闻……"中无杂树，芳草鲜美，落英缤纷……林之水源……"

5.2 设计目标

5.2.1 利用优越的地理位置，延续鑫远·湘府华城一期的成功模式，力求风格的统一、和谐，并有所提升，打造高性价比的住区景观，使之成为本开发项目的亮点和卖点。

5.2.2 以人为本，建立适当合理，层次分明的公共、半公共、半私密及私密空间，满足不同年龄段居民的需求。通过景观与建筑的和谐设计，打造一个亲切化、生活化、人性化的环境，呈现和谐大宅家园理念的现代宜居花园社区。

5.2.3 创建"内聚式邻里空间"这一大宅主题，提供多层次的林林、娱乐机遇，促进邻里情感交往，找回都市所所遗失的街坊邻里情感，构建鲜明的社区形象，创造强有力的场所认同感和社区归属感。

5.2.4 精心打造简洁、有趣的现代景观特质，融合传统文脉，营造富有现代文化情节的景观小溪——"桃源小溪"，植入长沙人所熟悉的传统人文景观内涵。

5.2.5 扬长避短，巧妙利用建筑空间，架空层、通气口、车库结构等既有条件，演绎传统景观设计。

5.2.6 建立科学合理的交通系统，动线与静线，满足消防功能。

6 景观环境空间脉络与结构布局

6.1 "一环""两线""五片"的空间脉络结构：基于现状条件与湘府华城总体规划的布局要求，本方将湘府华城二期园林景观环境精简抽象为"一环""两线""五片"的空间脉络结构。

"一环"是指围合中心花园的内环状道路，是连接东西两块区域景观分区的主干道，并具有消防功能。东西向景观轴线随着地形的变化，演奏着动静相宜、开合有致的景观序列，传承了我国古典园林"小中见大"的神韵。

"两线"是指南北人流动线的主干道，并具有消防功能。

"五片"是指东环内中心花园分为5个功能区，即入口广场（又名湖湘澄碧广场）、儿童活动区、健身区、老人活动区、邻里茶话区。

此外中心区域外的五块主景前绿化，分别以灵活的现代手法演绎了"福""禄""寿""喜""财"主题立意，增强了各自门称的可识别性，又体现了"五福临门"的传统大宅文化内涵。

设计说明 Design explanation

6.2 "点""线""面""体"相宜相长的有机结合：将"点""线""面""体"相互相结合的逻辑、肌理特征，合理组织交通轴线、景观轴线，突出住区空间环境的空外场标。其中，"亲地"推出的是适合小区集休休闲、交流、健身等活动的室外场所；"亲水"空间"推出的是溪流、瀑布、喷泉、水面景观、观水、戏水的场所；"亲绿"空间"推出的是草坪、坡地、花前树下，充分利用各种绿地来构造充满活力和自然性情润的绿色环境。

7 主要景点规划设计

根据各功能分区的特点与用地条件，依据人流走向、活动规律、突出简约现代的景观风格和小区域精细的湖湘文化底蕴，为创造出现实中的"世外桃源"之意境，设计了8个主要景点：

"桃源鸣翠"（观景亭）——位于花园西部土丘绿坡平台之上，平面为正方形，屋顶为四坡顶尖顶木结构形式。亭内布置木息座椅，为居民提供逍遥阴纳凉。地处桃花溪的最高点，是中心花园水景的最高点，以"桃源亭"命名，在景观上具有画龙点睛之作用。

"桃花溪涧"（桃花溪）——一条玉带般的溪流从绿树丛中，山石之间缓缓流来。由西向东汇入中心广场湖水中，人工造化出天然灵动的境界。这里花香溢谷、鸟鸣蝶舞，尽享有独处幽静的诗情。

"清泉石上流"（假山）——在溪涌靠近中心水面的地带巧妙设置一座小型假山，形成夹景。隐约可见柳岸花明、荷箬虚烟、别具武陵山色之意境。从此透视、隐约可见洞穴、别具武陵山色之意境。隐喻《桃花源记》的洞穴。

"落英缤纷"（植物造景）——在花园西区自然起伏坡状绿地上种植竹叶兰、毛杜鹃、斑叶兰、鸡蛋花、散尾葵等植物，把握好叶相、花色的四季搭配，营造出花香鸟语、落英缤纷的优雅环境。

"湖湘澄景"（中心水景）——中心区域是全园的核心地带，南北两条主轴线的交汇处，以水景、实木步道、平台驳岸、流水景色。这里风邀荷葉、绿树姿态、水如明镜、游鱼清晰可数，别具湖隐喻手法打造出一片湖光景色。同时也含蓄地反映出武陵桃仙境、湘女多情的艺术魅力。

"潇湘琴韵"（木息园廊）——在花园东区绿地中心处设计一座曲线园廊，为居民提供了木息、交流的优美环境。造型设计上强调自由、曲线、石材、景墙，与顶部钢结构玻璃顶产生对比效果；景墙开有一组有序排列的洞口（景窗），以竹类植物、旅人蕉、鱼尾葵等植物为背景，园廊景观也为花园增添了几分音乐等韵。

"修竹叠影"（园路植物）——在花园东南区坡地区域种植一片竹林，一米宽的健身步道穿行其中，同或堆置几块木凳石座，在此静听竹声、风声、人与自然对话，却也富有独处幽静的诗情。

"白沙乐园"（儿童游戏园）——在花园东北区开阔绿地上规划了一块儿童乐园，灵活置滑梯、秋千、沙池、跷跷板等游乐设施，创造出一片安全可靠并能开启儿童智慧的理想乐园。

8 竖向设计

由于建筑布局于四周，中心区域地面下均作为停车场。因此，中心花园的所有设施均在结构楼板层上做文章。楼板面层设计标高在87.20 m到88.40 m，住宅外围场地、绿地标高在86.00 m到88.00 m，随周边街道地形调整，做好小区内道跨与城市市政道路的合理衔接。

中心花园方案设计，考虑到占地面积相对较小，前后排住宅之间距比较小的局限性，小特意将"一环"中心花园绿地局部设计成微变起伏状，增加坡地（0.5~1.5 m），小山岗（2 m 左右），并利用植物进行空间划分，造景处理、体现有低起伏关系、明暗对比关系以及藏露关系，增加景物层次和视觉进深关系，达到小中见大，步移景异的效果。同时，由于建筑方案不是平面化的景观处理，而是高低错落，开合有度，相对扩大了花园的尺度，也增加了含蓄性和内涵魅力，为达到桃源景境的效果作了多种技术木素和精心设计。

方案在竖向设计中准标明了中心花园各个分区场地的标高关系，水景设计的最高水面标高和建筑物基础的底面顶面标高，广场地面铺装完成面标高、特别是种植土部分，设计方案中有局部的起伏变化，如垒丘，如生坡、坡地、水景等，均考虑了楼板荷载和均匀的水要求。

9 植物景观设计

本方案植物配植设计品种多样，高低层次丰富，并注重植物的特性和文化意蕴。兼顾植物的色、香、神，形之美。几个景区注重植物色彩变化与合理搭配，从林窗、游园小径、疏林草地到缓坡草坪，力求从地理气候、植物生态特性上更深层次地体现观视觉艺术形象。明暗，动静的对比，在自然中创造出具有生命活力的多元化，多形态绿色空间。景区植物配置利群体布置，突出湖南园林在植物鉴赏中的优秀精植，形成疏密。同时根据甲方力的的管线综合图，充分考虑到地下管线及管线对绿化植物的影响，进行了科学合理的设计。

本方案植物种类以长沙当地乡土植物为主，强调地域的特色，提高景观的生命力。降低后期使用维护成本。在配植上，以常绿乔灌木为基调，常绿与落叶种类的苗木比例达到1:1，并有机结合色彩，春色，秋色等不同季节花植物。

中心水景绿化以银杏为主，香樟、杜英、红枫、樱花、碧桃等特色树种为主，结合四季桂、杜鹃、金丝桃等灌木，云南黄馨、垂柳、营造出绿树成荫，依云傍山的优美意境。

花园绿地植物配植充分考虑了四季的相变化：春季桃樱芳菲，夏季绿树成荫，秋季有银杏的金黄，冬季有梅花的芬芳。

10 景观工程造价估算

用地类型	单　位	数　量	综合单价/元	合价/万元
绿化用地	m²	5 693		
道路用地	m²	3 673		
水体	m²	286		
硬质铺装	m²	3 685		
景观小品	大门1个、廊1个、桥2座、亭1座、水景器材1套、花坛1个、岗亭2个、儿童、景墙1座、雕塑1座、音响、喷灌系统、室外家具等			
水、电、照明	m²	13 084		
不可预算费用（6%）				
总费用/元				
单位面积绿化费用/（元·m⁻²）				

结束语

经过公司领导和专家的科学决策，经过设计师的合理规划，经过建设者的辛勤劳动，相信在不久的将来，鑫远·湘府华城二期必将成为一个馨温馨，文化、艺术、生态于一体、独具景观魅力及高性价比的现代都市住区绿洲，成为广大业主理想中的"宜人家园，诗化栖居"。

基地位置 The site

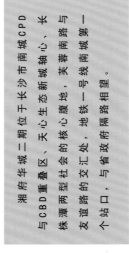

湘府华城二期位于长沙市南城CPD与CBD重叠区，天心生态新城轴心。长株潭两型社会的核心腹地，芙蓉南路与友谊路的交汇处，地铁一号线南城第一个站口，与省政府隔路相望。

现场分析 Site circumstance

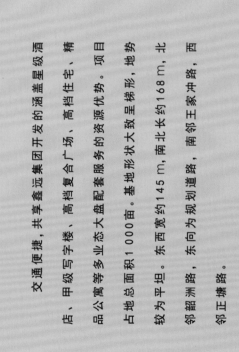

交通便捷，共享鑫远集团开发的涵盖星级酒店、甲级写字楼、高档复合广场、高档住宅、精品公寓等多业态大盘配套服务的资源优势。项目占地总面积1000亩。基地形状大致呈梯形，地势较为平坦。东西宽约145 m，南北长约168 m，北邻韶洲路，东向为规划道路，南邻王家冲路，西邻正塘路。

鑫远·湘府华城二期·景观设计 LANDSCAPE DESIGN OF HUNAN CHANGSHA CENTER MANSION

有利机遇与不利因素 Opportunities and constraints

有利机遇

1. 住区优越的地理位置，周边生活社区配套设施及开放的户外空间为基地创造高品位现代生活社区提供了有力支持。

2. 延续鑫远·湘府华城一期的成功模式，风格整合协调并有所提升，为居民享受大量"户外起居室"提供了有利机遇。

3. 规划中的德式简约大气的建筑风格，与基地所处湘湘文化的特质，为形成独特文化的景观主题和纹理提供了潜在机遇。

4. "宜人家园，诗化栖居"的设计理念，将成为本基地开发的优势与卖点，规划设计人车分流，为景观的营造提供更佳的支持。

不利因素

1. 基地面积小、建筑容积率高，人口密度大，人均绿地少。

2. 因大部分户外空间基本设置于地下车库顶板上，对景观施工中的大乔木种植造成制约，需要通过设计加以解决。

3. 中心花园地势平坦，空间单调，不利于营造丰富的场所感，以满足各层次人群的诸多活动需求。

设计创意之源

开发理念：人性化的宜居住社区——注重日常需求，营造实用、人性化的现代居住社区；

建筑规划：德国理性主义建筑——讲求对功能的理性分析，设计逻辑严谨，注重实效；

空间场所：现代街坊、都市邻里——创造更多宜人尺度，便于交流，满足不同需求的场所，寻回遗失的街坊邻里情感；

景观文脉：湖湘文化、长沙文化——植入长沙人所熟悉的文化片段，以特有的现代手法，讲述人文景观内涵。

设计立意与设计目标 Design philosophy

设计立意

"宜人家园，诗化栖居"——追求住区景观个性创造，实现"简约舒适"与"传统神韵"的交融。

本方案设计立意源于两点：一是基于德式建筑风格，形、体块的穿插对比，表现出严谨的空间关系，造型简约、大气，打造出现代、以几何线、闲逸的户外生活情趣。二是利用四栋高层住宅围合成一个宽敞的梯形花园，使之具备了一个当有地域文化大宅空间的理想条件；创建"内聚式邻里空间"大宅文化主题，打造有景观文脉的和谐都市邻里关系，展示市价比的现代城市环境的绿洲。

营造高性价比的现代城市环境的绿洲。

景观文脉上吸收"湘湘文化"的传统内涵，植入长沙人所熟悉的文化片段——"桃源小溪"，以时尚现代的手法、演绎传统人文景观追求的景观优雅宁静致远，业主讲究的是逸感及归属感。正如陶渊明在《桃花源记》中描绘的人间仙境、忽逢桃花林，夹岸数百步，中无杂树，芳草鲜美，落英缤纷……林汀水源，便得一山，山有良田美池桑竹之属，阡陌交通，鸡犬相闻……"

设计目标

利用优越的地理位置，延续鑫远一期的成功模式，力求风格的统一、和谐，并有所提升，打造高性价比的住区景观，使之成为本开发项目的亮点和卖点。

以人为本，建立恰当合理、层次分明的公共、半公共、半私密及私密空间，满足不同年龄段居民的需求。通过景观与建筑的和谐设计，打造一个亲切化、生活化、人性化的环境，呈现和谐大宅家园理念的现代化居住花园社区。

创建"内聚式邻里空间"这一大宅主题，提供多层次的休闲、娱乐机遇，创造强有力的社区形象，促进邻里交往，呈现都市所所遗失的街坊情感，构建鲜明的社区归属感和社区归属感。

精心打造简洁、有趣的现代景观特质，融合传统文化演绎传统人文景观内涵。

观体验，植入长沙人所熟悉的文化片段——"桃源小溪"，以时尚、现代的手法。

建立科学合理的交通系统，满足消防功能，扬长避短，巧妙利用建筑空间、架空层、通气口、车库结构等既有条件，达到最佳景观效果，动线分隔与静线分隔人行功能。

总平面 Master plan

工学结合优秀案例一

鑫远·湘府华城二期·景观设计
LANDSCAPE DESIGN OF HUNAN CHANGSHA CENTER MANSION

1 主入口广场
2 小区大门
3 小区广场
4 中心步道
5 "湘湘澄碧" 水景
6 碧玻瀑布
7 树阵广场
8 雕塑广场
9 "桃源" 特色雕塑
10 "潇湘琴韵" 景廊
11 白沙乐园
12 "修竹叠影" 步道
13 健身广场
14 桃源亭
15 桃花水台
16 听水台
17 夹岸桃花
18 落英缤纷
19 情凤廊
20 谈妙苑
21 人行次入口
22 车行入口1
23 车行入口2
24 蝶舞苑
25 承露台
26 松鹤台
27 竹韵苑
28 金蟾苑

设计单位：深圳万信达环境绿化建设有限公司

0 5 m   15 m   30 m

工学结合优秀案例一

设计立意——

"宜人家园，诗化栖居"，住区景观个性创造，追求"简约舒适"与"传统神韵"的交融。

景观空间脉络结构——"一环""两线""五片"。

"一环"——指围合中心花园的内环状道路，是连接各功能分区的主干道，并具有消防功能。

"两线"——南北轴线与东西景观轴线，体现出直线与曲明与隐的景观的变化，东西向景观轴随着地形特色；南北向景观轴相接，演绎着动静相宜、开合有致的景观序列，传承了我国古典园林"小中见大"的神韵。

"五片"——体现住区景观5个功能，即入口广场、儿童活动区、健身区、老人活动区、邻里茶话区。

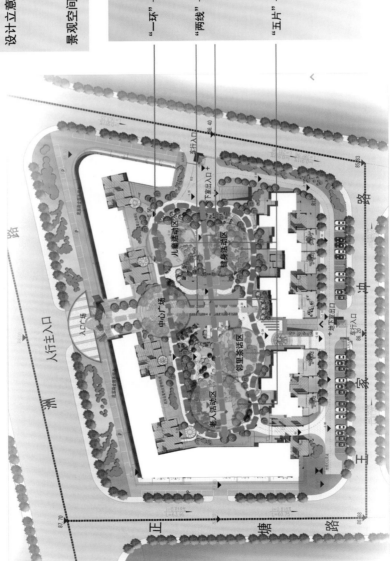

流线分析 Landscape concept analysis

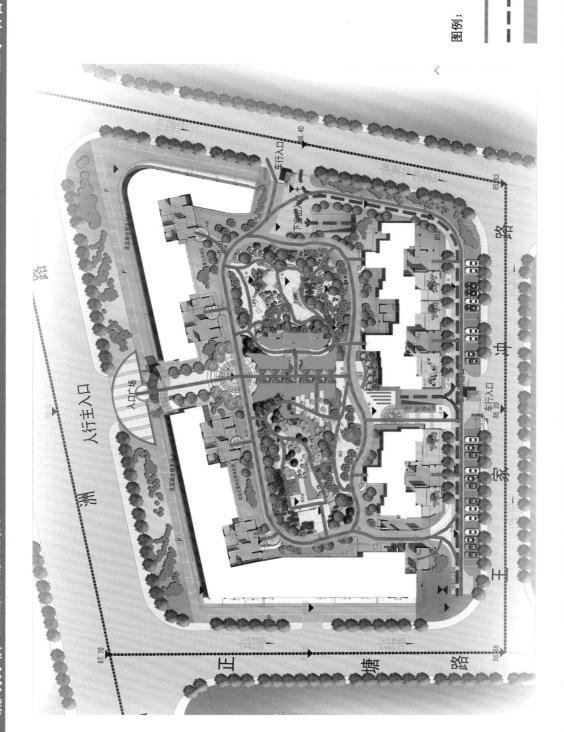

图例：

园区人行道

园区车行道

隐形消防车道

竖向设计 Levels plan

竖向设计说明

因庭园占地面积相对较小，前后排住宅间距也偏小，特意将"一环"中心花园绿地局部设计成微型起伏状。增加坡地（0.5～1.5 m），小山岗（2 m左右），并利用植物进行空间划分，造景处理。体现高低对比关系、明暗对比关系以及藏露关系。增加景物层次和进深关系。达到小中见大、步移景异的效果。同时，由于本方案不是平面化的景观处理，有高有低，开合有度，相对扩大了花园的尺度，也增加了含蓄性和内涵魅力，为达到桃源意境的效果作了多种技术探索和精心设计。

庭园东部地形A-A剖面

LANDSCAPE DESIGN OF HUNAN CHANGSHA CENTER MANSION

鑫远·湘府华城二期·景观设计

鑫远·湘府华城二期·景观设计
LANDSCAPE DESIGN OF HUNAN CHANGSHA CENTER MANSION

主要景点设计 Landscape character precinces

工学结合优秀案例一

桃源鸣翠

武陵洞天

湖湘澄碧

修竹叠影

白沙乐园

潇湘琴韵

落英缤纷

桃花溪涧

鑫远 · 湘府华城二期 · 景观设计
LANDSCAPE DESIGN OF HUNAN CHANGSHA CENTER MANSION

主要景点设计 Landscape character precinces

潇湘琴韵——景观廊设计

主要景点设计　Landscape character precinces

工学结合优秀案例一

设计意向

特色水景——桃 花 溪

—— 一条玉带散的溪流从绿树丛中、山石之间缓缓流来，由西向东汇入中心广场的主景湖水中，人工造化出天然灵动的境界，尽享"清泉石上流"的山水意境。这里花香溢谷，鸟鸣蝶舞。

工学结合优秀案例一

花架效果图

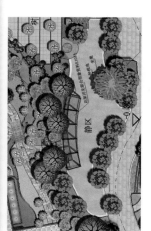

静区

花架平面图

外围及架空层绿化 Landscape character percincts

VIEWING TO SKY-GARDEN FROM ELEVATED
从架空层眺望天空中花园

ELEV ATED FLOOR
住宅架空层

WALL ROUGHENED GRANITE
烧毛石铺装墙面

SHRUB PLANTING AND FLOWER BARRIERS
灌木花带混合种植

LEISURE FACILITIES
休闲设施

PAVING GROUND
铺装的地面

LEISURE SEATING
休闲座椅

ELEV ATED FLOOR
住宅架空层

SHRUB PLANTING AND
FLOWER BARRIERS
灌木花带混合种植

PART PAVING
局部硬地的铺装

桃源亭设计 Landscape character percincts

Landscape character percincts

桃园亭效果图

岗亭 Landscape character percincts

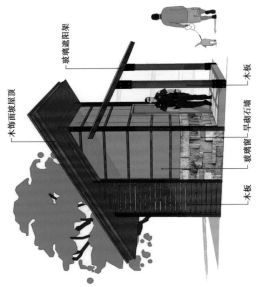

木饰面坡屋顶
玻璃遮阳架
木板
旱砌石墙
玻璃窗
木板

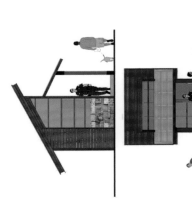

岗亭方案设计

入口效果

工学结合优秀案例一

鑫远・湘府华城二期・景观设计
LANDSCAPE DESIGN OF HUNAN CHANGSHA CENTER MANSION

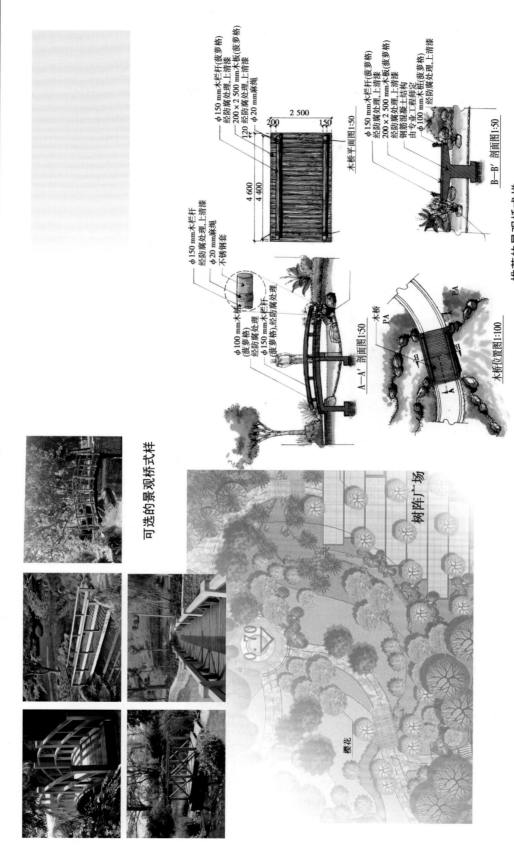

φ150 mm木栏杆(菠萝格)
经防腐处理,上清漆
200×2 500 mm木板(菠萝格)
经防腐处理,上清漆
φ20 mm麻绳

木桥平面图1:50

φ150 mm木栏杆(菠萝格)
经防腐处理,上清漆
200×2 500 mm木板(菠萝格)
经防腐处理,上清漆
φ100 mm木桩经防腐处理,上清漆
钢筋混凝土结构
由专业工程师定

B—B' 剖面图1:50

推荐的景观桥式样

φ150 mm木栏杆
φ20 mm麻绳
不锈钢套

φ100 mm木桥
(菠萝格)经防腐处理
φ150 mm木栏杆
(菠萝格)经防腐处理,经防腐处理

A—A' 剖面图1:50

木桥
PA

木桥位置图1:100

可选的景观桥式样

树阵广场

樱花

0.70

儿童游戏区 Landscape elements

公共设施
儿童游戏

在花园东北区开阔绿地上规划一块儿童乐园，形成集中摆放，满足不同年龄段儿童要求，并与景观空间配合创造出不同主题空间活动的理想乐园。

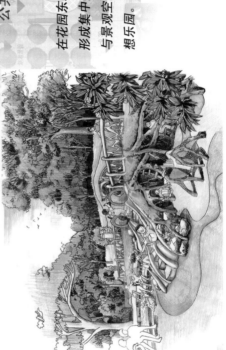

工学结合优秀案例一

材质设计　Landscape elements

采用当地材料，利用其鲜明的材料质感和色彩。

硬景观的图案纹理与规划中的建筑形态遥相呼应，采用恰到好处的材性价比因素，采用经济实用美观的材质。

采用地方石料和木料，并与周边的环境相融合，形成本开发特有的景观特征性与独一无二的标志性象征。

主材：石、木、钢、绿色植物。

主色调：混合暖色系、黑、白、灰。

鑫远·湘府华城二期·景观设计　LANDSCAPE DESIGN OF HUNAN CHANGSHA CENTER MANSION

材质设计　Landscape elements

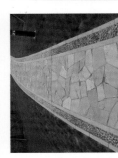

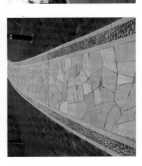

工学结合优秀案例一

铺装设计　Landscape elements

园路铺装

天然石材铺地及透水砖

停车场铺装

- 采用当地材料，利用其鲜明的材料质感和色彩。
- 硬景观的图案纹理与规划中的建筑形态遥相呼应。
- 采用地方石材和木料。并与周边的环境相融合，形成本开发持有的精光与独一无二的标志性象征。
- 主材：石，木，钢，绿色植物。
- 主色调：混合暖色系，黑，白，灰。

工学结合优秀案例一

灯具 指示牌 Landscape elements

各类灯具造型

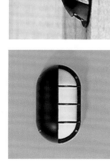

高杆灯

低杆步道灯

各类指示牌

花池

花池 Landscape elements

1600
1200
400

特色花池平面图

特色花池剖面面/立面图

告示牌 音响 Monomer building design

音响

各式告示牌

无障碍设施

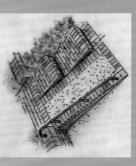

植物配置设计 Plant design

● 本方案植物种类以长沙当地乡土植物为主，强调地域特色，提高景观的生命力，降低后期使用维护成本。在配植上，以常绿乔灌木为基调，常绿与落叶的苗木比例达到1:1，并有机结合常色、春色、秋色叶种类及不同季节观花植物。

● 中心水景绿化以银杏、垂柳、香樟、杜英、红枫、樱花、碧桃等特色树种为主。结合四季桂、杜鹃、云南黄馨、金丝桃等灌木，营造出绿树成荫、依云傍山的优美意境。

● 花园绿地植物配植充分考虑了四季的季相变化：春季植樱芳菲，夏季绿树成荫，秋季有银杏的金黄、冬季有梅花的芬芳。

植物种植设计图

鑫远·湘府华城二期·景观设计
LANDSCAPE DESIGN OF HUNAN CHANGSHA CENTER MANSION

植物配置设计 Plant design

工学结合优秀案例二

2020 风景园林设计毕业设计

绿舟

中山公园老人活动区景观提升设计

社会背景 Social Background

我国从1999年开始进入老龄化社会行列
我国人口老龄化呈现六大特点
1. **老年人口基数大** 60岁以上的老年人 1.78亿，占总人口的 13.26%
2. **老年人口增加快** 2014年我国老年人口规模过 2亿，2025年将达 3亿，2042年老年人口比例将超过 30%
3. **困难老人数量多** 2010年城乡空巢家庭，接近50% 失能半失能老年人 3300多万
4. **老龄化先于工业化**
5. **老龄化与家庭小型化相伴随**
6. **老年抚养比快速攀升**
老年抚养比（每百名劳动年龄人口负担的老年人的比例） 2010年为19%，约1：5 预测2020年约1：3 2030年约1：2.5

随着我国老龄化进程加快，老年人户外环境建设亟待提高，但老年人户外环境设计目前仅有一些零散的设计资料，不能满足规划建设的需要。

因此全方位探索现代老年人户外环境设计具有重要的现实意义和紧迫性

区位分析 District Analysis

项目坐落于广东省深圳市南山区中心地段，总占地面积 45700 ㎡。周围直径2公里环绕居民区。

活动中心基地位于深圳市南山区中山公园东南角，基地西边为名人雕像，东北方为游乐场，东南方为义工联合会和青少年活动中心，东面和南面都有中山公园大门入口和停车场。

设计总平面 Total plane

构想过程 Conception process

我们面临什么？

1. 缺乏对老年人户外环境的系统研究
2. 老年人户外环境的设计要考虑到各种阶层
3. 国内在解决问题的思路上存在趋同

我们的思考 ...

1、合理定位，满足老年人生活需求
2、整体协调，重构现代景观价值
3、挖掘内涵，彰显地域文化特色
4、以人为本，有效提升景观环境品质

设计分析图 Design analysis chart

○ 功能分区图

垂髫之乐（亲子游乐区）
言笑晏晏（运动健身区）
幻影科技（智能体验区）
曲随荡漾（古城文化区）
坐谈见青（文娱活动区）
缓缓归行（生态邂鸟）
怀旧追忆（追思活动区）
踏入红霄（老年活动入口处）

○ 景观轴线图

○ 交通流线分析

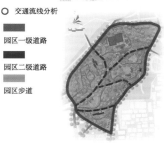

园区一级道路

园区二级道路

园区步道

灵感来源 Source of inspiration

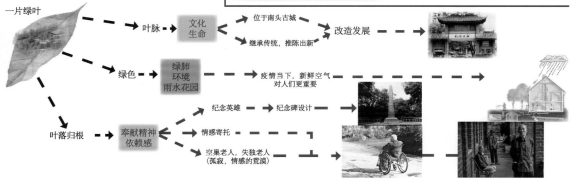

一片绿叶

叶脉 → 文化生命 → 位于南头古城 → 改造发展
继承传统，推陈出新

绿色 → 绿肺环境雨水花园 → 疫情当下，新鲜空气对人们更重要

叶落归根 → 奉献精神依赖感 → 纪念英雄 → 纪念碑设计
情感寄托
空巢老人，失独老人（孤寂，情感的荒漠）

工学结合优秀案例二

绿舟——中山公园老人活动区景观提升设计

主要景点设计 Renderings

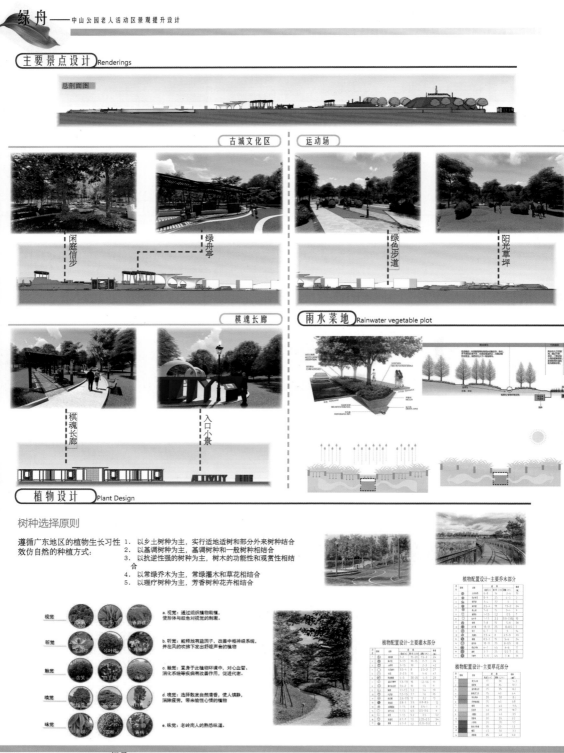

总剖面图

古城文化区   运动场

闲庭信步   绿舟亭   绿色步道   阳光草坪

棋魂长廊   雨水菜地 Rainwater vegetable plot

棋魂长廊   入口小景

植物设计 Plant Design

树种选择原则

遵循广东地区的植物生长习性
效仿自然的种植方式：

1. 以乡土树种为主，实行适地适树和部分外来树种结合
2. 以基调树种为主，基调树种和一般树种相结合
3. 以抗逆性强的树种为主，树木的功能性和观赏性相结合合
4. 以常绿乔木为主，常绿灌木和草花相结合
5. 以理疗树种为主，芳香树种花卉相结合

视觉   a.视觉：通过组织植物栽植，使形体与颜色对视觉的刺激。

听觉   b.听觉：能释放有益因子，改善中枢神经系统，并在风的吹拂下发出舒缓声音的植物

触觉   c.触觉：置身于此植物环境中，对心血管、消化系统等疾病有改善作用，促进代谢。

嗅觉   d.嗅觉：选择散发自然清香，使人镇静，消除疲劳，带来愉悦心情的植物

味觉   e.味觉：老岭南人的熟悉味道。

植物配置设计-主要乔木部分

植物配置设计-主要灌木部分

植物配置设计-主要草花部分

指导老师：周初梅
组员：
马胤玑 周芷君 李婷婷
方艺静 林玉平 钟晴 陈雨阳

"十四五"职业教育国家规划教材

"十三五"职业教育国家规划教材
"十二五"职业教育国家规划教材

园林规划设计 第5版

YUANLIN GUIHUA SHEJI

主　编　周初梅
副主编　潘冬梅　宁妍妍
主　审　唐　浪　樊　晟

重庆大学出版社

内容提要

本书是"十四五"职业教育国家规划教材,在对园林规划设计实践经验进行归纳总结的基础上,介绍了中外园林发展概况、园林绿地的效益、园林构成要素、园林规划设计基础知识、园林植物种植设计基础知识、园林规划设计实训基本技能、城市道路与广场绿地设计、居住区绿地规划、单位附属绿地规划、公园规划设计、屋顶花园设计共 11 章内容。每章后附有典型实践案例分析、研讨与练习。重点的实训章节精心选取了多个实训项目,还选登了学生设计作品及点评,并附有工学结合优秀案例等。教材编写力求体现高职教育的特点,注重图文并茂、简练直观、深入浅出,易于理解掌握。本书配有电子课件,可扫描封底二维码查看,并在电脑上进入重庆大学出版社官网下载。书中含有 41 个二维码,可扫码学习。

本书可供高等职业技术院校园林、园艺、城市规划、景观规划设计、建筑学、旅游、环境艺术、林业及相关专业教学使用,也可供园林绿化工作者和园林爱好者阅读参考。

图书在版编目(CIP)数据

园林规划设计/周初梅主编. 5 版. 重庆:
重庆大学出版社,2021.8(2023.7 重印)
高等职业教育园林类专业系列教材
ISBN 9787562492085

Ⅰ.①园… Ⅱ.①周… Ⅲ.①园林—规划—高等职业教育—教材②园林设计—高等职业教育—教材 Ⅳ.
①TU986

中国版本图书馆 CIP 数据核字(2021)第 017508 号

园林规划设计
第 5 版

主 编 周初梅
副主编 潘冬梅 宁妍妍
主 审 唐 浪 樊 晟
策划编辑:何 明

责任编辑:何 明 版式设计:莫 西 何 明
责任校对:谢 芳 责任印制:赵 晟

*

重庆大学出版社出版发行
出版人:饶帮华
社址:重庆市沙坪坝区大学城西路 21 号
邮编:401331
电话:(023)88617190 88617185(中小学)
传真:(023)88617186 88617166
网址:http://www.cqup.com.cn
邮箱:fxk@cqup.com.cn(营销中心)
全国新华书店经销
重庆长虹印务有限公司印刷

*

开本:787mm×1092mm 1/16 印张:28 字数:750千 插页:16 开16 页
2006 年 8 月第 1 版 2021 年 8 月第 5 版 2023 年 7 月第 18 次印刷
印数:44 501—54 500
ISBN 9787562492085 定价:69.00 元

编委会名单

主　任　江世宏

副主任　刘福智

编　委（按姓氏笔画为序）

卫　东	方大凤	王友国	王　强	宁妍妍
邓建平	代彦满	闫　妍	刘志然	刘　骏
刘　磊	朱明德	庄夏珍	宋　丹	吴业东
何会流	余　俊	陈力洲	陈大军	陈世昌
陈　宇	张少艾	张建林	张树宝	李　军
李　璟	李淑芹	陆柏松	肖雍琴	杨云霄
杨易昆	孟庆英	林墨飞	段明革	周初梅
周俊华	祝建华	赵静夫	赵九洲	段晓鹃
贾东坡	唐　建	唐祥宁	秦　琴	徐德秀
郭淑英	高玉艳	陶良如	黄红艳	黄　晖
彭章华	董　斌	鲁朝辉	曾端香	廖伟平
谭明权	潘冬梅			

编写人员名单

主　编　周初梅　深圳职业技术学院

副主编　潘冬梅　唐山职业技术学院

　　　　宁妍妍　甘肃林业职业技术学院

参　编　刘学军　深圳职业技术学院

　　　　程　前　深圳市希尔景观设计有限公司

　　　　叶　雪　深圳职业技术学院

　　　　刘样多　深圳市博克斯林景观规划设计有限公司

　　　　金梦媛　深圳市劳森景观设计有限公司

　　　　黄诚毅　深圳绿园景观设计有限公司

　　　　负　禄　梧州学院

　　　　胡　彧　深圳职业技术学院

　　　　肖雍琴　内江职业技术学院

　　　　杨易昆　重庆三峡职业学院

　　　　朱彬彬　河南农业职业学院

　　　　徐　晶　重庆城市管理职业学院

　　　　魏绪英　江西财经大学

主　审　唐　浪　清华大学

　　　　樊　晟　四川省城乡规划设计研究院

第5版前言

"园林规划设计"是高职高专院校园林类学科的一门重要的专业主干课程,自2006年第一版初版以来,受到高职院校师生的好评。后来我们对教材进行了全面系统的修订,第3版被评为"十二五"职业教育国家规划教材,第4版被评为"十三五"职业教育国家规划教材,第5版被评为"十四五"职业教育国家规划教材。经过多年教学实践使用,在出版社和使用者的肯定和建议下,我们现在又对教材进行了修订。本次修订,在继承前四版高职特色的思路上,进一步加强了校企联合开发教材,提升了教材信息化水平,新增了41个二维码;注重理论联系实际,在兼顾知识的系统性、科学性和实效性的基础上,突出职业岗位群所需的技能和能力及相关课程间知识结构衔接关系,密切联系生产、生活实际。结合当前市场的需求,重点补充了本学科最新发展动态和案例等。针对实训技能特点还结合市场需求与课堂教学经验,修订了工学结合案例,新增了类型,丰富了企业实践项目,使读者对园林规划设计岗位的实际的整个过程有一个较全面系统的了解,加深对所学知识的综合理解,力求使教材内容更加贴近市场的需求,更加方便教学和学生的自主性学习。

为提升教材信息化水平,加强专业配套资源更新,全书共新增了41个二维码;学生可随时重点学习对自己更有帮助或启发的那部分内容,针对性更强,能够降低搜索查询的时间成本,提高学习效率;可体验到丰富生动的图文及视听多媒体教学;而且可让学生切身感受到来自各高校和企业老师的特色微课教学,使教学中的重难点更好地得到解释和突破;同时可观摩学习优秀的学生作品,满足不同层次、不同学时的使用需求,有利于激发学生学习兴趣。新增的二维码既实现了教材内容的拓展,也为学生提供增值教学服务。

加强与优秀企业联合开发教材,以类型丰富真实的优秀实践项目、典型工作任务等为载体,体现产业发展的新技术、新工艺、新规范、新标准,鼓励学生深入学习了解企业的项目运作程序与要求;在实训中精选多个典型案例,新增了20个二维码,全程展示项目实例的背景地域、前期分析、设计思路、灵感来源、过程实施和完整的落地实景,并全视角介绍项目的各个节点以及功能和为人们带来的生活改变,呈现美化环境空间的实况全过程;同时含全维角度小视频,表达项目的全局与细节,带领学生直观生动地走进实践项目,领略园林景观设计之美;图文并茂的展示方案分析及建设情况,让教材"立体化",可随时让学生身临其境地观摩学习优秀实践案例,加强学生对行业市场需求的深入了解;为职业教学带来生动的实况操作展示,可引导学生从理论走向实际,全面了解和学习景观设计的服务全程,为未来实际工作打好基础。

第五版教材修订的宗旨是:贯彻高等职业教育的科学性、先进性、针对性、实用性和可操作性的原则。在修订教材建设目标上明确了"动态建设、立体开发"的原则,密切关注园林规划设计的发展,及时在教学中吸收新方法、新工艺、新规范、新标准等,体现"新"和"精";重视技能培养,将陈述性理论知识穿插于技能训练之中,实现课程内容综合化,探究了"学做一体"教材建设的新方法和新思路;在理论上坚持"必需、够用"的原则,突出教材的适用性、应用性;教材内容深入浅出,富有启发性,多用图表及小视频等形式直观形象地表达内容,广泛吸纳编写人员在教学实践中积累的经验和最新的研究成果,内容简洁、图文并茂,生动形象。

本教材分为两篇,上篇为基础知识篇,下篇为实践技能篇;附录中精选多个典型学生实训案例分析点评,对学生具有较好的示范作用和参考价值。

在教材编写上,以技能训练为主,理论讲授渗透到每一个实训项目中,强调培养学生的动手能力和创新能力,同时确保学生具有园林规划设计的基本理论,以利于以后设计能力的提升。基本理论精练,基本概念准确,基本技法明确,条理清晰。根据园林规划设计各环节职业岗位的技术需求,理论知识以够用为尺度,实践技能以实用为准绳,满足高等职业教育的需要,注重知识和技术的综合性及对学生的职业岗位实践技能的培养。

本教材由长期从事高职教育的优秀教师和来自企业具有丰富实践经验的设计师共同编写,由周初梅主编,各章节编著者分工如下:

周初梅,第1章、第6章、附录;胡彧、魏绪英,第2章;潘冬梅,第3章、第4章、第10章;叶雪、贠禄,第5章;宁妍妍,第7章、第9章;刘学军,第8章;肖雍琴,第11章。金梦媛、黄诚毅、程前、刘样多参与实践项目与小视频制作,杨易昆、朱彬彬参与修订工作。

唐浪高级工程师、樊晟教授承担了全书的主审工作,部分插图由金梦媛、钟晴、林嘉蕾、彭章华、曾梓婷、陈博敏等完成,在此向各位深表感谢!

在编写过程中,因园林规划设计内容涉及较广,我们参考了国内外有关著作、论文,未一一详细注明,敬请谅解,并向作者深表谢意。限于编者水平,难免有疏漏与错误之处,欢迎广大读者批评指正。

周初梅

2022 年 5 月

目 录

基础知识篇

实践技能篇

基础知识篇

1 绪 论

[本章学习目标]

知识要求：

1. 掌握园林规划设计的基本知识，理解园林相关的基本概念。

2. 了解学习本课程的意义、内容和方法。

3. 了解中外古典园林发展历程与特点，熟悉我国古典园林的艺术成就。

4. 了解现代园林发展趋势，了解我国园林建设面临的机遇与挑战。

技能要求：

1. 能进行城市园林绿地指标的基本计算，并进行基本的评价。

2. 正确理解古今中外园林发展的特点，提高鉴赏力，并应用于现代园林设计中。

1.1 园林概述

人类是诞生和成长在大自然环境中的，人类从自然山林空间走向集聚、走向城市空间的第一天起，就没有忘记对绿色生存环境的追求。但是，人类也从来没有像今天这样更加渴望绿色。

1.1.1 园林与园林规划设计

1) 园林的含义

人是大自然创造的奇迹，人类离不开大自然的庇护。人类从远古的原始的森林走出来，经历了漫长的艰苦岁月再由农村聚居到城镇，逐渐疏离了大自然。但人类作为大自然中的一员，又不能脱离自然，于是聪明的人类便利用自然界的要素，在自己的生活环境里创造出模仿自然的空间（对此恩格斯称之为第二自然），这种空间就是"园林"，而这种人工再造自然的活动就是"造园"。而研究如何去创造这样一个环境的学科就是"造园学"，也称园林学（landscape architecture)（或称景观学）。它是综合运用生物科学技术、工程技术和美学理论来保护和合理利用自然环境资源，协调环境与人类经济和社会发展，创造生态健全、景观优美、具有文化内涵和可持续发展的人居环境的科学和艺术。

园林的概念是随着社会历史和人类认识的发展而变化的。不同历史发展阶段有不同的内容和适用范围，不同国家和地区对园林的界定也不完全一样，不少园林专家、学者从不同的角度对园林一词提出了自己的见解。园林在我国古籍里根据不同的性质也称作园、囿、苑、园亭、庭园、园池、山池、池馆、别业、山庄等，国外有的则称之为 Garden，Park，Landscape Garden。它们的性质、规模虽不完全一样，但都具有一些共同的特点。概括地说，园林是指在一定地域内运用工程技术和艺术手段，通过因地制宜地改造地形、整治水系、栽种植物、营造建筑和布置园路等方法创作而成的优美的游憩境域。

园林布局，虽变幻无尽，而其核心的要素，可以包含于一个古老而简单的"園"字之中："囗"者围墙也，意为园林建筑，可代表亭榭及建筑小品；"土"者为土地之形，意为地势的起伏变化，可代表假山等；居中的"口"字，意为井，代表水；"仧"形似树，代表植物。

园林构成的4种要素：土地、水体、植物、建筑。土地和水体是园林的地貌基础。土地包括平地、坡地、山地；水体包括河、湖、溪、涧、池、沼、瀑、泉等。天然的山水需要修饰、加工、整理，人工开辟的山水要讲究造景、还要解决许多工程问题。因此，"筑山"（包括地表起伏的处理）和"理水"就逐渐发展成为造园中的专门技艺。植物栽培起源于生产的目的，早先的人工栽植以提供生活资料的果园、菜畦、药圃为主，后来随着园艺科学的发达才有了大量供观赏之用的树木和花卉。现代园林的植物配置是以观赏树木和花卉为主，而今因人们更加崇尚自然，植物这一要素在园林中的地位更加突出。园林建筑是指亭、台、楼、阁、建筑小品以及各种工程设施。它们不仅在功能方面必须满足游人的游憩、休闲、交通的需要，同时还以其特殊的形象而成为园林景观必不可少的一部分；有无园林建筑也是区别园林与天然风景区的主要标志。

园林是自然风景景观和人工再造景观的综合体，因此，园林的构成要素也可分为自然景观、人文景观、工程设施3个方面。在第3章中将进行详细讲述。

2）城市园林绿地

城市的土地大致可分为硬质地面和软质地面。硬质地面主要包括建筑物用地及工程用地；软质地面包括绿地和水面。我国城市软质地面占城市用地的30%～60%。一般来说，城市人居环境水平越高，软质地面所占的比例越高。

"绿地"在《辞海》中释义为"配合环境创造自然条件，适合种植乔木、灌木和草本植物而形成一定范围的绿化地面或区域"，或指"凡是生长植物的土地，不论是自然植被或人工栽培的，包括农林牧生产用地及园林用地"。由此可知，"绿地"有3层含义：

①植物所形成的绿色地块，如花园、草地、森林等。

②植物生长占大部分的地块，如城市公园、自然风景区等。

③农业生产用地。

城市范围内的绿地（不包括农业生产用地）统称为"城市园林绿地"或"城市绿地"或"城市绿化用地（urban green space）"。它是以植物为主要存在形态，用于改善城市生态，保护环境，为居民提供游憩场地和美化城市的一种城市用地。

3）城市绿地系统

城市绿地系统（urban green space system），是由城市中各种类型和规模的绿化用地组成的整体。它是由一定质与量的各类绿地相互联系、相互作用而形成的绿色有机整体，即城市中不同类型、性质和规模的各种绿地共同构建而成的一个稳定持久的城市绿色环境体系，是城市规划的一个重要组成部分。城市绿地系统组成因国家不同而各有差异，但总的来说，其基本内容是一致的，即包括城市中所有园林植物种植地块和园林绿化用地。城市绿地系统组成应该全面和完整，其范围包括对改善城市生态环境和生活具有直接影响的所有绿地。我国城市绿地系统多指园林绿地系统，一般由城市公园、花园、道路交通绿地、单位附属绿地、居住区绿地、园林圃地、经济林、防护林、生态林及城郊风景名胜区绿地等组成。

根据我国《城市绿地分类标准》，城市绿地分为 5 类：

①公园绿地。如综合公园、全市性公园、区域性公园、社区公园、居住区公园、小区游园、专类公园、儿童公园、动物园、植物园、历史名园、风景名胜公园、游乐公园、带状公园、街旁绿地。

②生产绿地。如苗圃、花圃、草圃。

③防护绿地。如防风林、防沙林、卫生隔离林、水土保持林等。

④附属绿地。如居住绿地、公共设施绿地、工业绿地、仓库绿地、对外交通绿地、道路绿地、市政设施绿地、特殊绿地。

⑤其他绿地。如风景名胜区、森林公园、自然保护区、风景林地、城市绿化隔离带、野生动植物园等。

为了更好地了解城市绿地系统规划的基本知识，有必要掌握与其相关的城市规划基本概念（表 1.1）。

表 1.1　城市规划相关的基本术语

序　号	基本术语	含　义
1	城市规划区	城市规划区是指城市市区、近郊区以及城市行政区域内其他因城市建设和发展需要实行规划控制的区域
2	城市建成区	城市行政区内实际已成片开发建设、市政公用设施和公共设施基本具备的地区
3	城市总体规划	城市总体规划是指对一定时期内城市性质、发展目标、发展规模、土地利用、空间布局以及各项建设的综合部署和实施措施
4	分区规划	在城市总体规划的基础上，对局部地区的土地利用、人口分布、公共设施、城市基础设施的配置等方面所做的进一步安排
5	城市详细规划	以城市总体规划或分区规划为依据，对一定时期内城市局部地区的土地利用、空间环境和各项建设用地所做的具体安排
6	控制性详细规划	以城市总体规划或分区规划为依据，确定建设地区的土地使用性质和使用强度的控制指标、道路和工程管线控制性位置以及空间环境控制的规划要求
7	修建性详细规划	以城市总体规划、分区规划或控制性详细规划为依据，制订用以指导各项建筑和工程设施的设计和施工的规划设计

续表

序　号	基本术语	含　义
8	城市性质	城市在一定地区、国家以至更大范围内的政治、经济与社会发展中所处的地位和所担负的主要职能
9	城市规模	以城市人口和城市用地总量所表示的城市的大小
10	建筑面积密度	每公顷建筑用地上容纳的建筑物的总建筑面积
11	建筑密度	一定地块内所有建筑物的基底面积占用地面积的比例
12	道路红线	规划的城市道路路幅的边界线
13	建筑红线	城市道路两侧控制沿街建筑物或构筑物(如外墙、台阶等)靠临街面的界线,又称为建筑控制线
14	日照标准	根据各地区的气候条件和居住卫生要求确定的,居住建筑正面向阳房间在规定的日照标准日获得的日照量,是编制居住区规划确定居住建筑间距的主要依据

　　在我国,城市规划建设用地中绿地与广场用地占建设用地比例为 $10\% \sim 15\%$ 。为了反映城市园林绿地水平,定量分析城市绿化质量和数量,通常采用一些技术指标进行统计,如表 1.2 所示。

表 1.2　城市绿地系统规划相关的定额指标

序号	定额指标	含　义	计算方法
1	城市园林绿地总面积	城市园林绿地面积的总和	城市园林绿地总面积(hm^2) = 公园绿地 + 专类公园 + 生产绿地 + 防护绿地 + 附属绿地 + 其他绿地
2	城市绿地率	城市各类绿地总面积占城市用地面积的百分比。乔木树冠下的灌木和地被草地不重复计算	城市绿地率(%) = $\dfrac{城市园林绿地总面积(hm^2)}{城市用地总面积(hm^2)} \times 100\%$
3	人均绿地面积	每个城市居民平均拥有的绿地面积(单位:m^2)	
4	城市绿化覆盖率	城市绿化覆盖率是指城市绿化覆盖面积占城市用地面积的百分比	城市绿化覆盖率(%) = $\dfrac{城市内各类绿化种植垂直投影面积(hm^2)}{城市总用地面积(hm^2)} \times 100\%$
5	绿量	绿量(Ca)是指植物全部叶片的1/2总面积(单位:m^2)	
6	绿量率	单位面积内植物1/2的总叶面积。其含义为:单株植物的绿量率,可反映某植物单位面积上绿量的高低,相同面积上选用绿量率高的植物,提高总绿量,无单位	

续表

序号	定额指标	含　义	计算方法
7	绿容率	绿容率也称绿量容积率,是指某规划建设用地内,单位土地面积上植物的总绿量。因为是一个比值,无单位	
8	三维绿量	三维绿量是指绿地中植物生长的茎、叶所占据的空间体积的量(单位:m³)。它是应用遥感和计算机技术测定和统计的立体绿量	
9	城市苗圃拥有量	城市苗圃总面积占城市建成区总面积的百分比	城市苗圃拥有量 = $\dfrac{\text{城市苗圃总面积}(hm^2)}{\text{城市建成区总面积}(hm^2)} \times 100\%$
10	公园服务半径	公园入口到游人住地的最大距离(单位:km 或 m)	
11	公园均布率	公园均布率是指城市中所有公园按公园服务半径所覆盖的居住区面积率。通常市级公园服务半径取 1 000 m,也称千米均布率	

4) 园林规划设计

一般园林规划设计包含宏观的城市园林绿地系统规划和微观的园林绿地设计两个含义。

城市绿地系统规划(urban green space system planning)是对各种城市绿地进行定性、定位、定量的统筹安排,形成具有合理结构的绿地空间系统,以实现绿地所具有的生态保护、游憩休闲和社会文化等功能的活动。其主要任务是按照城市经济发展的需要,提出该城市园林绿地规划发展的战略目标、发展规模、投资和阶段性目标等。一个城市总体规划里要完成的城市绿地系统规划必须结合该城市的特点,确定出该城市园林绿地的分布结构、性质及量化指标等,并使之符合城市的生态效益、社会效益和经济效益的要求。这类工作主要由政府城市规划部门来完成,各级园林行政部门负责实施。

园林绿地设计是指对某个园林绿地所拥有的各设计要素(如山水、园林建筑、植物等)进行合理的布局与具体的构建使之发挥最佳的效能。园林绿地设计要符合城市园林绿地系统规划的总体要求,明确设计的基本原则,针对不同类别实施具体构思与设计。在城市园林绿地系统规划指导下,城市各类绿地可以定性、定量与定位,按照总体要求分期分批进行规划设计与建设。这是本教材学习的主要范围。

园林规划设计是城市生存环境建设的指导性规划设计,目的是在城市生存环境中保护自然、利用自然、再现自然,把自然引回到城市居民身边,是改善城市生态环境的重要手段,也是人类对生存环境的基本需求。园林规划设计的宗旨是将科学的生态观、人们对户外活动的心理生理需求与积极的审美观念有机的结合,打造完美的城市园林绿地,为大众提供优质的户外游憩场所,改善城市的生态环境,美化城市市容。

1.1.2 学习本课程的目标与方法

1）本课程特点与学习目标

当今我国的城市建设正在迅速发展,传统的园林植物与建筑规划设计各自为政的局面正在被打破,取而代之的是园林(或称景观)学、建筑学、城市规划3大专业共融天下"三位一体"的局面。它们构成了三足鼎立、缺一不可的人类聚居环境规划设计学科体系。就相同性而言,三者的目标都是创造优良的人类聚居环境,都是将人与环境的关注处理落实在具有空间分布和时间变化的人类聚居环境之中。所不同的是专业分工:建筑学侧重于聚居空间的塑造,专业分工重在人为空间设计;城市规划侧重于聚居场所(城市与社区)的建设,专业分工重在以用地、道路交通为主的人为场所规划;园林学侧重于聚居领域的开发整治,即土地、水、大气、动植物等景观资源与环境的综合利用与再创造,其专业分工基础是场地环境规划与设计。

园林学实践范围涉及景观资源保护利用、人居环境营造、户外活动管理等领域,包括国土、区域、乡村、城市等一系列公共性与私密性的人类聚居环境、风景景观、园林绿地等。

园林学专业人才的作用和目标是运用景观策划、规划、设计等专业知识技能,保护与利用自然与人文风景景观资源;创造与养护优美宜人的户外为主的人居环境;组织安排良好的游憩休闲与旅游活动。

园林学学科背景包括环境空间艺术、环境生态绿化、人类环境活动行为等方面。园林学专业核心知识是景观与风景园林规划设计,其相关专业及知识包括城市规划、建筑学、植物学、环境艺术、地理学、环境科学、社会学、心理行为科学、管理学等。

因此,园林规划设计是一门多学科交叉的课程,这要求学生兼具文科和理工科的基础并向文理工交融的综合方向发展。可以说园林专业是工科中的文科,其工科的基础主要是工程技术和生物学等方面,文科的基础则体现在天文、地理、历史、社会、文学和美术修养等方面。例如,在一个方案的规划设计阶段,除了要有工程技术性方面的逻辑理性思维外,还要有非常重要的艺术性的创意。要善于将逻辑思维与形象思维有机地结合,将景观环境形象艺术与园林工程技术巧妙融为一体,并要求用手上的工夫(包含计算机表现技法)将设计内容完整表达出来,以便让我们的方案得到认可。

通过本课程的学习,使学生掌握园林规划设计的基础理论知识,并能灵活应用于园林绿地规划设计实践之中;了解园林规划设计的有关规定、规范、法规;掌握园林规划设计的内容与程序,掌握园林规划的步骤与方法,能独立完成独立式住宅小花园设计、休闲空间设计、城市广场绿地设计、屋顶花园设计、居住区绿地规划设计、儿童公园规划设计等实践项目的设计任务。

2）本课程学习的方法

"多观察、多思考、多动手"是学习本课程最基本、最重要的方法。"多观察"是指在熟悉和了解理论知识的基础上,进行大量的现场调研或资料收集,尽量多地考察优秀的设计案例;"多思考"是指多分析归纳不同地域气候、不同经济文化条件下各类城市园林绿地规划方案具体采用的设计理念、原则和方法,不断掌握城市园林绿地规划的特点;"多动手"是指在多观察、多思考的过程中要注重勤动手,加强实际操作的练习,在实践中积累设计经验,注重基础理论应用与实践能力培养的有机结合。

21世纪对未来的园林设计师的社会责任与个人素质要求更高。首先,要培养学生具备执着、坚韧的敬业精神,成功是与勤学苦练分不开的,"台上一分钟,台下十年功";其次,要努力扩展学生的知识面,由于该学科的综合性强、艺术性要求高,因此要加强艺术修养的学习和提升,注重培养学生综合运用美学、自然与社会科学、工程技术学等方面的能力,不断提高学生的职业技能和实操动手能力。同时,要努力学习国内外有关的方针政策和法令法规,为成为一名当代合格的职业园林设计师做好充分的准备。

1.2 中外古典园林概述

古典园林是人类文化遗产的一个重要组成部分,世界上曾经有过发达文化的民族和地区必然有其独特的造园风格。它们之中,有的已经成为历史上的陈迹,有的至今仍焕发着蓬勃的生命力。回顾园林发展的历史,有助于今天的园林的创作。因此,在学习园林规划设计的同时,对古代劳动人民和匠师们所创造的那些丰富灿烂而风格多样的园林遗产做概略的了解,是十分必要的。

1.2.1 中国古典园林简介

中国古典园林艺术,以其严谨而又不失灵动的巧妙布局、精湛而又高超的技术、山清水秀的风景、诗情画意的境界,让世人赞叹。在小中见大、以少胜多、将模拟自然的形似升华为写意式神似的中国古典园林之中,我们看到的是崇尚自然、珍爱自然——中华民族灿烂辉煌的历史文化。

1)中国古典园林的发展概况

中国是世界四大文明古国之一,以汉民族为主体的文化在几千年长期持续发展的过程中,孕育出"中国园林"这样一个历史悠久、源远流长的园林体系。有着3 000多年悠久历史和高深造诣的中国园林,是世界3大造园体系中东方造园体系的代表,在世界造园史上独树一帜,占有重要的地位,影响深远。

中国古典园林的发展历史可分为4个时期:生成期、转折期、全盛期、成熟期及成熟后期(表1.3)。

表1.3 中国古典园林发展简表

分 期	朝 代	主要特点	代表实例
1.生成期(黄帝—汉,公元前1046年—220年)	●殷商 ●周朝(公元前1046—公元前771年)	●殷、周朴素的囿 中国最早见之于文字记载的园林为《诗经·灵台》中的灵囿,作为贵族游憩用 ●帝王苑囿由自然美趋于建筑美 ●建都市,周围筑高墙,并作高台为游乐及远眺用 ●灵囿可以说是最早的皇家园林,但主要是作为狩猎、采樵之用,游憩的目的还在其次	●玄圃 ●灵台、灵沼、灵囿 ●周文王灵囿

续表

分　期	朝　代	主要特点	代表实例
1.生成期（黄帝—汉，公元前1046年—220年）	春秋战国（公元前722—公元前222年）	思想解放，人才辈出的时代。以孔孟（儒家）、老庄（道家）思想为主流，宇宙人生哲学受关注 • 各诸侯多有囿圃 • 人与自然的关系由敬畏到敬爱	• 郑国原圃，秦国的具圃，吴国的梧桐园、会景园、姑苏台
	秦（公元前221—公元前206年）	• 秦始皇灭诸侯各国，建立统一的封建大帝国。大兴土木，宫苑建筑规模宏大，建筑艺术与建筑技术水平的空前提高 • 驰道旁种树，为世界最早的行道树	• 阿房宫 • 在咸阳"作长池、引渭水……筑土为蓬莱山"把人工堆山引入园林，以供帝王游赏
	汉（公元前206—公元220年）	整个汉代处于封建社会的上升时期，社会生产力的发展促使着建筑的繁荣与发展。中国木架建筑渐趋成熟，砖石建筑和拱券结构有了很大的进步 • 帝王权贵多建园林，皇家园林的主要模式为"一池三山" • 汉代后期，官僚、贵族、富商的私家园林已经出现，承袭囿、苑的传统，建筑组群结合自然山水 • 人与自然关系密切，主要以大自然景观为师法的对象，中国园林作为风景式园林的特点已经具备，不过尚处在比较原始、粗放的状态	• 渭河南岸建上林苑，范围极大，集狩猎、游憩兼作生产基地于一体的综合性园林 • 甘泉池、思贤苑 • 未央宫、东苑 • 建章宫 • 梁孝王刘武的梁园、茂陵富人袁广汉于北邙山下筑园
2.转折期（三国—南北朝，220—587年）	• 三国(220—265年) • 晋(265—420年) • 南北朝南朝(420—587年)北朝(386—581年)	社会动荡，突破了儒学的正统地位，出现了百家争鸣。文人和士大夫受到政治动乱和佛、道出世思想的影响，崇尚"玄学"。出现了田园诗和山水画，对造园艺术影响极大，初步确立了园林美学思想，奠定了我国自然式园林发展的基础，是中国园林发展史上的一个转折时期。民间私家园林、寺观园林应运而兴 • 南北朝的自然山水园中已经出现比较精致而结构复杂的假山，有意识地运用假山、水、石以及植物与建筑的组合来创造写实山水园的景观 • 僧侣们喜择深山水畔广建佛寺，在自然风景中渗入了人文景观，为发展中国特色的名胜古迹奠定了基础	• 魏铜雀园、东吴芳林苑 • 北魏洛阳御苑"华林园" • 华林苑、北方石崇的"金谷园"，南方湘东王萧绎的"湘东苑"，谢安、王道子、谢灵运等为慧远于庐山筑台造池 • 兰亭 • 青林苑、上林苑 • 匡山刘慧斐的离垢园、建康沈约之郑园、扬州徐湛之园
3.全盛期（隋—唐，581—907年）	• 隋(581—618年) • 唐(618—907年)	隋唐王朝是我国封建社会统一大帝国的黄金时代。在前一时期中诸家争鸣基础上形成的儒、道、释互补共尊，儒家仍占正统地位。国富民强，文学艺术繁荣昌盛，造园规模大，数量多，手法也趋于成熟，我国园林发展进入全盛时期，中国山水园林体系的风格特征已经基本形成 • 布景式园林，奇巧富丽 • 宫苑和游乐地园林多靠山林，占地大 • 唐代的私家园林也很兴盛。皇室、贵戚的园林崇尚豪华，而文人士大夫的则爱清沁雅致	• 隋代山水建筑宫苑：洛阳的西苑 • 唐代宫苑和游乐地：长安的大明宫，华清宫，大兴宫，兴庆宫；我国首座公共游览性的大型园林——长安城曲江 • 唐代自然园林式别业山居：王维的辋川别业，白居易的庐山草堂，宋之问的蓝田别业

分　期	朝　代	主要特点	代表实例
4. 成熟期（五代—清初,907—1736年）成熟后期（清中叶—清末,1736—1911年）	● 五代（907—960年） ● 宋（960—1279年）	● 五代时期园林风格细腻精到,洒脱轻快;奇石盆景应用广 ● 宋代的园林艺术,在隋唐的基础上又有所提高。受绘画影响极大,写意山水画技法成熟,寓诗于山水画中,园林与诗、画的结合更为紧密,创造富于诗情画意的三维空间的自然山水园林景观 ● 南宋迁都临安,江南园林兴盛,成为中国园林主流	● 北宋都城东京（开封）艮嶽、金明池、琼林苑、玉津园等皇家园林 ● 洛阳富郑公园、司马光的独乐园 ● 苏子美沧浪亭、欧阳修平山堂
	元（1260—1368年）	元朝因是异族统治,士人多追求精神层次的境界,园林成为其表现人格自由,借景抒情的场所,因此园林中更重情趣,如倪瓒所凿之清必阁、云林堂和其参与设计的狮子林均为很好的代表 ● 重情、写意,园林发展仍兴盛	御园、南园倪瓒清闲阁、沈氏东原（今留园）、狮子林等
	明（1368—1644年）	造园规模不大,日趋专业化,造园艺术和技术也更精致熟练,由全盛期而升华为富于创造进取精神的完全成熟的境地,对东方影响大 ● 江南是明清时期经济最发达的地区,积累了大量财富的地主、官僚、富商们喜居闹市而又要求享受自然风致之美。私家园林以江南地区宅园的水平为最高、数量也多 ● 造园方面的理论著述对我国的园林艺术进行了高度概括,如明末计成的《园冶》、文震亨的《长物记》等	这时期的园林保存下来的实物较多,北方以北京为中心;江南以苏州、湖州、杭州、扬州为中心,如王氏拙政园、留园
	清（1644—1911年）	康熙、雍正、乾隆盛期,宫苑造园规模大,数量多。园林的发展,一方面继承前一时期的成熟传统,更加趋于精致,表现了造园艺术的辉煌成就;另一方面则暴露出某些衰颓的倾向,已多少丧失前一时期的积极创新精神。清末民初,西方文化涌入,我国园林结束了古典时期,进入近现代园林阶段 ● 为北方皇家园林的鼎盛时期。江南的造园手法也因乾隆皇帝多次巡江南被带回京,用于宫廷苑囿之中;同时吸收了蒙、藏、维等少数民族的风格,还接受了西洋风格 ● 民间造园普遍	"三山五园":香山静宜园、玉泉山静明园、万寿山清漪园、圆明园、畅春园;承德避暑山庄、滦阳行宫、蓟县盘山行宫等;南京袁枚随园、扬州八家花园、李渔半亩园、苏州留园、网师园、怡园、西园;岭南以珠江三角洲为中心,如番禺余荫山房、东莞可园、顺德清晖园等

2）中国古典园林的类型

在中国园林发展的过程中,由于我国幅员辽阔,形成了丰富多彩的各类园林。按园林的选址和开发方式的不同可分为人工山水园和天然山水园;按园林的布局形式又可分为自然式、规则式与混合式;按园林的隶属关系又可分为皇家园林、私家园林和寺观(或宗教)园林。

由于政治、经济、文化背景、生活习俗和地理气候条件的不同,从地域看北方以皇家园林为代表、江南以私家园林为代表,而岭南地区的园林自成一体,它们都各具特色(表1.4、图1.1)。此外,还有充满地方特色的巴蜀园林和西域园林等。

表1.4　中国3大地区古典园林的特征

分　类	特　征	实　例
1.北方皇家园林:规模宏伟、富丽堂皇,不乏严谨庄重的皇家风范	追求宏大气派和"普天之下莫非皇土"的意志,形成"园中园"的格局。同时,安排一些体量巨大的单体建筑及组合丰富的建筑群落,将较明确的轴线关系或主次分明的多轴线关系带入本来就强调因山就势、巧若天成的造园理法中,这也是皇家园林与私家园林判然有别的地方所在	承德避暑山庄(图1.1)、北京颐和园、北京圆明园(图1.2)
2.江南私家园林:自由小巧、古朴淡雅,具有尘虑顿消的精神境界	明清时代的江南私家园林,是中国造园发展史上的高峰,代表着精致、素雅、空灵、通透的文人写意山水风景园林的成熟,代表着中国园林艺术的最高水准。同时,江南涌现了大批造园家和匠师,《园冶》《闲情偶记》《长物志》等造园理论著作也面世 大多是宅园一体的园林,将自然山水浓缩于住宅之中,在城市里创造人与自然和谐相处的居住环境,它是可居、可赏、可游的城市山林,是人类理想的家园	苏州4大名园:(宋朝)沧浪亭、(元朝)狮子林、(明朝)拙政园(图1.3)、(清朝)留园
3.岭南园林:布局紧凑、装修华美,追求赏心悦目的世俗情趣	岭南泛指我国南方五岭地区,过去由于远离政治文化中心又地处沿海,受外来影响较大,形成了自己独特的园林风格。以宅园为主,规模较小,一般为庭园和庭园的组合形式,密集紧凑,建筑的比重较大,通透开敞,以装修的细木雕工和套色玻璃画见长;叠山多用姿态嶙峋、皱折繁密的英石包镶;气候温暖,观赏植物的品种繁多	广东的岭南4大名园:番禺余荫山房(图1.4)、东莞可园、顺德清晖园、佛山梁园

中国园林作为世界园林体系中的一大分支,大都是"虽由人作,宛自天开"的自然风景园,富于中国传统文化的神韵。这个造园系统中风貌各异的3大园林风格,都充分体现了中国园林参差天趣、丰富多彩的美。

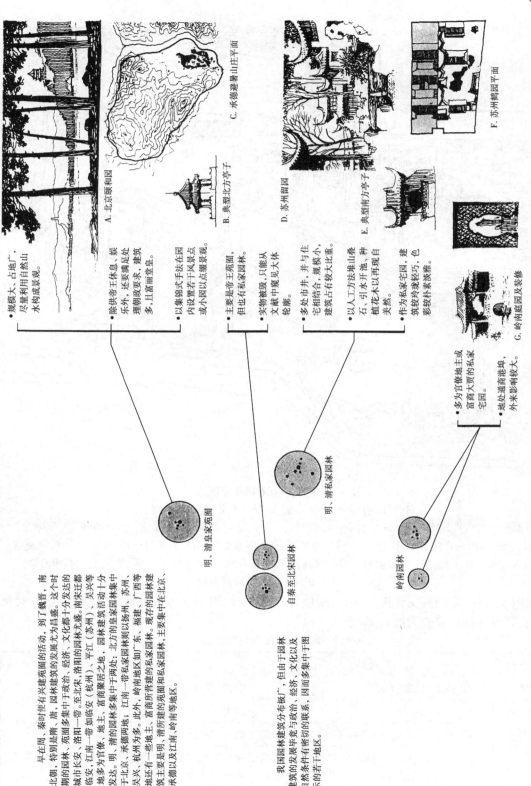

图1.1 我国古典园林分布示意图

A. 北京颐和园

B. 典型北方亭子

C. 承德避暑山庄平面

D. 苏州留园

E. 典型南方亭子

F. 苏州鹤园平面

G. 岭南庭园及装修

规模大，占地广，尽量利用自然山水构成景观。

除供帝王休息、娱乐外，还要满足处理朝政要求，建筑多，且富丽堂皇。

以集锦式手法在全园内设置若干风景点或小园以点缀景观。

主要是帝王苑囿，但也有私家园林。

实物破毁，只能从文献中窥见大致轮廓。

多处市井，并与住宅相结合，规模小，建筑占有较大比重。

以人工方法堆山叠石，引水开池，种植花木以再现自然美然。

作为私家宅园，建筑较为疏轻巧，色彩较朴素淡雅。

多为官僚地主或富商大贾的私家宅园。

地处通商港埠，外来影响较大。

明、清皇家苑囿

明、清私家园林

自秦至北宋园林

岭南园林

早在周、秦时便有兴建苑囿的活动，到了魏晋、南北朝，特别是隋、唐，园林建筑的发展尤为昌盛。这个时期的园林，苑囿多集中于政治、经济、文化都十分发达的城市长安、洛阳一带。至北宋，洛阳的园林汇盛。南宋时京地多为官僚、地主、富商聚居之地，园林建筑活动十分发达。明、清时的园林多集中于两处：北方的皇家园林集中于北京、承德两地；江南一带私家园林则以扬州、苏州、吴兴、杭州、岭南地区如广东、广西、福建等地还有一些地。此外，富商或官僚所建的私家园林集中。现存的皇家园林，主要集中在北京、承德以及江南、岭南等地区。

我国园林建筑分布较广，但由于园林建筑的发展毕竟与政治、经济、文化以及自然条件有着密切的联系，因而多集中于图示的若干地区。

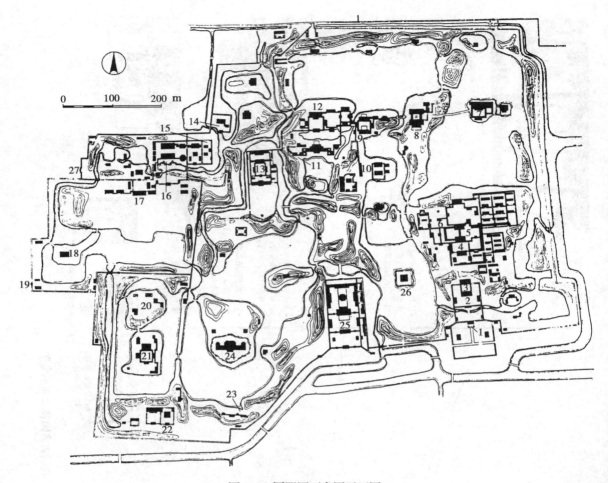

图 1.2　圆明园万春园平面图

（引自《圆明园学刊》第一集，原图何重义、曾昭奋绘制）

1.万春园大宫门　2.迎晖殿　3.中和堂　4.集禧堂　5.天地一家春　6.蔚藻堂　7.凤麟洲　8.涵秋馆
9.展诗应律　10.庄严法界　11.生冬室　12.春泽斋　13.四宜书屋　14.知乐轩　15.延寿寺　16.清夏堂
17.含晖楼　18.招凉榭　19.运料门　20.缘满轩　21.畅和堂　22.河神庙　23.点景房　24.澄心堂
25.正觉寺　26.鉴碧亭　27.西爽村门

　　我国地大物博，园林文化极其丰富，即使属同一类，但因南北方的地域、文化以及服务对象的不同，其设计特点有较大的差异（表 1.5）。

表 1.5　南北方传统园林的比较

比较项目	南方园林	北方园林
风格	轻巧、秀丽、朴素、典雅	宏伟、壮观、华丽、端庄
占地面积	较小	较大
布局特点	轻巧，通透，开敞，多用自然式	敦实，厚重，较封闭，有对称式和自然式
园林建筑特点	屋顶陡峭，屋脊曲线弯曲，屋角起翘高，屋面坡度较大，柱细；精巧，常用青瓦，不常施彩画；古朴素雅，协调统一，多用冷色调	屋顶略陡，屋脊曲线较平缓，屋角起翘不高，屋面坡度较小，柱较粗；华丽、常用琉璃瓦，常施彩画；艳丽、浓烈、对比强，多用暖色调

图 1.3　苏州拙政园小飞虹

（引自苏州世外园林景观工程网）

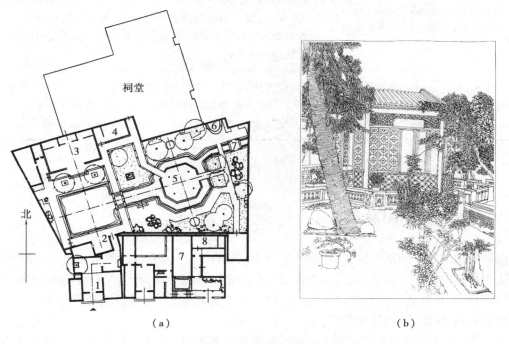

（a）　　　　　　　　　　　　　（b）

图 1.4　广东番禺余荫山房

（引自徐建融，庄根生《园林府邸》）

（a）广东番禺余荫山房平面图

1.园门　2.临池别馆　3.深柳堂　4.榄核厅　5.玲珑水榭　6.南薰亭　7.船厅　8.书房

（b）广东番禺余荫山房琳珑水榭

3）中国古典园林艺术的特点

　　艺术表现是以人心中各种难以言传的情感思维为主要对象，这种情感思维是深藏在其载体内部的，难于被人们发觉并欣赏。艺术家的高明就在于利用技巧将这些情感与思维通过具体形象传递给大众。

中国古典园林艺术正是造园艺术家以园林美丽的躯体成功表现了园林所承载的美丽灵魂，从而使中国古典园林艺术成为优秀的艺术门类（表1.6）。

表1.6　中国古典园林艺术主要特点

特　点	说　明
1.崇尚自然美：本于自然、高于自然是我国古典园林创作的主旨，目的在于求得一个概括、精练、典型而又不失自然美的空间环境	所有的造园要素，都要求模仿自然形态，反对矫揉造作。充分利用自然的地形开山凿池，强调建筑美与自然美的融糅，达到人工与自然的高度协调——"虽由人作，宛自天开"（计成《园冶》）的境界。典型实例：苏州的拙政园
2.寓情于景：常用比拟和联想的手法，使意境更为深邃，充满诗情画意。其特点在于它不以创造呈现在眼前的具体园林形象为终极目标，它追求的是表现形外之意，像外之像，是园主寄托情怀、观念和哲理的理想审美境界	文人常将自然界万物赋予品性，常会睹物思情等。在运用造园材料时考虑到材料本身所象征的不同情感内容，表达一定的情思，增强园林艺术的表现力，营造园林的意境。常用匾额、楹联、诗文、碑刻等文学艺术形式，来点明主旨、立意，表现园林的艺术境界，引导人们获得园林意境美的享受。"片山多致，寸石生情"（计成《园冶》）。典型实例：扬州个园的四季假山，借助多种石料的色泽、山体的形状、配置的植物以及光影效果，使游园者联想到四季之景，产生游园一周，恍如一年之感
3.寓大于小：在有限的空间中运用延伸和虚复空间的特殊手法，组织空间、扩大空间、强化园林景深	巧于因借，延伸空间，增加空间层次感，形成虚实、疏密、明暗的变化，丰富空间意境，增加空间情趣、气氛。"一峰则太华千寻，一勺则江湖万里"（文震亨《长物志》）。典型实例：苏州的留园

1.2.2　外国古典园林简介

世界各地因所处的地理位置、社会环境的不同，形成了各民族自己的文化艺术与造园风格。一般认为，园林有东方、西亚、欧洲三大体系。东方系园林以中国为代表，影响日本、朝鲜及东南亚，主要布局为自然式。西亚园林以两河流域及波斯为代表，主要特色为花园与教堂。欧洲系园林以意大利、法国、英国等为代表，主要布局为规则式。

学习外国的园林艺术，了解外国古典园林的形成和发展，有助于我们掌握其园林艺术的特征，取其精华，古为今用，洋为中用。

1）日本古典园林及特点

日本园林受中国园林的影响很大，尤其是在初期的平安时期，真可谓"模仿时期"；到中期因受佛教和南宋山水画的影响，多以闲静为主题；末期明治维新以后，接受西方文化，注重公园的建造。由于日本的造园手法在继承中国优秀传统的同时结合了日本的本土文化与环境条件，再现自然方面显示出一种高度概括和东方情调的意境，从而形成了它独特的风格，影响大。

（1）日本古典园林发展概况　日本古典园林经历了起源、发展和兴盛的漫长过程（表1.7）。

表 1.7　日本古典园林发展简表

分　期	主要特征
1. 平安时代（相当于我国唐末—南宋年间）	日本从商贾飞鸟迄奈良时代可谓无造园。公元 5 世纪,中日两国已有交往。到 8 世纪的奈良时期,日本开始大量吸收中国的盛唐文化。在园林风格上也是如此,故称"模仿时期"停派"遣唐使"后,逐渐摆脱对中国文化的直接模仿,着重发展自己的文化。具有日本特点的园林初步发展起来,出现了"池泉筑山庭"
2. 镰仓时代（相当于我国南宋—元朝年间）	建都镰仓,武权当道,尚武功,造园渐衰。13 世纪,中国禅宗的哲理和南宋山水画的写意技法给予园林以又一次重大影响,故称"同化时期"。随后日本园林走向极端"写意"、富于哲理、重质朴的趋势,这是日本园林的主要特点。"枯山水"平庭即此种写意风格的典型代表
3. 室町时代（相当于我国元末—明朝年间）	此时受我国明朝文化影响,生活安定,渐趋奢侈,文学美术进步,绘雕、茶道、插花艺术的发达,促进了民众造园艺术的普及,为日本造园的黄金时代,此时日本人自称属于受中国造园的"影响时期"
4. 桃山时代（相当于我国明末时期）	此时执政者丰田秀吉对建筑、绘画、雕刻、茶道等非常注重,一破抄袭中国的旧风,是发挥日本个性时代的开始。当时民心闲雅幽静,茶道兴盛,以致茶庭、书院等庭院辈出,逐渐形成了日本独特的园林风格
5. 江户时代（相当于我国清朝时期）	此时造园非常兴旺,大致可分为两个时期,前期为"回游式"风景园;后期则以文化、行政为中心,参考明朝中国式造园从事缩景庭园之作
6. 明治大正时代(相当于我国清末—1920 年)	明治中叶庭园形式脱颖而出,庭园中用大片草地、岩石、水流来配置。到了大正时代最大造园为桂离宫,为此时期庭园的代表作,在世界造园史中成为有影响的风格之一。明治维新以后,一破昔日闭关主义,输入了西方文化,开始了公园建造,吸收了西方造园的特点 在造园实践中总结出 3 种典型样式即"真之筑""行之筑"和"草之筑"。"真之筑"基本上是对自然山水的写实的模拟,"草之筑"纯属写意的方法,"行之筑"则介于两者之间,犹如书法的楷、行、草三体。这 3 种样式主要指筑山、置石和理水而言,从总体到局部形成一整套规范化的处理手法。虽有利于造园的普及,但难免在一定程度上限制了日本园林艺术的发展

（2）日本古典园林的类型与特点（表 1.8）

表 1.8　日本古典园林的类型与特点

类　型	主要特点
1. 池泉筑山庭	①平安时代:面积比较大,有湖和土山,以具有自然水体形态的湖面为主 ②"模仿时期":大量吸收中国的盛唐风格。湖面较大则必在湖中堆置岛屿并以桥接岸,也以一湾溪流代替湖面,树木和建筑物沿湖配列,基本上是天然山水的模拟 典型实例:天龙寺庭园(图 1.5)

续表

类　型	主要特点
2."枯山水"平庭	最初多见于寺院园林,设计者多为禅宗僧侣。他们赋予园林以恬淡出世的气氛,把宗教的哲理与园林艺术完美地结合起来,把"写意"的造景发展到了极致、也抽象到了极致。这是日本园林的主要成就之一,影响广泛。后来在日本,即使一般的园林中也常常用一些枯山水的写意手法来做景观的局部点缀 其主要特点: ①地面铺白沙(象征水面),主要以石头组合来体现岛屿山峦,于咫尺之地幻化出千顷万壑的气势。这种庭园纯属观赏的对象,游人不能在里面活动 ②讲究置石,利用单块石头本身的造型和它们之间的配列关系。石形务求稳重,底广顶削,不做飞梁、悬挑等奇构,也很少堆叠成山;与我国的叠石不同 ③一般不配置植物,如要则栽置不太高大的观赏树木,注重修剪树的外形姿势而又不失其自然形态 典型实例:京都龙安寺雨庭(图1.6)
3.茶庭	茶庭即茶室所在的庭园,为举行以品茶为主题的茶道场所,15世纪随着"茶道"的流行而出现 其主要特点: ①面积比池泉筑山庭小,要求环境安静便于沉思冥想,故造园设计比较偏重于写意 ②人们要在庭园内活动,因此用草地代替白沙。草地上铺设石径、散置几块山石并配以石灯和几株姿态虬曲的小树 ③茶室门前设石水钵,供客人净手之用。这些东西到后来都成为日本庭园中必不可少的小品点缀 典型实例:吉田邸庭园(图1.7)
4."回游式"风景园	"回游式"是以步行方式循着园路观赏庭园,面积较大,典型的形式以池为中心,池中布列着1个大岛和两个小岛(受中国园林的影响);四周配以茶庭,并有园路相连。其整体是对自然风景的写实模拟,但就局部而言则又以写意的手法为主 典型实例:京都桂离宫(图1.8)

图1.5　天龙寺庭园石桥和池中的立石
(引自章俊华《内心的庭院》)

图1.6　京都龙安寺庭院方丈石组近景
(引自章俊华《内心的庭院》)

图1.7　吉田邸庭园　　　　　　　　　　　　　图1.8　桂离宫
（引自章俊华《内心的庭院》）

如图1.8所示，桂离宫原是八条宫智仕亲王和其子智忠亲王的别墅，建于1620—1662年间。在广阔的回游式庭园中，配有综合式书院和茶室，将建筑和庭园的和谐美发挥得淋漓尽致。"一池三山"式，水池周围水道萦回，间以起伏的土山。湖的西岸是全园最大的一组建筑群"御殿""书院"和"月波楼"，其他较小的建筑物则布列在大岛上、土山上和沿湖的岸边。它们的形象各不相同，分别以春、夏、秋、冬的景题与地形和绿化相结合成为园景的点缀。桂离宫对近代日本园林的发展有很大的影响。

（3）日本古典园林的特征与造园手法　日本古典园林特征鲜明，表现手法独特。概括其园林的特征与造园手法如表1.9所示。

表1.9　日本古典园林的特征与造园手法

内　容	特　点
1. 日本古典园林的特征	①日本园林受中国古典园林的影响，又结合了其民族艺术，具有内向的、沉静的和崇高的特性 ②以自然景观为主导，追求自然美感 ③写意与写实的结合即自然主义与象征主义的结合 ④以灰暗色调水墨山水画的风景，产生和谐、激动人心的效果，尤其是阴影中变化的绿色调
2. 日本古典园林的表现手法	①追求不对称的构图原则 ②讲求各种造园要素之间的比例尺度关系 ③小中见大，强调扩大空间的视觉，创造迷离不清的幽深景观 ④建筑物从属于自然景观，或又为视线转换的过渡因素
3. 日本园林中造园材料	①石是园林之骨，也是摹写大自然地貌的特征。石与植物阴性和阳性两种材料结合创造了静的与动的，坚硬的与柔软的，沉着的与生机勃勃的有趣对比。西方造园家说：石与植物结合创造了日本园林颤动着的生命感 ②植物为仅次于石的造园要素，注重植物的自然形态，色彩淡雅朴素，常用绿阔叶树和针叶树 ③造园中注重借风声、水声、虫叫声、枝叶拍打声来营造自然的氛围

2)西方古典园林简介

西方古典园林的起源,发展和兴盛概括如表1.10所示。

表1.10　西方古典园林发展简表

时　代	代表国家简述	园林特点
1. 上古时代古埃及与西亚临近,同为人类文明的发源地,园林出现很早	1)古埃及墓园、园圃(公元前40—前1世纪) 古埃及于公元前4 000多年前建立了奴隶制国家。古埃及园林常以"绿洲"作为模拟的对象。尼罗河每年泛滥,退水之后需要丈量耕地因而发展了几何学,于是,古埃及人也把几何的概念用于园林设计。加上浓厚的宗教及气候背景,使古埃及的墓园与园圃具有显著的特点,为世界上最早的规则式园林(图1.9)	①形式多为方形平面,水池、水渠、建筑、道路、植物均按对称的几何式布局 ②利用尼罗河的水,庭园中心为一水池,水池可行舟 ③柱式丰富有特点,建筑材料以石材为主,多有阴刻花纹装饰;园林四周多设围墙或栅栏;有简单的凉亭 ④鸟、鱼、水生植物(荷花、睡莲)等放置于庭园中;住宅附近的园路常置盆栽花木;园路边多以椰子类为行道树
	2)西亚地区的花园(公元前35世纪—前539年) 古西亚于公元前3 000多年前出现了高度发展的古代文明,建立了奴隶制国家。奴隶主多在私宅附近建花园	底格里斯河一带,地形复杂而多丘陵,且地潮湿,园林多呈台阶状,每一阶为宫殿,并在顶上栽植树木,引水注园,从远处看好像悬在半空中。代表作巴比伦的空中花园,可以说是最早的屋顶花园(图1.10)
2. 中古时代此时期的古希腊的奴隶与自由民创造了辉煌的文化,它和后来的古罗马盛期的文化,同称为欧洲古典文化。其园林也成为欧洲园林的发源地	1)古希腊庭园、柱廊园(公元前11—前1世纪) 古希腊由许多奴隶制的城邦国家组成。公元前5世纪,以雅典城邦为代表的自由民主政治带来了文化、科学、艺术的空前繁荣,园林建设兴盛。希腊为地中海东岸的半岛国,山岭起伏,气候温暖,人们喜爱户外活动,形成了富有特色的庭园与柱廊园,对后来欧洲园林的发展影响大	古希腊园林仍为几何式(受巴比伦影响)为主。其园林类可以分为3种: ①供公共活动休闲游览的园林,有宽阔的林荫道、装饰性的水景、大理石雕像、柱廊、座椅等 ②以神庙为主体的园林,多有祭祀活动用的广场等 ③城市的宅园以实用为重,四周以柱廊围绕成庭院,庭院中散置水池和花木等
	2)古罗马庄园(公元前8—4世纪) 古罗马建国开始百余年后,由于战争,无暇顾及造园,加上罗马缺乏庭园植物,多以希腊为范本。 到了全盛时代,造园规模亦大为进步,舍弃希腊中庭取材于西亚细亚的宫苑式,并利用山、海之美于郊外风景胜地,做大面积的庄园,奠定了后来文艺复兴时意大利台地式造园的基础 到中世纪时代的罗马帝国,当时一般人民为求安宁多集中于城墙内,但由于住宅空地的限制,庭园仅栽植蔬菜、药草、果树等,而池泉仅以沐浴为主,极为原始,可谓保持在古罗马及希腊中庭式的阶段	罗马继承古希腊的传统而着重发展了别墅园(Villa Garden)和宅园这两类: ①别墅园修建在郊外和城内的丘陵地带,多为改造自然的人工阶梯式或台坡式园林,主要有居住房屋、水渠、水池、草地和树林等 ②宅园一般均一面为正厅,其余三面环以游廊。在游廊的墙壁上画上树木、喷泉、花鸟以及远景等的壁画。庞贝古城内保存着许多这样的宅园遗址

续表

时　代	代表国家简述	园林特点
3.中世纪时代 从公元5世纪罗马帝国崩溃直到16世纪的欧洲，处于封建割据状态。除了城堡园和宗教园林之外，其他造园几乎停滞	1）西班牙式造园（5—16世纪） 西班牙处于地中海门户，受希腊罗马影响大，8世纪被阿拉伯人征服，承袭了伊斯兰的造园风格。代表作有红堡园、园丁园	庭园布局规则，园中以"天井"为单元的中庭，以喷泉雕刻为中心，多有狮子。庭园中多设拱廊、望楼，善用迷宫园，种植以暖带绿荫树木及花果或盆栽植物
	2）波斯天堂园及水法（6—18世纪） 波斯公元6世纪兴起于伊朗西部高原，建立波斯帝国后逐渐强大。其文化发达，影响深远。到公元8世纪，阿拉伯人征服了东起印度河西到伊比利亚半岛的广大地域，建立一个横跨亚、非、欧三大洲的大帝国。此时园林承袭了波斯造园手法，又发展了伊斯兰的造园艺术。所有的水池、水渠、植物、道路建筑均按几何对称的关系来布局。更加注重水法，后传入意大利发展得更加奇妙壮观	波斯以"天堂园"为代表，四周设围墙，呈"十"字的道路构成轴线，分割出4块绿地栽种植物。道路交叉点建中心水池，象征天堂故称"天堂园"。因高温干旱，水被看成庭园的生命，有园必有水，故各种水法很有研究 代表作泰姬玛哈陵（图1.27）、阿尔罕伯拉宫
4.文艺复兴时代 从中世纪宗教的桎梏中走出，倡导"人性解放"。对希腊、罗马古典文化的重新认识，从而开创了意大利"文艺复兴"的新时期。园林艺术也得到了很好的发展，对欧洲影响深远	1）意大利庄园（15—18世纪） 意大利初期仍承袭罗马式的台坡式园林，之后庄园成为意大利文艺复兴园林中的最具有代表性的一种类型（图1.11）。由于田园的自由扩展，风景绘画融入造园，多用雕塑小品 意大利文艺复兴分初、中、后3个时期，庄园也各有特色。初期为台地园（Terrace Garden）。16—17世纪，是意大利式造园的黄金时代，趋向于装饰趣味的巴洛克（Baroque）风格，更加追求几何图案如模纹花坛等，有些庄园过分雕琢，与周围环境欠协调	庄园多建在坡地，就坡势而成若干层的台地，其主要特点： ①沿山坡而引出的一条中轴线上开辟层层台地，配置平台、花坛、水池、喷泉、雕像等。矩形、曲线应用较多 ②理水手法丰富。顺坡势往下组成水瀑或流水梯、各式喷泉等，并形成动听的水声 ③装饰性的园林小品丰富，强调色彩和质感的对比，注重细部的设计 ④植物的修剪表现人工匠气，削弱了艺术性
	2）法国式造园（16—19世纪） 17世纪，意大利式造园传至法国，因法国多平原，有大片天然植被和大量的河流湖泊。法国人并没有完全接受台地园的形式，而是把中轴线对称的规整式的园林布局手法运用于平地造园。气势上更强，更为人工化，称为法国古典主义风格。早期的城堡园与后来的凡尔赛宫是此时期的代表作（图1.27） 德国、奥地利、荷兰、俄国、英国园林都受到法国古典主义的影响，我国圆明园内西洋楼的欧式庭园也属于此种风格（图1.12）。后期的勒诺特式园林受到洛可可（Rococo）风的影响而趋于矫揉造作；从荷兰开始还大量运用植物整形，进行繁复的修剪成几何形体	法国古典主义风格，以凡尔赛为代表的造园风格被称作"勒诺特式"或"路易十四式"，在18世纪时风靡全欧洲乃至世界各地。安德烈·勒诺特（André Le Nôtre，1613—1700年）大师的造园思想主张人工艺术美高于自然美 法国古典主义园林特点： ①以主轴对称布局，讲求平面图案美，用开阔的大草地，强调轴线与远景的视觉感 ②多用温带植物，极度人工修剪成几何形体 ③多用雕塑、喷泉、水池、花坛、行道树、小运河作为轴线上的装饰

续表

时　代	代表国家简述	园林特点
	3）英国自然风景园林（17—19世纪） 英国气候潮湿，平坦或缓丘地带。以前受意大利文化影响大，受罗马教皇的严格控制。但岛国具有得天独厚的地理条件，人们热爱自然，形成了英国独特的园林风格。14世纪英国的传统庄园已转向追求大自然风景的自然形式。17世纪曾受法国古典主义的影响，出现了整形园。18世纪工商业发达，成为世界强国，其造园吸收风景画及中国自然园林的特点，探求本国新园林形式，出现了著名的自然式风景园（图1.13）	英国式风景园打破了规则式的统一格局，不仅盛行于欧洲，还随着英国殖民主义势力的扩张而远播于世界各地。其主要特点： ①追求自然美 ②园林的边界不可太明显，要隐藏使之视觉辽阔。尽量利用附近的森林、河流和牧场，将范围无限扩大，边界完全取消，仅掘沟为界 ③人工要素尽量自然化 ④园林中的景物、装饰物需与自然环境结合

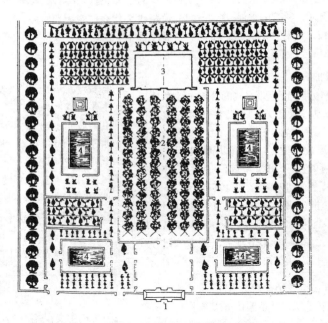

图1.9　古埃及某大臣的宅园平面图
［引自针之谷钟吉（日）《西方造园变迁史》］
1.入口　2.葡萄棚架　3.住宅　4.水池

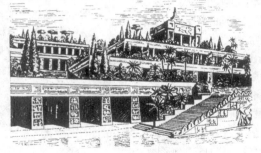

图1.10　巴比伦的空中花园

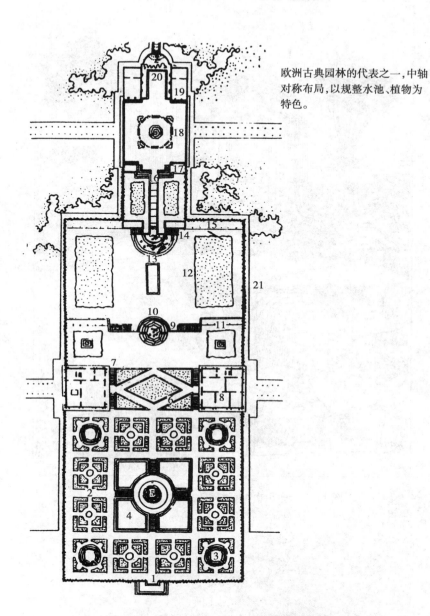

欧洲古典园林的代表之一,中轴对称布局,以规整水池、植物为特色。

图 1.11　意大利兰台(V. Lante)庄园平面图
(引自谷康等《园林设计初步》)

1.主入口　2.花坛　3.矮丛林　4.水池　5.圆形岛　6.斜坡　7.石阶梯　8.娱乐馆或陈列室
9.石阶梯　10.壁泉　11.柱廊　12.花坛　13.水池　14.石阶梯　15.圆柱廊
16.瀑布　17.石阶梯　18.花坛　19.陈列馆或花房建筑
20.进水口　21.与地形配合的栽植部分

图 1.12   圆明园内西洋楼欧式庭园中的大水法
（引自徐建融、庄根生《园林府邸》）

图 1.13   英国自然风景园林
（引自朱建宁《情感的自然》）

1.3 中外近现代园林发展概况

1.3.1 我国近现代园林发展概况

从我国近现代园林的发展史可以看到,经过两次鸦片战争,到咸丰、同治以后,国势衰弱、外侮仍频,就再没有出现过像清代皇家园林大规模的造园活动,园林艺术本身也随着我国沦为半封建半殖民地社会而逐渐进入一个没落和混乱的时期。

中华人民共和国成立前,我国的园林类型极少,主要仍为皇家园林、私家园林和寺观园林。几座大城市虽有一些城市公共园林,但也只是为了满足少数人欣赏和消遣的需要,或作为城市门面的装点。例如,北京把过去的几座皇家园林开放为公园,但门票昂贵,普通老百姓无人问津,而当时拥有几百万人口的大上海也只有 14 个公园,总面积约 66 hm^2。它们都分布在外国租界和高档住宅区里,专供外国殖民主义者和所谓高等华人享用。一般的地区则没有公共园林,就是简单的城市绿化也很少见到。至于其他的中小城市则极少有公共园林的建置,城市绿化就更谈不上。

新中国成立以来,政府十分重视园林绿地建设问题。我国的园林绿地建设经过短短 70 多年的发展,取得了巨大的成就,经历了起步、缓慢发展、持续增长的过程,并且迎来一个快速增长时期,每一个发展阶段都打上了鲜明的时代烙印。概括起来这一时期我国的园林建设主要经历了这样 3 个发展阶段(表 1.11)。

表 1.11 我国的园林建设发展的 3 个发展阶段

序 号	阶 段	起止时间	主要特点
1	起步阶段	1949—1957 年	这一时期的城市园林绿地跨越了国民经济恢复时期和"一五"计划时期。为了充分体现新中国社会主义制度优越性,由国家拨款修整了一些皇家园林和私家园林,向公众开放;同时还兴建一些城市公园,统一由国家管理,国家负担经费。这一阶段的建设虽然起点低,设施比较简陋,但毕竟实现了从无到有的突破,让城市面貌有较大的改变
2	缓慢发展阶段	1958—1978 年	这一阶段因受"大跃进""自然灾害""文化大革命"以及国内外不利的政治、经济等因素的影响,园林建设与发展受到了极大的限制,有的名胜古迹还遭到了"破四旧"之灾。这一时期属于我国城市园林绿地建设发展建设的低潮期
3	持续高速增长阶段	1979—现在	大规模的城市园林绿地的建设呈现出千姿百态的繁荣景象,受西方园林设计思潮的巨大影响,设计观念与手法更加自由宽泛

我国的城市园林绿地建设经历了从少到多的发展,尽管还面临观念较陈旧、规划设计水平还有待提高、资金短缺、经营亏损等许多问题和困难,但它不仅生存下来了,而且还孕育着巨大的发展潜力。近年来,我国城市园林绿地系统规划在借鉴国外先进经验的基础上,从城市的自然条件与城市发展现状出发,突出地域特色和民族特色,综合体现城市的生态功能、游憩功能和景观功能;在城市中形成点、线、面、体(各种环、带、线、网)互相联系的、立体的、网络结构的体系,对整个城市各类绿地类型、规模、特色与结构布局进行综合部署和统筹安排。其规划目标是追求生态环境优良、游憩方便、景观优美、舒适安全的城市绿化环境。城市园林绿地系统规划范围也从城市规划建成区,扩展到城市郊区、城市行政辖区或更大范围。

　　全球性的环境恶化与资源短缺,让生态和可持续性发展的观念应运而生,保护绿色环境越来越为大多数人所认同。城市园林绿地作为在城市中人与自然相和谐的典范创造,作为公认的人类理想的家园,必将在更多的领域、更深的层次走近人们的生活。社会越来越关注园林绿地的规划水平及城市环境质量的建设,希望它真正能成为人们的理想的居住与生活场所。

　　1999 年 6 月,在中国北京召开的国际现代建筑协会第 20 届世界建筑师大会上,通过了"北京宪章",宪章明确地提出了"在 21 世纪里能更自觉地营建美好、宜人的人类家园"的号召。"人与自然的和谐共处"再次成为城市建设的主题。园林绿地正是城市人与自然和谐共处的典范,必将为我们构建和谐社会带来亮丽的色彩。

1.3.2　国外近现代园林发展概况

1)国外城市规划的发展概况

　　早在 16 世纪,一些空想社会主义者针对当时的资本主义制度已产生的社会弊病,提出了各种社会改良的设想。如托马斯·摩尔(Thomas Moore)的"乌托邦(Utopia)"(即乌有之乡,理想之国)、欧文(Robert Owen)的"新协和村(Village of New Harmony)"(图 1.14)、傅立叶的法郎吉等理论和试验,这些理论和实践把城市作为一个社会经济的实体,将城市改造与社会改造联系起来,其规划思想在城市规划史上占有一定的地位。他们的一些设想及理论也成为后来"田园城市""卫星城镇"等规划理论的渊源,对后来世界各国城市园林绿地的发展与建设影响深远。

图 1.14　新协和村示意方案

　　1898 年,英国著名社会学家霍华德(E. Howard)就提出了"田园城市(Garden City)"理论。这一理论的出现对后来的城市规划产生了深远的影响(图 1.15—图 1.17)。城市由宽阔的森林、农田等组成的绿带包围着,城中有农田和菜园分隔,市内有城市中心公园、住宅花园和林荫道。霍华德理想中的田园城市规模不超过 3.2 万人,他在伦敦附近的莱奇华斯(Letch-worth)做了第一次田园城市建设实践。

　　随后又出现了卫星城(Satellite Town)理论,强调主城发展成一定规模的组团后,在城外布置林带和农田围绕城市布局,在距主城一定距离处再发展新子城(图 1.18)。1922 年勒·柯布西埃(Le Corbusier)发表的《明日的城市》提出了空间集中的规划理论(图 1.19),其基本点是底层架空的摩天大厦与大面积绿地的结合,体现了集中主义的城市建设思想。20 世纪下半叶西方出现新的"绿色城市"和"生态城市"概念。英国的新城凯恩斯市(Milton Keynes)始建于 1967 年,经过 25 年精心规划建设,到 1992 年形成了规模 15 万人口的一座花园新城。城市中公园占地面积超过城市总用地面积的 1/6,公园面积达到 1 750 hm^2,人均公园绿地面积超过 100 m^2。

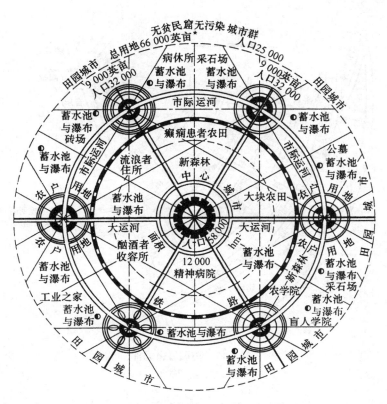

图 1.15 霍华德构思的田园城市组群示意图

（沈玉麟,2002）

（1 英亩 = 4.047 × 10³ m²）

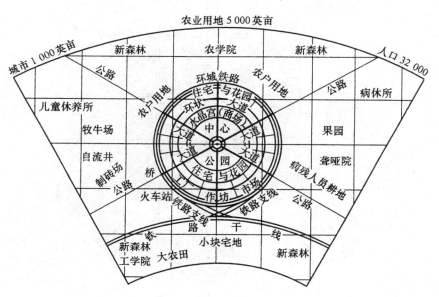

图 1.16 城乡结合的田园城市

（沈玉麟,2002）

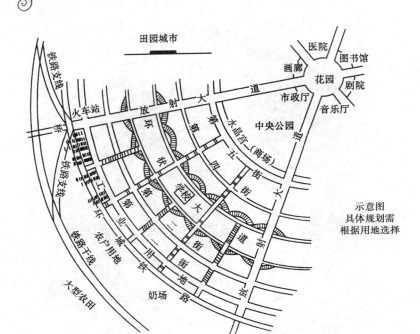

图 1.17　田园城市局部

（沈玉麟,2002）

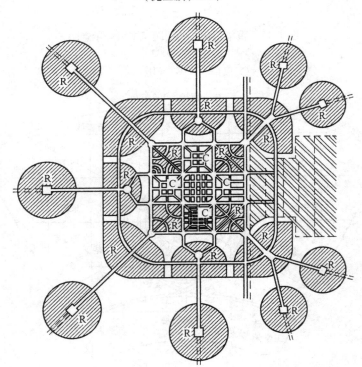

图 1.18　温恩卫星城市示意图

（引自王绍增《城市绿地规划》）

C.中心区　R.中心城与卫星城住宅区

　　这些理论经过100多年的不断探索与研究、实践与发展、更新与淘汰,形成了更加适合城市建设实际的现代花园城市和园林城市理论,具有广泛的指导意义和实践价值,从而促进了世界城市园林绿地的建设与发展。

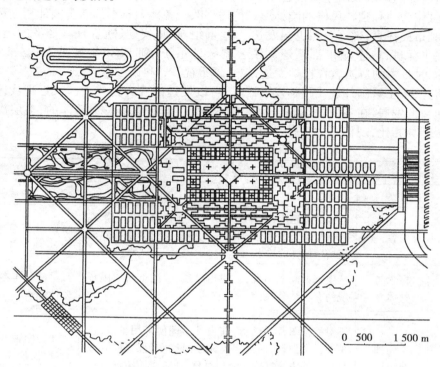

0　　500　　1 500 m

图1.19　柯布西埃《明日的城市》规划方案
(引自王绍增《城市绿地规划》)

2)国外近现代园林发展历程

　　早在资本主义社会初期,欧洲国家的一些专属于皇家贵族的城市新园和宫苑逐渐定期向公众开放,如英国伦敦的海德公园。在意大利还出现了专门的动物园、植物园、废墟园、雕塑园等。随着17世纪资产阶级革命的胜利,在"自由、平等、博爱"的旗帜下,新兴的资产阶级统治者没收了封建地主及皇室的财产,把大大小小的宫苑和新园都向公众开放,统称为"公园"。

　　进入19世纪大部分皇家猎园已成为公园。由于城市扩大,原有的城墙已失去作用,许多城垣迹地也被改建为公园。19世纪30年代以后,原有皇家园林已不能满足大众游人的需求,于是各城市都大量建造了新公园。

　　然而,真正意义上进行设计和营造的近代城市公园,始于1851年建造的美国纽约中央公园(Central Park in New York),是由美国著名的风景园林师奥姆斯特德(Frederick Law Olmsted,1822—1903)规划设计(图10.1)。该园设计十分成功,利用率很高。

　　英、美两国是西方国家中发展城市公园的先驱,进入20世纪后,它们在许多城市兴建了公园、动物园、植物园、游乐园等公共园林,并为满足现代工业城市中的人们对自然的需求,建立了更大规模的自然游憩地——国家公园(National Park)。英、美两国公园建设的原则和方法,在很长一段时间里是各国学习的典范。

　　十月革命以后,苏联在社会主义制度下出现了城市公园的新形式——能满足大量游人多种文化生活需要的、真正属于人民的文化休息公园及专设的儿童公园。1929年建于莫斯科的高尔基文化休息公园是第一个为大多数普通群众建造的公园。

日本近代造园事业发展迅速,19世纪明治维新以后,日本大量吸收西方文化,也输入了欧洲园林。但欧洲的影响只限于城市公园和少数"洋风"住宅的宅园,私家园林的日本传统仍然是主流,而且作为一种独特风格的园林形式传播到欧美各地。日本的新公园计划在都市遍设小公园,为便利市民休息,郊区公园也很发达。20世纪60年代起,随着日本经济的迅速发展,其公园建设突飞猛进,各个城市都已建立了公园绿地系统,到1992年城市人均公园面积达到6.25 m^2。同时日本的造园教育也颇发达,越来越重视该学科的发展。

综上所述,要了解国外现代园林发展概况,可以发达的西方为代表。其近现代园林经过一个多世纪短暂的发展,在各方面取得了巨大的成就,逐渐形成了一个整体的、多层次的学科体系。与传统园林相比,现代园林具有鲜明的特征(表1.12)。

表1.12　西方现代园林与传统园林的特征比较

序号	比较特征		现代园林	传统园林
1	服务对象		广大民众	少数阶层
2	设计内容		范围越来越广,内容越来越丰富。从自然原始景观的保护到人工生态的再造,从传统文化的挖掘到现代场所精神的追求	主要皇家园林、宗教园林、私家园林
3	设计手法	概念与整体性	从生态大概念出发,空间相对独立,注重与周围环境的有机结合,成为一个整体	只重视个体本身形式,整体性较差
		空间轴线设计	不对称构图开始流行,在设计中即便采用轴线,也不予视觉强调,而是用不完全对称布置的景物,或是折线的边缘打破完全的对称,注重景观空间的引导,追求不对称均衡	主要为中轴线设计,强调对称性、庄重、大气,但比较呆板、生硬
		地面的设计	为追求多样性或减少透视变形,地面常采用上升或下沉式的处理手法,强调地面空间的变化;地面图案得到强调,常用简单的几何图形,注重材料的质感与色彩的变化	主要为平面型,缺少变化;不太重视地面的质感与色彩变化,较单调
4	材料与技术应用		采用现代的新技术与新材料,除了石材还大量采用新型高效高强的轻、光、挺、薄等材料,为现代园林提供了强大的物质技术基础	传统技术与材料,主要用石材,稳重、严谨

值得我们注意的是在西方现代城市发展中,其城市园林绿地建设活动一直贯穿其中,已有160多年的历史。他们经历了公园运动(1843—1887)、公园体系建设(1880—1898)、重塑城市运动(1898—1946)、战后大发展(1945—1970)及生物圈绿化运动(1970年以后)等多个特点明确的发展阶段,促进了城市绿化建设迅速发展,为营造健康、舒适、美丽的城市发挥了巨大作用。同时,也走过不少弯路,值得我们深思。例如,1893年美国芝加哥哥伦比亚世博会的"城市美化运动"思潮引发了世界性的"城市美化"的竞争之战,美国的华盛顿、克利夫兰,菲律宾的马尼拉,澳大利亚的堪培拉,印度的马德里,甚至东非、南非等城市,尽管地域不同,风情各异,但先后建成高密度、高度几何化、中心化、建筑化、强调纪念性轴线的城市,与"城市美化运动"(City

Beautiful Movement)的始作俑者芝加哥一脉相承,精心规划建设的园林,如规整的城市广场、公园、湖滨或沿河的风景休闲区等都摆脱不了几何对称、规范、严格、统一的风格,充满了显示性、礼仪性和纪念性,这些美化元素无意也无法顾及城市的其他广大地区,只能加剧城镇环境的恶化,远离个性化、人性化的平民大众,形成了城市的畸形发展,城市贫富人口集中分布加剧,交通更加堵塞,生态系统破坏,且耗资巨大。

近几十年来,西方风景园林大师们在不断总结经验教训的基础上,采用了更加审慎的态度和设计手法对待那些引起社会中普遍关注的问题,如环境破坏、生态失衡、交通拥挤及社会转变等,重新唤起对自然环境和人类社会的人文关怀,促进园林绿地的可持续发展。

3)西方现代园林设计的主要倾向

随着西方发达国家经济实力的不断增强,今天呈现在世人面前的西方现代园林是一幅令人目不暇接的长卷,认真研究与吸取其中优秀与健康的内容将有利于我国园林事业的长足发展。

20世纪的西方园林经历了100多年的波折与发展,由于自然科学与社会科学的巨大进步,设计观念与手法发生了重大的改变,各种设计思潮空前活跃。当代的设计思潮打破了传统规则图案式及自然风景园的风格,超越了19世纪及20世纪初期的混杂风格与新古典主义倾向,形成新的审美观和新的形式风格。并在20世纪后期逐渐走向多元化,现代主义、折中主义、历史或文脉主义、极少主义、后现代主义、裂解和拼贴、不相关秩序体系的重错,甚至诙谐幽默都能够成为现代园林设计中可以接受的创作思想。

当今西方现代城市园林绿地设计的主要倾向概括如表1.13所示。

表1.13 西方现代园林设计的主要倾向

序 号	设计倾向	主要特征	代表作品	设计师
1	设计要素的创新	科学的进步、新材料与新技术的应用,使得现代城市园林绿地的设计要素在表现手法上更加宽泛和自由。应用激光、电子声控、多媒体等高新技术要素有机结合地形、水体、植物、建筑等形体要素来创造园林	拉维莱奴公园	M.考拉居
			伯奈特公园	沃克
			罗宾逊广场(图1.20)	埃里克森
2	形式与功能的统一	注重功能,形式建立在功能之上。以形式与功能的有机结合作为主要的设计准则	苏黎世瑞士联合银行行政楼前广场(图1.21、图1.22)	罗代尔
3	现代与传统相辅相成	借助于传统形式与内容去寻找新的含义或形成新的视觉形象,既可以使设计的内容与历史文化联系起来,又可以结合当代人的审美情趣,使设计具有现代感	东京湾喜来登大饭店环境景观(图1.23)	铃木昌道
4	追求自然的神韵	大自然的神韵是现代设计师的重要灵感的源泉。他们在深深理解大自然及其秩序、过程与形式的基础上,以一种艺术抽象的手段,再现了自然的精神,而非简单地移植或模仿	波特兰大市伊拉·凯勒水景广场(图1.24)	海尔普林
5	注重隐喻及象征手法	为体现自然环境或基地场所的历史和环境特征,在设计中通过文化、形态和空间的隐喻,创造有意义的城市园林绿地景观内容和形式,使人们便于理解,易于认知接受	德州拉斯·考利纳斯市威廉姆斯广场	美国SWA集团及雕塑家格兰

续表

序　号	设计倾向	主要特征	代表作品	设计师
6	讲求场所精神与文脉主义	设计充分体现场地的自然、历史、文化演变的过程,重视园林作为文化载体及传播媒介的精神功能,主张创造特有的场所精神	拉·维莱特公园(图1.25)	伯纳德·屈米
7	提倡生态设计理念	贯彻生态与可持续发展的设计理念。主张采用促进维持自然系统必需的基本生态过程来恢复场地自然性的整体主义方法;强调能量与物质循环使用的基本原则,充分利用太阳能与废弃的土地、废物回收再利用;注重人工湿地和水环境净化,等等,提倡创造一种低能耗、无污染、不会削弱自然过程完整性的绿化空间	查尔斯顿水滨公园	佐佐木事务所
8	追求新风格	受当代艺术影响,思想上往往具有挑战性,具有敢为天下先的精神。在形式上标新立异,热衷于各种材料的尝试,追求视觉效果,风格相当激进。尽管这些审美趣味不一定都会受到当代人的首肯,也不一定会在将来成为主流性质的审美意识,但这对开创新的审美情趣与设计风格是十分重要的	威林顿新公园"大地沦陷"景区	史密斯

　　综上所述,西方现代园林设计思潮趋于多元化,但传统手法仍是设计的根基,在造型上仍采用理性的方式去锤炼形式与探索空间,仍然以和谐完美作为设计所追求的终极目标。当然这种和谐完美不局限于形式本身,而是形式与现代城市园林绿地服务于社会诸多功能需求的统一,更加关注个体与整体生态环境的协调,这正是当代西方园林设计的主流。

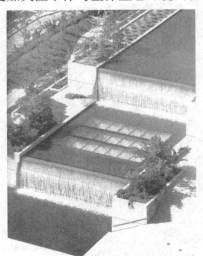

图1.20　罗宾逊广场屋顶花园水
池从建筑的天窗上流过
(引自夏建统《对岸的风景》)

图1.21　苏黎世瑞士联合银行行政楼
前广场及其环境
(引自王晓俊《西方现代园林设计》)

图 1.22　瑞士联合银行行政楼前广场
时间机器雕塑
（引自王晓俊《西方现代园林设计》）

图 1.23　东京湾喜来登大饭店中心
庭园大瀑布与游泳池鸟瞰
（引自王晓俊《西方现代园林设计》）

图 1.24　伊拉·凯勒水景广场大瀑布旁的
水台阶
（引自王晓俊《西方现代园林设计》）

图 1.25　巴黎拉·维莱特公园现代风格的
空中步道
（引自王晓俊《西方现代园林设计》）

图 1.26   日本筑波科学城中心局部鸟瞰

（引自王晓俊《西方现代园林设计》）

1.3.3   世界园林发展前景

1)人与自然环境关系发展与变化

远古时期人类已经开始了在居住地或聚落地附近种植花草树木的习惯,以达到改善人类生存环境和居住条件的目的。这就是人类早期的园林建设,虽然当时十分简陋、粗糙,但还是反映了古人与自然环境的初级依赖关系。

经过漫长的中世纪到了18世纪的产业革命,机器大工业迅速发展,特别是19世纪末到20世纪,电力、电子工业的迅猛发展,促进了人类社会的生产模式大变革,更加大规模地改变着地球的自然环境。

工业现代化给人们带来了前所未有的物质文明,也带来了日益恶化的生存环境,20世纪50年代西方发达国家经历了所谓的"人口爆炸"(population),"环境污染"(pollution),"资源枯竭"(poverty)的"三P危机"。大自然对人类只追求物质利益而无视生态环境效益的活动给予了各种报复和惩罚,人类不得不再度反思人与自然的关系,对自然环境有了更加理性的认识。

纵观人类社会的发展史可以看出,人与自然关系经历了3个发展阶段,如表1.14所示。

表 1.14　人与自然环境关系发展的 3 个阶段

阶　段	人与自然关系	主要特点
第 1 阶段	被动适应：人的一切活动都受到自然环境的限制，人处于被动状态	在原始时代人类表现出了对自然的直接依赖关系，其生活是建立在周围自然环境所提供的物质条件的基础上，如当时的穴居、巢居等；当环境不适宜生活时，可以通过简单迁徙来解决，处于原始的被动状态
第 2 阶段	主动索取：人试图成为自然界的主宰，无度地向自然界索取。认识自然是为了改造自然，抗拒自然的约束，同时也在破坏自然、破坏人类自身生存与发展的基础	到了农业时代人们开始较大限度地改变大自然环境，逐渐把自然生态系统转变为以种植、畜养为特征的人工生态系统；但由于是以自然经济为基础，人类对环境的改变尚未超出环境的容量，还可在不同程度上相对恢复，生态系统仍可维持大体上的平衡。进入工业社会以来，造成的大规模环境恶化则是深层次的变化，恢复原有生态系统将十分困难
第 3 阶段	和谐共存：人不再是自然界的主宰，而是自然界的保护者	面对工业革命所带来的日益严重的城市环境问题，人类开始了各种艰难的探索。人们认识自然，不仅是要改造自然，而是要使自然支持系统成为人类可持续发展的基础

2）中外园林特点比较

陈志华先生指出"在全世界，园林就是造在地上的天堂，是一处最理想的生活场所的模型。"这就是中外园林艺术的同一性。一方面，正是这种同一性使得中外园林运用相同的构景造园要素：山、水、植物、建筑等，创造出了人们理想的绿化环境场所和所追求的生活体验；另一方面，由于各民族生活的自然地理环境的差异，社会文化背景的不同，空间思维模式的独特性，因而产生了不同的设计风格（表 1.15、图 1.27）。纵观古今中外城市与园林的发展历程，这种差异不仅反映在人居环境景观模式上（图 1.28），也反映在城市建设中（图 1.29）。

表 1.15　中西方传统造园差异比较

比较内容	中国传统园林	西方传统园林
设计理念	崇尚自然美，"虽由人作，宛自天开"	崇尚人工美，追求气派的视觉效果
空间布局	自然式：因地制宜，利用自然地形景物	规则式：对称、几何
游园路线	追求曲径通幽的自然式布局	开放、气派、几何线型
设计要素	模仿自然山水，假山、水池、建筑、植物少修饰	喷水池、雕塑、建筑、植物多修饰

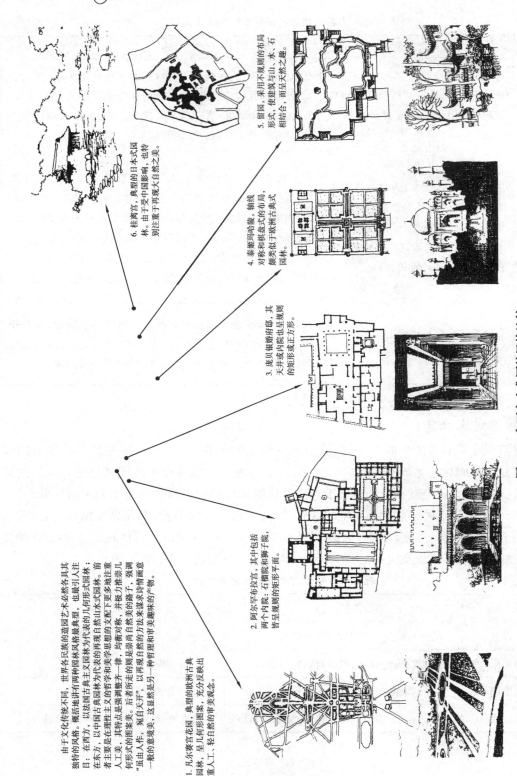

图1.27 东西方古典园林风格比较

由于文化传统不同，世界各民族的造园艺术必然各具其独特的风格。概括地讲有两种园林风格最典型：在西方，以法国古典主义园林为代表的几何形式园林；在东方，以中国古典园林为代表的再现自然山水式园林。前者主要是在理性主义的哲学和美学思想的支配下更多地注重人工美，其特点是强调整齐一律、均衡对称，并极力推崇"虽由人作，宛自天开"，以再现自然崇尚的方法来谋求诗情画意一般的意境美，这显然是另一种哲理和审美趣味的产物。

1. 凡尔赛宫花园，典型的欧洲古典园林，呈几何形图案，充分反映出重人工、轻自然的审美观念。

2. 阿尔罕布拉宫，其中包括两个内院：石榴院和狮子院，皆呈规则的矩形平面。

3. 庞贝银婚府邸，其天井或内院也呈规则的矩形或正方形。

4. 泰姬玛哈陵，对称和棋盘式的布局，颇类似于欧洲古典式园林。

5. 留园，采用不规则的布局形式，使建筑与山、水、石结合，而呈天然之趣。

6. 桂离宫，典型的日本式园林。由于受中国影响，也特别注重于再现大自然之美。

中国文化中的理想 景观模式之强化特征	欧洲文化中的理想 景观模式之强化特征

1. 藏匿的战略：使人文隐迹于 自然景观之中	1. 炫耀的战略：强调建筑自身 的文饰和地位
2. 防守的战略：占据重关四塞 的空间	2. 进攻的战略：占据制高点和 视控点
3. 依恋于自然之中	3. 凌驾于自然之中
4. 偏于内向的"性格"	4. 偏于外向的"性格"

图 1.28　中西方文化中理想景观模式强化特征比较
（引自俞孔坚《理想景观探源》）

	城市	南 京	北 京	杭 州	扬 州	西 安
中国古城『跃迁式』发展五例	扩展轨迹					
	年代	1,2,3.春秋战国 4. 六朝 5. 南唐 6. 明朝	1. 辽代 2. 金代 3,4. 明代	1. 春秋战国 2. 隋朝 3. 元代	1. 汉代 2. 唐代 3,4. 宋代 5,6. 元、明、清	1,2. 周代 3,4. 秦汉 5. 隋、唐 6. 明、清
西方古城『同心圆式』发展五例	城市	法国·巴黎	德国·柏林	比利时·布鲁日	荷兰·埃姆斯福特	荷兰·哈尔姆
	扩展轨迹	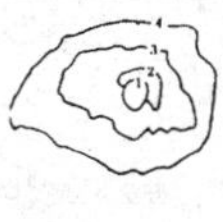	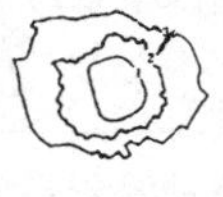	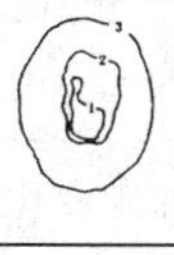	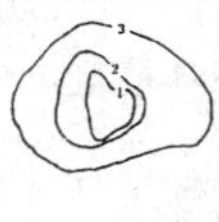	
	年代	1. 12世纪 2. 14世纪 3. 18世纪 4. 19世纪	1. 13世纪 2. 17世纪 3. 18世纪	1. 11世纪 2. 12世纪 3. 近代	1. 13世纪 2. 14世纪 3. 16世纪	1. 11世纪 2. 13世纪 3. 15世纪

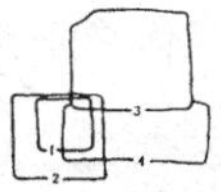

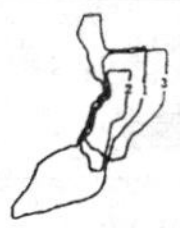

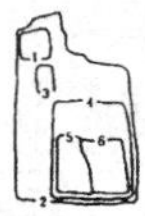

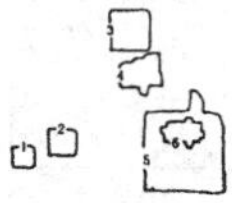

图 1.29　中西方古城不同的扩建方式
（引自王深法《风水与人居环境》）

　　师法自然、融于自然、顺应自然、表现自然，崇尚"天人合一"的观念，这是中国古代园林的精髓和灵魂，也是中国园林能经久不衰、自立于世界民族之林的底气所在。我国的园林曾经影响日本和欧洲。中国造园受西洋影响是在清朝后期，圆明园中的西洋楼是典型的例子。新中国成立初期，我国的园林建设取得了较好的成绩，但"文化大革命"期间处于停滞状态，到了改革开放时期又迎来了建设的高潮期……由于各种因素的影响，我国的现代园林由于缺乏民族特色和地域性,而慢慢减退了对世界园林的影响力,这是十分令人遗憾的事,应当引起我们的深思。

西方园林也具有悠久的历史,一样追求自然美与艺术美的统一,不同的是西方古典园林一直崇尚人力,重在表现人为的力量。但进入工业时代后,经历了工业社会"三P危机"的反思之后,现在越来越注重人与自然的和谐而不是对立,关注我国"天人合一"的造园思想。其大量的卓有实效的理论研究与实践探索表明,在某些科学技术领先的西方,在园林景观设计中,已更加自觉地注重自然环境的生态保护,追求自然界固有的和谐美,顺应并有节制地加以修饰和开发。目前,有志向的景观设计师们建立在全球化的视野下更加认同人与自然和谐平等的自然观,更重视园林景观设计的科学性,未来的园林景观建设会更加美好。

3)当代园林发展趋势

在步入21世纪之际,当代园林设计呈现出以下新的发展趋势(表1.16):

表1.16　当代园林发展趋势

趋　　势	特　　点
1.注重人与自然环境的和谐共生	以生物与环境的良性关系为基础,以人与自然环境的良性关系为目标,园林的功能在21世纪走向生态合理与实用化。从过去的偏向观赏型转向重视人性与实用性,更加注重形式美与实用功能的有机结合
2.强调地域特色	场地及其周围存在着大量显性或隐性的景观资源,通常需要重新利用或调整方向,才能使各景物之间协调一致。最理想、最动人的设计就是使整个地域的景观和谐共存。以自然为主体、生态为核心、以地域为特征、以场地为基础、以空间为骨架、以简约为手法是当今设计风格的趋势
3.提高绿化效益	城市园林绿地的数量不断增加,面积不断扩大,类型日趋多元化。由于人口的增加,土地相对减少,如何合理高效利用各种空间,发挥绿地的效益显得非常重要。出现了立体型、多功能集商业性、寓教于乐性为一体的城市中心绿地,以及改进城市污染废弃场地等新型绿地
4.绿地系统结构网络化	城市绿地系统由集中到分散、由分散到联系、由联系到融合,呈现出逐步走向网络连接、城郊融合的发展趋势。更加注重以植物综合运用、景观环境绿化、水土整治为核心的物质生态环境规划的统一与协调
5.新材料新技术的应用	造园材料与施工技术更加专业化,各种游乐设施与植物养护管理上广泛采用先进的技术设备和科学的管理方法
6.方法更加科学	设计方法更加科学化,关注与城市规划的整体协调,重视设计前的调研工作,重视设计中的公众参与,注重研究人的心理行为与环境的关系,关注使用者的心理及生理需求,从过去偏重的艺术领域向更加科学的范畴拓展

当今的社会信息与交通的发达,促进世界性交往日益频繁,园林界的东西方交流也越来越多。这既可以相互取长补短,但也有同化的不利因素存在。在园林设计中如何保持民族特色、地域特色与时代特色是值得我们认真思考的问题。

4)我国园林事业面临的机遇与挑战

20世纪初的5—10年间,是我国园林事业发展承前启后、继往开来的关键时期。其中既有难得的机遇,也面临严峻的挑战。首先,近年来经济的持续高速发展为我国的环境建设提供了有效的物质保障,常言道"盛世造园",人们越来越注重生活的质量,越来越关注城市环境的建设质量;其次,政府会更加坚定不移地实施可持续发展战略,为进一步搞好园林事业创造良好的社会环境;近年来旅游事业迅猛发展,两个黄金周的长假和春节度假观念的更新,国内游客也越来越多,也对园林建设提出了新的要求、新的内容和新的课题。

我国的园林事业在今后社会经济建设的进程中,正面临一个蓬勃发展的局面,前景是十分令人鼓舞的。今后城市园林绿地不仅在数量上将要迅猛增长,在质的方面也必将有一个快速的提升。大规模的城市建设和改造为园林事业创造了更多的发展机会,境外的园林同行也纷纷看好中国的园林市场,大量涌入了各大城市,他们带来了新的理念、新的手法,同时也带来了新的文化"垃圾"。如何把握好这些机遇和挑战是我们当前面临的重要课题。

近年来我国的园林建设取得了有目共睹的成绩,极大地改善了人们的生活环境。但也有不足之处,例如各级政府旨在改善生态、美化人居环境的美好愿望的项目,有的却不同程度地"变味"为与100多年前西方的"城市美化运动"相类似的举动。当代有独到见解的园林设计师们曾痛心疾首地斥之为"城市化妆运动"。一些城市的市中心不惜成本兴建了大同小异、方正规整、一马平川、超大尺度的广场、大面积硬质铺地(各种水泥地,刨光的花岗岩地面等,让土地无法呼吸),精雕细刻的汉白玉栏杆,罗马柱,华美的灯具,进口草皮,摆放花卉,标新立异的雕塑,花样百出的喷泉,等等,却缺乏人们需要的浓荫大树与坐憩空间;夏日炎炎,硬质铺地辐射高温难耐;冬天雨雪交加,寒风肆虐;花费巨资建成的"巨无霸"广场除用于集会外,少见游人;有些场地本来就有山有水却非要追求西洋风格的气派,斥巨资大搞平面图案设计,起伏有致的山坡被削平,曲折有韵的河流被强行截直、拉平、填堵;大量乡土树种、花草被驱逐出"大雅之堂",代之以异国风情的植物,片面追求大效果、大色块,结果"水土不服",维护成本剧增,绿化美化的效果却很差……虽然这不是全部,但部分误区已造成了较严重的后果。

正当发达国家在经历惨重的教训之后,走上更生态的城市园林美化之路时,而我国有的地方的"城市美化运动"正在走一条发达国家已经走过的、并证明有许多弊病的老路,这些应该引起我们的深思。

分析"城市化妆运动"存在的主要问题有:重视视觉感官高于实用功能,有的地方照搬模仿的较多,缺少重视生态效益、实用价值、个性鲜明、境界深远的作品。具体表现为两个方面:一方面是为了迅速树立城市的现代化形象,改变城市的旧面貌(有的甚至是具有保护价值的古城),不惜贪大求洋,兴建景观大道、大广场、大草坪、大喷泉等,大多数是洋作品的拷贝,肤浅花哨;另一方面则是旨在保护优秀的传统文化,但某些作品仍然被僵化地局限于中国传统园林的盲目模仿阶段,让人一看到的园林无外乎就是中国传统园林的小桥流水、亭台楼阁等,不从实际情况出发,难以适应新时代的需求。这两方面都忽视了园林设计的科学性与艺术性,忽视了现代人的物质与精神需求,忽视了与社会和文化的协调发展。其结果必然是浪费了人力和物力,更有甚者是破坏了当地的生态环境,不是老百姓所需要的园林绿地。

探索古今中外园林特点,借鉴国外优秀园林建设的先进经验,创造性地发展中国园林事业,已成为我国园林工作者的共识。首先,我国园林发展方向应当建立在大生态观念的基础上,尊重当地的自然条件、尊重当地历史和文化传统,最大限度地保留当地历史、文化遗产和自然资源,充分利用当地的地形地貌、水文地质和动植物资源,以较低的建设与维护成本,构建体现人文关怀、天人合一、开放性的当代城市园林绿地系统。其次,要高度重视发挥城市园林绿地的实用效率,坚决摒弃那些形式主义特别是无改善生态环境实效而被称为"美化城市"的大工程,为求政绩而不惜投入巨资的"形象工程"。在批判地继承古今中外园林艺术精华的基础上,设计出富有中国特色、符合时代需要、体现人文关怀的园林景观。只有有了生机盎然的绿色空间,才会有充足的阳光、空气和水,才能构建人与自然和谐的社会。

1.4 典型实践案例分析

城市绿地系统规划发展潮流初探

摘要: 随着城市规划观念转变及视角转移,城市绿地规划建设面临着新的发展。现代城市绿地规划发展潮流主要是规划理性化、布局多元化、结构系统化、空间开放化、绿化森林化、景观人文化、水景生态化、设施人性化8种。

关键词: 城市规划;绿地系统;生态系统;景观设计

On the Development Trend of Planning for City Greenbelt System

Abstract: With the change in concept of city planning and in angle of view, the planning construction of city greenbelt is facing a new development. The development trend for greenbelt planning in modern cities is characterized as follows:rational in planning, pluralistic in arrangement,systematic in structure,open in space,forest for landscaping,humane in landscape,ecological in waterscape,and humanized in facilities.

Keywords: City planning;Greenbelt system;Ecological system;Landscape design

当前,"保护环境""人类与自然共存"已成为人类共同关注的论题。现代城市绿地已走过了游憩观赏阶段,进入了营造、改善城市环境及满足景观效应双重目的阶段,原有的城市绿地发展规划已不适应新的城市发展需求。现代城市绿地系统规划融合生态学及相应交叉学科的研究成果,满足管理者、决策者及公众的不同需求,具有一定的时代特征。笔者以为目前行业的发展潮流主要有8个方面。

1)规划理性化

目前,在城市绿地规划中流行应用控制性规划的理念。所谓控制性规划,是对城市绿地系统规划的进一步深入和完善,它将绿地系统规划的意图,通过一系列指标反映在城市用地的每一地块上,这些指标体现了绿地系统规划的指导思想和规划意图,使规划更趋理性化。规划理性化指现在的城市绿地规划有了很强的理论基础而不仅仅是单靠设计师的突发灵感和"一厢情愿"。现代城市绿地规划中越来越重视根据各城市特有的地理环境、地形、地貌、水文地质、城市风貌、工业用地、居民用地、道路系统,做出各具特色的、与河湖山川自然环境相结合的、体现地区特点的城市绿地系统[1]。这体现了规划工作的科学性、理性化。

在规划过程中,应遵循以下基本原则:

①重视内外自然山水地貌特征,发挥自然环境条件优势,深入挖掘城市历史文化内涵,形成本城市园林绿地系统布局结构与特色。

②按照国家有关城市园林绿地指标的规定,合理确定各类园林绿地类型与规模。

③各类公园绿地达到均衡布置,有机结合,形成体系。

④合理确定近期和远期规划。

⑤树种规划重视使用地带性树种,以乔木和灌木为主,同时考虑植物的观赏、生态和经济价值。

如山东省乳山市的绿地系统规划,首先把城市用地分成若干块,并分别编号,标明地块的用地性质和绿地率,并根据其地形和用地性质,确定绿地系统规划模式。桂林市的分散集团式城市结构间的放射状的楔形绿地系统,将田园的优点引进城市,为城市发展提供秩序和弹性[2]。佛山市、宿迁市绿地系统规划中均将绿量作为指导规划的依据,体现了量化理念。

2)布局多元化

由于各城市自然环境、城市风貌各不相同,决定了每个城市绿地系统布局的多元化。在城市绿地系统的布局中要充分考虑到城市工业用地、居民区用地、道路系统、自然生态环境条件等各方面因素;尽可能利用原有的水文地质条件、名川大山、名胜古迹突出城市特点,设计城市景观,形成相宜的绿地系统布局。

现在城市绿地系统布局形式多样,其中基本布局形式主要有块状、环状、放射状、放射环状、网状、楔状、带状、指状、混合式等[3]。不同城市可能由其中两种或两种以上基本布局形式组合出新的布局形式,可称为组合布局形式,如放射环状、星座放射状、点网状、环网状、复环状等。

如启东市绿地规划布局依据启东市特点,将城区绿地系统规划为"四面环青屏,处处邻绿景,三水绕城郭,绿网织全城"的网状布局模式。

秦皇岛市城市绿地规划布局则依据山水特色和一城三区的布局特点,将布局确定为"大环境生态绿地衬托城市组团"的布局形式,三城区组团呈"网带状与楔块状"组合绿地布局结构形式。

苏州市、三亚市利用水系网络及道路绿地网络形成双棋盘式绿地系统布局。杭州市利用周围的山水等地形地貌形成环绕中心城区的环状绿地系统布局,而且在同一城市的布局上通常不是单一的形式,而是多种形式混合。例如,南京市根据自然地貌,东北有紫金山,西北有长江,北有玄武湖,南有莫愁湖,宁镇山脉绵延起伏环抱市区,周围河湖纵横交错,城市有秦淮河贯穿市区,城内还有清凉山、石头城,形成心、网、轴、环、片相交的混合布局。

3)结构系统化

现代城市绿地系统规划都具有一定完整的结构体系,总体上包括以下3个层次:

(1)大地绿化子系统规划 包括区域景观生态规划及区域旅游规划,就是以自然生态系统的保护和优化为基础,充分利用农田、山体、水体及岸线绿化,结合区域旅游业发展规划,全面协调绿地建设与旅游资源保护的关系。

(2)城市绿地子系统规划 研究各类绿地指标、空间布局及文物古迹、古树名木规划、植物规划等。城市绿地以城市公共绿地、防护绿地、居住区绿地、单位附属绿地、生产绿地、道路河道绿地及风景林地为主体,它能起到改善环境,美化整体环境的作用。

(3)庭院、阳台、屋顶小环境绿化子系统规划 这一层次是指以家庭内外生态布置为基础的庭院、阳台和屋顶绿化。

如启东市绿地系统规划采用点、线、面相结合的形式,以外围大环境绿化圈——市郊生态系地(果园、农业观光示范园)为外环,以城市周围的防护绿地(环城公园)为内环,市内合理布设块状公共绿地,并通过道路绿地、滨河绿地相互贯穿,从而形成一个完整的体系。宜兴市绿地系统规划,以市区为中心,以各乡镇为子系统,通过贯穿城乡的河流、公路为连接纽带,把城市绿地、近郊风景林地、远郊风景区和成片造林地有机结合起来,做到点线面,大中小,高中低相结合;地面、墙面、棚架、阳台相结合;乔、灌、草、花结合,规划完整的、具有宜兴山水特色的绿地结构系统。

南京市新制订的《南京主城绿地系统规划》明确了南京绿地以钟山、夹江两岸、幕府山、雨花台4大片绿地为主体,通过绕城公路绿化带和主城滨江绿化带的建设构成绿色内外环,通过各类公园、绿地的建设构成环、网、带相连,点、线、面结合的园林绿地体系,形成"一环""二区""三轴""四线""五街""六片"的结构系统[4]。

苏南中小城市的规划,像张家港、江阴、昆山、吴江等,这些城市,城区较小,内部的绿地系统性不强,因此在做城市绿地系统规划时,更多地考虑了城与城之间的联系、城与乡村的结构系统、大地景观规划和地区性绿地规划。打破城乡界限,把自然引入城市,把农田也看成城市绿地系统的一部分。城与城、城与乡互动,结成一个有机的绿地系统。

4)空间开放化

现代城市绿地规划不仅要重视城市建成区范围内的人工生态系统建设,更应重视整个市域范围内的自然生态系统的保护和完善,规划应把范围扩大到市域,既要加强大地绿化子系统规划,同时又要解决好城市边缘地区绿地建设与城市扩展之间的关系。

(1)从"园林绿化"走向"大地景观规划" 现代城市绿地规划首先着眼于大环境绿化规划,从区域出发,把森林、农田、草地、景区作为生态改善的积极因素纳入城市绿地系统规划,使市区拥有良好的整体生态景观背景。例如,江苏省宜兴市,在大环境绿化规划中,加强东、西风景区的建设,使东西两块绿地楔入城中,弥补老城区绿地不足,同时在近郊规划梅林度假区、龙背山植物园、森林公园等项目,使城市绿地面积扩大,景观生态环境得到较大改善。

(2)开放公园,进一步扩大园林空间 为了能增加绿化面积,一方面继续搞好绿地管护工作,如搬迁辟绿、拆迁还绿、拆墙透绿,进一步开发绿化死角;另一方面开放且协调的园林空间环境在于不以围墙高筑来封闭自守,而是引入园外的自然风光与环境中的河道、溪流,与其他绿地、建筑相融合,成为大环境中不可分割的有机组成部分。开放空间更有利于发挥园林景观功能、美化和改善环境、便于与各类绿地相连、为更多的人提供服务。空间的开放性同时是人性化的要求、人本主义的体现。

如南京市开放玄武湖公园环湖绿带,使湖、城融合为一体,同时也满足了市民的需求。现代景观设计的成果应供城市内所有居民和外来游客共同休闲、欣赏、使用,因而决定了它要以超常规的大尺度概念和空间开放的方式设计,同时又受20世纪六七十年代西方大地园林化思潮及手法的影响,即注重设计空间和大自然的融合,在广袤空间中创造作品,"人在画中以作画"的设计思路,这些都决定了空间要开放。如在苏州工业园区金鸡湖规划设计中,634 m长的湖滨大道,将大道规划为宽15 m,分上、下两层,与开敞的湖面空间相连,远眺可借远山,近观可赏水波。

5)绿化森林化

绿化森林化就是指绿化以成片森林为主体,乔、灌、草相结合,能改善城市生态环境,提高城市文化和福利水平。随着人们越来越多地关注环境质量问题,城市园林绿化的生态功能也就越来越被人们所重视,于是营造大片城市景观林成为一种趋势。

我国许多城市以"城在林中、林在城中、居在绿中"的城市规划新理念来建设城市新景观。近年来有人提出"把森林引入城市,使城市坐落在森林之中"即把城市规划建设为"森林城"。

其构成要素类似于一般城市,但它更强调物质循环和能量转换的流动方式,确保城市的良性生态循环和优美的人居环境,达到生态、经济、社会三者的有机融合,相互促进,持续发展。"森林城"绿化系统是保证良性生态循环的坚实基础,它包括城建区绿化系统和周边区域绿化系统两部分。

国家林业局现已批准把吉林省长春市、辽宁省埠新市、湖南省娄底市作为"森林城"来建设。

上海在这方面做了一些尝试。上海市人口密集,工商业发达,城市的热岛效应极为明显,在夏季,市中心的温度要比市郊高 4～5 ℃,要消减热岛效应,仅靠小面积的一般绿地很难奏效。而城市森林对改善城市环境的作用是相同面积的一般绿地的数倍。上海最近规划在外侧建设一条宽度不低于 500 m 的环城绿化带,全长 97 km,面积 7 241 hm²。

6) 景观人文化

传统的名胜古迹等园林景观之所以受到人们的普遍关注和喜欢,其中一个重要原因就是名胜古迹是历史文化的载体,充溢着人文文化。这些园林景观的形成,深受当时的社会背景、技术水平、文化基础的影响。而随着时间的推移,每一个时期不断赋予原有景观一些新的文化内涵。这种文化不断积淀,构成了传统景观的内涵,即传统景观的人文化。在城市绿地规划中必须尊重文化,把握园林绿地的性质、风格和主题,尽量挖掘当地历史文化底蕴,充分体现地方特色及历史文脉,使园林绿地蕴含丰富的历史文化内涵,这样的城市园林绿化规划设计才真正具有灵魂,才能与周围的环境相融合,才符合人们的审美及心理需要。同时植物景观的文化性也是不可缺少的,其设计应在有限的绿化面积内通过植物群落复合结构提高绿量。

7) 水景生态化

水景生态化是指用生态学的观点来处理水体的造景,不但要富于情趣,而且要求水体洁净,水生植物和水生动物共生,并且有可持续性,在较少甚至没有人工干涉的情况下,水景仍能得到保持,并且能随水体生态系统的发展而发展变化。例如,沈阳市北塔公园,其水体的规划理念是:建立集生态、水上活动和观赏功能于一体的湿地景观体系,形成可持续发展的生态系统,其驳岸少加人工,保持自然,形成一个随季节变化而变化的湿地带,在湿地上随水体的深浅不同,栽种不同的水生和半水生的植物,形成生态型的湿地景观,人可以在水中荡舟探幽。

水景可分为动静两大类:静态的水景平静、幽深、凝重,其艺术构图以影为主;而动态的水景则明快、活泼、多姿,多以声为主,形态丰富多样,可以缓冲、软化城市中"凝固的建筑物"和硬质地面。在园林中无论是静态或人工动态水景也多来自大自然的种种水态,其中以"喷泉"的形式最多,瀑布、叠水、水帘、溢流、溪流、壁泉也不少。这些都体现了水景设计的生态化、自然化,使人心神都得以满足。

南京市是典型的山水园林城市,拥有很多沿江岸带和湖泊岸带,是南京市生物多样性最丰富的地带,也是水源保护区和主要湿地分布地区,是流域管理的重要地区,也是生态敏感区。由于河流和滨江海湖泊岸带呈线性,因此又称线性景观。这类线性景观构成了南京市景观廊道的网络状结构,在这些廊道两侧和边缘栽植有乔、灌木,以美化环境;有些地区建设有森林,能够起到防止水土流失、降低和减轻污染、保护生物多样性、减低自然灾害、保护水源等多种效应。

香港海洋公园的海涛馆顶层,总面积不过 1 000 m²,但利用电动压力产生水涛的高度达 1 m,整个岩石顶层的形状、色彩、水色完全是仿真海岸。当水拍打岸石而发出涛声时,使人产生海涛的联想,宛如身在大自然的海岸边[5]。

广东中山岐江公园原址是粤中造船厂,水面 3.6 hm²,与岐江河相连通。岐江河受海潮影响,日水位变化可达 1.1 m。因此规划主要面临两个问题:一是湖水水位随岐江水位变化而变化;二是湖底有很深的淤泥,湖岸很不稳定。

根据以上特点设计者尝试了栈桥式亲水湖岸的设计。其具体做法有 3 点:

(1)梯田式种植台　在最高和最低水位之间的湖底修筑 3~4 道挡土墙,墙体所围空间回填淤泥,由此形成一系列梯田式水生和湿生种植台,它们在不同时段内完全或部分被水淹没。

(2)临水栈桥　在梯田式种植台上空挑一系列方格网状临水步行栈桥,它们也随水位的变化而出现高低错落的变化,并能接近水面和各种水生、湿生植物和生物。

(3)水际植物群落　根据水位的变化及水深情况,选择野生乡土植物形成水生—沼生—湿生—中生植物群落带[6]。

8)设施人性化

人性的最本质特征是随机性、自由性、灵活性,人们已不再满足对于空间的单纯物质功能需求,而更多追求精神的享受;城市的主体是人,城市绿化服务的对象是人。因而城市绿地设计必须满足人类生存、享乐与发展的要求,包括绿地内各种设施都要符合人体尺寸比例、生态环境质量标准,满足人类生理与心理的需求等,设施的形式、景观建筑尺度、道路宽度都要自然和谐,如为残疾人设计无障碍通道,绿地步行区路面铺砌成图案,设坐憩区、园林小品和花坛等;在公共场所避免种植有毒、可能引起部分人过敏的植物,控制夜景园的灯光亮度,等等。

例如,北京四季青乡森林生态型景观路——板井路,位于城郊接合部,周围是现代化居住小区。为满足附近居民游憩、观赏、锻炼、交往、休闲的需要,在路边设计一些爬满藤本植物的花格架,成为道路景观的亮点;同时局部设置形式简洁清新的小游园,以铺装、步道、休息椅、花坛、灯具等形成舒适可人的休闲空间。[7]

亲水是人的天性,在实施人性化的规划中,人们着意降低人工构筑物与水体的距离,满足人们亲近水体的要求。石家庄市引水入市工程中水渠设计即是一佳例。为了工程的稳定和水体的清洁,其引水渠全是石块和混凝土制成,由于水位不定,故难于设置观水平台,为了满足市民的亲水要求,其设计采取每 50 m 设置一台阶,以保证无论水位几何,人们都可以通过台阶与水相嬉。

参考文献

[1] 李敏. 城市绿地系统与人居环境规划[M]. 北京:中国建筑工业出版社,2001.

[2] 刘滨谊. 论中国城市绿地系统规划的误区与对策[J]. 城市规划,2002(2).

[3] 于志. 城市生态学[M]. 北京:中国林业出版社,2002.

[4] 南京市人民政府. 加快城市绿化步伐,争创人居环境优良城市[J]. 江苏绿化,2002(2).

[5] 朱钧珍. 园林理水艺术[M]. 北京:中国林业出版社,2000.

[6] 俞孔坚,等. 水位多变情况下的亲水生态护岸设计[J]. 中国园林,2002(1).

[7] 王浩,赵岩. 在城市创建森林生态型景观路[J]. 南京林业大学学报,2000(5).

（资料来源:中国风景园林网　作者:徐雁南,王浩）

思考题

1. 结合《城市绿地系统规划发展潮流初探》案例,谈谈你的感想与收获。

2. 与南京市绿地系统结构模式相比,试分析你所在的城市绿地系统结构的现状问题? 该如何发挥哪些有利因素?

阅读以下优秀案例(详见以下二维码)

海口中央半岛　　海口中央半岛　　普宁学校　　　普宁学校景观　　西湖公园一期
景观设计　　　景观设计视频　　景观设计　　　设计小视频　　　景观设计

西湖公园一期　　歌美海纯水岸　　歌美海纯水岸　　南昌雍江府　　南昌雍江府
景观设计小视频　景观设计　　　景观设计视频　　景观设计　　　景观设计视频

本章小结

　　本章介绍了园林与园林规划设计的概念,阐明了学习本课程的内容与学习方法。介绍了古今中外园林的发展历程,分析了当代园林设计的发展趋势,探讨了我国园林发展面临的机遇与挑战。

　　本章要求重点掌握新世纪我国城市园林绿地规划最终追求的目标。学习中要注意:一方面用历史的眼光看待中外园林的起源、发展和兴衰的历程;另一方面要以广阔的视野多了解当今世界各国园林的现状和发展趋势。这样才能理解学习本课程的现实意义。

研讨与练习

　　1.什么是园林?什么是园林规划设计?什么是城市园林绿地规划系统?
　　2.了解城市规划基本术语的含义,理解城市绿地系统规划相关的定额指标的含义。
　　3.人与自然关系经历了哪几个发展阶段?从中我们得到哪些启示?
　　4.简述中国古典园林的主要形式及其各自的特征。中国古典园林的艺术表现手法有哪些?
　　5.简述日本古典园林的主要形式及其各自的特征。
　　6.简述西方古典园林的主要形式及其各自的特征。
　　7.简述国外园林发展历程。比较西方现代园林与传统园林的差异。
　　8.西方近现代园林设计有哪些主要倾向?
　　9.当代园林的发展趋势是什么?
　　10.通过调研分析谈谈我国园林发展面临哪些机遇与挑战。
　　11.简述学习本课程的内容与学习方法。

本章推荐参考书目

　　[1] 周维权.中国古典园林史[M].北京:清华大学出版社,1990.
　　[2] 洪得娟.景观建筑[M].上海:同济大学出版社,1999.

2 园林绿地的效益

[本章学习目标]

知识要求：

1. 了解园林绿地在城市绿化中所发挥的 3 大效益。

2. 掌握园林绿地在生态、社会、经济效益方面的具体功能。

技能要求：

1. 掌握园林绿地中在净化城市空气、改善城市小气候、创造城市景观多样性以及城市安全防护等方面具有不同功能的植物种类。

2. 具备根据园林规划设计要求,合理利用园林植物的功能、充分发挥园林绿地综合效益的基本技能。

随着全球经济的发展,城市规模迅速扩大,城市人口激增,日益严峻的城市生态环境问题已成为制约城市发展的主要矛盾,城市园林绿化作为一项重要的环境建设工程,不仅是实现城市可持续发展的需要,也是建设"低碳、环保、绿色"生态城市、改善城市生态环境的有效途径之一,具有重要的效益价值。

城市园林绿地作为城市生态系统中的有机要素,是维系城市人工环境和自然环境的纽带,不仅在改善城市生态环境、修复城市生态系统等方面发挥着重要的作用,同时也为人们提供了文化、休闲和娱乐场所,并且具有一定的服务创收和生态价值,因而城市园林绿地具有相应的生态效益、社会效益和经济效益。

2.1 生态效益

生态系统是由人及其他生物和自然环境组成的有机整体,在这个有机整体中不断进行着物质循环和能量流动,为人类提供了赖以生存的必要条件。在开放的城市生态系统中,园林绿地在维持碳氧平衡、调节城市小气候、净化空气、土壤和水体、防风、通风、降低噪声等诸多方面发挥着作用,对保持城市生态平衡起到了至关重要的作用,具有多方面、多层次的生态效益。

2.1.1 固碳释氧，维持碳氧平衡

城市园林绿地植物通过光合作用，吸收二氧化碳并释放氧气，对于维持和调节城市生态系统中碳氧平衡起着非常重要的作用。空气是人类赖以生存的物质，自然状态下大气中的二氧化碳含量为0.03%左右，氧气含量为21%。城市中由于人口高度集中，城市建筑物密集，气流交换不畅，加上石油、天然气等化石燃料的大量消耗，空气中氧气含量减少，二氧化碳含量急增，许多城市空气中二氧化碳的含量已超过自然界大气中二氧化碳正常含量300 mg/kg 的指标，不仅直接影响空气质量，损害人们的身体健康，还导致温室效应增强，对全球气候和城市生态平衡带来不利影响。城市园林绿地则犹如城市的"肺"和"绿心"，不断发挥固碳释氧的功能，对调节城市大气中的碳氧平衡和减低温室效应都有重要作用(图2.1)。

图2.1　长株潭城市群生态绿心地区总体规划示意图
（潇湘晨报,2011）

据资料显示,每公顷园林绿地每天能吸收近900 kg 二氧化碳,生产600 kg 氧气;生长良好的草坪,每公顷每小时可吸收二氧化碳15 kg,为达到空气中二氧化碳和氧气的平衡,每人至少应有25 m² 的草坪或10 m² 的树林才可以把一个人呼出的 CO_2 吸收。实际上,因为城市中生产生活还会排放更多二氧化碳,因此,专家提出城市居民每人应有30~40 m² 的绿地,联合国生物圈组织则提出每人应有60 m² 的绿地。

园林绿地植物因光合器官和生长发育状况不同,其固碳释氧能力也有很大差异,以北京建成区为例,树木固碳释氧能力要比草地更强(表2.1)。

表2.1　北京建成区植被日均固碳释氧功能比较

植被类型	植株数量/株	叶面积绿量/m²	吸收二氧化碳量/(kg·d⁻¹)	释放氧气量/(kg·d⁻¹)
落叶乔木	1	165.7	2.91	1.99
常绿乔木	1	112.6	1.84	1.34
灌木类	1	8.8	0.12	0.087
草坪	1 m²	7.0	0.107	0.078
花竹类	1	1.9	0.027 2	0.019 6

利用园林绿地植物固碳释氧的功能,通过大量植树种草,有利于保持城市空气碳氧平衡。在城市中二氧化碳浓度较高的地区,可根据具体情况选择对二氧化碳有较强吸收能力的植物,以达到维持碳氧平衡的目的(表2.2)。

表2.2　北京建成区不同吸附二氧化碳能力植物

吸附二氧化碳能力	植物种类
较强(单位叶面积吸收二氧化碳高于2 000 g 的植物)	柿树、刺槐、合欢、泡桐、栾树、紫叶李、山桃、西府海棠,紫薇、丰花月季、碧桃、紫荆、凌霄、山荞麦、白三叶
较弱(单位叶面积吸收二氧化碳低于2 000 g 的植物)	悬铃木、银杏、玉兰、杂交马褂木、樱花、锦带花、玫瑰、棣棠、腊梅、鸡麻

资料来源:北京城市园林绿化生态效益的研究,1997。

2.1.2　调节温度

园林绿地植物可以通过树冠、枝叶遮挡阳光,吸收太阳辐射,并通过蒸腾作用消耗大量热量,调节区域温度。绿色植物可以吸收30%~70%的太阳辐射,每公顷生长旺盛的森林每年要蒸腾水8 000 t,蒸腾这些水分要消耗热量167.5 亿kJ,从而使森林上空的温度降低。综合国内外研究情况,夏季,绿色植物通过吸收、反射太阳辐射能以及蒸腾作用,可使局部地气温降低3~5 ℃,最大可降低12 ℃,园林绿地的地温比空旷广场低20 ℃左右,有垂直绿化的墙面温度比没有绿化的墙面温度低5 ℃左右,不同类型绿地降温效果也不同(表2.3、表2.4、图2.2—图2.4)。

表2.3 夏季不同地面温度比较

类 型	温度/℃	类型(上海地区)	温度/℃
草地	22	水泥地坪	56
裸露地面	28～29	一般泥土地面	50
柏油地面	30～42.5	树荫下地面	37
注:城市气温27.5℃		树荫下草地	30

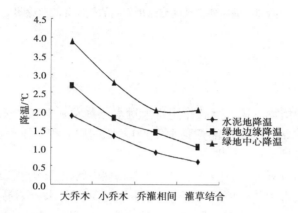

图2.2 上海某居住区绿地降温效果比较
(引自高凯等,2010)

表2.4 不同类型绿地降温效果(北京地区)

绿地类型	面积/hm²	平均气温/℃
大型公园	32.4	25.6
中型公园	19.5	25.9
小型公园	4.0	26.2
城市空旷地	—	27.2

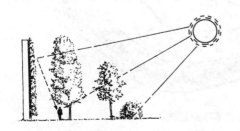

图2.3 植物对太阳辐射的影响

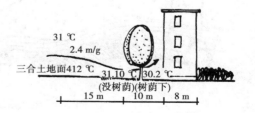

图2.4 某绿化环境中的气温比较
(引自胡长龙,2002)

　　城市由于建设中多使用混凝土、沥青等热容量大、反照率小的材料,加上城市建筑物所形成的特异的空间结构,以及空气中高浓度的二氧化碳含量,较易产生"热岛效应"。如果城市园林绿地覆盖面积大、分布均匀、布局合理,通过林荫道、滨河绿带等绿色廊道连接构成城市园林绿地系统,将会对改善气流状况,调节整个城市的气候、缓解"热岛效应"起到重要作用(图2.5)。

市区的热空气　　　绿地的凉空气

图2.5　城市建筑地区与绿地之间的气体环流示意图

2.1.3　调节湿度

园林绿地中的各种植物可通过蒸腾作用将大量水分蒸发到空气中,增加周围空气湿度。经北京园林局测定,1 hm² 阔叶林夏季能蒸腾水 2 500 t,比同样面积裸露土地蒸发量高 20 倍,相当于同等面积的水库蒸发量。

人们感觉舒适的相对湿度为 30% ~ 60%,夏季森林中的空气湿度要比城市中高 38%,城市公园中的空气湿度比城市中其他地区高 27%;冬季绿地蒸发的水分不易扩散,绿地里的绝对湿度普遍高于未绿化地区 1 hPa,由于水分有较大的热容量,可防止热量迅速散失,林内要比无林地气温高 2 ~ 4 ℃,使林区冬暖夏凉,绿地成为大自然中最理想的"空调器"(图2.6)。

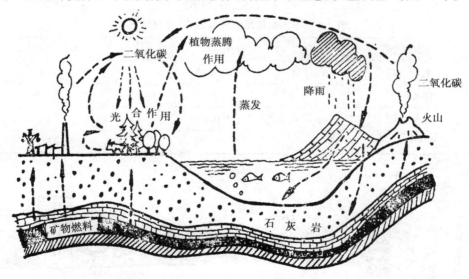

二氧化碳　　　植物蒸腾作用

降雨

二氧化碳

火山

光合作用

蒸发

矿物燃料　　　石灰岩

图2.6　生态系统物质循环示意图

实验表明,由植物根系进入植物内的水分有 99.8% 通过蒸腾作用蒸发到空气中,由于绿色植物的叶表面积远大于其占地面积,大面积园林绿地调节湿度的范围可达到绿地周围相当于树高 10 ~ 20 倍的距离,甚至扩大到半径 500 m 的邻近地区。增大城市绿地覆盖率,可调节空气湿度,形成城市凉爽、舒适的气候环境。

2.1.4 通风、防风

城市园林绿地具有形成城市通风道和防风屏障的功能。城市中的带状绿地如道路、滨河绿地等,常形成城市的绿色通风渠道,是城市绿地生态网络的重要组成部分,对于城市改善通风条件以及抵御风沙、季风、冬季寒风起着重要的作用(表2.5)。

表2.5 园林绿地通风、防风作用

作 用	说 明	举 例
通风作用	城市中的带状绿地与该地区夏季的主导风向一致时,可将城市郊区的气流引入城市中心地区,大大改善市区的通风条件。城市中的大片园林绿地还可形成局部微风,夏季由于大片绿地气温比其他地区低,冷空气下降,可以源源不断地向市区吹进凉爽的新鲜空气	
防风作用	大片树林绿地可以减低风速,具有防风作用。在垂直城市冬季的寒风方向种植常绿防护林带,可以大大减低冬季寒风和风沙对城市的危害,若在城市四周设置环城防护林,其防护效果则更加明显。据测定,一个高9 m的复层树林屏障,在其迎风面90 m内,背风面270 m内,风速都有不同程度的减少。另外,防风林的位置不同还可以加速和促进气流运动或使风向改变(图2.7)	

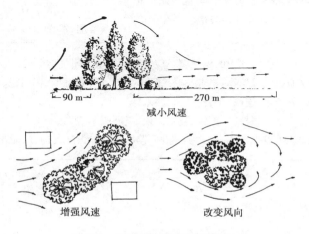

图2.7 园林绿地植物对风的影响

2.1.5 净化空气

城市空气因受人类工业生产、生活燃煤、汽车尾气排放等活动的影响,含有较多的污染物质,其中二氧化硫、氟化氢、氯气、二氧化氮等气体和粉尘是城市的主要污染物质,严重危害人们的身体健康。在一定浓度下,园林绿地植物对它们具有吸收和净化的能力。此外,园林绿地植物还可以杀死空气中的细菌、病原菌等微生物,因而被称为城市"空气过滤器"和"净化器",不同植物种类所具有的净化能力和作用也有所不同(表2.6)。

表2.6 园林绿地植物净化空气作用

净化作用		说 明	吸收能力和抗性较强植物举例
吸收有害气体	二氧化硫	二氧化硫是空气污染中最普遍、最大量的一种,空气中二氧化硫含量达到 10 μL/L 就会使人不能长时间工作,达到 400 μL/L 时,可使人致死。植物对空气中二氧化硫的吸收能力的大小取决于树的种类、叶面积、生长季节、环境温度、湿度、接触污染的时间等因素	臭椿、夹竹桃、珊瑚树、紫薇、石榴、菊花、棕榈、牵牛花、大叶黄杨、女贞、广玉兰、罗汉松、龙柏、槐树、构树、桑树、梧桐、泡桐、喜树、紫穗槐
	氟化氢	氟化氢的危害比二氧化硫大得多,有十亿分之几的氟化氢就会使植物受害,园林绿地对空气中的氟化氢有明显净化作用	美人蕉、向日葵、蓖麻、加拿大白杨、泡桐、梧桐、大叶黄杨、女贞、蚊母、海桐、香樟、山茶、凤尾兰、棕榈、石榴、皂荚、紫薇、丝棉木、梓树、刺槐
	氯气	氯气对人、畜及植物的毒性很大,空气中的最高允许浓度为 0.3×10^{-6},园林植物可通过吸收氯气净化空气,在氯污染区生长的植物,叶中含氯量往往比非污染地区高几十倍	银桦、悬铃木、水杉、棕榈、松柏、柽柳、女贞、君迁子、黄杨、油茶、山茶、柳杉、日本女贞、枸骨、锦熟黄杨、五角杨、臭椿、高山榕、散尾葵、樟树、北京丁香、柽柳、接骨木、构树、合欢、紫荆、木槿
	其他有害气体	1. 许多植物可吸收空气中的氨气、臭氧及铅、镉等重金属气体 2. 吸收臭氧能力较强植物:银杏、柳杉、日本扁柏、樟树、海桐、青冈栎、日本女贞、夹竹桃、栎树、刺槐、悬铃木、连翘、冬青 3. 吸收二氧化氮较强植物:苏铁、爱尔夫松、美洲槭 4. 吸收汞的能力较强植物:夹竹桃、棕榈、樱花、桑树、大叶黄杨、八仙花、美人蕉、紫荆	

续表

净化作用	说　　明	吸收能力和抗性较强植物举例
吸滞粉尘	城市绿化植物对灰尘有阻滞、过滤和吸附作用。不同的绿化植物对灰尘的阻滞吸附能力差异很大。这与叶片形态结构、叶面粗糙程度、叶片着生角度，以及树冠大小、疏密度、生长季节等因素有关	北部地区：刺槐、沙枣、国槐、榆树、核桃、构树、侧柏、圆柏、梧桐 中部地区：榆树、朴树、木槿、梧桐、泡桐、悬铃木、女贞、荷花、玉兰、臭椿、龙柏、夹竹桃、构树、槐树、桑树、紫薇、楸树、刺槐、丝棉木、乌桕 南部地区：构树、桑树、鸡蛋花、黄槿、刺槐、羽叶垂花树、黄槐、小叶榕、黄葛榕、高山榕、夹竹桃
杀死细菌	园林绿地植物的杀菌作用十分显著，许多植物的芽、叶、花等能分泌杀菌素，可直接杀死细菌、病原菌等微生物并抑制其繁殖。另外，由于园林绿地植物有滞尘作用，可减少附在其上的细菌和病原菌，成片森林的杀菌能力明显高于单株或单行树木	具有较强杀菌作用植物： 桉树、梧桐、冷杉、杨、臭椿、核桃、白蜡、圆柏、云杉、桦木、橡树、柠檬桉、悬铃木、紫薇、桧柏属、橙、白皮松、柳杉、雪松、楝树、马尾松、杉木、侧柏、樟树、枫香、丁香、黑胡桃、苦楝、白干层、茉莉花、地榆、稠李、景天、薜荔、夹竹桃

2.1.6　净化水土

　　城市水体常由于工业废水、生活污水的排入而受到污染，导致水质变差、水体环境质量下降，直接影响人们的生活环境和身体健康。据研究，园林绿地中的许多水生植物、树木、地被植物对净化城市污水有明显作用。此外，植物的根系还有净化土壤，提高土壤肥力的作用（表2.7）。

表2.7　园林植物净化水土作用

作　用	举　　例
净化水体	1. 林木可以减少水中含菌量，在通过 30 ~ 40 m 宽的林带后，每升水中所含细菌的数量比不经过林带的减少 1/2；在通过 50 m 宽树林后，细菌数量减少 90% 以上 2. 芦苇能吸收酚及其他 20 多种化合物，1 m² 芦苇 1 年可积聚 9 kg 的污染物质。在种有芦苇的水池中，其水中的悬浮物减少 30%，氯化物减少 90%，有机氮减少 60%，磷酸盐减少 20%，氨减少 66%，总硬度减少 33% 3. 水葫芦能从污水里吸取汞、银、金、铅等重金属物质，水葱、田蓟、水生薄荷等能杀菌 4. 草地可以大量滞留许多有害金属和地表污物

续表

作　用	举　例
净化土壤	1. 有的植物的根系可分泌杀菌素,杀死进入土壤的大肠杆菌 2. 有植物根系存在的土壤,好气细菌比没有根系分布的土壤多几百到几千倍,可促使土壤中有机物、无机物的增加,增强土壤的肥力 3. 有些植物根系能通过吸收、降解、解毒等对土壤进行净化,目前国际上常采用一些抗性较强植物进行工业废墟、工业污染池的生态恢复和土壤净化

2.1.7　降低噪声

城市噪声是一种特殊的环境污染,主要来源于交通运输、工业机器和社会生活噪声,长期处于噪声污染环境中,会使人产生神经衰弱、头痛、头昏、高血压等病症,严重影响人们的生活和健康。城市园林绿地植被对声波有散射、吸收作用,如 40 m 宽的林带可以降低噪声 10 ~ 15 dB(图 2.8);高 6 ~ 7 m 的绿带平均能降低噪声 10 ~ 13 dB;一条宽 10 m 的绿化带可降低噪声 20% ~ 30%。因此,绿色植物又被称为"绿色消声器"。

在城市中合理规划布局园林绿地,科学配置林带植被,选择适当的绿化种植方式,可起到良好的降噪效果。一般认为,具有重叠排列的、大的、健壮的、坚硬叶子的树种,降噪效果较好,分枝低、树冠低的乔木比分枝高、树冠高的乔木降低噪声的作用大。

有研究表明:市内林带宽度以 6 ~ 15 m 为好,而市郊以 15 ~ 30 m 较佳;林带高度应在 10 m 以上;林带与声源的距离宜尽量靠近声源;林带结构以乔、灌、草结合的紧密林带为好,阔叶树比针叶树有更好的效果,特别是高篱效果更佳。

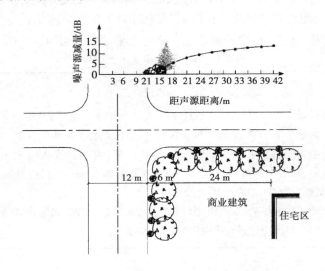

图 2.8　城市防声林降噪效果示意图

2.1.8 保护生物多样性

生物多样性是生物在基因、物种、生态系统和景观等不同组建层次生命形态的集合。城市化在大尺度空间上使土地利用格局发生了变化，导致生物栖息地丢失或栖息地环境发生改变，直接影响到城市生物多样性的组成。

随着人们环保意识的不断提高，城市与自然的和谐发展已成为现代城市建设的趋势。城市园林绿地作为城市中具有自然属性的近自然空间，其空间环境的多样性为城市生物物种的多样性提供了保证。不同群落类型配植的绿地可以为不同的野生动物提供栖息空间，通过在城市建设绿色生态网络系统，利用道路、河流等带状绿地形成绿色廊道，将城市园林绿地有机地联系在一起，可为城市生物提供迁徙、繁殖、生存的场所，进而达到保护和改善城市生物多样性、维护城市绿地系统以及整个城市生态系统平衡和稳定的目的。在生态环境良好的城市，可以看到野生动物与人类和谐共处的景象，也为城市居民提供了亲近自然、了解自然的机会（图2.9）。

图2.9　昆明翠湖公园的红嘴鸥

资料来源：http://wqglw.blog.163.com/blog/static/63580643200901561239 28/

2.2 社会效益

园林绿地作为城市中的"自然要素"，不仅可以改善整个城市的生态环境，还可以创造多样性的城市景观，为人们提供休闲娱乐场所和文化科教空间，陶冶市民情操，提高市民文化素质，具有明显的社会效益。

2.2.1 创造城市景观多样性

城市景观多样性对城市的稳定、可持续发展以及人类生存适宜度的提高均有明显的促进作用。城市园林绿地所具有的美学和自然特性，使其有别于其他钢筋、水泥所构成的城市景观，成为满足人们文化和艺术享受的一种精神资源。

许多风景优美的城市，大多具有优美的自然地貌、轮廓挺直的建筑群体和风格独特的园林绿化。其中园林绿化对城市面貌起决定作用。园林绿化为柔和的软质景观，与硬质建筑配合，能丰富城市建筑体的轮廓线，形成美丽的街景、园林广场和滨河绿带等城市轮廓骨架。对城市形象影响最大的绿化景观因素大致有5个部分，如表2.8所示。

表2.8　对城市形象影响最大的绿化景观因素

景观因素	影响说明	举　例
道路	道路具有连续性和方向性,给人以动态的连续印象,是进入市区的主要印象。道路绿化用绿色植物构成规则简练的连续构图和季相变化(如林荫路、滨水路以及退后红线的前庭绿地),均能使人产生美感。而在曲折的道路采用自然丛植也可以获得自然野趣的景观。道路和广场形成优美的林荫绿化带,既衬托了建筑,加强了艺术效果,也形成了园林街、绿色走廊和城市特有面貌	如三亚的椰子树、广州的木棉、北京的杨树、南京的雪松、长沙的广玉兰、南宁的蒲葵、上海的悬铃木、南昌的香樟行道树等,均形成了具有地方特色的市容(图2.10)
边界	城市的外围和各区间外围的园林绿化,可利用空旷地、水体、森林等形成城市边界景观或城郊绿地。在城市边缘有大面积水体或河流的城市,多利用自然河湖作为边界,并在边界上设立公园、浴场、滨水绿带等,以形成环境优美的城市面貌和优美的城市轮廓线	如上海的外滩滨江绿带,既衬托了高耸的楼房,也增添了滨水风光;杭州的西湖自然风景园林,使杭州形成了风景旅游城市的特色;青岛市的海滨绿化,使全市形成了山林海滨城市特色。又如塞纳河横穿的巴黎、花园城市堪培拉、湖滨风光日内瓦以及青山环抱的山城重庆、春城昆明等,均给人留下深刻印象(图2.11)
中心点	城市中心,是城市景观视线的焦点,大多为商业服务或政治中心。在中心地带的标志物,多为具有纪念意义的建筑物。为永久地保存它,常在其周围划出一定面积的保护地带作为纪念性绿地或绿化广场。这不但美化了中心点的景观,也为城市开辟了一块难得的休息绿地,起到使用功能和美化景观的双重作用	如北京的天安门、中南海、中山公园和北海;上海的人民公园;南昌的八一广场;长沙的天心阁公园;广州的越秀公园和镇海楼等,都是城市中心的集合点。这些中心点都是视线和人流的交点,都有明显的特征,能给人以深刻的印象。中心点不同于城市标志物,它是构成城市平面的中心,而城市标志物主要构成城市空间的视线焦点,但常位于同一地段(图2.12)
区域特征	城市区域按功能可分为工业区、商业区、交通枢纽区、文教区、居住区等。各区域由于空间特征、建筑类型、色彩、绿化效果、照明效果、服务功能等的差异,其景观效果也应保持各自特色	如从山东青岛市中心的景观山向南看八大关一带,多为海滨的休疗养性质的庭院式建筑,绿荫覆盖,红瓦点点,蓝色的海和天空成为背景,为城市景观增辉不少(图2.13)
标志物	城市标志物是构成城市景观的重要内容。它常以独特的造型、对比强烈的背景及其重大的人文、历史意义而形成城市特色。一般城市标志物最好置于城市中心的高处,以仰视观赏可排除地上物的干扰	如北京北海的白塔、杭州西湖的雷峰塔、拉萨的布达拉宫、桂林的叠采山"江山会景处"等均位于高处。对于有开阔水面的城市,利用水面背景观赏标志物效果甚佳。如青岛市利用海中岛屿青岛和栈桥为标志物,城市各条道路均以它为对景,同时可利用道路引入海风,从功能和景观上均获得较好效果

图2.10　三亚道路两边的椰子树使城市
颇具热带滨海风貌

图2.11　青岛的滨海绿带使青岛成为
风景秀丽的山林海滨城市

图2.12　越秀公园作为广州城市中心是
广州最大的综合性文化观赏公园

图2.13　青岛八大关滨海疗养区的
绿地与建筑共同构成"红瓦绿树、
碧海蓝天"的景观效果

　　要创造多样性城市景观,城市园林绿地建设必须从艺术、自然角度和城市功能等方面综合考虑。既要充分利用自然地形地貌、文物古迹,又要从道路走向、功能分区上考虑,重视对景、借景和风景视线的运用,最大限度地发挥绿化装饰作用。

2.2.2　提供游憩、休闲空间

　　城市人居空间狭小,生活节奏快,园林绿地作为一种人性化了的"自然空间",为人们创造了优美宜人的游憩、休闲环境。现代园林绿地还加入了许多适合公众的元素,开敞自然的空间、田园乡村般原始的景观、体验式的园林栽培操作等使都市居民也能享受充满生机的绿色自然,使园林绿地成为城市居民工作之余休息、游憩放松的良好场所,具有广泛的社会效益(图2.14)。

2.2.3　文化科教园地

　　城市园林绿地还是进行科普教育、绿化宣传的场所。在城市综合公园、小游园、小区绿地等

图 2.14　日本 ARK 园艺俱乐部在 ARK 屋顶花园活动场景

公共绿地设置展览馆、博物馆、陈列馆、宣传廊等进行相关文化知识的宣传,可以使人们在游憩、参观中了解各种科学知识,提高人们的文化水平。利用公共绿地空间设置文化娱乐场所,举行各种演出、展览等活动,能丰富公众文化生活。城市园林绿地同时也是城市居民接触自然的窗口,让人们尤其是孩子们通过观察动物、植物特性,了解大自然的奇妙,认识人与自然的密切关系,树立热爱自然、保护环境的意识(图 2.15)。

图 2.15　孩子们在花园体验学习场景

2.2.4　防灾减灾

城市作为一个人类起主导作用的人工生态系统,其功能上有一定的不完整性,主要体现在对自然及人为灾害的防御能力、恢复能力的下降。园林绿地在防灾、防火、防风沙、保持水土、监测环境污染等方面有着重要作用,合理规划城市园林绿地,构建绿地网络系统对于增强城市的防灾减灾能力,维护城市生态系统平衡具有重要的意义(表 2.9)。

表2.9　园林绿地防灾减灾作用

作　用	说　明	举　例
防灾	城市绿地也能有效地防止地震灾害、水土流失和减轻台风破坏。公园绿地建筑物少而低矮,是城市居民避震的理想场所。位于地震带的城市进行园林绿地规划时,应充分考虑避震、防火、疏散的场地要求	1. 1923年日本关东地震157万市民(当时东京人口70%左右)因及时逃到公园、绿地等公共场所而幸免于难。在这场大地震中,城市的广场、绿地和公园等公共场所对灭火和阻止火势蔓延起到了积极作用 2. 2008年5月汶川地震中,四川成都市大大小小的公园成了人们的避难场所,公园、广场等开放空间成为城市人们生命的"保护伞" 3. 2011年3月,日本本州东海岸附近海域发生了9.0级地震,其防灾绿地发挥了巨大作用,成为灾民的避难场所
防火	树木中含有大量的水分,使空气湿度增大。特别是有些树木有防火功能,这些树木枝叶含水分多,不易燃烧;含树脂少,着火时不产生火焰,能有效地阻挡火势蔓延	1. 日本关东地震(1923年)造成东京市中心3个区几乎全部烧光,全市2/3的房屋被烧毁。而位于火灾中心的上野公园、小石川后公园、皇宫等树木多的公园绿地,均没受到火灾的威胁 2. 比较好的防火树种有山茶、油茶、木荷、枸骨、冬青、夹竹桃、大叶黄杨、海桐、榕树、橡皮树、珊瑚树、蚊母、银杏、深山含笑、厚皮香、棕榈、八角金盘、臭椿、槐树、女贞、青冈栎等
防风沙	随着土地荒漠化问题日益严重,城市沙尘暴对城市环境的影响也日益增加,园林绿地植物可以通过茎叶、根系防风固沙,降低沙尘暴对城市的影响。建设城市防风林带,植树造林,可以有效地防止风沙对城市的污染	1. 位于城市冬季盛行风上风向的林带,可以降低风速,进而吸滞沙尘,一般由森林边缘深入林内30~50 m处,风速可减低30%~40%,深入120~200 m处,则几乎就平静无风 2. 植物的防风沙效果还与绿地结构有关,同样条件下,八行林带与两行林带的减风效果不同,前者可减低风速50%~60%,后者仅为10%~15%,多行疏林较成片密林的防风沙效果好
保持水土	园林绿地可以有效地减少降雨对地面土壤的冲刷,减少地表径流,保持土壤水分,起到涵养水分、保持水土的作用	1. 自然降雨时,15%~40%的水被树林树冠截留或蒸发,5%~10%的水被地表蒸发,地表的径流量仅为0~1%,50%~80%的水被林地上的枯枝落叶所吸收,然后渗入土壤中,形成地下径流 2. 中国近年来实施的长江天然防护林工程,就是利用植物涵养水源、保护水土的功能,对长江的水质进行很好的保护
监测环境污染	绿地植物可起到监测环境污染的作用。有的植物(即环境污染指示植物或监测植物)对环境污染的反应很敏感,并呈现出相应的症状。人们可以根据植物所发出的这种环境污染"信号",及时准确地监测污染物质的存在和分布状况,进而采取措施防治污染	常见环境污染敏感植物有: 1. 对二氧化硫敏感:雪松、马尾松、油松、桃、杏、白桦、胡桃、一品红、枫杨、月季、连翘、百日菊、万寿菊、凤仙花、锦带花、映山红、福建茶等 2. 对氯气敏感:落羽杉、雪松、马尾松、鸡冠花、紫丁香、假连翘、大红花、波斯菊、榆叶梅、葡萄、百日菊、水曲柳等 3. 对氟化氢敏感:萱草、玉簪、唐菖蒲、凤仙花、山指甲、李、紫荆、月季、锦带花等

续表

作　用	说　明	举　例
备战	城市园林绿地有利于备战,战争是对人类生命、财产有极大损失的人为灾害,由于战争的可能性和突发性,城市园林绿地规划时应考虑一定的备战功能	1.园林植物能过滤、吸收和阻隔一定量的放射性物质,降低光辐射的传播和冲击波的杀伤力 2.园林绿地中大量的常绿乔、灌、藤木对城市重要的建筑物、保密设施和军事场所可起到隐蔽作用,也可减轻和缓解因爆炸引起的震动和损失。同时,对红外线的侦察设备也有良好的防护作用

2.3　经济效益

　　城市园林绿地的经济效益是指园林绿地为城市提供的能够经货币计量的效益。它主要包括绿地植物价值、绿地景观价值、服务创收价值、绿地生态服务价值等多个方面。园林绿地的经济效益又可分为直接经济效益和间接经济价值(表 2.10)。据美国一资料记载,绿地间接的社会经济价值是它本身直接经济价值的 18 ~ 20 倍。从微观角度看,园林绿地的经济效益是绿地建设货币投入产出的比例;而从宏观的角度看,园林绿地经济效益则涵盖了园林绿地系统的社会效益和生态环境效益。

表 2.10　园林绿地的经济效益

经济效益	说　明	举　例
直接经济效益	直接经济效益是指通过城市园林绿化产品、绿地景观门票、服务、绿地养护等获得的直接经济收入,主要指公共绿地的直接产出值	1.园林绿地用材树种可产出木材,如 40 年生毛白杨每株可产木材约 15 m²,单行种植行道树,以株距 10 m 计算,1 km 行道树可产木材 150 m²,价值几万元 2.随着人类休闲消费时代的到来,休闲经济将成为社会经济的重要组成部分,公共绿地的直接经济效益逐步向综合性园林服务收益转变,同时也出现了一些经济效益较高,以休闲、娱乐为目的的园林绿地类型,如备受都市人喜爱的现代观光农业园、都市农场等
间接经济效益	间接经济效益是指园林绿地所形成的良性生态环境效益和社会效益,以及由此带来的相关效益 主要包括城市园林绿地所具有的生态系统服务功能价值,如保持水土、吸收二氧化碳、释放氧气、防止水土流失等,还包括生态环境改善而拉动其他产业,如房地产、旅游等产业的发展等方面的价值	1.据测算,深圳市城市绿地 2005 年在净化空气方面的生态服务价值为 2 980.61 万元,在固碳释氧方面的生态服务价值为 407 771 万元(陈莉等,2009) 2.印度学者统计,1 株正常生长的 50 年生树木,按照它提供的各方面的效益折算其经济价值如下:放出氧气价值为 3.12 万美元,防大气污染价值为 6.25 万美元,防止土壤侵蚀、增强土壤肥力为 3.12 万美元,涵养水源、促进水分再循环效益价值为 3.75 万美元,为鸟类及昆虫提供栖息环境 3.12 万美元 3.不同的国家对树木的间接经济效益评估标准不一。一般城市树木的价值是根据 CTLA(Council of Tree Landscape Appraisers)公式计算的。城市园林绿化植物的价值 = 基本价值×地径面积×种%×植物生长情况%×所在位置%

综上所述,城市园林绿地是建立在整个城市中的绿色生态系统,它在城市生态环境建设、城市经济发展中所具有的效益价值不是单一的,而是综合的,并且具备多层性、多功能性和多效性。完善的城市园林绿地系统,对于改善城市人居环境、提升城市居民生活品质,建设人与自然和谐共生的城市环境有着重要的促进作用。

2.4　典型实践案例分析

城市绿地系统对于低碳城市的作用

1)低碳城市概念的提出与发展

当前,全球气候变化已成为被广泛承认的事实。人为温室气体的排放是造成气候变化的重要原因,而二氧化碳又是最重要的人为温室气体,所以"碳"成为全世界关注的焦点。在地球上,碳无处不在,广泛存在于大气、海洋、陆地生物圈和地壳中,也是构成自然界能源物质的主要元素。工业革命以来,人类的活动(如大规模的城市化和大量的能源物质消耗)打破了碳原本的动态平衡,致使过多的碳以温室气体的形式存留在大气中,造成了当今全球的气候变化。同时,造成气候变化的另一个重要原因是能源消耗的过程中大量热能进入大气。总之,人类破坏地球的碳平衡和能量平衡是气候变化的重要原因,所谓"天之所违,虽成必败"(管仲《管子》)。

减少温室气体,特别是二氧化碳的排放已经成为世界共识。于是,低碳概念应运而生,其核心在于减少碳排放和消除碳排放的结果。城市是碳排放的主体,据统计,我国城市碳排放量占全国总量的90%,而且随着城市化的迅速发展,更多的人将会居住在城市中,使城市碳排放比重和数量继续上升。据预测,我国到2020年,城市化率将达到58%~60%,城市人口将增至8亿~9亿,这无疑将会使城市的能源消耗继续增加,温室气体排放加剧。因此,低碳是城市可持续发展的必然选择,是全球减缓气候变化行动的关键。

低碳城市的思路包括两部分:减排和增汇(即收集和固定大气中的温室气体)。研究发现,我国城市温室气体来源主要包括4部分:生产(44.5%)、建筑(19.8%)、交通(17.5%)和森林减少(18.2%)。实现减排的关键是减少前3部分的能耗,提高能源利用率,改善能源结构,开发清洁能源,构建资源节约型城市。第2部分涉及城市的碳汇。由于大气中的二氧化碳主要通过绿地中的植被、湿地和微生物来吸收和固定,因此增加绿地可以增加碳汇。综上所述,只有减排和增汇并举,才可能实现低碳城市,甚至是碳中立城市(Carbon-Neutral City)。

2)城市绿地系统对于低碳城市的作用

城市绿地系统在低碳城市中扮演不可替代的角色。首先,城市绿地系统是城市区域内唯一的自然碳汇,栽种植物是唯一不消耗能量的碳汇方法,而其他的人工碳汇方法在碳捕获和固化过程中往往需要耗能,有时甚至会增加碳排放。其次,城市绿地系统可以间接减排,通过其合理的布局和作用,减少城市的总体能耗,达到减排的效果。城市绿地系统的间接减排作用远远超过人们的想象。研究发现,城市绿地系统通过合理布局产生的减排作用很可能比自身的碳汇作用还要高。洛杉矶的模拟研究显示,一棵乔木可以节约的能耗相当于每年少排放碳18 kg,而它本身吸收的碳则每年只有4.5~11 kg。当然,城市绿地系统的建设和管理,自身也应该通过材料再利用、使用清洁能源等方式达到减排的目的。

目前,城市绿地系统对于低碳城市的作用主要体现在 7 个方面:固碳释氧、降低园林自身的碳排放、降低城市热岛效应、减少建筑能耗、引导绿色交通、城市农业基地、碳减排宣传和教育基地。

固碳释氧是城市绿地系统对于低碳城市的最直接贡献。城市绿地对于维持城市碳氧平衡发挥着重要作用。绿地中的植物通过光合作用吸收二氧化碳,将之转化为有机碳,存储在植物体内和土壤中。研究发现,一个树木茂盛的社区固碳能力可达 17 t/hm²,而在一个树木稀少的社区则不到 1 t/hm²。另外根据估算,纽约市的树木每年可以吸收二氧化碳 383 亿 t,相当于燃烧 153 亿 t 标准煤的排放。因此,在城市区域内增加绿化覆盖和绿量是增加碳汇的主要手法。

城市绿地系统对于低碳城市的直接贡献还在于自身的碳减排。城市绿地的建设和维护过程都存在能耗,所以城市绿地不仅要考虑增汇,更要考虑减排。首先,绿地可以通过减少能耗的方式减少碳排放。例如,将绿地中传统的 25 W 白炽灯更新为 5 W 的节能灯,即可降低近 80% 的直接能耗。其次,绿地可以通过采用太阳能、地热能、风能等清洁能源来代替传统能源做到减排。据报道,照明面积 8 000 m² 的深圳盐田公园仅采用太阳能照明一项每年可节电 8 万多度,以传统能源每生产 1 度电排放碳 0.272 kg 计,相当于减排碳 2.2 万 t;最后,绿地还可以通过缩减用水量的方式来减排。例如,济南植物园使用污水处理厂生产的再生水进行灌溉,每年节约用水超过 18 万 m³,按照每生产 1 t 水排放 0.91 kg 二氧化碳计算,相当于减少 16.38 万 t 碳排放。

当然,上述的计算还是很粗略的。例如,太阳能的利用没有将生产太阳能电池板消耗的能量计算进去。中水灌溉没有计算中水的生产投入,也没研究中水灌溉的长期后果。这都是今后科研应注意的课题。而建立完善的低碳评价体系,也是当务之急。

城市绿地系统通过降低热岛效应,可以减少与城市热岛相关的碳排放。热岛效应是城市化的副产品之一。绿地减少,建筑和硬地增加是造成城市热岛效应的主要原因。一方面,热岛效应会导致城市夏季耗电量的增加。在洛杉矶,日最高温度升高 0.6 ℃,用电量将增加约 2%,据估算,为了补偿热岛效应的影响,总计需要消耗电 10 亿 ~ 15 亿 W。耗电量的增加必然导致更多的碳排放。而另一方面,研究证实,园林绿地通过植被的蒸腾作用和遮阴可以降低城市的地面和空气温度,形成较明显的城市"冷岛"。而且,由公园内部与外部温差形成的微风,可以使这种"冷岛效应"辐射到周边 100 ~ 400 m 处。

研究显示,建筑物周边的绿地可以有效降低建筑物的能耗。亚特兰大都市区域的树木提供的遮阴,每年可以为城市节省 280 万美元的能源费用。在爱丁堡,防风林可以使办公建筑供暖能耗减少 16% ~ 42%。巴顿鲁治、萨克拉门托和盐湖城的模拟研究发现,如果每户都种植 4 棵乔木,将会使地方电厂每年减少 16 000 t,41 000 t 和 9 000 t 的碳排放。这些数字只包括树木对建筑制冷和供暖耗能减少值,如果把植被对社区降温的作用也考虑在内,那么树木的节能效果将会至少再增加 25%。美国劳伦斯伯克利国家实验室的研究发现,树木和其他降低热岛效应的措施结合在一起可以使建筑的碳排放降低 5% ~ 20%。

机动车交通是城市中温室气体排放的大户。在加州,交通是温室气体最大的来源,约占 41%,而这还不计算在车辆生产过程中产生的温室气体。因此,引导非机动车出行(Induced Non-motorized Travel)是减少交通碳排放的重要方式。绿地系统可以在城市中形成绿色交通廊道,既可以使使用者远离机动车辆,远离交通噪声和尾气污染,在行进的途中体会绿色环境,又可以减少因机动车出行造成的能源消耗和碳排放。

城市绿地也可以成为城市农业基地。随着城市化范围的不断扩大,城市与农业分离的状况愈发明显,食物从农场到餐桌的距离正在增长,运输过程的碳排放必然会增加。在美国,农场到餐桌的距离一般被认为是 1 500 英里(2 413 km)。而且,在气候变化影响下,未来全球农业将会减产,城市将面临食品短缺等问题。因此,城市农业是适应和减缓气候变化,构建弹性城市(resilient city)的重要举措。它不仅可以发挥绿地的生态效益,为城市人们提供食物,还可以缩短食品运输的距离,并且实现城市固体有机废弃物的本地化循环利用。

城市绿地系统对于低碳城市的意义还在于其宣传教育功能和示范作用。城市绿地本身具有科普和教育的功能,因此利用城市绿地向城市居民进行低碳方面的宣传教育是切实可行的。而且城市绿地自身对于碳减排的作用也可以向游人展示,使游客在休憩娱乐的同时了解到低碳的意义和如何在生活中减少碳排放。

3) 应用低碳理念的城市绿地系统

为了实现低碳,城市内绿地的合理、均衡布局变得更加重要,尤其是在发挥冷岛效应和建筑减排,以及实现绿色交通方面。首先,由于绿地的冷岛效应只能辐射一定范围,所以绿地的均衡分布可以使更多人在生活和工作中享受到它的降温效果。理想状态下,公园应位于居住区400 m距离之内。其次,绿地中树木的布局对于减少建筑能耗至关重要。在夏季,树木可以给建筑和空调机遮阴,并降低气温,从而起到减少建筑制冷需求的效果。在冬季,合理布置防风林,允许屋内进入阳光,可以减少建筑的供暖需求;再次,为了起到更好地引导绿色交通的作用,绿地系统的连贯性更加重要。自行车道可以设在沿着河流或者海滩的绿带中,如在澳大利亚珀斯,城市河流和海滩沿线的公共绿地中就设置了连贯的休闲式共享道路(recreational shared paths),专门为自行车和步行爱好者以及通勤者服务。在新加坡,为了鼓励居民骑自行车和步行锻炼,国家公园局推出了公园连接线(park connector)项目,形成了地区自行车网络。最后,城市公园本身也可以设置与外界相连的自行车网络,变成绿色交通系统的一部分,如珀斯的国王公园。

利用绿化消减城市中心区的热岛效应也是当务之急。城市中心区往往是建筑密度最高、最缺绿的地方,同时也是城市的热岛中心。为了降低温度,需要增加中心区的绿化覆盖率和绿量。上海为了消除城市热岛,在城市中心拆建还绿。加建小型城市公园、增加乔木数量和立体绿化也是有效的方法。在美国,许多市中心的公园面积小于 1 000 m²,但是有效形成了冷岛。另外,屋顶花园也是高密度大城市应对热岛的重要举措。如日本东京,为了解决绿地缺乏和热岛问题,从 2000—2015 年,市区将会建设 1 200 hm² 屋顶花园。

绿地自身可以增加碳汇。绿地中发挥固碳作用的是植被和土壤,为了保证绿地碳汇的恒定,需要合理种植、养护和补植,避免出现碳的迅速释放。采用复层群落式种植,将不同根系种类、根系深度的植物配置在一起,使单位面积植物的固碳量最大化。多种多年生草类混合种植的土壤中,碳和氮的储量比单一种类种植地的平均值高 5～6 倍,而且加入暖季型草和豆类植物,还可使土壤的碳收集能力增加193%和522%。将不同树龄的树木进行混栽可以保持植物碳汇的稳定性,因为老树和成年树本身储存的碳量高,而幼树则每年吸收的碳多。适当种植一些生长速度快的植物,以增加每年的碳收集量。尽量减少不必要的养护(除草和清除落叶),发挥自然式丛林及其土壤固碳能力最强的优势。必须说明的是,植物并不是永久的碳汇,死掉的植物分解或燃烧后,储存在它们体内的碳就又回到大气中,所以要及时对树林进行合理的补植,并且在管理工作中重视园林土壤腐殖质积淀,彻底改变燃烧落叶的劣习。

减少园林的碳排放还可以通过照明减排、建筑减排和材料减排来实现。在园林绿地中可以通过开发太阳能和风能等清洁能源供园林照明用。例如,悉尼奥林匹克公园大道两旁的光伏灯塔(photo voltaic lighting towers),利用光伏电池板发电,白天产生的电量基本能满足其夜间照明需求。悉尼镇流器厂公园(ballast point park),利用风车发电供给附近居民使用。除了风能和太阳能之外,芝加哥的水轮机农场将使用氢气发生器发电,既可供附近公立学校使用,还可为电动车充电。

在园林建筑减排方面,可以尽量通过多利用自然通风、采光和保温等方式来实现。例如,在暖温带和热带国家可以采用开敞式厕所。悉尼镇流器厂公园的开敞式厕所和新加坡植物园的半开敞水景式厕所就是好的例子。另外,屋顶花园和土埋建筑的做法可以起到较好的保温作用,减少建筑制冷和保暖的能耗。北京奥林匹克森林公园的建筑设计中就充分考虑了节能问题,实现了建筑节能65%的标准。

在材料减排方面,可以通过使用低碳的、耐久性好的材料,还有废弃材料的再利用来实现。材料的碳排放应从整个生命周期考虑,所以材料生产时的碳排放和使用寿命是同等重要的选材标准。另外,充分利用场地内(甚至包括其他地方产生的)废弃材料,减少新材料的使用也是重要的减排方法。例如,悉尼镇流器厂公园为减少项目的碳足迹,设计师对场地遗留的废弃建筑和设备材料采用了3R原则:Reuse(再利用)、Reduce(减少)和Recycle(再循环)。废弃材料被留在场地,并广泛应用在新的公园元素中,如墙体、平台、座凳和遮阴设施、混凝土、土壤和排水材料等。废弃材料与精湛施工工艺的完美结合,使该公园成为一个高品质的现代公园。无独有偶,日本十胜川千禧森林园的设计采用了"减法"原则,实现材料的循环再利用。森林园的整个建造过程没有材料的引进和输出。

另外,建设低维护绿地,减少绿地维护过程中的碳排放对其整个生命周期的碳足迹也是至关重要的。低维护指的是减少绿地维护中的能耗和水耗。由于硬质基础设施耐久性好,且所占比例小,所以植被养护管理是园林绿地养护的主要工作内容,也是园林绿地碳排放的主要组成部分。为了营造低维护的城市园林植物群落,需要注意以下几点:最大限度地保留原生的植物丛林和群落结构;在兼顾市民活动、景观和微气候效应的条件下,尽量多地种植本地生,适应力强,耐旱及高温的乔木;减少草坪,尤其是无遮阴的开敞草坪的量;引进本地生,适应性强,养护管理需求低的野花野草。2010年,北京的街头绿地中出现的经引种驯化的优秀野生品种,不仅耗水少,免修剪,还具有较强的抗虫性。

城市农业与园林绿地的融合可以有两种形式:一种是把食用植物引进公共园林绿化中。例如,温哥华的食用园林(edible landscaping)理念,倡议在兼顾景观效果的前提下,将果树、浆果灌木、蔬菜、草药和可食花卉引种到城市绿地中。不仅供食用,还能让居民更多地了解农作物的自然生长过程。另一种是把城市绿地部分改造为菜园,供市民租用。如德国柏林城市区域的私用菜园(allotment garden),目前已有8万人租种。

4)结语

低碳城市是21世纪城市发展的必然趋势,是目前全世界所有城市面临的挑战。在这个背景下,城市绿地系统的规划设计必须更加注重低碳,将最新的科学研究应用到工作中,创造出既适应气候变化,又有助于减缓气候变化的城市绿地系统。利用城市绿地系统帮助实现低碳城市是21世纪风景园林师的重要责任。

(资料来源:赵彩君,刘晓明.城市绿地系统对于低碳城市的作用[J].中国园林,2010(6).)

思考题

1. 分析城市绿地系统在低碳城市建设中的作用,谈谈你的感想。

2. 城市绿地系统除了在低碳城市建设中有着不可替代的作用外,还具有哪些生态效益、社会效益和经济效益?

本章小结

城市园林绿地是城市生态系统中的重要组成部分,具有生态、社会和经济3大效益,且该3大效益是综合的、广泛的、长期的和无可替代的。因此,在进行城市园林规划时,应针对不同的城市绿地类型做出合理的规划设计,使城市园林绿地最大限度地发挥生态、社会及经济效益。

研讨与练习

1. 园林绿地的生态效益主要有哪些?

2. 列举出几种对城市大气有净化作用的绿化植物。

3. 列举出几种对城市粉尘有滞尘作用的绿化植物。

4. 列举出几种有杀菌作用的绿化植物。

5. 对城市印象影响最大的绿化景观因素主要有哪些?

6. 城市绿化中较好的防火树种主要有哪些?

7. 常见的不同有毒气体的敏感植物(指示性植物)有哪些?

8. 结合你所在城市的园林绿地实际情况,谈谈园林绿地在生态效益、社会效益、经济效益方面所发挥的作用。

本章推荐参考书目

[1] 王浩,等.城市生态园林与绿地系统规划[M].北京:中国林业出版社,2003.

[2] 杨赉丽,等.城市园林绿地规划[M].北京:中国林业出版社,2004.

[3] 胡长龙,等.园林规划设计[M].北京:中国农业出版社,2002.

3 园林构成要素

[本章学习目标]

知识要求：

1. 了解自然景观要素、人文景观要素的构成。

2. 掌握园林工程要素中山水地形、假山置石、道路桥梁、园林建筑与小品的布局设计要点。

技能要求：

1. 能对著名园林或风景区进行自然景观与人文景观的综合评价。

2. 能运用园林工程要素的设计理论,进行园林山水地形、道路桥梁、园林建筑小品的布局设计。

园林是自然风景景观和人工再造园林景观的综合概念,园林的构成要素包括自然景观、人文景观、工程设施3个方面。

丰富的自然景观是大自然赐予人类的宝贵财富,利用自然景观而形成的园林以风景名胜区为代表,具体表现为山岳风景、水域风景、海滨风景、森林风景、草原风景和气候风景等。

人文景观是园林的社会、艺术与历史性要素,带有园林在其形成期的历史环境、艺术思想和审美标准的烙印,具体包括名胜古迹类、文物与艺术品类、民间习俗与其他观光活动。人文景观是我国园林中最具特色的要素,而且丰富多彩,艺术价值、审美价值极高,是中华民族文化的瑰丽珍宝。

园林工程是指园林建筑设施与室外工程,包括山水工程、假山置石、道路桥梁工程、建筑设施工程、绿化美化工程等。其中园林绿化美化工程在第5章讲述。

3.1 自然景观要素

园林构成要素(一)

3.1.1 山岳风景景观

山岳是构成大地景观的骨架,我国境内有很多以山景取胜的风景名胜区,如著名的五岳,即山东泰山(东岳)、湖南衡山(南岳)、陕西华山(西岳)、山西恒山(北岳)和河南嵩山(中岳)。明代著名地理学家和旅行家徐霞客曾评价"五岳归来不看山",更有"黄山归来不看岳"的安徽黄山、"匡庐天下秀"的江西庐山、"青城天下幽"的四川青城山,以及闻名遐迩的佛教4大名山峨眉山、五台山、九华山、普陀山,等等。各大名山独具特色,有的以雄奇著称,有的以秀美闻名。

山岳风景景观包括山峰、岩崖、洞府、火山口景观、高山景观、古化石及地质景观等(表3.1)。

表 3.1 山岳风景景观的类型及特征

山岳景观类型	景观特点	著名园林景观举例
1.山峰	包括峰、峦、岭、峭壁等不同类型,既可登高远眺,又表现出各自不同的景观特征	云南的石林(图3.1、图3.2),各种石峰、石柱成林成片,蔚为壮观,在我国明朝就已成为名胜,现在也是备受中外游客青睐的旅游胜地。湖南的张家界,密集着 2 000 余座平地拔起的奇峰,或玲珑秀丽,或峥嵘可怖,或平展如台,或劲瘦似剑。黄山的始信峰,三面临空,悬崖千丈,风姿独秀
2.岩崖	由地壳升降、断裂风化而形成悬崖威岩	泰山瞻鲁台、舍身崖,厦门鼓浪屿,庐山龙首崖
3.洞府	洞府使山景实中有虚,是山体中最为神奇的景观	著名的喀斯特地形石灰岩溶洞,仿若地下宫殿。如桂林芦笛岩洞,洞深240 m,洞内有大量玲珑剔透的石笋、石柱、石幔、石花,令人目不暇接,被誉为"大自然的艺术之宫"。著名的还有江苏的善卷洞、浙江瑶琳洞、安徽广德洞等
4.火山口景观	火山口景观是早年火山喷发形成的,包括火山口、火山锥、熔岩流等	黑龙江省的五大连池,是我国著名的火山游览胜地,有14座形态各异的火山锥,5个相互连通的熔岩堰塞湖,这里还有多处天然矿泉,医疗价值很高
5.高山景观	高山景观包括雪山景观、高山湖泊景观和高山植物景观。随着海拔高度的增加,气温逐渐下降,因而在高山区山顶终年积雪,形成绮丽壮观的雪山冰川。高山区植被一般垂直分带明显,种类丰富,更有高山珍奇植物景观,如雪莲花、凤毛菊、点地梅等	我国新疆的天山,耸立着一座座冰峰雪岭,是我国最大的冰川区,有冰洞、冰下河、冰塔林等奇特景观。云南的玉龙雪山,被称为我国冰川博物馆(图3.3)。高山湖泊是高山景观的另一种类型,如四川的九寨沟有 118 个高山湖泊,空气清新,阳光明媚,有多种珍稀动植物
6.古化石及地质奇观(图3.4)	为研究古生物、古地理、古气候和开发利用地质资源提供依据	四川自贡地区有恐龙化石博物馆;山东莱芜地区有寒武纪三叶虫化石,被人们开发制成精美的蝙蝠石砚

图 3.1　云南路南石林以柱形山峰见长

图 3.2　酷似大象的石峰

图 3.3　云南玉龙雪山

图 3.4　鱼化石

3.1.2　水域风景景观

　　水是大地景观的血脉,著名的园林胜境往往是山水相依。如著名的桂林山水、漓江山水等,群山竞秀,碧水迂回,构成生机勃勃的天然画卷。

　　水域风景景观包括泉水、瀑布、溪涧、峡谷、河川、湖池、潭、海景、岛屿等(表 3.2)。

表 3.2　水域风景景观类型及特征

水景类型	说　明	著名景观举例
1.泉水	泉水是地下水的自然露头,因水温不同而分为冷泉和温泉	我国泉水最为集中的城市是山东济南。济南素有泉城之称,有七十二泉(图 3.5),分布于山东济南旧城区,因其地下多岩溶溶洞,内储丰富的地下水,依地势由南向北流动,遇火成岩而回流,与南来之水相激产生压力,遇地面裂缝喷涌而出,形成泉水。水质洁净甘洌,恒温约在 18 ℃。河北邢台市郊的百泉,因平地出泉无数而得名,面积达 20 多 km²,形成了环邢皆泉的天然佳境。而泉水中最为独特的,要数云南大理的蝴蝶泉(图 3.6),泉旁横卧一株古树,每年农历四月,万千蝴蝶群集,一只连须钩足,首尾相衔,从泉上古树上倒垂至泉面,形成条条彩带,这就是闻名遐迩的"蝴蝶会"

水景类型	说　明	著名景观举例
2.瀑布	水由高处断崖落下,远望如布垂,因而称为瀑布。园林中常模拟自然界各种形式的瀑布,作成人工瀑布	世界著名的瀑布有落差最大的委内瑞拉安赫尔瀑布,瀑面最宽的老挝南孔河瀑布,而最壮观的是我国贵州的黄果树瀑布,高达90 m的总落差造就了黄果树瀑布惊心动魄的磅礴气势,瀑布如黄河倒倾,十里开外能听到它的轰鸣,百米之外能感受它的雾雨,瀑布后有可穿行的水帘洞,游人可在洞窗内观看倾泻而下的飞流,日落时云蒸霞蔚,扑朔迷离,即为著名的"水帘洞内观日落"。在我国名山风景区中几乎都有不同的瀑布景观,如雁荡山的大小龙湫、庐山的王家坡双瀑等
3.溪涧	水由山势高处流下,水流和缓者为溪,水流湍急者为涧	如杭州龙井九溪十八涧,曲折迂回,清丽秀美。贵州花溪也是著名的游览胜地,花溪河3次出入于两山夹峙之中,水青山绿,风光旖旎。为了再现自然,古人在庭院中也利用山石流水创造溪涧景色,如杭州玉泉的玉溪,无锡寄畅园的八音涧,都是效仿自然创造的精品
4.峡谷	峡谷是地形大断裂的产物,展现出大自然鬼斧神工的魔力	如我国著名的长江三峡,被群山夹于长江中段,由西到东又分为瞿塘峡、巫峡和西陵峡,瞿塘峡最短,两岸绝壁连峰隐天蔽日;巫峡曲折幽深,巫山十二峰分立大江南北;西陵峡则以滩多水急闻名,悬岩横空,飞泉垂练
5.河川	河川是祖国大地的动脉	著名的长江、黄河是中华民族文化的发源地。自北至南,排列着黑龙江、辽河、松花江、海河、淮河、钱塘江、珠江、万泉河,还有祖国西部的三江峡谷(金沙江、澜沧江、怒江),美丽如画的漓江风光等
6.湖池	湖池是水域景观项链上的明珠,她以宽阔平静的水面给我们带来安宁与祥和,也孕育了丰富的水产资源	我国的湖泊大体分为青藏高原湖区、蒙新高原湖区、东北平原山地湖区、云贵高原湖区和长江下游平原湖区。著名的有新疆天池、天鹅湖、黑龙江镜泊湖、五大连池,青海的青海湖,陕西的华清池
7.潭	潭即盛水的深坑,常与瀑布、泉、溪等相联系	泰山黑龙潭,瀑布自山崖泻下,如白练悬空,崖下一潭,深数丈,即黑龙潭,此为与瀑布结合的潭;云南象山脚下的黑龙潭,潭面宽阔,玉泉涌注,碧水澄澈,玉龙雪峰倒映其中,景色秀丽,此为与泉结合的潭;湖北昭君故里的珍珠潭,为香溪中途的回水潭,此为与溪结合的潭。潭大小不一,有大如湖者,如台湾的日月潭;有小如瓮者,如庐山的玉渊潭

续表

水景类型	说　明	著名景观举例
8.海景	大海是水面景色最为壮观的水域景观。海上观日出、观海潮、海水浴、沙滩浴是常见的海滨游览活动	我国内地海岸线长达 18 000 余 km,有很多观海胜地,如辽宁大连、河北北戴河、山东青岛、江苏连云港、厦门鼓浪屿等
9.岛屿	我国自古以来就有东海仙岛的神话传说,从秦朝开始,就模拟东海神山的境界,逐渐构成了中国古典园林中一池三山(蓬莱、方丈、瀛洲)的传统格局	北京的颐和园、承德的避暑山庄、拉萨的罗布林卡,均采用一池三山的布局。岛屿丰富了水体的景观层次,神话传说又赋予岛屿以神秘感,从而增添了游人的探求兴趣。我国园林中知名者有哈尔滨的太阳岛,青岛的琴岛,烟台的养马岛,威海的刘公岛,厦门的鼓浪屿,台湾的兰屿,太湖的东山岛,西湖的三潭印月岛

图 3.5　济南七十二名泉中的"月牙泉"

图 3.6　云南大理蝴蝶泉因每年农历四月的蝴蝶会而闻名遐迩

3.1.3　天文、气象景观

　　天文气象景观是带有强烈时间特性的一类园林景观,必须在特定的时间条件下才能观赏到。如去泰山观日出,必须是晴好天气,杭州西湖的断桥残雪,更是可遇而不可求。正因为如此,这类园林景观均具有较高的景观价值。常见的天文气象景观如表 3.3 所示。

表3.3 天文气象景观

类　别	出现的时间或条件	景观特征及价值	著名园林景观举例
1. 日出晚霞	天气晴好的早晨可观日出,晚霞大多在9—11月金秋季节欣赏	日出象征着紫气东来,万物复苏,朝气蓬勃,催人奋进;晚霞呈现出霞光夕照,万紫千红,光彩夺目,令人陶醉	泰山、华山、五台山以及大连老虎滩、北戴河等地均是观日出的最佳圣地。杭州西湖的"雷峰夕照"、燕京八景之一的"金台夕照"、桂林十二景之一的"西峰夕照"等,均是观晚霞的最佳景点
2. 云雾佛光	云雾在海拔1 500 m以上均可见到,为水汽因山上气温低遇冷凝结而成。"佛光"则是光线在云雾中受大小不一的水滴折射的结果	雾中登山,置身云海,仿若腾云驾雾,飘飘欲仙。在多雾的山上,早晨或晚上站于山顶,有时会在对着太阳的一侧的云雾天幕上出现人影或头影,影子周围环绕着一个彩色的光环。古人认为这是菩萨显灵而称之为佛光,它的神秘色彩令人神往	云雾景观在黄山、泰山、庐山都可见到。佛光这种现象在峨眉山出现较多,平均每年可达71天,称为峨眉宝光
3. 海市蜃楼	上下空气层温差很大,导致上下层密度相差悬殊,从而使光线不断折射形成影像(密度上小下大时为正立影像,密度上大下小时为倒立影像)	海市蜃楼是一种奇异而美丽的幻景。它的名称本身就来源于它的神奇。古人认为,所谓海市,即海上神仙的住所,蜃为蛟龙之属,能吐气为楼,故曰海市蜃楼。沙漠中还经常出现倒立的蜃景,很像是水中倒影,加上大气层不稳定,蜃景发生摇晃,仿佛湖波荡漾,这种假象欺骗过无数沙漠中的旅行者	最为著名的是山东的蓬莱,称为蓬莱仙境。其次还有广东惠来县神泉港的海面上也可见到
4. 潮汐	在滨海和江口地区,常见海水或江水每天有两次涨落现象,早上的称为潮,晚上的称为汐	潮与汐间隔时间约为12小时25分,每天的早潮或晚汐比前一天平均落后约50 mm。1月之中,在满月(望日)或新月(朔日)时的潮差更大,因此朔望时的潮称为大潮	如著名的钱塘观潮,潮起时海水从宽达100 km的江口涌入,受两岸地形影响成为涌潮。每年农历八月十八潮汛最大,其时声若雷霆,极为壮观
5. 冰雪景观	为冬季特有景观	冰雪在北方多见。南方雪景如出现在晚冬,还可踏雪寻梅,别有一番情趣	哈尔滨冰雪节特有冰雕艺术;断桥残雪为著名的西湖十景之一

3.1.4　生物景观

生物以不同于其他景观的生命特征和成长特征而成为园林的重要因素和保持生态平衡的主体,具体包括植物、动物、微生物等。不同的生物景观分布于园林中,构成了生机勃勃的自然风景。如西双版纳野象谷以热带原始森林景观和数量较多的野生亚洲象而著称于世,有沟谷雨林、山地雨林、季风常绿阔叶林等。丰富的生物景观吸引着无数游人前往观赏。

1)植物类景观

植物包括森林、草原、花卉3大类。我国植物种植资源(基因库)最为丰富,有花植物约25 000种,其中乔木2 000种,灌木与草本约2 300种,传播于世界各地。

森林按其成因分原始森林、自然次生林、人工森林;按其功能分用材林、经济林、防风林、卫生防护林、水源涵养林、风景林等。森林的自然分布类型因气候带而不同,有华南南部的热带雨林,华中、华南的常绿阔叶林、针叶林及竹林,华中、华北的落叶阔叶林,东北、西北的针阔叶混交林及针叶林。现代园林中的森林公园或国家森林公园就是以森林景观为主,一般园林也多以奇花异木作为主要景观(图3.7)。

图3.7　植物景观

我国的自然草原主要分布于东北、西北及内蒙古牧区,园林中的草地是自然草原的缩影,是园林及城市绿化必不可少的要素。

花卉以色彩斑斓、芳香四溢、秀美多姿的花朵见长,有木本、草本两种。我国土地辽阔、地形多变,形成了许多的花卉分布中心,如杜鹃属、报春属、山茶属、中国兰花、石斛属、凤仙属、蔷薇属、菊属、龙胆属、绿绒蒿属等。此外,中国海南岛是中国仙人掌科植物的集中分布区。园林中花卉常与树木结合布置,组成色彩鲜艳、芳香沁人的景观,为人们所喜爱、歌咏。

2)动物类景观

动物是园林中最活跃、最有生气的要素,动物的存在能使园林充满生命力(图3.8)。世界各地都有为保护野生动物而建立的保护区,如肯尼亚玛沙玛拉野生动物保护区,是东非最大的动物保护区,有斑马、羚羊、大象、犀牛、印度豹等野生动物,保护区附近的湖边,聚集着千万只红鹤,异常美丽。我国有新疆维吾尔自治区的阿尔金山野骆驼保护区,除珍稀动物野双峰驼之外,还有多种动植物种类;新疆温泉县近年建北鲵自然保护区,北鲵是极为珍稀的有尾两栖子遗动物,已列入"世界自然和自然资源保护联盟红皮书""中国濒危动物红皮书"。

全世界有动物约 150 万种,包括鱼类、爬行类、禽类、昆虫类、兽类及灵长类等。各地有以观赏鱼类为主的海底世界、水族馆,以观赏兽类和灵长类为主的野生动物园,以观赏鸟类为主的鸟语林,等等。

图 3.8　园林中的动物是园林最活跃的因素

3.2　历史人文景观要素

3.2.1　名胜古迹景观

名胜古迹是指历史上流传下来的具有很高艺术价值、纪念意义、观赏效果的各类建设遗址、建筑物、古典名园、风景区等。

1)古代建设遗迹(表 3.4)

表 3.4　古代建设遗迹

古代建设 遗迹类型	典型特征	著名景点
1.古城	古城反映着一个国家或民族城市文化所走过的足迹。一般由城墙、护城河、古建筑、古街道组成。城门一般两重,并常设瓮城,带有鲜明的古文化特征	山西平遥古城,1997 年已被列入世界遗产名录。古城由 4 大街、8 小街、72 条小巷组成。完整地保存有古城墙、三重檐歇山顶的市楼、孔庙、平遥县衙、八角形砖木建筑魁星楼等主要建筑,对研究我国城市文化有着极为宝贵的价值。我国的古城还有六朝古都南京、汉唐古都长安(西安)、明清古都北京,以及山东曲阜、河北山海关、湖北荆州古城、云南丽江古城等(图 3.9)
2.古城墙	为古城的防御性建筑,由城门、城墙、堞楼、垛口、敌台等组成,为防御性建筑	城墙作为防御性建筑,当首推万里长城。她是中华民族创造的最宏伟的工程奇迹之一,凝聚着我国古代人民的智慧和力量。现存的城墙还有西安古城墙、苏州古城垣、南京古城墙(图 3.10)等。前述平遥古城城墙也保存完好,城墙高 12 m,长 6 000 多 m,每 40～100 m 处有马面,马面上有堞楼,共计 72 个,垛口 3 000 个,城门分内外两层,中为瓮城,为典型的古城墙结构

续表

古代建设遗迹类型	典型特征	著名景点
3. 古桥梁	古桥梁是交通手段与建筑技艺的完美结合,多为石拱桥,也有木结构桥、索桥	古代桥梁中最著名的首推河北赵县赵州桥(图3.11)。这座石拱桥建于隋朝,它的桥洞不是常见的半圆形,而像一张弓,成为"坦拱",而在两肩拱上加拱的"敞肩拱"做法更是构思精巧,为世界桥梁史上的首创。此桥历经1 300多年的风雨、多次大地震的震撼、无数次洪水的冲击,至今安然无恙。再如北京永定河上的卢沟桥,是一座石砌联拱桥,桥全长266.5 m,宽7.5 m,有11个涵洞,卢沟桥的狮子更是举世闻名。桥东的碑亭内立有乾隆御笔"卢沟晓月"汉白玉碑(图3.12),为"燕京八景"之一。著名的还有苏州宝带桥、广西程阳风雨桥、山西晋祠的鱼沼飞梁等
4. 其他	多反映我国古代经济与文化特征,带有长期封建统治的烙印	包括古乡村(村落),如西安的半坡村遗址;古街,如安徽屯溪的宋街;古道,如西北的丝绸之路;古运河,如京杭大运河

图3.9　丽江古城的街道和建筑

图3.10　南京古城墙

图3.11　河北省赵县赵州桥

图3.12　卢沟晓月

2）古建筑

世界多数国家都保留着历史上流传下来的古建筑。我国古建筑的历史最悠久，形式多样（表3.5），结构严谨，空间巧妙，许多都是举世无双的，而且近几十年来修建、复建、新建的古建筑面貌一新，成为一类园林或园林中的重要景观。

表 3.5　古建筑类型

古建筑类型			说　明	举　例
1.园林建筑	我国许多著名的亭台楼阁等园林建筑大多与文人雅事相联系，精美的建筑与文学、绘画、雕刻艺术相结合，成为中国古典建筑的一大特色	亭	亭最初为道路两旁休息之所，十里一长亭，五里一短亭，后来逐渐发展成园林中最常见的园林建筑	现今保存的古亭著名的有浙江绍兴兰亭、苏州沧浪亭、安徽滁州醉翁亭（见图）、北京陶然亭等
		台	台比亭出现得早，初为观天时、天象、气象之用	我国现存最古老的天文观测台是河南登封的观星台，元初全国建27处观测站，此台为观测中心。汉阳龟山有古琴台，相传春秋时伯牙在此弹琴，钟子期能识其音律，二人遂成知交。钟子期死后，伯牙以知音难觅，破琴绝弦，终身不再弹琴。后人感其深情厚谊而筑此台
		楼阁	楼阁，是宫苑、离宫别馆及其他园林中的主要建筑，也是城墙上的主要建筑	滕王阁、黄鹤楼（见图）与岳阳楼为江南3大名楼，分别以王勃的《滕王阁序》、崔颢的《黄鹤楼》、范仲淹的《岳阳楼记》而扬名于世。再如西安的钟鼓楼、安徽当涂的太白楼、山东烟台的蓬莱阁、湖北当阳的仲宣楼、云南昆明的大观楼等

续表

古建筑类型	说　明	举　例
2. 古代宫殿	世界多数国家都保留着古代帝皇宫殿建筑，而以中国所保留的最多、最完整	北京明、清故宫，原称紫禁城宫殿，是明、清两朝的皇宫，始建于明永乐 4 年。故宫规模宏大，占地 72 万 m²，有殿宇宫室 9 999 间半，周围环绕着高 10 m 长 3 400 m 的宫墙，墙外有 52 m 宽的护城河，是世界上最大、最完整的古代宫殿建筑群。整个建筑群金碧辉煌，被誉为世界五大宫之一。拉萨布达拉宫（见图），于公元 7 世纪松赞干布迁都拉萨，与唐联姻，迎娶文成公主时始建，17 世纪扩建，是世代达赖喇嘛摄政居住、处理政务的地方。布达拉宫是当今世界上海拔最高、规模最大的宫殿式建筑群，包括红宫和白宫两部分，全部依山势而建。中央是红宫，主要用于供奉佛神，安放着前世达赖遗体灵塔，两旁是白宫，是达赖喇嘛生活起居和政治活动的主要场所。布达拉宫内珍藏大量佛像、壁画、藏经、古玩珠宝，集中反映了藏族匠师的智慧和才华，藏族建筑的特点和成就，是了解藏族文化、历史和民俗的宝库
3. 宗教建筑	宗教建筑，因宗教不同而有不同名称与风格。大致可分为佛寺（含藏传佛教寺）、道观、清真寺等几类。"天下名山僧占多"。我国的宗教建筑，大多位于风景名胜区，风格独具的寺庙建筑与优美的自然风景相结合而成为寺庙园林	我国第一座佛教庙宇是洛阳的白马寺，建于公元 68 年东汉时期 道教圣地首推武当山，明朝永乐年间建成庞大的道教建筑群，殿内供奉曾在此修炼的明代著名道士张三丰的坐像。山西永乐宫也是著名的道教建筑，具有关典籍记载，为道教八仙之一的吕洞宾诞生地。殿内壁画绘于元代，笔法高超，因此永乐宫被称为元代绘画艺术的宝库 藏传佛教寺庙有西藏拉萨大昭寺，大殿中心部分还有唐代建筑痕迹，其建筑、绘制风格融汉、印度、尼泊尔艺术于一体 与宗教密切相关的各种形式、各种规模的寺塔、塔林，一般用来藏佛体或僧尼舍利和经卷。我国现存的塔很多，著名的有西安大雁塔，河北定县开元寺塔，杭州六和塔，苏州虎丘塔、北寺塔，镇江金山寺塔，上海龙华塔，云南大理三塔（见图），松江兴圣教寺塔，等等

古建筑类型	说　明	举　例
4.祭祀建筑	祭祀建筑为祭天、地、名人、宗族的建筑。祭天建筑强调天的至高无上地位，在建筑布局、形式和周围环境中均加以突出和强调。祭人建筑以所祭祀的人物弘扬我国传统文化中所崇尚的优良品格、优秀思想。祭祀宗族的建筑基于我国传统道德文化中的忠孝观念和家族意识，称太庙或宗祠	北京天坛是最为著名的祭祀建筑群，是明清两代皇帝祭天祈谷之所，坛域北呈圆形，南为方形，寓意"天圆地方"。坛区分内坛、外坛两部分，内坛北部祈谷坛中心建筑为祈年殿（见图），为三重檐圆形大殿，覆盖上青、中黄、下绿三色琉璃，分别象征天、地、万物。南部为圜丘坛，用于冬至日举行祭天大殿，圜丘的石阶、台面石以及石栏板的数量，均采用九和九的倍数，寓意"九重天"，通过对九的反复运用，强调天的至高无上的地位。此外，天坛内还有回音壁、三音石、七星石等名胜古迹，无一不体现出我国古代高超的建筑技艺和精妙的艺术构思，天坛以其深刻的文化内涵、宏伟的建筑风格，成为东方古老文明的写照 泰山岱庙也是历代帝王祭天之处。中国封建君主为了加强统治，把王权与神权结合起来，自称"天子"，因此历代帝王祭天封禅的仪式都极为隆重，岱庙就是帝王们封禅祭天、举行大典之地 祭人建筑以山东曲阜孔庙历史最悠久，规模最大，由于历代统治者尊崇孔子，孔庙仿效皇家模式而建，形成大型祠庙建筑群 祭祀宗族的建筑如北京太庙（现为北京劳动人民文化宫）
5.书院故居建筑	书院是中国封建社会特有的一种教育组织，最初官方修书、校书和藏书的场所和私人讲学之所均称为书院，后因私家讲学的兴盛而专指由儒家士大夫创办并主持的文化教育机构 历史上风云人物的故居，许多因后人常往瞻仰而成为名胜古迹。有的扩建成园林，有的改建为纪念性祠堂	现存书院著名的有江西庐山的白鹿洞书院、湖南长沙的岳麓书院（见图）等。故居建筑有四川成都的杜甫草堂，杜甫在此居住4年，写下了200多首诗篇，现有建筑多为后世为纪念杜甫所建，现有园林20 hm²。四川眉山的三苏祠，也是为了纪念苏洵、苏轼、苏辙三父子而在苏氏故宅的基础上改建的

续表

古建筑类型	说　明	举　例
6. 古代民居建筑	我国是个多民族国家,自古以来民居建筑丰富多彩,经济实用,是中华民族建筑艺术与文化的重要方面。现今保存的古代民居建筑形式多样,如北京的四合院,延安的窑洞,华南骑楼,云南村寨、竹楼,新疆吐鲁番土拱,蒙古的蒙古包,等等	在山西晋中市榆次区车辋村保存着一处规模宏大的民居建筑常家庄园,完整保留了明清老宅的风格,庄园由街道、牌楼、房屋、四合院、戏台组成生活区,由园林组成户外游乐区,庄园建筑气势恢弘,砖雕、木雕、石雕(见图)精工细作,具有传世的艺术魅力。园中有大量的诗词碑赋,如石芸轩法帖、四十四帝后遗墨帖、常氏名人碑刻等。常家庄园是集人文建筑与山水园林于一体的儒商建筑的典型代表
7. 古墓建筑	历代帝王认为人死后灵魂永存,因此皇帝在位时就为自己修建陵寝,并极尽奢华之能事,形成布局严整、规模宏大的"地下宫殿"。陵区大多有附属建筑神道、牌坊、石像生、墓碑、华表、阙等附属建筑。古墓建筑还包括一些历史名人墓地,著名的有山东曲阜孔林,安徽当涂李白墓,江苏徐州华佗墓,杭州岳飞墓等 古代陵墓是我们历史文化的宝库,已挖掘出的陪葬物、陵殿、墓道等,是研究与了解古代艺术、文化、建筑、风俗等的重要实物史料。有些被开辟为公园、风景区,与园林具有密切关系	古代皇陵规模宏大且保存完整的有明代十三陵和清东陵、西陵。北京十三陵葬有明朝 13 位皇帝及其后妃,陵区建筑集中了明代建筑和石刻(见图)的精华。清朝帝陵分东陵和西陵,分别在河北省的遵化和易县,东陵埋葬着 5 帝、15 后、136 位嫔妃、一位阿哥共 157 人。陵区建筑雕梁画栋,严整肃穆,周围古木参天,山清水秀。清入关后第一任皇帝顺治、雄才大略的康熙、乾隆、垂帘听政的慈禧太后都葬于这里。东西陵的规划和建筑形式为:后陵小于帝陵,园寝(公主、嫔妃)又小于后陵,帝后陵为黄瓦,园寝则为绿瓦。帝王陵墓还有陕西桥山黄帝陵,临潼秦始皇陵与兵马俑墓,汉唐帝王的陵墓也大多位于陕西西安(古都长安)。如汉武帝的茂陵、唐太宗的昭陵、唐高宗与武则天合葬的乾陵,均规模宏大,当年汉唐国力之强盛可窥见一斑 

3) **古典名园**

中国的古典名园大体分为皇家园林、私家园林和寺庙园林3大类(第1章表1.4)。

4) **风景区**

风景区是风景资源集中、环境优美、人文价值较高的区域。我国的风景区集中于古代名山大川,荟萃了自然景观和人文景观之精华,有很多开辟为国家级风景名胜区。我国第一批经国务院批准的重点风景名胜区包括泰山、承德避暑山庄外八庙、五台山、恒山、杭州西湖、普陀山、黄山、九华山、武夷山等44处,至今全国有国家级风景名胜区100多处,截至2000年底,我国已有泰山、黄山、武陵源、九寨沟等12处风景区被列为世界遗产,向全世界展现其丰富的内涵和壮美的风姿。

风景名胜区综合了前述山岳、湖泊、瀑布、海滨等多种自然景观类型和丰富的人文景观类型,两者已巧妙地融为一个整体,从不同侧面反映了中华民族秀美的山川、悠久的历史、灿烂的文化。

3.2.2 文物艺术景观

文物艺术景观指石窟、壁画、碑刻、摩崖石刻、雕塑、古人类文化遗址、化石等(表3.6)。我国文物及艺术品极为丰富多彩,是中华民族智慧的结晶,中华民族文化的瑰宝。园林中的文化艺术景观丰富了园林的内涵,提高了园林的价值,吸引着人们观赏、研究。

表3.6 文物艺术景观类型

类　型	说　明	举　例
1. 石窟	我国现存有历史久远、形式多样、数量众多、内容丰富的石窟,是世界罕见的综合艺术宝库。其上凿刻、雕塑着古代建筑、佛像、佛经故事等形象,艺术水平很高,历史与文化价值无量	我国三大石窟:敦煌、云岗、龙门石窟,是世界艺术宝库的珍品。甘肃敦煌石窟(又称莫高窟),俗称千佛洞,现存石窟492个,彩塑2 000余座,木构窟檐5座,保留着佛寺、城垣、塔、阙、住宅等建筑艺术资料,是我国古代文化、艺术贮藏丰富的一座宝库。山西大同云冈石窟,现存洞窟53个,造像5 100余尊,还有众多的飞禽走兽像和楼台宝塔,在我国3大石窟中,云冈石窟以石雕造像气魄雄伟、内容丰富多彩见长。河南洛阳龙门石窟,有大小窟龛2 100多个,造像约10万尊,佛塔40余座,是古代建筑、雕塑、书法等艺术资料的宝库,也是研究我国古代历史与艺术的珍贵资料。除此之外,还有山东济南千佛山、重庆大足石窟、甘肃麦积山石窟、云南剑川石钟山石窟、宁夏须弥山石窟、南京栖霞山石窟等多处
2. 壁画	壁画是绘于建筑墙壁或影壁上的图画	我国很早就出现了壁画,古代流传下来的如山西繁峙县岩山寺壁画,金代1158年开始绘于寺壁之上,为大量的建筑图像,是现存金代的规模最大、艺术水平最高的壁画。云南昭通市东晋墓壁画,在墓室石壁之上绘有青龙、白虎、朱雀、玄武与楼阙等形象及表现墓主生前生活的场景,是研究东晋文化艺术与建筑的珍贵艺术资料。泰山岱庙正殿天贶殿宋代大型壁画《泰山神启跸回銮图》,全长62 m,造像完美生动,是宋代绘画艺术的精品。九龙壁是经典的影壁壁画,见于多处皇家园林中,如故宫、北海等(图3.13)

续表

类　型	说　明	举　例
3.碑刻、摩崖石刻	碑刻，是于石碑上篆刻文字，是书法艺术的载体 摩崖石刻，是在山崖上雕像或镌刻诗词书法、佛经经文	著名的有泰山岱顶的汉无字碑，岱庙碑林，曲阜孔庙碑林，西安碑林，南京六朝碑亭，唐碑亭以及清代康熙乾隆在北京与江南所题御碑等。陕西华阴市华山西岳庙内的古碑，有汉代"西岳华山庙碑"、后周"华山庙碑"等 山东泰山摩崖石刻，被誉为我国石刻博物馆，在帝王封禅史、书法艺术、雕刻技艺等方面都具有较高的历史艺术价值和丰富的文化内涵。有些摩崖石刻还是珍贵的文史资料，如福建九日山的摩崖石刻，记载着宋代泉州郡守远航亚非的史实，为当时泉州港海外交通的珍贵史料
4.雕塑艺术	我国的雕刻与塑像艺术源远流长，在名胜古迹中随处可见。大至神佛造像、小至建筑物的构件，无一不体现出构思的巧妙、雕工的精美	陕西临潼区发掘出的秦始皇兵马俑，为巨大的雕塑群，个体造型精美，栩栩如生，反映了秦朝雕塑艺术的成就。独立雕塑以神像及珍奇动物形象为数最多，其次为历史名人像。我国各地古代寺庙、道观及石窟中都有丰富多彩、造型各异、栩栩如生的佛像、神像。举世闻名的如四川乐山巨型石雕乐山大佛，唐玄宗时创建，约用90年竣工，通高71 m，头高14.7 m，头宽10 m，肩宽28 m，眼长3.3 m，耳长7 m。附属于建筑物上的雕刻更是精美绝伦，如位于北京城南的卢沟桥，桥两侧有281根望柱，每个柱顶都雕有一个大狮，大狮身上雕有许多姿态各异的小狮，由于雕刻技艺高超，小狮不容易被发现。桥的东西两端有4根华表，莲座上各有一个坐狮，桥东端的抱鼓石也由两个大狮代替，据统计，卢沟桥的狮子总共有485个。建筑附属雕塑除石雕以外，还有砖雕、木雕等。砖雕多见于影壁等处，如山西常家大院建筑物上的三雕，于照壁、门窗、梁枋、雀替等处随处可见，那丰富的图案和其中包含的吉祥含义，堪称中国吉祥文化的典籍（图3.14—图3.16）
5.诗词、楹联、字画	中国风景园林的最大特征之一就是深受古代哲学、宗教、文学、绘画艺术的影响，自古以来就吸引了不少文人画家、园林建筑家以致皇帝亲自制作和参与，使我国园林"举目皆诗意，步步可寄情"。诗词楹联和名人字画是园林意境点题的手段，既是情景交融的产物，又构成了中国园林的思维空间，是我国风景园林文化色彩浓重的集中表现	著名的楹联有昆明大观楼的180字的巨笔长联（孙髯翁作），看后真有五百里滇池奔来眼底，数千年往事涌上心头之气魄。宋代诗人苏轼的"水光潋滟晴方好，山色空濛雨亦奇"，点出了西湖的时空美感。温州江心寺对联"云朝朝，朝朝朝，朝朝朝散；潮长长，长长长，长长长消"用同音假借的手法，构思精巧奇妙，既切合景观环境，又体现了汉字游戏趣味，且蕴含着丰富的哲学思想。再如上海豫园的"莺莺燕燕，翠翠红红，处处融融洽洽；风风雨雨，花花草草，年年暮暮朝朝"是一幅回环联，顺读倒读都合韵律，节奏鲜明，自然流畅。杭州西湖天下景的楹联更富有诗意，"水水山山处处明明秀秀，晴晴雨雨时时好好奇奇"展现了西湖美景的气象大观 中国园林中的匾额更是比比皆是，均以简练诗意的文字点明景题，与园景相映成趣，使园林意境倍增。如网师园中的"月到风来"亭，取自唐朝韩愈"晚年将秋至，长风送月来"之句，使"梧竹幽居"景区充满诗情画意。在风景园林中更有不少名人字画，给山川添色，让大地寄情，如泰山上的名人书法岩刻堪称文化遗产之一绝

图 3.13　北京故宫九龙壁
上有琉璃九龙浮雕图像,体态矫健,形象生动,
是清代壁画艺术的杰作

图 3.14　木雕图案

图 3.15　丰富的砖雕

图 3.16　建筑物墀头砖雕

3.2.3　民间习俗与其他观光活动

　　我国历史悠久,又是个多民族国家,民间有许多各具特色的风俗习惯、传统节日和许多反映劳动人民美好愿望的美丽传说,少数民族地区更是保留着许多带有浓厚民族特征的习俗和节日庆典活动,从而成为园林文化中不可缺少的一部分(表3.7)。

表 3.7　民间习俗与其他观光活动类型

类　别	说　明
1.节日与民俗	我国历史悠久,民间习俗、节庆活动丰富多彩。如每年的五月初五是我国传统的端午节,全国各地都有丰富多彩的庆祝活动,广州市的龙舟竞渡,现已演变成广州龙舟节,在美丽的珠江河面上,一年一度的广州国际龙舟邀请赛吸引来自全国各地的龙舟前来参加比赛,届时,广州城区万人空巷。我国的传统节日春节、元宵节、中秋节更是名扬海外,吸引许多外国友人前来观光旅游。少数民族节日则是各民族生活的缩影,如傣族的泼水节、彝族的火把节、哈尼族的十月节、壮族的三月三等

续表

类　别	说　明
2.少数民族文化	我国的少数民族文化绚丽多姿,包括少数民族舞蹈、音乐、民族服装、民间体育活动、节庆活动、宗教信仰等。如傣族的孔雀舞、壮族扁担舞、朝鲜族的长鼓舞、哈尼族的采茶舞、拉祜族的芦笙舞、基诺族的大鼓舞等,很多歌舞曾荣获国际国内大奖。少数民族宗教具有鲜明的地域文化特色,如云南玉龙雪山的南麓,有一座东巴万神园(图3.17),映射着纳西族先民朴素的哲学理念,神园正门两个巨型图腾柱,中间一条宽6 m,长240 m的神图路,两侧左为神域,右为鬼蜮,分别竖立着300多尊木制神偶,他们是古老的东巴神话体系的重要角色。东巴文化崇尚自然,认为万物有灵,这里的一草一木都是神灵,因此称为东巴万神园
3.神话传说与历史典故	古老的神话传说或历史典故为园林平添了许多神秘色彩和文化氛围,使游人游兴倍增。如杭州的虎跑泉,相传唐代元和年间,有一位高僧居此处,因用水不便意欲迁走,夜间神仙入梦,告之:"南岳有童子泉,当遣二虎移来",第二天果然有二虎"跑地作穴",泉水涌出,虎跑泉因此得名。再如山东蓬莱阁的八仙过海传说,花果山(连云港)的孙悟空传说等都能使园林增色许多。与园林相关的历史典故更是数不胜数,如著名的曲水流觞水景,以绍兴古兰亭的"曲水邀欢处"为代表。曲水流觞原是我国古代的一种驱邪避病的风俗,后因王羲之的《兰亭集序》而成为文人墨客的一种雅事。当年王羲之与好友在兰亭以觞随水流动,止于谁前,谁应即兴赋诗,做不出者罚酒三觞。最后王羲之一挥而就,写成了324字的《兰亭集序》,曲水流觞的风俗也因此闻名于世。后人多模仿古人之举,在园林中建"曲水流觞"景点(图3.18)

图3.17　云南东巴"万神园"
"万神园"由300多尊木制神偶组成,
富有鲜明的民族文化特征

图3.18　某私家园林中的"曲水流觞"景点

3.3　园林工程要素

园林工程主要包括山水工程、道路桥梁工程、建筑设施工程、栽植工程4大要素。

3.3.1　山水工程

山水工程主要指园林中模拟自然界的地貌类型,塑造多变的地形起伏,为创造优美环境和园林意境奠定物质基础的工程。南宋时期园林杰出的代表作艮岳是历史上著名的大型山水园，这座宋徽宗亲自参与筹划修建的山水园全由人工所作，经营十余年之久，为我国古代山水工程的代表作。北海白塔山(原称万岁山)是现今保存的最大、最宏伟而富自然山色的古代山体。

1)陆地及地形

陆地一般占全园的2/3～3/4，其余为水面。陆地又可分为平地、坡地、山地3类(表3.8)。

表3.8　陆地及地形的设计要点

类　型	占陆地比例	作　用	设计要点
平地	1/2～2/3	作游憩广场、草地、休息坪等，易于形成开敞空间	可采用灵活多样的铺装材料及地被植物。为了有利排水一般要保持0.5%～2%的坡度
坡地	1/3～1/2	起伏的坡地配以草坪、树丛等可形成亲切自然的园林景观	多用于自然式园林，可设计为缓坡，坡度8%～10%；中坡，坡度10%～20%；陡坡，坡度20%～40%
山地	1/3～1/2	作为地形间架，形成丰富的空间变化	可以分为土山、石山和土石混合的山体。堆山时山要有主、次、客之分，高低错落、顾盼呼应；独山忌堆成馒头状，群山忌堆成笔架状；应与水体巧妙配合，造成山水相依、山环水绕的自然景观

2)假山置石工程

与塑造地形的山体工程相比，假山置石更突出的是它的观赏价值，大多体量较小。常见的布置手法有点石成景、整体构景两大类(表3.9)。

(1)点石成景　点石成景即由单块山石布置成的石景。其布置形式分为特置和散置。

(2)整体构景　整体构景是指用一定的工程手段堆叠多块山石构成一座完整的形体。

表3.9　假山置石工程

布置手法		要　求
点石成景	特置	指单块山石独立布置，对山石的要求较高。或体量巨大，如颐和园的青芝岫(见图)；或姿态优美，如苏州留园的冠云峰；或形似奇禽猛兽(图3.19)。我国园林中特置的石材首选湖石，也称太湖石，因原产太湖一代而得名，由于水的冲刷而使湖石上遍布涡洞，玲珑剔透。因此湖石的传统欣赏标准为"透、漏、瘦、皱、丑"，"透"指水平方向有洞，"漏"指竖直方向有洞，"瘦"即秀丽而不臃肿，"皱"指脉络分明，"丑"即独特不流于常形。与太湖石相似的还有产于北京房山区的房山石，有人称之为北太湖石，但颜色较太湖石为深，外观较太湖石浑厚
	散置	指单块山石散落放置的方式(见图)。对个体石材的要求相对较低，但要组合得当。它的布置要点在于有聚有散、有主有次、断续错落、顾盼呼应

续表

布置手法	要　求
整体构景	在艺术造型和叠石工程技术上都要求较高,造型宜朴素自然、手法宜简洁,要有巧夺天工之趣,不能矫揉造作、更不能露斧凿之痕(见图) 堆叠山石构成整体景观时选石有 6 要素,即山石的质、色、纹、面、体、姿。山石之间的关系讲究石不可杂、纹不可乱、块不可均、缝不可多

图 3.19　园林中的置石

3)水景工程(表 3.10)

　　水景以清灵、妩媚、活泼见长。静态的水如湖、池等可以反映天光云影,给人以明净、开朗、幽深、虚幻的感受;动态的水如瀑布、溪流、喷泉等则给人以清新活泼、激动兴奋的感受。狭长的水体婉转逶迤,可沿途设置步移景异的风景;开阔的水面安详深沉,可用来开展水上活动。

表 3.10　水景工程

水景工程	说明及设计要求
1.湖、池	为静态水体,有自然式和规则式两种。自然式湖池多依天然水体或低洼地势建成,湖面较大时还可设堤、岛、桥等以丰富水景层次(图 3.20)。规则式水池有圆形、方形、多边形等
2.溪涧	园林中可利用地形高差设置溪涧。水流和缓者为溪,水流湍急者为涧。溪涧的平面应蜿蜒曲折、有分有合、有收有放,竖向上应有陡有缓,配合山石使水流时急时缓、时聚时散,形成多变水形、悦耳水声,给人以视觉与听觉的双重感受

续表

水景工程	说明及设计要求
3. 落水、跌水	落水是根据水势高差形成的一种动态水景观,有跌水(图3.21)、瀑布、漫水等。一般瀑布又可分为挂瀑、帘瀑、叠瀑、飞瀑等
4. 喷泉	喷泉又称为喷水,它常用于城市广场、公共建筑、园林小品等。它不仅是一种独立的艺术品,而且能增加周围空气的湿度,减少尘埃,增加空气中的负氧离子含量,提高环境质量,增进身体健康。喷泉常与水池、雕塑同时设计,结合为一体,起装饰和点缀园景的作用。喷泉在现代园林中应用很广,其形式有涌泉形、直射形、雪松形、半球形、牵牛花形、蒲公英形、雕塑形等。另外,喷泉又可分为一般喷泉、时控喷泉、声控喷泉和激光喷泉等。在北方,为了避免冬季冻结期喷泉管道和喷头等外露不美观的缺点,常设计旱喷泉(图3.22),喷水设施设于地下,地面设有铁箅子,并留有水的出口,有无水喷射时都很美观,铺装场地还可供游人活动。喷泉可与其他园林水景结合设计(图3.23),充分满足游人的亲水心理,增加游览的兴趣
5. 岛	岛是四面环水的水中陆地。水中设岛可划分和丰富水域空间,增加景观层次的变化。既是景点又是观赏点。我国古典园林常于水面设三岛,以象征海上神山。岛的设计切忌居中、整形、排比,岛的形状忌雷同,面积不宜过大,岛上适当点缀亭廊等园林建筑及植物山石等,以取得小中见大的效果
6. 驳岸	在园林中开辟水面要有稳定的湖岸线,防止地面被淹,维持地面和水面的固定关系。同时,园林驳岸也是园景的组成部分,必须在实用、经济的前提下注意外形的美观,使之与周围的景色协调。驳岸种类有生态型驳岸,由水生植物、湿生植物过渡到土草护坡,景色具有自然野趣。此外,还有沙砾卵石护坡、自然山石驳岸、条石驳岸、钢筋混凝土驳岸、打棒护岸等
7. 闸坝	闸坝是控制水流出入某段水体的工程构筑物,主要作用是蓄水和泄水,设于水体的进水口和出水口。水闸分为进出水闸、节制水闸、分水闸、排洪闸等;水坝有土坝(草坪或铺石护坡)、石坝(滚水坝、阶梯坝、分水坝等)、橡皮坝(可充水、放水)等。园林闸坝多和建筑、园桥、假山等组合成景

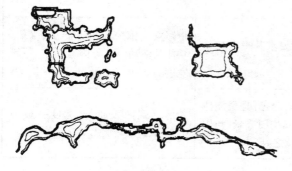

图3.20　园林中的经典水景

图3.21　云南白水河的跌水景观,将水的轻盈活泼表现得淋漓尽致

图 3.22　济南泉城广场的旱喷泉,喷水
设施设于地下,有无水喷射都很美观

图 3.23　喷泉水景与水面的汀步石相结合,
游人可从清凉的水景通道中信步而过,
能充分满足游人的亲水心理

3.3.2　道路、桥梁工程

1)道路工程

　　游人的游园活动要沿着一定的游览路线进行,园林中的道路就充当着导游的作用,将设计师创造的景观序列传达给游人;同时道路系统又以线的形式将园林划分为若干园林空间;园林中的道路还是不可缺少的艺术要素,设计师可用优美的道路曲线、丰富多彩的路面铺装构成独特的园景。

　　(1)园路的分类　园路按功能可分为主要园路(主干道)、次要园路(次干道)和游憩小路(游步道)(表 3.11)。

表 3.11　园路分级

园路分级	说　明	宽度要求
主干道	是从园林出入口通向园林主景区的道路。主干道要能贯穿园内的各个景区、主要风景点和活动设施,形成全园的骨架和回环	一般为 3.5~6.0 m。结构上必须能适应机动车通行的要求
次干道	是景区内连接各景点的道路。设计时要求其平面与立面造型与园林整体风格相协调	道路宽度依公园游人容量、流量、功能及活动内容等因素而定,一般宽度为 2.0~3.5 m
游憩小路	是园林道路系统的末梢,是联系园景的捷径,是最能体现艺术性的部分。它可以优美婉转的曲线构图成景,与周围的景物相互渗透、吻合,极尽自然变化之妙	考虑一到两人通行,宽度一般为 0.6~1.5 m

（2）园路的设计　　如表3.12所示。

表3.12　园路的设计

内　容	说　明
1.平面设计	规则式园林应用直线条,自然式园林宜用曲线
2.立面设计	依据因地制宜的原则,尽量利用原地形,随地形的起伏而变化。为了满足排水的需要,一般路面要有1%~4%的横坡,纵坡坡度在8%以下
3.路面的铺装	路面的铺装材料常用的有水泥、沥青、块石、卵石、方砖、青瓦、水泥预制块等。铺装形式有整体路面、嵌草路面、花街铺地(图3.24)、块制路面(图3.25)、砖雕卵石路面、步石等。路面图案能衬托景物,富于观赏效果。还应与景区环境相结合,如竹林中小径用竹叶图案(图3.26)、梅林中用冰纹梅花图案,大面积广场则不宜进行细碎分割

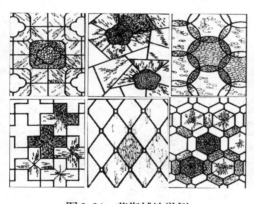

图3.24　花街铺地举例

图3.25　铺装举例

2）桥梁工程

桥是道路在水中的延伸,是跨越水流的悬空的道路(图3.27),同道路一样起导游和组织交通的作用,而桥的造型多样,又是园林中的重要风景。

图3.26　北京紫竹院公园竹林掩映下的园路

图3.27　木栈桥

园桥按建筑材料可分为石桥、木桥、铁桥、钢筋混凝土桥、竹桥等;按造型可分为平桥、曲桥、拱桥、屋桥、汀步等(表3.13)。

表3.13　桥梁造型分类及设计

类　型	例　图	特　点	设计要点
1. 平桥		桥面平行于水面并与水面贴近,便于观赏水中倒影和游鱼,朴素亲切	①小水面设桥:水面小则桥宜更小,并建于偏侧水面较狭处,利用对比反衬水面的"大" ②大水面设桥:大水面往往设游船,因此桥的设计要考虑船的通行,多做拱桥,可丰富水面的立体景观,弥补大水面的空旷单调之感 ③桥梁与水流宜成直角,桥面要防滑
2. 曲桥		桥面曲折,增加了水上游览的长度,并为游人提供不同角度的观赏	
3. 拱桥		桥面高出水面呈圆弧状,桥洞一般半圆形,与水中倒影共同组成近圆形,立面效果良好,桥下还可通船	
4. 屋桥		以桥为基础,是桥与亭廊等相结合的形式,桥上建亭或建廊	
5. 汀步		在浅水中按一定距离布设块石,供游人信步而过,又称步石、跳桥、点式桥	单体造型可根据环境设计成荷叶形、树桩形等,能增加园林的自然意趣,创造富有韵律的活泼气氛。石墩要注意防滑,间距不能过大,一般为 8 ~ 15 cm 即可

3.3.3 建筑设施工程

在风景园林中,园林建筑既能遮风避雨、供人休息赏景,又能与环境组合形成景致。

1)亭

亭是有顶无墙的小型建筑,是供人休息赏景之所。"亭者,停也。所以停憩游行也"(《园冶》)。亭的功能之一是作为供人休息、避雨、观景的场所,同时,亭在园林中还常作为对景、借景、点缀风景用。亭是园林绿地中最常见的建筑,在古典园林中更是随处可见,形式丰富多彩。一般南北方园林中的亭子风格差别很大(表3.14)。

表3.14 北方与南方亭子比较

	北方亭	南方亭
风格	庄重、宏伟、富丽堂皇	清素雅洁
整体造型	体量较大,造型持重	体量较小,造型轻巧
亭顶造型	脊线平缓,翼角起翘轻微	脊线弯曲,翼角起翘明显
色彩	一般红色柱身,屋面覆色彩艳丽的琉璃瓦,常施彩画	一般深褐色柱身,屋面覆小青瓦,不常施彩画
举例	济南趵突泉公园四角亭	昆明市某公园六角亭

(1)亭的位置选择 如表3.15所示。

表3.15 亭的位置选择

亭的位置	说 明
山地建亭	山地建亭多见于山顶、山腰等处。山顶之亭成为俯瞰山下景观、远眺周围风景的观景点,是游人登山活动的高潮。山腰之亭可作为登山中途休息的地方,还可丰富山体立面景观。山地建亭造型宜高耸,使山体轮廓更加丰富
临水建亭	临水之亭是观赏水景的绝佳处,同时又可丰富水景。其布局位置或在岸边、或入水中、或临水面,水边设亭,应尽量贴近水面,宜低不宜高,亭的体量应与水面大小相协调
平地建亭	常作为进入主景区的标志,也可位于林荫之间形成私密性空间。平地建亭时应注意造型新颖,打破平地的单调感,但要与周围环境协调统一

(2)亭的平面及立面设计 亭从平面上可分为圆形、长方形、三角形、四角形、六角形、八角形、扇形等(图3.28)。亭子的顶造型最为丰富(图3.29、图3.30),通常以攒尖顶为多,多为正多边形攒尖顶,屋顶的翼角一般反翘。另一大类是正脊顶亭,包括歇山顶、卷棚顶等。我国古代

的亭子多为木构瓦顶。

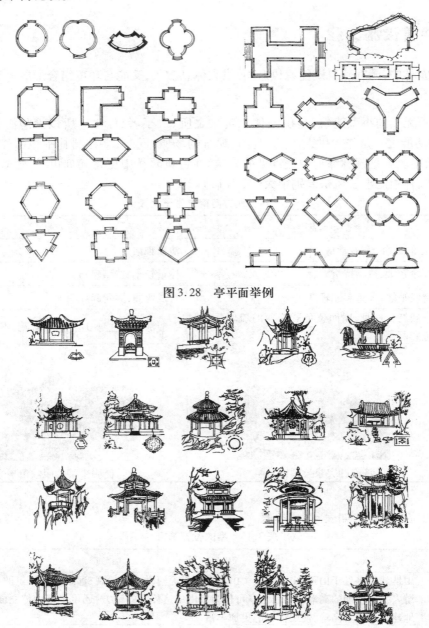

图3.28　亭平面举例

图3.29　亭的造型举例

2）廊

廊是亭的延伸，为长形建筑。廊除能遮阳防雨供作坐憩外，最主要的是作为导游参观和组织空间用，作透景、隔景、框景，使空间产生变化（图3.31）。

（1）廊的类型　廊依空间分有沿墙走廊、爬山廊、水廊等；依结构形式分有两面柱廊、单面柱廊、一面为墙或中间有漏窗的漏花墙半廊（第4章拟态韵律例图）、花墙相隔的复廊（也称复道）等；依平面分有直廊、曲廊、回廊等。

图3.30　亭的造型举例　　　　　　　　　　　图3.31　颐和园长廊

（2）廊的布置　廊的布置正如《园冶》中所述："今予所构曲廊,之字曲者,随形而弯,依势而曲。或蟠山腰,或穷水际,通花渡壑,蜿蜒无尽……"廊的位置选择常见平地建廊、水际建廊和山地建廊。平地建廊可建于休息广场一侧,也可与园路或水体平行而设,也有的用来划分园林空间,或四面环绕形成独立空间,视线集中的位置布置主要景观。水边或水上建廊时,一般应紧贴水面,造成好似飘浮于水面的轻快之感。山地建廊多依山的走势作成爬山廊。

（3）廊的平面与立面设计　廊的平面为长形,以廊柱分为开间,廊的开间一般不宜过大,宜在3 m左右,横向净宽1.2～3.0 m,可视园林大小和游人量而定。廊顶常见平顶、坡顶、卷棚顶等。廊柱之间可附设坐凳。廊还可与亭相结合,使其立面造型更加丰富。

3）榭

榭一般指有平台挑出水面观赏风景的园林建筑。平台四周常以低平的栏杆相围绕,平台中部布置单体建筑,建筑物平面形式多为长方形。水榭是一种亲水建筑,设计时宜突出池岸,使其三面临水,造型上宜突出水平线条,体形扁平,贴近水面。临水一面特别宽敞,柱间常设鹅颈椅,以供游人倚水观景,突出其亲水特征。

4）舫

舫也称旱船,不系舟是一种建于水中的船形建筑物（图3.32）。舫中游人有置身舟楫之感。舫的基本形式与真船相似,一般分为前、中、后3部分,中间最矮、后部最高,一般有两层,类似楼阁的形象,四面开窗,以便远眺。船头做成敞篷,供赏景谈话之用。中舱是主要的休息、宴客场所,舱的两侧做成通长的长窗,以便坐着观赏时有宽广视野。尾舱下实上虚,形成对比。

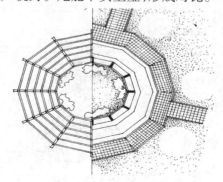

图3.32　南京煦园的不系舟　　　　　　　图3.33　多边形独立花架平面图
　　　　　　　　　　　　　　　　　　　　（引自刘管平、李恩山《建筑小品实录》）

5）花架

　　花架为攀缘植物的棚架，是将绿色植物与建筑有机结合的形式。

　　(1)花架的种类　大体有亭式(图3.33)、廊式(图3.34)、单片式(图3.35)等。亭式花架的功能与亭相似，可设计成伞形、方形、正多边形。廊式花架最为多见，有多个开间，功能与廊相似。单片式花架可设计成篱垣式，攀缘植物爬满花架时就是一面植物墙，花开时节就是一面花墙。也可与景墙相结合，景墙之上搭花架条，墙上之景与墙体之景相映成趣。花架的造型宜简洁美观，既是攀缘植物的支架，又可独立成景。花架常用钢筋混凝土结构，也有用金属、砖石结构的，简单的花架还可用竹、木结构。

　　(2)花架常用植物　可用于花架的植物为攀缘植物，常用的有紫藤、凌霄、金银花、南蛇藤、络石、蔓蔷薇、藤本月季等。

图3.34　廊式花架

图3.35　单片式花架

6）园林建筑小品

　　园林建筑小品一般体形小，数量多，分布广，起局部装饰作用。主要包括园桌、园椅、景墙、景窗、门洞、栏杆、花钵、园灯等。

　　(1)园椅　园椅为供游人就座休息、赏景的人工构筑物。

　　①园椅种类。园椅的种类如表3.16所示。

表3.16　园椅的分类

分　类		举　例	说　明
材料	人工材料	钢筋混凝土、砖材、金属、陶瓷等	大多造型美观而重复出现于同一园林中，可表现整齐美观的效果
	自然材料	石材、木材等	既可做成整齐美观的效果，又可利用天然材质塑造自然造型与自然式绿地相协调
外形	规则外形		大体有椅形、凳形、鼓形3种
	自然外形		形状不重复，常见有天然石块及树根，可就地取材，也可用钢筋混凝土仿制
	附属形		多利用花池、树池边沿，或作于园林建筑梁柱之间

②园椅的布置要点。一般布置在安静清幽、有景可赏、游人驻足休息的地方,常见的有树下、路边、池旁、广场边缘等处。园椅的造型应力求简洁大方,安全舒适坚固,构造简单,制作方便,易于清洁,与周围环境相协调,点缀风景,增加趣味。园椅南侧要有落叶乔木以提供夏季遮阴。

（2）栏杆　栏杆为栅栏状构筑物。园林中的栏杆主要起防护、分隔作用和装饰园景的作用。栏杆的设计如表3.17所示。

表3.17　栏杆的设计

内　容	说　明
1.栏杆的材料	常用材料有竹、木、石、砖、钢筋混凝土、金属（图3.36）等。低栏可用竹木、石、金属、钢筋混凝土,高栏可用砖砌、金属、钢筋混凝土等
2.栏杆的高度	栏杆的高度应在15～120 cm,广场、草坪边缘的栏杆为低栏,不宜超过30 cm,侧重安全防护的栏杆可达80～120 cm（图3.37）
3.设置要点	栏杆在园林中不宜多设,应主要用于绿地边缘及水池、悬崖等危险环境旁,栏杆式样及色彩应与环境相协调

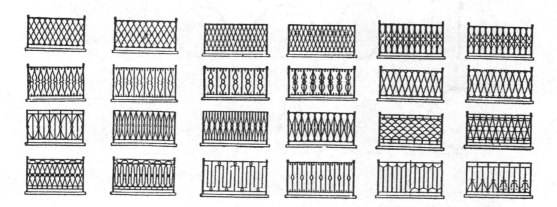

图3.36　金属栏杆举例

图3.37　围墙栏杆

（3）景门、景窗与景墙　如表 3.18 所示。

表 3.18　景门、景窗与景墙

类　别	说　明
景门	园林中的景门常为不装门扇的洞门。洞门的形状有圆形、长方形、六边形、海棠形、桃形、瓶形等（图 3.38）。景门的位置应方便导游，还要形成优美的框景
景窗	景窗有空窗和漏窗两种。空窗有圆形、长方形、多边形、扇形等，除作采光用之外，常作框景用，空窗框起来的景物如美妙的图画，使游人在游览过程中不断观赏到新的画面。漏窗是在窗框内作花饰，极富装饰性，在我国古典园林中非常多见（图 3.39）。漏窗透过之景若隐若现，虚中有实、实中有虚，加上玲珑剔透的画框自身有景，令人回味无穷。景窗材料可用瓦、砖、木、铁、预制钢筋混凝土等，景窗设计时要注意与建筑物相协调，空窗的位置要有景可框，漏窗的内容符合周围环境的意境格调
景墙	园林中的景墙具有隔断、导游、装饰、衬景的作用。园墙的形式有很多，古典园林中多作云墙，墙上多设景门、空窗和漏窗，又常与山石、竹丛、花木等组合起来，相映成趣（图 3.40）

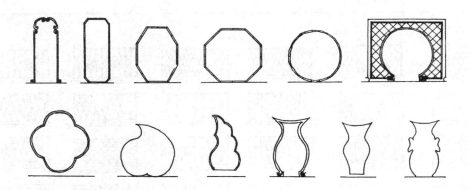

图 3.38　景门举例

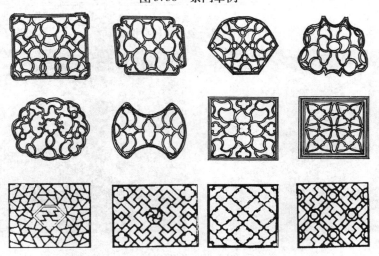

图 3.39　漏窗举例

（4）雕塑 雕塑是具有三维空间特征的造型艺术。在我国古典园林中,雕塑内容集中反映我国传统文化的内涵和古代高超的雕刻技艺,几乎每一处雕塑都有特定的象征意义,外形大多取材于人物或具有吉祥含义的动植物形象。在现代园林中,雕塑更广泛地应用于园林建设中,带有鲜明的时代特色。如图 3.41 所示为某广场的人物雕塑,所表现的场景来源于生活本身,生动而具亲和力,营造了一种轻松愉快的氛围,与步行街的整体气氛非常和谐。

图 3.40　景门与花木山石相映成趣　　　图 3.41　取材于普通人的日常行为的雕塑,
运用人体真实尺寸,亲和力强,
生活气息浓郁

①雕塑的类型。按雕塑的性质可分为纪念性雕塑、主题雕塑、装饰性雕塑等。按形象分类包括人物雕塑、动植物雕塑、神像雕塑和抽象雕塑等。

②雕塑的位置安排。常见的位置有广场中央、花坛中央、路旁、道路尽头、水体岸边、建筑物前等。

③雕塑的取材与布局。雕塑的题材应与周围环境和所处的位置相协调,使雕塑成为园林环境中一个有机的组成部分(图 3.42)。雕塑的平面位置、体量、色彩、质感也都要与园林环境综合考虑。

图 3.42　园林中的雕塑

（5）园灯　造型新颖的园灯白天可作为园景的点缀,夜晚又是必不可少的照明用具。园林中大多是观赏与照明兼顾的灯具。现代园林中园灯还与音乐喷泉相结合,色彩斑斓、绚丽多姿。

园灯的设计是综合光影艺术的侧重夜景的第二次景观设计。道路两侧的园灯宜用高秆灯具（图3.44）,既要考虑夜晚的照明效果,又要考虑白天的园林景观;草坪中和小径旁可用低矮灯具,如草坪灯;喷水池、广场等强调近观效果的重点活动区要创造不同的环境气氛,造型可稍复杂,重视装饰性。古典园林常用宫灯、石灯笼（图3.43）等,现代自然式山水园林中也有应用。

图3.43　石灯笼

图3.44　园林景观灯

3.4 典型实践案例分析

美国"中国园"——友宁园

友宁园位于美国密苏里州圣路易斯市密苏里植物园内,是南京市与圣路易斯市友谊的象征,建于1995年,全国面积3 000 m²。全国布局遵循中国传统手法,在园中原有自然地貌上加以适当改造,保留了原有大树,将亭、桥、花墙、叠石等布置其中,凝练地展示了中国园林之美。

文逸亭是友宁园中的主体建筑,该亭为六角单檐攒尖亭,灰瓦、白墙、红柱,风格清新典雅,并以云墙为衬,达到粉墙花影佳境。

友宁园的最大特点是建筑美与自然美的统一,全园置于绿色环抱之中,展示了中国传统造园艺术的独特魅力(图3.45—图3.53)。

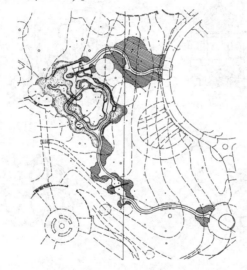

图3.45 总平面图

图3.46 云墙

图3.47 汉白玉栏杆

图 3.48　石桌凳

图 3.49　六角形亭

图 3.50　小石桥

图 3.51　太湖石

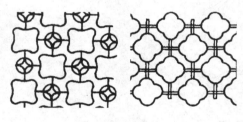

图 3.52　地面铺装

图 3.53　漏窗

（资料来源：陈雷、李浩年《园林景观设计详细图集》）

思考题

　　请结合以下问题，对宁友园的规划设计进行赏析：

　　1. 对该园的整体风格加以分析。案例中的园林工程要素中运用了哪些传统造园手法？

　　2. 分析如图 3.49 所示六角亭的造型特点，并说明它对突出主题有何作用？分析水体与六角亭的位置关系（图 3.45）。

　　3. 例中石桥放在了什么位置？造型体量有何特点？为什么这样安排（图 3.45、图 3.50）？

　　4. 例中石桌凳（图 3.48）为哪种类型？为什么用这种形式？

本章小结

　　园林是自然景观、人文景观、人工工程景观的综合体，我国园林更是蕴含深刻的历史文化和诗情画意的优美画卷。本章讲解了园林自然景观、人文景观的类别,对我国著名园林进行了相应的分析和评价,以引导学生从园林规划设计的角度对园林进行关注,进而学会在设计中主动挖掘有价值的自然和人文要素。园林工程要素是发挥设计师主观能动性的部分,也是本章学习的重点,要求在理解其布局及设计要点的基础上,结合实测训练和布局设计练习,提高学习效果。至于园林建筑的单体设计,需结合《园林建筑设计》课程的内容进行。

研讨与练习

1. 学校所在城市有哪些有价值的自然景观? 属于哪种类型?

2. 以学校所在城市或故乡的某座古典园林为例,讲一讲其人文景观要素。

3. 在你所在的城市,还有哪些可以挖掘的园林景观要素? 怎样才能很好地利用? 如果可能,怎样运用适当的园林工程手段加以开发?

4. 南北方的亭子有何不同? 以本市某一亭子为例,分析是否符合其特点。

5. 亭的作用有哪些? 设计中怎样安排其位置?

6. 花架与其他园林建筑相比,有哪些优点? 找到一个花架,按比例绘制其平面图、立面图、轴测图。

7. 你认为漏窗适合在什么样的园林中使用? 漏窗的图案与环境有何关系?

8. 设计园桥、汀步时应注意哪些问题?

9. 搜集本市绿地的雕塑素材,分析其在园林环境中发挥的作用。

10. 本市中心广场或休闲广场中有无音乐喷泉? 属于哪种类型? 请对其设计加以评价。

本章推荐参考书目

陈雷,李浩年.园林景观设计详细图集[M].北京:中国建筑工业出版社,2001.

4 园林规划设计基础知识

[本章学习目标]

知识要求：

1.了解园林美学的主要内容。

2.正确理解形式美的法则。

3.掌握园林造景的方法。

4.了解园林色彩艺术构图原理,掌握园林色彩的搭配技法。

技能要求：

1.能够运用园林艺术基本原理进行园林设计和意境设计。

2.初步具备创造园林空间的能力,能将不同的园林空间通过园林序列的安排组成统一的整体。

4.1 园林艺术基础知识

园林艺术是指在园林创作中,通过审美创造活动再现自然和表达情感的一种艺术形式。是园林学研究的主要内容,是美学、艺术、文学、绘画等多种艺术学科理论的综合应用,其中美学的应用尤为重要。

4.1.1 园林美学概述

1)古典美学

美学是研究审美规律的科学。从汉字"美"字的结构上看,"羊大为美",说明美与满足人们的感观愉悦和美味享受有直接关系,因此,凡是能够使人得到审美愉悦的欣赏对象称为"美"。

我国古代美学思想表现为以孔子为代表的儒家思想学说和以庄子为代表的道家学说,儒道互补是 2 000 年来中国美学思想的一条基本线索。

　　孔子认为形式的美和感性享受的审美愉悦应与道德的善统一起来,即尽善尽美,提倡形式与内容的适度统一,建立了"中庸"的美学批评原则,在审美和艺术中以"中庸"为自己的美学批评尺度,要求把对立双方适当统一起来以得到和谐的发展。

　　庄子认为美在于无为、自由,而这种自由境界的达到必须要消除物对于人的支配,达到物与我的统一,庄子在《知北游》中说:"天地有大美而不言,四时有明法而不议,万物有成理而不说。圣人者,原天地之美而达万物之理,是故圣人无为,大圣不作,观于天地之谓也。"天地的"大美"就是"道"。"道"是天地的本体。庄子的美学思想强调"天人合一"之美、"返璞归真"之美和美的相对性,对我国造园思想影响很大。

2)现代美学

　　从古典美学来看,美学是依附于哲学的,后来美学逐渐从哲学中分离出来,形成一门独立的学科。现代美学发展的趋向是各门社会科学(如心理学、伦理学、人类学等)和各门自然科学(如控制论、信息论、系统论等)的综合应用。

　　我国现代美学的发展分为 5 个阶段,如表 4.1 所示。

表 4.1　中国现代美学的发展阶段

发展阶段	特　点
1. 启蒙期	从 19 世纪末到"五四"时期。此时,西方美学思想如康德、叔本华等的学说,马克思主义的美学思想,由王国维、梁启超、胡适、李大钊、鲁迅等人介绍到中国来,形成美学思想的启蒙,成为"五四"启蒙运动的有机构成
2. 奠基期	从"五四"到中华人民共和国成立。西方美学思想被进一步译介到中国来,以马克思列宁主义美学思想与西方现代主义美学思想为主流,以瞿秋白、鲁迅为代表的美学思想,以《在延安文艺座谈会上的讲话》为代表的毛泽东文艺思想成为马克思列宁主义美学思想的重要构成。蔡仪、朱光潜等人的美学思想初步形成。起于 20 世纪二三十年代的梁漱溟、熊十力等新儒学及其美学思想也登上历史舞台
3. 建构期	从新中国成立到"文化大革命"开始。发生于 1955—1964 年的美学大讨论,是 20 世纪中国美学构建的重要标志。其代表性的美学思想有蔡仪的"美是客观"说,高尔泰、吕荧的"美是主观"说,朱光潜的"美是主客观的统一"说与李泽厚的"美是社会性与实践性的统一"说
4. 停滞期	"文化大革命"期间。在中国,美学作为"封、资、修"被彻底批判,处于停滞状态
5. 发展期	"文化大革命"结束至今。随着思想观念的空前解放,西方美学包括古典美学、现代主义、后现代主义与"西方马克思主义"等美学著述大量输入,中国古典美学史的研究也取得空前丰硕的成果

3)园林美学

　　园林美源于自然,又高于自然,是自然景观的典型概括,是自然美的再现。它随着我国文学绘画艺术和宗教活动的发展而发展,是自然景观和人文景观的高度统一。园林美是园林师对生活、自然的审美意识(感情、趣味、理想等)和优美的园林形式的有机统一,是自然美、艺术美和社会美的高度融合。

　　园林属于五维空间的艺术范畴,一般有两种提法:一是长、宽、高、时间空间和联想空间(意境);二是线条、时间空间、平面空间、静态立体空间、动态流动空间和心理思维空间。两者都说明园林是物质与精神空间的总和。

园林美具有多元性,表现在构成园林的多元素和各元素的不同组合形式之中。园林美也有多样性,主要表现在历史、民族、地域、时代性的多样统一之中。

(1)园林美的特征 园林美是自然美、艺术美和社会美的高度统一,其特征如表4.2所示。

表4.2 园林美的特征

园林美的特征	说 明	举 例
1. 自然美	自然美即自然事物的美,自然界的昼夜晨昏、风云雨雪、虫鱼鸟兽、竹林松涛、鸟语花香都是自然美的组成部分。自然美的特点偏重于形式,往往以其色彩、形状、质感、声音等感性特征直接引起人们的美感。人们对于自然美的欣赏往往注重其形式的新奇、雄浑、雅致,而不注重它所包含的社会内容。自然美随着时空的变化而表现不同的美,如春、夏、秋、冬的园林表现出不同的自然景象,园林中多依此而进行季相景观造景	图为我国黄果树瀑布
2. 艺术美	艺术美是自然美的升华。尽管园林艺术的形象是具体而实在的,但是,园林艺术的美又不仅仅限于这些可视的形象实体上,而是借山水花草等形象实体,运用种种造园手法和技巧,合理布置,巧妙安排,灵活运用,来传述人们特定的思想情感,创造园林意境。重视艺术意境的创造,是中国古典园林美学的最大特点。中国古典园林美主要是艺术意境美,在有限的园林空间里,缩影无限的自然,造成咫尺山林的感觉,产生"小中见大"的效果	如扬州的个园,成功地布置了四季假山,运用不同的素材和技巧,使春、夏、秋、冬四时景色同时展出,从而延长了游览园景的时间。这种拓宽艺术时空的造园手法强化了园林美的艺术性
3. 社会美	社会美是社会生活与社会事物的美,它是人类实践活动的产物。园林艺术作为一种社会意识形态,作为上层建筑,它自然要受制于社会存在。作为一个现实的生活境域,也会反映社会生活的内容,表现园主的思想倾向	例如,法国的凡尔赛宫苑布局严整,是当时法国古典美学总潮流的反映,是君主政治至高无上的象征

园林美微课

（2）园林美的主要内容　园林美是多种内容综合的美,其主要内容表现为10个方面,如表4.3所示。

表4.3　园林美的主要内容

主要内容	创作内容及方法	园林实例
1.山水地形美	利用自然地形地貌,加以适当的改造,形成园林的骨架,使园林具有雄浑、自然的美感	我国古典园林多为自然山水园。如颐和园以水取胜、以山为构图中心,创造了山水地形美的典范
2.借用天象美	借大自然的阴晴晨昏、风云雨雪、日月星辰造景。是形式美的一种特殊表现形态,能给游人留下充分的思维空间	西湖十景中的断桥残雪,即借雪造景;山东蓬莱仙境,为借"海市蜃楼"这种天象奇观造景
3.再现生境美	仿效自然,创造人工植物群落和良性循环的生态环境,创造空气清新、温度适中的小气候环境	各地的森林公园是再现生境美的典型例子
4.建筑艺术美	为满足游人的休息、赏景驻足、园务管理等功能的要求和造景需要,修建一些园林建筑构物物,包括亭台廊榭、殿堂厅轩、围墙栏杆、展室公厕等。成景的建筑能起到画龙点睛的作用。园林建筑艺术往往是民族文化和时代潮流的结晶	我国古典园林中的建筑数量比较多,代表着中华民族特有的建筑艺术与建筑技法。如北京天坛,其建筑艺术无与伦比,其中的回音壁、三音石等令中外游客叹为观止
5.工程设施美	园林中,游道廊桥、假山水景、电照光影、给水排水、挡土护坡等各项设施,必须配套,要注意区别于一般的市政设施,在满足工程需要的前提下进行适当的艺术处理,形成独特的园林美景	承德避暑山庄的"日月同辉"根据光学原理中光的入射角与反射角相等的原理,在文津阁的假山中制作了一个新月形的石孔,光线从石孔射到湖面上,形成月影,再反射到文津阁的平台上,游人站到一定的位置上可以白日见月,出现"日月同辉"的景观
6.文化景观美	园林借助人类文化中诗词书画、文物古迹、历史典故,创造诗情画意的境界	园林中的"曲水流觞"因王羲之的《兰亭集序》而闻名。现代园林中多加以模拟而成曲水(第3章图3.18),游人置身于水景之前,似能听到当年文人雅士们出口成章的如珠妙语,渲染出富于文化气息的园林意境
7.色彩音响美	色彩是一种可以带来最直接的感官感受的因素,处理得好,会形成强烈的感染。风景园林是一幅五彩缤纷的天然图画,是一曲美妙动听的美丽诗篇	我国皇家园林的红墙黄瓦绿树蓝天是色彩美的典范;苏州拙政园中的听雨轩,则是利用雨声,取雨打芭蕉的神韵
8.造型艺术美	园林中常运用艺术造型来表现某种精神、象征、礼仪、标志、纪念意义以及某种体形、线条美	如皇家园林主体建筑前的华表,起初为木制,立于道口供人们进谏书写意见用,后成为一种标志,一般石造,柱身雕蟠龙,上有云板和蹲兽,向北的叫望君出,向南的叫盼君归

续表

主要内容	创作内容及方法	园林实例
9. 旅游生活美	风景园林是一个可游、可憩、可赏、可学、可居、可食、可购的综合活动空间	满意的生活服务、健康的文化娱乐、清洁卫生的环境、便利的交通、稳定的治安保证与富有情趣的特产购物，都将给人们带来生活的美感
10. 联想意境美	意境一词最早出自我国唐代诗人王昌龄的《诗格》，说诗有三境：一曰物境，二曰情境，三曰意境。意境就是通过意象的深化而构成心境应合、神形兼备的艺术境界，也就是主客观情景交融的艺术境界。联想和意境是我国造园艺术的特征之一。丰富的景物，通过人们的近似联想和对比联想，达到见景生情、体会弦外之音的效果	如苏州的沧浪亭，取自于上古渔歌"沧浪之水清兮，可以濯我缨，沧浪之水浊兮，可以濯我足"，这首歌是屈原言及自己遭遇"举世皆浊我独清，举世皆醉我独醒，是以见放"时渔夫所答，拙政园中的小沧浪、网师园中的濯缨水阁，皆取其意

4.1.2　形式美的基本法则

1) 形式美的表现形态

自然界常以其形式美取胜而影响人们的审美感受，各种景物都是由外形式和内形式组成的。外形式由景物的材料、质地、线条、体态、光泽、色彩和声响等因素构成；内形式由上述因素按不同规律而组织起来的结构形式或结构特征所构成。如一般植物都是由根、干、冠、花、果组成，然而它们由于其各自的特点和组成方式的不同而产生了千变万化的植物个体和群体，构成了乔、灌、藤、花卉等不同形态。园林建筑是由基础、柱梁、墙体、门窗、屋面组成，但是运用不同的建筑材料，采用不同的结构形式，使用不同的色彩配合，就会表现出不同的建筑风格，满足不同的使用功能，从而产生丰富多彩的风景建筑形式。

形式美是人类在长期社会生产实践中发现和积累起来的，但是人类社会的生产实践和意识形态在不断改变着，并且还存在着民族、地域性及阶层意识的差别。因此，形式美又带有变化性、相对性和差异性。但是，形式美发展的总趋势是不断提炼与升华的，表现出人类健康、向上、创新和进步的愿望。形式美的表现形态可概括为线条美、图形美、体形美、光影色彩美、朦胧美等方面(表4.4)。

表 4.4 形式美的表现形态

表现形态	说　明	例　图
1.线条美	线条是构成景物的基本因素。线的基本线型包括直线和曲线,直线又分为垂直线、水平线、斜线,曲线又分为几何曲线和自由曲线。人们从自然界中发现了各种线型的性格特征:直线表示静,曲线表示动;直线具有男性的特征,有力度,稳定感。直线中的水平线平和寂静,垂直线有一种挺拔、崇高的感觉,斜线有一种速度感、危机感,粗直线有厚重、粗笨的感觉,细直线有尖锐、神经质的感觉,短直线表示阻断与停顿,虚线产生延续、跳动的感觉;曲线富有女性化的特征,具有丰满、柔和、优雅、细腻之感,曲线中的几何曲线具有对称和规整之美,自由曲线具有自由、细腻之美。线条是造园家的语言,用它可以表现起伏的地形线、曲折的道路线、婉转的河岸线、美丽的桥拱线、丰富的林冠线、严整的广场线、挺拔的峭壁线、丰富的屋面线等	广阔宁静　阻断停顿　流动延续 上升、挺拔　升落、速度　滑动、危机 丰满　　动势　　起伏 稳定　　和谐　　欢快 自由　　扩展　　上升、流动
2.图形美	图形是由各种线条围合而成的平面形,一般分为规则式图形和自然式图形两类。它们是由不同的线条采用不同的围合方式而形成的。规则式图形是指局部彼此之间的关系以一种有秩序的方式组成的形态,其特征是稳定、有序,有明显的规律变化,有一定的轴线关系和数比关系,庄严肃穆,秩序井然,而不规则图形是指各个局部在性质上都不相同,一般是不对称的,表达了人们对自然的向往,其特征是自然、流动、不对称、活泼、抽象、柔美和随意	规则式图形稳定、有序、庄重 流线型图形表现自然、活泼和随意性
3.体形美	体形是由多种界面组成的空间实体。风景园林中包含着绚丽多姿的体形美要素,表现于山石、水景、建筑、雕塑、植物造型等。不同类型的景物有不同的体形美,同一类型的景物,也具有多种状态的体形美。如现代雕塑艺术不仅表现出景物体形的一般外在规律,而且还抓住景物的内涵加以发挥变形,出现了以表达感情内涵为特征的抽象艺术	各种景物表现多样的体形美

续表

表现形态	说　明	例　图
4.光影色彩美	色彩是造型艺术的重要表现手段之一,通过光的反射,色彩能引起人们的生理和心理感应,从而获得美感。色彩表现的基本要求是对比与和谐,人们在风景园林空间里,面对色彩的冷暖、光影的虚实,必然产生丰富的联想和精神满足	 园林中的水中倒影,是构景的重要手法
5.朦胧美	朦胧模糊美产生于自然界,常见的有雾中景、雨中花、云间佛光、烟云细柳,它是形式美的一种特殊表现形态,能产生虚实相生、扑朔迷离的美感。它给游人留有较大的虚幻空间和思维余地,在风景园林中常常利用烟雨条件或半隐半现的手法给人以朦胧隐约的美感。如避暑山庄的"烟雨楼"、北京北海公园的"烟云尽志",又如泉城济南,有古诗赞曰:"云雾润蒸华不注,波涛声震大明湖",这是把泉涌的动态与云蒸雾华之美结合起来的朦胧之美	 重庆市晨雾中的嘉陵江

2)形式美法则与应用

（1）多样统一法则　多样统一是形式美的最高准则,与其他法则有着密切的关系,起着"统帅"作用。各类艺术都要求统一,在统一中求变化。统一用在园林中所指的方面很多,例如形式与风格,造园材料、色彩、线条等。统一可产生整齐、协调、庄严肃穆的感觉,但过分统一则会产生呆板、单调的感觉,所以常在统一之上加上一个"多样",就是要求在艺术形式的多样变化中,有其内在的和谐统一关系。风景园林是多种要素组成的空间艺术,要创造多样统一的艺术效果,可以通过多种途径来达到,如表4.5所示。

表4.5　多样统一的创造途径

获得统一的方式	说　明	以徐州市沛县汉城公园汉宫区 （图4.1、图4.2）为例
1.形式与内容的变化统一	不同性质的园林,有与其相对应的不同的园林形式。形式服从于园林的内容,体现园林的特性,表达园林的主题	总体布局采用了十字对称布局形式,与汉代礼制性建筑注重纵横轴线的特征相吻合,创造严谨有序的主题,而水景的设计又在统一中创造了变化,别具一格

获得统一的方式	说　明	以徐州市沛县汉城公园汉宫区 （图4.1、图4.2）为例
2. 局部与整体的多样统一	在同一园林中，景区景点各具特色，但就全园总体而言，其风格造型、色彩变化均应保持与全园整体基本协调，在变化中求完整。寓变化于整体之中，求形式与内容的统一，使局部与整体在变化中求协调，这是现代艺术对立统一规律在人类审美活动中的具体表现	从建筑的构造、装饰，到绿化布置无不体现汉代文化特征，与整体氛围相协调。绿化时采用银杏、柏、白皮松等古老树种对称栽植，适当点缀观花观叶植物，建筑周围以草坪取代大面积的硬质铺装，既体现了汉代礼制性建筑的博大宏伟、庄严质朴，又充满现代气息
3. 风格的多样与统一	风格是在历史的发展变化中逐渐形成的。一种风格的形成，与气候、国别、民族差异、文化及历史背景有关。西方园林把许多神像规划于室外的园林空间中，而且多数放置在轴线上或轴线的交点上，而中国的神像一般供奉于名山大川的殿堂之中。这是东西方的文化和意识形态使然。西方园林以规则式为代表，体现改造自然、征服自然的几何造园风格，中国园林以自然山水为其特色，体现天人合一的自然风格。这说明风格具有历史性和地域性	建筑中瓦的纹样采用汉龙图案并加大底瓦尺寸，突出秦砖汉瓦与众不同的风格；屋面用黑灰色，梁柱门窗为红棕色，墙面浅黄色，台基青灰色，体现汉代宫苑风格
4. 形体的多样与统一	形体可分为单一形体与多种形体。形体组合的变化统一可运用两种办法，其一是以主体的主要部分去统一各次要部分，各次要部分服从或类似于主体，起衬托呼应主体的作用；其二对某一群体空间而言，用整体体形去统一各局部体形或细部线条，以及色彩、动势	从宫门、汉魂宫到沛公殿均采用汉代建筑造型，并在显著位置上装饰以石雕图案，如汉魂宫角亭下方用青石雕刻苍龙、白虎、朱雀、玄武——天之四灵
5. 图形线条的多样与统一	指各图形本身总的线条图案与局部线条图案的变化统一。在堆山掇石时尤其注意线条的统一，一般用一种石料堆成，它的色调比较统一，外形纹理比较接近，堆在一起时要注意整体上的线条统一	

续表

获得统一 的方式	说　明	以徐州市沛县汉城公园汉宫区 （图4.1、图4.2）为例
6.材料与质 地的变化与 统一	一座假山，一堵墙面，一组建筑，无论是单个或是群体，它们在选材方面既要有变化，又要保持整体的一致性，这样才能显示景物的本质特征。如湖石与黄石假山用材就不可混杂，片石墙面和水泥墙面必须有主次比例。一组建筑，木构、石构、砖构必有一主，切不可等量混杂	

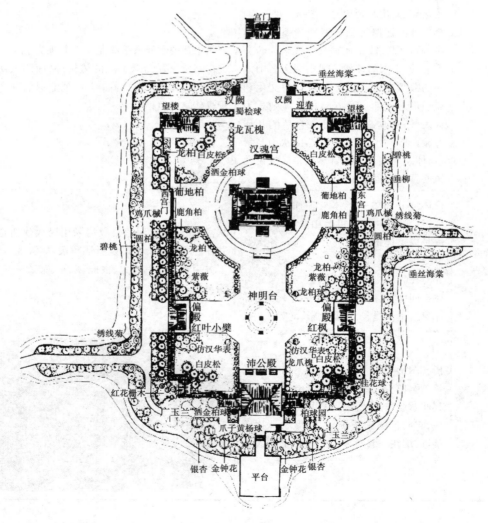

图4.1　汉城公园汉宫区平面图

（引自陈雷、李浩年《园林景观设计详细图集》）

图4.2　汉城公园汉宫区实景

（引自陈雷、李浩年《园林景观设计详细图集》）

（2）对比与调和　对比是事物对立的因素占主导地位，使个性更加突出。形体、色彩、质感等构成要素之间的差异和反差是设计个性表达的基础，能产生鲜明强烈的形态情感，视觉效果更加活跃。相反，在不同事物中，强调共同因素以达到协调的效果，称为调和。同质部分成分多，调和关系占主导，异质部分成分多，对比关系占主导。调和关系占主导时，形体、色彩、质感等方面产生的微小差异称为微差，当微差积累到一定程度时，调和关系便转化为对比关系。对比关系主要是通过视觉形象色调的明暗、冷暖，色彩的饱和与不饱和，色相的迥异，形状的大小、粗细、长短、曲直、高矮、凹凸、宽窄、厚薄，方向的垂直、水平、倾斜，数量的多少，排列的疏密，位置的上下、左右、高低、远近，形态的虚实、黑白、轻重、动静、隐现、软硬、干湿等多方面的对立因素来达到的。它体现了哲学上矛盾统一的世界观。对比法则广泛应用在现代设计当中，具有很强的实用效果。

园林中调和的表现是多方面的，如形体、色彩、线条、比例、虚实、明暗等，都可以作为要求调和的对象。单独的一种颜色、单独的一根线条无所谓调和，几种要素具有基本的共通性和融合性才称为调和。比如一组协调的色块，一些排列有序的近似图形等（图4.3）。调和的组合也保持部分的差异性，但当差异性表现为强烈和显著时，调和的格局就向对比的格局转化（图4.4）。

图4.3　相似产生的统一

（引自王晓俊《风景园林设计》）

图4.4　对比与调和

（引自王晓俊《风景园林设计》）

园林中对比与调和的应用非常广泛（表4.6）。

表4.6　对比在园林中的应用

分　类		说　明	举　例
1.对比	①水平与垂直对比	水平与垂直是人们公认的一对方向对比因素。一个碑、塔、阁或雕塑一般是垂直矗立在游人面前,它们与地平面存着垂直方向的对比。由于景物高耸,很容易让游人产生仰慕和崇敬感	水边平静广阔的水面与垂柳下垂的柳丝可形成鲜明的对比
	②体形大小对比	景物大小不是绝对的,而是相形之下比较而来。大体量与小体量的物体配置在一起,大的显得更大,小的显得更小	例如一座雕像,本身并不太高,可通过基座以适当的比例加高,而且四周配置人工修剪的矮球形黄杨,便在感觉上加高了雕塑。相反的用笔直的钻天杨或雪松,会觉得雕塑变矮了
	③色彩对比	园林中色彩对比,包括色相对比与色度对比两方面。色相对比是指互补色的对比,如红与绿、黄与紫,实际上只要色彩差异明显即有对比效果;色度对比是指颜色深浅的对比。园林中的色彩主要来自于植物的叶色与花色、建筑物的色彩,为了达到烘托或突出建筑的目的,常用明色、暖色的植物。植物与其他园林要素之间也可运用对比色	绿地中绿色的草坪上配置大红的月季、白色大理石的雕塑、白色油漆的花架,效果很好;红黄色花卉搭配使人感到明快而绚丽

续表

分 类		说 明	举 例
1. 对比	④明暗对比	密林与草地相比,因阳光不易进入而成为相对较暗的空间,园林建筑的室内空间与室外空间也存在明暗现象。在林地中开辟林间隙地,是暗中有明,以明为主的草坪上点缀疏林,是明中有暗。园林建筑多以暗衬明,使明的空间成为艺术表现的重点或兴趣中心	
	⑤空间对比	园林中空间的对比主要指开敞空间与闭锁空间的对比。在古典园林中,空间的对比相当普遍	如苏州留园,从入口进入一个狭长的封闭曲折的长廊,进入园内,一片大水面映入眼前。借大与小及开敞与封闭的狭长空间与其尽头的宽广空间桃花坞之间恰好形成开与合的对比,达到心胸顿觉开朗的效果
	⑥疏密对比	我国传统的文、诗、画中"疏如晨星,密若潭雨""疏可走马,密不透风""疏密相间,错落有致"等手法,均阐述了疏密对比的重要性,有了疏密对比,才会产生变化及节奏感。在园林艺术中,这种疏密关系突出表现在景点的聚散及植物的种植分布上,聚处则密,散处则疏。园林中的密林、疏林、草地,就是疏密对比手法的具体应用	如苏州留园,其建筑分布就很讲究疏密结合。它的东部以石林小院为中心,建筑高度集中,内外空间交织穿插,在这样的环境中,由于景物内容繁多,步移景异,应接不暇,节奏变化快速,因而人的心理和情绪必将随之兴奋而紧张,但游人如果长时间在这种环境下,必然会产生疲惫感。因此,在留园的其他部分建筑则安排得比较稀疏、平淡,空间也显得空旷,处于这样的环境中,心情自然恬静而松弛。游人也在这一紧一弛中得到了愉悦
			苏州留园平面

续表

分　类		说　明	举　例
2. 调和	①相似协调法	是指形状基本相同的几何形体、建筑体、花坛、树木等,其大小及排列不同而产生的协调感。如圆形广场坐凳也是弧形	
	②近似协调法	也称微差协调,指相互近似的景物重复出现或相互配合产生协调感。如长方形花坛的连续排列,中国博古架的组合,建筑外形轮廓的微差变化等。这个差别无法量化表示,而是体现在人们感觉程度上。近似来源于相似但又并非相似,设计师巧妙地将相似与近似搭配起来使用,从相似中求统一,从近似中求变化	
	③局部与整体的协调	在整个风景园林空间中,调和表现为局部景区景点与整体的协调、某一景物的各组成部分与整体的协调。如某假山的局部用石,纹理必须服从总体用石材料纹理走向。再者,如果在民族风格建筑上使用现代建筑的顶瓦、栏杆、门窗装修,就会感到不协调;在寺庙园林中若种雪松,安装铁花栏杆,置现代照明灯具,也会觉得格格不入	

（3）均衡与稳定　由于园林景物是由一定的体量和不同材料组成的实体,因而常常表现出不同的重量感,探讨均衡与稳定的原则,是为了获得园林布局的完整和安全感。稳定是指园林布局的整体上下轻重的关系而言,而均衡是指园林布局中的部分与部分的相对关系,如左与右、前与后的轻重关系等。

园林布局中要求园林景物的体量关系符合人们在日常生活中形成的平衡安定的概念,所以除少数动势造景外(如悬崖、峭壁等),一般艺术构图都力求均衡。均衡可分为对称均衡和非对称均衡。均衡感是人体平衡感的自然产物,它是指景物群体的各部分之间对立统一的空间关系,一般表现为静态均衡与动态均衡两大类型,创作方法包括构图中心法、杠杆平衡法、惯性心理法等(表4.7)。

表4.7　均衡的分类及创作方法

分　类		说　明	举　例
1.均衡的分类	①静态均衡	静态均衡又称为对称均衡。自然界中到处可见对称的形式,如鸟类的羽翼、花木的叶子等。所以,对称的形态在视觉上有自然、安定、均匀、协调、整齐、典雅、庄重、完美的朴素美感,符合人们的视觉习惯。平面构图中的对称可分为点对称和轴对称。假定在某一图形的中央设一条直线,将图形划分为相等的两部分,如果两部分的形状完全相等,这个图形就是轴对称的图形,这条直线称为对称轴。假定针对某一图形,存在一个中心点,以此点为中心通过旋转得到相同的图形,即称为点对称。对称均衡布局常给人庄重严整的感觉,规则式的园林绿地中采用较多,如纪念性园林,公共建筑的前庭绿化等,有时在某些园林局部也运用。对称均衡小至行道树的两侧对称、花坛、雕塑、水池的对称布置;大至整个园林绿地建筑、道路的对称布局。对称均衡布局的景物常常过于呆板而不亲切,若没有对称功能和工程条件的,如硬凑对称,往往妨碍功能要求及增加投资,故应避免单纯追求所谓"宏伟气魄"的平立面图案的对称处理	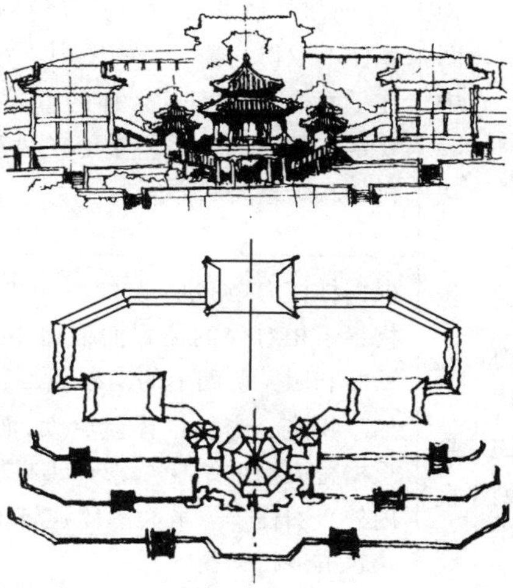 建筑布局的对称最为常用, 给人以雄伟庄严的感觉
	②动态均衡	动态均衡又称为不对称均衡。在园林绿地的布局中,由于受功能、组成部分、地形等各种复杂条件制约,往往很难也没有必要做到绝对对称形式,在这种情况下常采用不对称均衡的手法。在衡器上两端承受的重量由一个支点支持,当双方获得力学上的平衡状态时,称为平衡,园林中的平衡是根据形象的大小、轻重、色彩及其他视觉要素的分布作用于视觉判断的平衡。平面构图上通常以视觉中心为支点,各构成要素以此支点保持视觉意义上的力度平衡。不对称均衡的布置要综合衡量园林绿地构成要素的虚实、色彩、质感、疏密、线条、体形、数量等给人产生的体量感觉,切忌单纯考虑平面的构图。不对称均衡的布置小至树丛、散置山石、自然水池;大至整个园林绿地、风景区的布局,给人以轻松、自由、活泼变化的感觉,所以广泛应用于一般游憩性的自然式园林绿地中	 不对称的建筑布局给人自由、活泼的感觉

续表

分　类		说　明	举　例
2.均衡的创作方法	①构图中心法	在群体景物之中,有意识地强调一个视线构图中心,而使其他部分均与其取得对应关系,从而在总体上取得均衡感。构图中心往往取几何重心。在平面构图中,任何形体的重心位置都和视觉的安定有紧密的关系。重心的处理是平面构图探讨的一个重要的方面	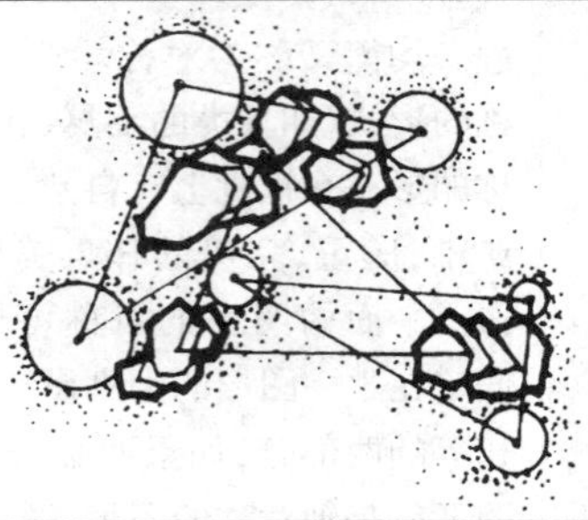
	②杠杆平衡法	根据杠杆力矩的原理,使不同体量或重量感的景物置于相对应的位置而取得平衡感。如右图北京颐和园昆明湖上的南湖岛,通过十七孔桥与廓如亭相连。廓如亭体量巨大,面积130 m²,为八重檐特大型木结构亭,有24根圆柱、16根方柱,内外3圈柱子。虽为单体建筑,却能与南湖岛的建筑群取得均衡	
	③惯性心理法	人们在生产实践中形成了一种习惯上的重心感。如一般认为右为主(重),左为辅(轻),故鲜花戴在左胸较为均衡;人右手提物身体必向左倾,人向前跑手必后摆。人体活动一般在立体三角形中取得平衡,用于园林造景中就可以广泛地运用三角形构图法,园林静态空间与动态空间的重心处理等,它们均是取得景观均衡的有效方法	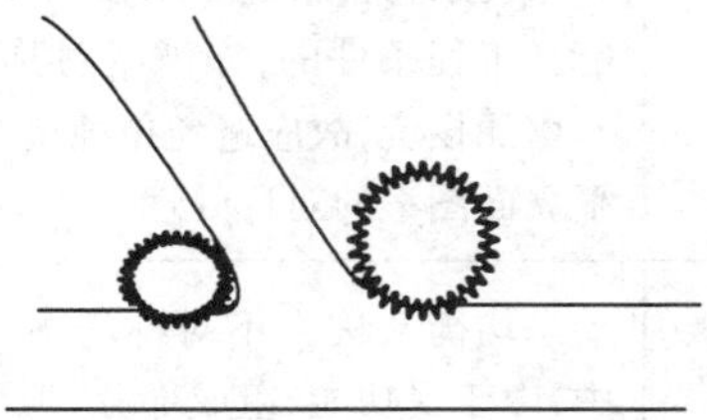 道路向左侧弯曲使重心相对偏于左侧,对植树木右大左小纠正了这种偏移,从而取得均衡

园林布局中稳定是针对园林建筑、山石和园林植物等上下、大小所呈现的轻重感的关系而言。在园林布局上,往往在体量上采用下面大、向上逐渐缩小的方法来取得稳定坚固感,如我国古典园林中塔和阁等;另外在园林建筑和山石处理上也常利用材料、质地所给人的不同的重量感来获得稳定感,如在建筑的基部墙面多用粗石和深色的表面来处理,而上层部分采用较光滑或色彩较浅的材料,在土山带石的土丘上,也往往把山石设置在山麓部分而给人以稳定感。

(4)比例与尺度　比例包含两方面的意义:一方面是指园林景物、建筑整体或者它们的某个局部构件本身的长、宽、高之间的大小关系;另一方面是园林景物、建筑物整体与局部、或局部与局部之间空间形体、体量大小的关系。这种关系使人得到美感,这种比例就是恰当的。

园林建筑物的比例问题主要受建筑的工程技术和材料的制约,如由木材、石材、混凝土梁柱式结构的桥梁所形成的柱、栏杆比例就不同。建筑功能要求不同,表现在建筑外形的比例形式也不可能雷同。例如向群众开放的展览室和仅作为休息赏景用的亭子要求的室内空间大小、门窗大小都不同。

尺度是景物、建筑物整体和局部构件与人或人所习见的某些特定标准的大小关系。功能、审美和环境特点决定园林设计的尺度。园林中的一切都是与人发生关系的,都是为人服务的,所以要以人为标准,要处处考虑到人的使用尺度、习惯尺度及与环境的关系。如供给成人使用和供给儿童使用的坐凳,就要有不同的尺度。

园林绿地构图的比例与尺度都要以使用功能和自然景观为依据。

比例与尺度受多种因素影响,承德避暑山庄、颐和园等皇家园林都是面积很大的园林,其中建筑物的规格也很大;苏州古典园林,是明清时期江南私家山水园林,园林各部分造景都是效仿自然山水,把自然山水经提炼后缩小在园林之中,无论在全局上或局部上,它们相互之间以及与环境之间的比例尺度都是很相称的,规模都比较小,建筑、景观常利用比例来突出以小见大的效果。比例与尺度的理论如表4.8所示。

表4.8　比例与尺度的理论

原　理		说　明
比例	黄金分割比	世界公认的最佳数比关系是古希腊毕达哥拉斯学派创立的"黄金分割"理论。即无论从数字、线段或面积上相互比较的两个因素,其比值近似1:0.618。两边之比为黄金比的矩形称为黄金比矩形,它被认为是自古以来最均衡优美的矩形
	整数比	线段之间的比例为2:3,3:4,5:8等整数比时所构成的矩形具有秩序感、动态感。现代设计注重明快、单纯,因而整数比的应用较广泛
	平方根矩形	包括无理数在内的平方根比构成的矩形称为平方根矩形。平方根矩形自古希腊以来一直是设计中重要的比例构成因素,以正方形的边长为短边,对角线为长边可得新的矩形,保持短边不变,以新矩形的对角线作长边可得又一矩形,依此类推可得到平方根矩形
	勒·柯布西埃模数体系	基本尺度的关系是:脐高是指尖高的一半,指尖到头顶距432 mm,头顶到肚脐距698 mm,两者比值为1:1.618。另外,由肚脐到地面1 130 mm,与脐到顶高698 mm,两者的比值恰为1.618:1。这两个比值接近和等于黄金比,把两个基数形成的数列分别作红尺和蓝尺,再用这些尺寸来划分网格,可得到很多长宽比不同的矩形。由于这些矩形都是因黄金分割而保持着一定的制约关系,因而相互间必然包含着和谐的因素
尺度	单位尺度引进法	即引用某些为人们所熟悉的景物作为尺度标准,来确定群体景物的相互关系,从而得出符合尺度规律的园林景观。如园林中常以人的平均身高作为单位尺度,亭的尺度适中,会让人感觉亲切,过小显得局促,过大则显得空旷无依

续表

原　理		说　明
尺度	人的习惯尺度法（图4.4）	习惯尺度以人体各部分尺寸及其活动习惯规律为准，来确定风景空间及各景物的具体尺度。如台阶的宽度不小于 30 cm（人脚长），高度 12～19 cm 为宜，栏杆、窗台高 1 m 左右，月洞门直径 2 m，坐凳高 40 cm，儿童活动场坐凳高 30 cm。如果人工造景尺度超越人们习惯的尺度，可使人感到雄伟壮观，如果尺度符合一般习惯要求或较小，则会使人感到小巧紧凑，自然亲切。如以一般民居环境作为常规活动尺度，那么大型工厂、机关建筑、环境就应该用较大尺度处理，私密性空间则用相对较小的尺度，使人有安全、宁静和隐蔽感，这就是亲密空间尺度。如下图草坪中的步石间距尺度适当，符合人行走的规律
	景物与空间尺度法	一件雕塑在展室内显得气魄非凡，移到大草坪、广场中则顿感逊色，尺度不佳。一座假山在大水面边奇美无比，而放到小庭园里则必然感到尺度过大，拥挤不堪。这都是环境因素的相对尺度关系在起作用，也就是景物与环境尺度的协调与统一规律。例如苏州留园北山顶上的可亭，旁植生长缓慢的银杏树，当时（约 200 年前）亭小而显山高，亭与山的体量相比取得了预期的效果。但是现在银杏树成了参天大树，就显得亭小、山矮、比例失调了
	夸张尺度法	园林中经常使用夸张尺度，将景物放大或缩小，以达到某种特殊效果。如北京颐和园佛香阁到智慧海的一段假山蹬道，台阶高差设计成 30～40 cm，这种夸大的尺度增加了登山的艰难感，运用人的错觉增加山和佛寺高耸庄严的感觉。教堂、纪念碑、凯旋门、皇宫大殿、大型溶洞等，往往应用夸大了的超人尺度，使人产生自身的渺小感和建筑物（景观）的超然、神圣、庄严之感

（5）节奏与韵律　节奏本是指音乐中音响节拍轻重缓急的变化和重复。在音乐或诗词中按一定的规律重复出现相近似的音韵即称为韵律。这原来属于时间艺术，拓展到空间艺术或视觉艺术中，是指以同一视觉要素连续重复或有规律地变化时所产生的运动感，像听音乐一样给人以愉悦的韵律感，而且由时间变为空间不再是瞬息即逝，可保留下来成为凝固的音乐、永恒的诗歌，令人长期体味欣赏。韵律的类型多种多样，在园林中能创造优美的视觉效果（表4.9）。

表4.9　园林中的韵律设计

韵律类型	说　明	举　例
连续韵律	使一种或多种景观要素有秩序地排列延续，各要素之间保持相对稳定的距离关系。人工修剪的绿篱，可以剪成连续的城垛形、波浪形等	路旁等距重复出现的相同树种

韵律类型	说　明	举　例
交替韵律	两种以上的要素按一定规律相互交替变化。园林种植中的"间株杨柳间株桃"的做法,乔木与灌木有规律的交叉种植,产生体形、花色、高矮及季节变化,地面铺装中的编织纹理,踏步与台地的交替出现,都是典型的交替韵律的运用	石粒与草坪交替出现 
渐变韵律	渐变韵律是指连续出现的要素,在某一方面按照一定规律变化,逐渐加大或变小,逐渐加宽或变窄,逐渐加长或缩短,如体积大小的逐渐变化,色彩浓淡的逐渐变化,由于逐渐演变而称为渐变	色彩的渐变 
旋转韵律	某种要素或线条,按照螺旋状方式反复连续进行,或向上,或向左右发展,从而得到旋转感很强的韵律特征。在图案、花纹或雕塑设计中常见。右图为昆明世博园中的旋转韵律的花柱	
自由韵律	自由韵律是指某些要素或线条以自然流畅的方式,不规则但却有一定规律地婉转流动,反复延续,出现自然优美的韵律感,类似云彩或溪水流动的表现方法,右图为昆明世博园以自由流畅的线条组成的花带	

续表

韵律类型	说　明	举　例
拟态韵律	相同元素重复出现,但在细部又有所不同,即构成拟态韵律。如连续排列的花坛在形状上有所变化、花坛内植物图案也有细微变化,统一中有所变化;我国古典园林的漏窗,也是将不同形状而大小相似的花窗等距排列于墙面上,统一而不单调	
起伏曲折韵律	景物构图中的组成部分以较大的差别和对立形式出现,一般是通过景物的高低、起伏、大小、前后、远近、疏密、开合、浓淡、明暗、冷暖、轻重、强弱等无规定周期的连续变化和对比方法,使景观波澜起伏,丰富多彩,变化多端。右图为江南园林中的云墙构成曲折起伏韵律	

　　归纳上述各种韵律,可以说,韵律设计是一种方法,可以把人的眼睛和意志引向一个方向,是把注意力引向景物的主要因素。总的来说,韵律是通过有形的规律性变化,求得无形的韵律感的艺术表现形式。

4.2　景与造景艺术手法

4.2.1　景的形成

　　一般园林绿地均由若干景区组成,而景区又由若干景点组成,因此,景是构成园林绿地的基本单元(表4.10)。

表4.10　景的形成

景的形成	说　明
1.景的含义	景即"风景""景致",指在园林绿地中,自然的或经人工创造的、以能引起人的美感为特征的一种供作游憩观赏的空间环境。园林中常有"景"的提法,如著名的西湖十景、燕京八景、圆明园四十景、避暑山庄七十二景等

续表

景的形成		说　明
2. 景的主题	①地形主题	地形是园林的骨架,不同的地形能反映不同的风景主题。平坦地形塑造开阔空旷的主题;山体塑造险峻、雄伟的主题;谷地塑造封闭、幽静的主题;溪流塑造活泼、自然的主题
	②植物主题	植物是园林的主体,可创造自然美的主题。如以花灌木塑造"春花"主题;以大乔木塑造"夏荫"主题、秋叶秋果塑造"秋实"主题,为季相景观主题;以松竹梅塑造"岁寒三友"主题,为思想内涵主题
	③建筑景物主题	建筑在园林中起点缀、点题、控制的作用,利用建筑的风格、布置位置、组合关系可表现园林主题。如木结构攒尖顶覆瓦的正多边形亭可塑造传统风格的主题、钢筋水泥结构平顶的亭可塑造现代风格的主题;位于景区焦点位置的园林建筑,形成景区的主题,作为园门的特色建筑,形成整个园林的主题
	④小品主题	园林中的小品包括雕塑、水池喷泉、置石等,也常用来表现园林主题。如人物、场景雕塑在现代园林中常用来表现亲切和谐的生活主题,抽象的雕塑常用来表现城市的现代化主题
	⑤人文典故主题	人文典故的运用是塑造园林内涵、园林意境的重要途径,可使景物生动含蓄、韵味深长,使人浮想联翩。如苏州拙政园的"与谁同坐轩",取自苏轼"与谁同坐?明月、清风、我";北京紫竹院公园的"斑竹麓",取自远古时代的历史典故"湘妃"娥皇、女英与舜帝的爱情故事,配以二妃雕塑、斑竹,塑造感人的爱情主题;四川成都的杜甫草堂,以一座素雅质朴的草亭表现园林主题,使人联想起杜甫在《茅屋为秋风所破歌》中所抒发的时刻关心人民疾苦的崇高品德

4.2.2　景的观赏

　　游人在游览的过程中对园林景观从直接的感官体验进而得到美的陶冶、产生思想的共鸣。设计师必须掌握游览观赏的基本规律,才能创造出优美的园林环境(表 4.11)。

表 4.11　景的观赏

景的观赏	内容	特　点	说　明
1. 赏景层次	观	为赏景的第一层次,主要表现为游人对园林的直观把握。园林以其实在的形式特征,如园林各构成要素的形状、色彩、线条、质地等,向审美主体传递着审美信息	"观""品""悟"是对园林赏景的由浅入深、由外到内在的欣赏过程,而在实际的赏景活动中是三者合一的,即边观

续表

景的观赏	内容	特　点	说　明
1. 赏景层次	品味	是游人根据自己的生活体验、文化素质、思想感情等，运用联想、想象、移情、思维等心理活动，去扩充、丰富园林景象，领略、开拓园林意境的过程，是一种积极的、能动的、再创造性的审美活动	边品边悟。优秀的园林设计应能满足游人这 3 个层次的赏景需求
	悟	是园林赏景的最高境界，是游人在品味、体验的基础上进行的一种哲学思考。优秀的园林景观应使游人对人生、历史、宇宙产生一种富有哲理性的感受和领悟，达到园林艺术所追求的最高境界	
2. 赏景方式	静态观赏	是指游人的视点与景物位置相对不变。整个风景画面是一幅静态构图，主景、配景、背景、前景、空间组织、构图等固定不变。满足此类观赏风景，需要安排游人驻足的观赏点以及在驻足处可观赏的嘉景	在实际的游园赏景中，往往动静结合。在进行园林设计时，既要考虑动态观赏下景观的系列布置，又要注意布置某些景点以供游人驻足进行细致观赏
	动态观赏	是指视点与景物位置发生变化，即随着游人观赏角度的变化，景物在发生变化。满足此类观赏风景，需要在游线上安排不同的风景，使园林"步移而景异"	
3. 赏景的视觉规律	识辨视距	正常人的清晰视距为 25～30 cm，能识别景物的距离为 250～270 cm，能看清景物轮廓的视距为 500 cm，能发现物体的视距为 1 200～2 000 cm，但已经没有最佳的观赏效果了	
	最佳视域	人眼的视域为一不规则的圆锥形。人在观赏前方的景物时的视角范围称为视域，人的正常静观视域，在垂直方向上为 130°，在水平方向上为 160°，超过以上视域则要转动头部进行观察，此范围内看清景物的垂直视角为 26°～30°，水平视角约为 45°。最佳视域可用来控制和分析空间的大小与尺度、确定景物的高度和选择观景点的位置。例如苏州网师园（图 4.5、图 4.6）从月到风来亭观对面的射鸭廊、竹外一支轩和黄石假山时，垂直视角为 30°，水平视角约为 45°，均在最佳的范围内，观赏效果较好	$$D_H = (H - h)\cot\left(\frac{\alpha}{2}\right) \approx 3.7(H - h)$$ 式中　D_H——垂直视角下的视距；　　　α——垂直视角

续表

景的观赏	内容	特　点	说　明
3.赏景的视觉规律	适合视距	以景物高度和人眼的高度差为标准,合适视距为这个差值的3.7倍以内。建筑师认为,对景物的观赏最佳视点有3个位置:即景物高的3倍距离、2倍距离和1倍距离的位置。景物高的3倍距离为全景的最佳视距,景物高的2倍距离,为景物主体的最佳视距,景物高的1倍距离,是景物细部最佳视距。 以景物宽度为标准,合适视距为景物宽度的1.2倍。当景物高度大于宽度时,依据高度来考虑,当景物宽度大于高度时,依据宽度和高度综合考虑	 $$D_W = W/2 \cot\left(\frac{\beta}{2}\right) \approx 1.2W$$ 式中　D_W——水平视角下的视距; 　　　β——水平视角

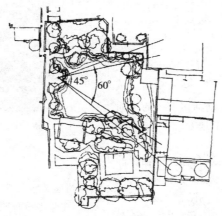

图4.5　苏州网师园垂直视角分析

（引自王晓俊《风景园林设计》）

从月到风来亭观对面的射鸭廊、竹外一枝轩和黄石假山时,
垂直视角约为30°,水平视角约为45°,均在较佳视角范围内

图4.6　网师园水平视角分析

（引自王晓俊《风景园林设计》）

4.2.3　造景手法

1)远景、中景、近景与全景

景色就空间距离层次而言有近景、中景、全景与远景。近景是近观范围较小的单独风景;中景是目视所及范围的景致;全景是相应于一定区域范围的总景色;远景是辽阔空间伸向远处的景致,相应于一个较大范围的景色;远景可以作为园林开阔处瞭望的景色,也可以作为登高处鸟瞰全景的背景。一般远景和近景是为了突出中景,这样的景,富有层次的感染力,合理地安排前景、中景与背景,可以加深景的画面,富有层次感,使人获得深远的感受。

2)主景与配景

园林中景有主景与配景之分。在园林绿地中起到控制作用的景叫"主景",它是整个园林绿地的核心、重点,往往呈现主要的使用功能或主题,是全园视线控制的焦点。主景包含两个方面的含义:一是指整个园林中的主景,二是园林中被园林要素分割而成的局部空间的主景。

造园必须有主景区和次要景区。堆山有主、次、宾、配,园林建筑要主次分明,植物配植也要主体树种与次要树种搭配,处理好主次关系就起到了提纲挈领的作用。配景对主景起陪衬作用,使主景突出,不能喧宾夺主,在园林中是主景的延伸和补充。

突出主景的方法有主景升高或降低、面阳的朝向、视线交点、动势集中、色彩突出、占据重心、对比与调和等(表4.12)。

表4.12　突出主景的方法

突出主景的方法	说　明	举　例
1.主体升高或降低	主景升高,相对地使视点降低,看主景要仰视,一般以简洁明朗的蓝天远山为背景,使主体的造型、轮廓鲜明而突出;将主景安排于四面环绕的中心平凹处,也能成为视线焦点	北京颐和园佛香阁运用了主体升高的方法 佛香阁即坐落于山的南向
2.面阳的朝向	向南的园林景物因阳光的照耀而显得明亮,富有生气,生动活泼。山的南向往往成为布置主景的地方	
3.运用轴线和风景视线的焦点	规则式园林常把主景布置在中轴线的终点或纵横轴线的交点,主景前方两侧常常进行配置,以强调陪衬主景;而自然式园林的主景则常安排于风景透视线的焦点上	如广州起义烈士陵园,将纪念碑安排于中轴线的端点,主景地位鲜明

续表

突出主景的方法	说　明	举　例
4.动势向心	一般四面环抱的空间,如水面、广场、庭院等,四周次要的景色往往具有动势,作为观景点的建筑物均朝向中心,趋向于一个视线的焦点,主景宜布置在这个焦点上	水中景物常因为湖周游人的视线容易到达而成为"众望所归"的焦点,格外突出
5.空间构图的重心	主景布置在构图的重心处。规则式园林构图,主景常居于几何重心;而自然式园林构图,主景常位于自然重心上	如天安门广场中央的人民英雄纪念碑居于广场的几何重心,主景地位非常鲜明
6.对比与调和	配景在线条、体形、体量、色彩、明暗、空间的开敞与封闭等多方面与主景产生对比,从而突出主景	如暗绿色的油松作为背景可对白色的大理石雕塑起突出的作用

3)抑景与扬景

传统造园历来就有欲扬先抑的做法。在入口区段设障景、对景和隔景,引导游人通过封闭、半封闭、开敞相间、明暗交替的空间转折,再通过透景引导,终于豁然开朗,到达开阔园林空间,如苏州留园。也可利用建筑、地形、植物、假山台地在入口区设隔景小空间,经过婉转信道逐渐放开,到达开敞空间。抑景与扬景的处理方法如表4.13所示。

表4.13　抑景与扬景的方法

抑景与扬景的方法	说　明
1.障景	障景是遮掩视线、屏障空间、引导游人的景物。障景的高度要高过人的视线。影壁是传统建筑中常用的材料,山体、树丛等也常在园林中用于障景。障景是我国造园的特色之一,使人的视线因空间局促而受抑制,有"山重水复疑无路"的感觉。障景还能隐蔽不美观或不可取部分,可障远也可障近,而障景本身又可自成一景
2.对景	在轴线或风景线端点设置的景物称为对景。对景常设于游览线的前方,为正对景观。给人的感受直接鲜明,可以达到庄严、雄伟、气魄宏大的效果。在风景视线的两端分别设景,为互对,互对不一定有非常严格的轴线,可以正对,也可以有所偏离。如拙政园的远香堂对雪香云蔚亭,中间隔水,遥遥相对

续表

抑景与扬景的方法	说　明
3. 隔景	隔景是将园林绿地分为不同的景区,造成不同空间效果的景物的方法,隔景的方法和题材很多,如山冈、树丛、植篱、粉墙、漏窗、景墙、复廊等。山石、园墙、建筑等可以隔断视线,为实隔;空廊、花架、漏窗、乔木等虽能造成空间的边界却仍可保持联系,为虚隔;堤岛、桥梁、林带等可造成两侧景物若隐若现的效果,称为实虚隔。隔景可以避免各景区的互相干扰,增加园景构图变化,隔断部分视线及游览路线,使空间"小中见大"

4) 实景与虚景

园林往往通过空间围合状况、视面虚实程度影响人们观赏的感觉,并通过虚实对比、虚实交替、虚实过渡创造丰富的视觉感受。

园林中的虚与实是相辅相成又相互对立的两个方面,虚实之间互相穿插而达到实中有虚、虚中有实的境界,使园林景物变化万千。园林中的实与虚是相对而言的,表现在多个方面。例如,无门窗的建筑和围墙为实,门窗较多或开敞的亭廊为虚;植物群落密集为实,疏林草地为虚;山崖为实,流水为虚;喷泉中水柱为实,喷雾为虚;园中山峦为实,林木为虚;晴天观景为实,烟雾中观景为虚。

5) 框景与夹景

将园林建筑的景窗或山石树冠的缝隙作为边框,有选择地将园林景色作为画框中的立体风景画来安排,这种组景方法称为框景(图4.7)。由于画框的作用,游人的视线可集中于由画框框起来的主景上,增强了景物的视觉效果和艺术效果,因此,框景的运用能将园林绿地的自然美、绘画美与建筑美高度统一、高度提炼,最大限度地发挥自然美。在园林中运用框景时,必须设计好入框之景,做到"有景可框"。

为了突出优美景色,常将景色两侧平淡之景以树丛、树列、山体或建筑物等加以屏障,形成左右较封闭的狭长空间,这种左右两侧夹峙的前景叫夹景。夹景是运用透视线、轴线突出对景的方法之一,还可以起到障丑显美的作用,增加园景的深远感,同时也是引导游人注意的有效方法。

6) 前景与背景

任何园林空间都是由多种景观要素组成的,为了突出表现某一景物,常把主景适当集中,并在其背后或周围利用建筑墙面、山石、林丛或者草地、水面、天空等作为背景,用色彩、体量、质地、虚实等因素衬托主景,突出景观效果。在流动的连续空间中表现不同的主景,配以不同的背景,则可以产生明确的景观转换效果。如白色雕塑宜用深绿色林木背景;而古铜色雕塑则宜采用天空与白色建筑墙面作为背景;一片梅林或碧桃用松柏林或竹林作背景;一片红叶林用灰色近山和蓝紫色远山作背景,都是利用背景突出表现前景的方法。在实践中,前景也可能是不同距离多层次的,但都不能喧宾夺主,这些处于次要地位的前景常称为添景。

7) 俯景与仰景

风景园林利用改变地形建筑高低的方法,改变游人视点的位置,必然出现各种仰视或俯视视觉效果。如创造狭谷迫使游人仰视山崖而得到高耸感,创造制高点给人的俯视机会则产生凌空感,从而达到小中见大和大中见小的视觉效果。

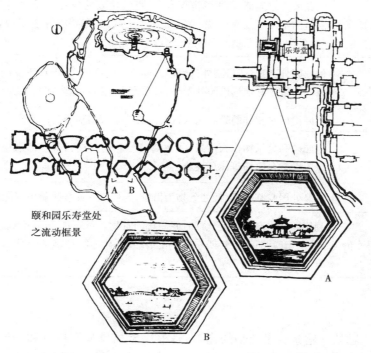

颐和园乐寿堂处
之流动框景

图4.7　框景

8)内景与借景

　　一组园林空间或园林建筑以内观为主的称内景,作为外部观赏为主的为外景。如园林建筑,既是游人驻足休息处,又是外部观赏点,起到内外景观的双重作用。

　　根据园林造景的需要,将园内视线所及的园外景色组织到园内来,成为园景的一部分,称为借景。借景能扩大空间、丰富园景、增加变化。明代计成的《园冶》中"园林巧于因借,精在体宜……借者,园虽别内外,得景则无拘远近,晴峦耸秀,绀宇凌空,极目所至,俗则屏之,嘉则收之,……所谓巧而得体者也",即是对借景的精辟论述。借景的内容和方法如表4.14所示。

表4.14　借景的设计

借 景	分 类	说 明
1. 借景的内容	(1) 借形组景	将建筑物、山石、植物等借助空窗、漏窗、树木透景线等纳入画面
	(2) 借声组景	①借雨声组景,如白居易"隔窗知夜雨,芭蕉先有声"、李商隐"秋阳不教霜飞晚,留得残荷听雨声"为取芭蕉、荷叶等借雨声组景,是园林中常用的手法 ②借水流的声音,如瀑布的咆哮轰鸣、小溪的清越曼妙 ③借动物的声音,如蝉躁蛙鸣、莺歌燕语
	(3) 借色组景	园林中常借月色、云霞等组景,著名的有杭州西湖的"三潭印月""平湖秋月""雷峰夕照"等,而园林中运用植物的红叶、佳果乃至色彩独特的树干组景,更是组景的重要手法
	(4) 借香组景	鲜花的芳香馥郁、草木的清新宜人,可愉悦人的身心,是园林中增加游兴、渲染意境的不可忽视的方法。如北京恭王府花园中的"樵香亭""雨香岑""妙香亭""吟香醉月"等皆为借香组景
2. 借景的方法	(1) 远借	借取园外远景,所借园外远景通常要有一定高度,以保证不受园内景物的遮挡。有时为了更好地远借园外景物,常在园内设高台作为赏景之地
	(2) 邻借	将园内周围相邻的景物引入视线的方法。邻借对景物的高度要求不严
	(3) 仰借	以园外高处景物作为借景,如古塔、楼阁、蓝天白云等。仰借视觉易疲劳,观赏点应设亭台座椅等休息设施
	(4) 俯借	在高处居高临下,以低处景物为借景,为俯借。如登岳麓山观湘江之景
	(5) 应时而借	利用园林中有季相变化或时间变化的景物。对一日的时间变化来说,如日出朝霞、夕阳晚照;以一年四季的变化来说,如春花秋实、夏荫冬雪,多是因时而借的重要内容

9) 题景与点景

我国园林擅用题景。题景就是景物的题名,是根据园林景观的特点和环境,结合文学艺术的要求,用楹联、匾额、石刻等形式进行艺术提炼和概括,点出景致的精华(图4.8),渲染出独特的意境。而设计园林题景用以概括景的主题、突出景物的诗情画意的方法称为点景。其形式有匾额、石刻、对联等。园林题景是诗词、书法、雕刻艺术的高度综合。例如,著名的西湖十景"平湖秋月""苏堤春晓""断桥残雪""曲院风荷""雷峰夕照""南屏晚钟""花港观鱼""柳浪闻莺""三潭印月""两峰插云",景名充分运用我国诗词艺术,两两对仗,使西湖风景闻名遐迩;又如,拙政园中的"远香堂""雪香云蔚亭""听雨轩""与谁同坐轩",等等,均是渲染独特意境的点睛之笔。

图4.8　题景

4.3　园林空间艺术

4.3.1　园林空间布局的基本形式

园林绿地的形式可以分为 3 大类,即规则式、自然式和混合式。

1)规则式园林

规则式园林又称整形式、建筑式、图案式或几何式园林。西方园林,从古埃及、希腊、罗马起到 18 世纪英国风景式园林产生以前,基本上以规则式园林为主,其中以文艺复兴时期意大利台地建筑式园林和 17 世纪法国勒诺特平面图案式园林为代表。这一类园林,以建筑和建筑式空间布局作为园林风景表现的主要题材。

2)自然式园林

自然式园林又称为风景式、不规则式、山水派园林等。我国园林,从有历史记载的周秦时代开始,无论是大型的帝皇苑囿还是小型的私家园林,多以自然式山水园林为主,古典园林中以北京颐和园、承德避暑山庄、苏州拙政园、留园为代表。我国自然式山水园林,从唐代开始影响日本的园林,从 18 世纪后半期传入英国,从而引起了欧洲园林对古典形式主义的革新运动。

规则式园林与自然式园林的总体布局和构成要素均有明显的区别(表 4.15)。

3)混合式园林

园林中,规则式与自然式比例大体相当的园林,可称为混合式园林。设计时运用综合的方法,因而兼容了自然式和规则式的特点。

在园林规划中,原有地形平坦的可规划成规则式,原有地形起伏不平、丘陵、水面多的可规划自然式,树木少的可做成规则式,大面积园林,以自然式为宜,小面积以规则式较经济。四周环境为规则式宜规划规则式,四周环境为自然式则宜规划成自然式。林荫道、建筑广场和街心花园等以规则式为宜。居民区、机关、工厂、体育馆、大型建筑物前的绿地以混合式为宜。

4.3.2　园林空间艺术构图

园林设计的最终目的是创造出供人们活动的空间。谈到空间,设计师常引用老子《道德经》中的“埏埴以为器,当其无,有器用之;凿户牖以为室,当其无,有室用之,……”来说明空间的本质在于其可用性。园林空间艺术布局是在园林艺术理论指导下对所有空间进行巧妙、合理、协调、系统安排的艺术,目的在于构成一个既完整又变化的美好境界。单个园林空间以尺度、构成方式、封闭程度,构成要素的特征等方面来决定,是相对静止的园林空间;而步移景异是中国园林传统的造园手法,景物随着游人脚步的移动而时隐时现,多个空间在对比、渗透、变化中产生情趣。因此,园林空间常从静态、动态两方面进行空间艺术布局。

表 4.15　规则式园林与自然式园林的比较

	规则式	自然式
总体布局方法	一般有明显的中轴线来控制全园布局,主轴线和次要轴线组成轴线系统,或相互垂直,或呈放射状分布,上下左右对称	一般采用山水布局手法,模拟自然,将自然景色和人工造园艺术巧妙结合,达到"虽由人作,宛自天开"的效果
地形地貌	在平原地区,由不同标高的水平面及缓慢倾斜的平面组成;在山地及丘陵地,由阶梯式的大小不同的水平台地、倾斜平面及石级组成	平原地带,地形为自然起伏的和缓地形与人工堆置的若干自然起伏的土丘相结合,其断面为和缓的曲线。在山地和丘陵地,则利用自然地形地貌,除建筑和广场基地以外不做大量的地形改造
水体设计	外形轮廓均为几何形;多采用整齐式驳岸,园林水景的类型以整形水池、壁泉、整形瀑布及运河等为主,其中常以喷泉作为水景的主题	其轮廓为自然的曲线,岸为各种自然曲线的倾斜坡度,如有驳岸也是自然山石驳岸,园林水景的类型以溪涧、河流、自然式瀑布、池沼、湖泊等为主。常以瀑布为水景主题
建筑布局	园林不仅个体建筑采用中轴对称均衡的设计,以致建筑群和大规模建筑组群的布局,也采取中轴对称均衡的手法,以主要建筑群和次要建筑群形式的主轴和副轴控制全园	园林内个体建筑为对称或不对称均衡的布局,其建筑群和大规模建筑组群,多采取不对称均衡的布局。全园不以轴线控制,而以主要导游线构成的连续构图控制全园
道路广场	园林中的空旷地和广场外形轮廓均为几何形。封闭性的草坪、广场空间,以对称建筑群或规则式林带、树墙包围。道路均为直线、折线或几何曲线组成,构成方格形或环状放射形、中轴对称或不对称的几何布局	园林中的空旷地和广场的轮廓为自然形的封闭性的空旷草地和广场,以不对称的建筑群、土山、自然式的树丛和林带包围。道路平面和剖面为自然起伏曲折的平面线和竖曲线组成
种植设计	园内花卉布置用以图案为主题的模纹花坛为主,有时布置成大规模的花坛群,树木配置以行列式和对称式为主,并运用大量的绿篱、绿墙以区划和组织空间。树木一般整形修剪,常模拟建筑体形和动物形态,如绿柱、绿塔、绿门、绿亭和鸟兽等	园林内种植不成行列式,以反映自然界植物群落自然之美,花卉布置以花丛、花群为主,不用模纹花坛。树木配植以孤植树、树丛、树林为主,不用规则修剪的绿篱,以自然的树丛、树群、树带来区划和组织园林空间。树木整形不做建筑鸟兽等体形模拟,而以模拟自然界苍老的大树为主
园林其他景物	除建筑、花坛群、规则式水景和大量喷泉为主景以外,还常采用盆树、盆花、瓶饰、雕像为主要景物。雕像的基座为规则式,雕像位置多配置于轴线的起点、终点或交点上	除建筑、自然山水、植物群落为主景以外,还采用山石、假石、桩景、盆景、雕刻为主要景物,其中雕像的基座为自然式,雕像位置多配置于透视线集中的焦点

续表

规则式	自然式
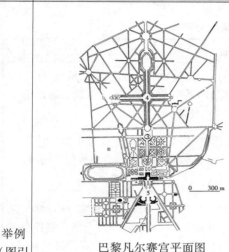 巴黎凡尔赛宫平面图 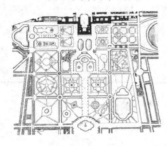 凡尔赛宫局部平面图	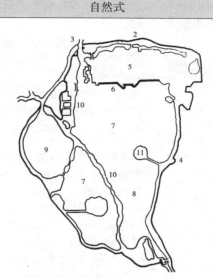 颐和园总平面图 1.东宫门 2.北宫门 3.西宫门 4.新宫门 5.万寿山 6.长廊 7—9昆明湖 10.西堤 11.南湖岛  颐和园局部平面图

举例（图引自冯采芹、蒋筱荻、詹国英《中外园林绿地图集》）

说明：凡尔赛宫是规则式园林的杰出代表，由著名的设计师勒诺特负责设计。它宏伟而精致。园的中轴长3 km，中轴的一半是十字形大运河，中轴两侧布置了对称的花坛、喷泉和雕像。整个园林以几何形构图组成，笔直而明显的轴线主路与其他道路呈垂直或放射状相交。园内安排了一系列对景，利用开敞空间和闭锁空间使园景富于变化。园正中的二层楼是当时路易十四的卧室，既是园林主轴的一端，又面对巴黎的3条放射状大道，占全园的最主要位置

说明：颐和园是世界园林艺术最优秀的作品之一，占地290 hm²。水面占3/4，整个园子中，湖、山、岛、堤、建筑、树木巧妙结合，组成一个既统一而又变化的自然环境。颐和园兼有"宫"和"苑"的功能，分为宫廷区、前湖前山开敞区、后湖后山幽静区3部分。在宫廷区和园林区堆置了一带小土冈代替墙垣，使"宫""苑"之间既有障隔，又巧妙地沟通。颐和园集皇家宫苑之大成，将诗情画意融于自然的湖光山色之中，是中国古典园林存留于世的珍贵遗产

1）静态空间艺术构图

静态空间艺术是指相对固定空间范围内的审美感受。

（1）静态空间的构成因素（表4.16） "地""顶""墙"是构成空间的3大要素，地是空间的起点、基础；墙因地而立，或划分空间、或围合空间；顶是为遮挡而设。顶与墙的空透程度、存在

与否决定了空间的构成,地、顶、墙诸要素各自的线、形、色彩、质感、气味和声响等特征综合地决定了空间的质量。外部空间的创造中顶的作用最小,墙的作用最大,因为墙将人的视线控制在一定范围内(图4.9)。

表4.16　园林空间的构成因素及处理

空间的构成因素	园林中的处理
"地"	由草坪、水面、地被植物、道路、铺装广场等组成。宽阔的草坪可供坐息、游戏,空透的水面、成片种植的地被植物可供观赏,硬质铺装的道路可疏散和引导人流。通过精心推敲地的形式、图案、色彩和起伏可以获得丰富的环境
"顶"	由天空、乔木树冠、建筑物的顶盖等组成,是空间的上部水平接口。园林中的"顶"往往断断续续、高低变化、具有丰富的层次。以平地(或水面)和天空两者构成的空间,有旷达感,所谓心旷神怡
"墙"	由建筑、景墙、山体、地形、乔灌木的树身、雕塑小品等组成。其高度、密实度、连续性直接影响空间的围合质量。以峭壁或高树夹峙,其高宽比在6:1～8:1的空间有峡谷或夹景感。由山石围合的空间,则有洞府感。以树丛和草坪构成的空间,有明亮亲切感。以大片高乔木和矮地被组成的空间,给人以荫浓景深的感觉。一个山环水绕,泉瀑直下的围合空间则给人清凉之感。一组山环树抱、庙宇林立的复合空间,给人以人间仙境的神秘感。一处四面环山、中部低凹的山林空间,给人以深奥幽静感。以烟云水域为主体的洲岛空间,给人以仙山琼阁的联想

图4.9　空间的产生:从无到有
(引自王晓俊《风景园林设计》)

(2)静态空间的类型　按照空间的外在形式,静态空间可分为容积空间、立体空间和混合空间。按照活动内容,可分为生活居住空间、游览观光空间、安静休息空间、体育活动空间等。按照地域特征分为山岳空间、台地空间、谷地空间、平地空间等。按照开敞程度分为开敞空间、半开敞空间和闭锁空间等。按照构成要素分为绿色空间、建筑空间、山石空间、水域空间等。按照空间的大小分为超人空间、自然空间和亲密空间。依其形式分为规则空间、半规则空间和自然空间。根据空间的多少又分为单一空间和复合空间等。

(3)静态空间艺术构图
①开朗风景与闭锁风景的处理如表4.17所示。

表4.17　开朗风景与闭锁风景

内　容	说　明	应用与举例
开朗风景	在园林中,如果四周没有高出视平线的景物屏障时,则四面的视野开敞空旷,这样的风景为开敞风景,这样的空间为开敞空间。开敞空间的艺术感染力是:壮阔豪放,心胸开阔。但因缺乏近景的感染,久看则给人以单调之感	平视风景中宽阔的大草坪、水面、广场以及所有的俯视风景都是开朗风景。如颐和园的昆明湖,北海公园的北海
闭锁风景	在园林中,游人的视线被四周的景物所阻,这样的风景为闭锁风景,这样的空间为闭锁空间。闭锁空间因为四周布满景物,视距较小,所以近景的感染力较强,久观则显闭塞	庭院、密林。如颐和园的苏州街、北海的静心斋
开朗风景与闭锁风景的处理	同一园林中既要有开朗空间又要有闭锁空间,使开朗风景与闭锁风景相得益彰。过分开敞的空间要寻求一定的闭锁性。如开阔的大草坪上配置树木,可打破开朗空间的单调之感;过分闭锁的风景要寻求一定的开敞性,如庭院以水池为中心,利用水中倒影反映的天光云影扩大空间,在闭锁空间中还可通过透景、漏景的应用打破闭锁性 景物高度与空间尺度的比例关系,直接决定空间的闭锁和开朗程度。当空间的直径大于周围景物高度10倍(闭锁空间的仰角为6°左右),空间过分开敞,风景评价较低,仰角大于6°风景效果逐渐提高,仰角13°时风景效果为最好,当空间直径等于周围景物高度的3倍(仰角18°)以上时,空间则过于闭塞	①城市广场四周建筑物与广场直径之比应在1:6～1:3变化 ②设计花坛时,半径大约为4.5 m的区段其观赏效果最佳。在人的视点高度不变的情况下,花坛半径超过4.5 m以上时,花坛表面应做成斜面。当立体花坛的高度超过视点高度2倍时,应相应提高人的视点高度或将花坛做成沉床式效果

②不同视角的风景处理如表4.18所示。

2)动态空间艺术布局

园林对于游人来说是一个流动空间,一方面表现为自然风景本身的时空转换,另一方面表现在游人步移景异的过程中。不同的空间类型组成有机整体,构成丰富的连续景观,就是园林景观的动态序列。风景视线的联系,要求有戏剧性的安排,音乐般的节奏,既有起景、高潮、结景空间,又有过渡空间,使空间主次分明,开、闭、聚适当,大小尺度相宜。

表4.18　不同视角的风景处理

视角	说　明	园林中的处理	例　图
平视观赏	是指游人的视线与地面平行,游人的头部不必上仰下俯的一种游赏方式。平视观赏的风景给人以平静、安宁、广阔、坦荡、深远的感染力;在水平方向上有近大远小的视觉效果,层次感较强	常安排在安静休息处,设置亭、廊等赏景驻足之地,前面布置可以使视线延伸于无穷远处而又层次丰富的风景	

续表

视角	说　明	园林中的处理	例　图
仰视观赏	是指游人的视线向上倾斜与地面有一定的夹角,游人需仰起头部的观赏方式。仰视观赏的风景给人以雄伟、崇高、威严、紧张的感染力;在向上的方向上有近大远小的效果,高度感强	中国园林中的假山,并不是简单从假山的绝对高度来增加山的高度,而是将游人驻足的观赏点安排在与假山很近的距离内,利用仰视观赏的高耸感突出假山的高度	
俯视观赏	是指景物在游人视点下方,游人需低头的观赏方式。俯视风景的观赏可造成惊险、开阔的效果和征服自然的成就感、喜悦感;在向下的方向上有近大远小的效果,深度感强	中国园林中的山体顶端一般都要设亭,就是在制高点设计一个观赏俯视风景的驻足点,使游人体验壮观豪迈的心理感受	

（1）园林空间的展示程序　园林空间的展示程序应按照游人的赏景特点来安排,常用的方法有一般序列、循环序列和专类序列3种(表4.19)。

表4.19　园林空间的展示程序

展示程序	说　明
一般序列	一般简单的展示程序有所谓两段式或三段式之分 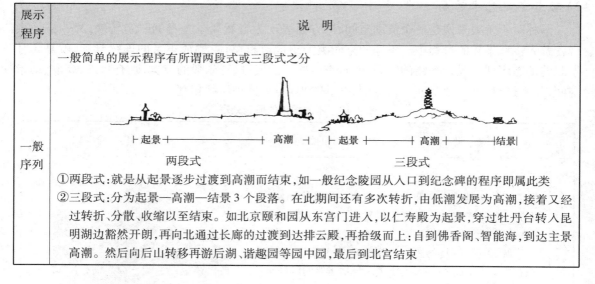 ①两段式:就是从起景逐步过渡到高潮而结束,如一般纪念陵园从入口到纪念碑的程序即属此类 ②三段式:分为起景—高潮—结景3个段落。在此期间还有多次转折,由低潮发展为高潮,接着又经过转折、分散、收缩以至结束。如北京颐和园从东宫门进入,以仁寿殿为起景,穿过牡丹台转入昆明湖边豁然开朗,再向北通过长廊的过渡到达排云殿,再拾级而上;自到佛香阁、智能海,到达主景高潮。然后向后山转移再游后湖、谐趣园等园中园,最后到北宫结束

续表

展示程序	说　明
循环序列	为了适应现代生活节奏的需要,多数综合性园林或风景区采用了多向入口、循环道路系统、多景区景点划分、分布式游览线路的布局方法,以容纳成千上万游人的活动需求。因此现代综合性园林或风景区采用主景区领衔,次景区辅佐,多条展示序列。各序列环状沟通,以各自入口为起景,以主景区主景物为构图中心,以综合循环游憩景观为主线,以方便游人、满足园林功能需求为主要目的来组织空间序列,这已成为现代综合性园林的特点。在风景区的规划中更要注意游赏序列的合理安排和游程游线的有机组织
专类序列	以专类活动内容为主的专类园林有着它们各自的特点。如植物园多以植物演化系统组织园景序列,从低等到高等,从裸子植物到被子植物,从单子叶植物到双子叶植物,还有不少植物园因地制宜地创造自然生态群落景观形成其特色。又如动物园一般从低等动物到鱼类、两栖类、爬行类至鸟类、食草、食肉哺乳动物,乃至灵长类高级动物,等等,形成完整的景观序列,并创造出以珍奇动物为主的全园构图中心。某些盆景园也有专门的展示序列,如盆栽花卉与树桩盆景、树石盆景、山水盆景、水石盆景、微型盆景和根雕艺术等,这些都为空间展示提出了规定性序列要求,故称其为专类序列

（2）风景园林景观序列的创作手法　如表4.20、图4.10所示。

表4.20　风景序列的创造方法

创作手法	说　明	例　图
1.风景序列的起结开合	作为风景序列的构成,可以是地形起伏,水系环绕,也可以是植物群落或建筑空间,无论是单一的还是复合的,总应有头有尾、有放有收,这也是创造风景序列常用的手法。以水体为例,水之来源为起,水之去脉为结,水面扩大或分支为开,水之细流又为合。这与写文章相似,用来龙去脉表现水体空间之活跃,以收放变换而创造水之情趣。例如,北京颐和园的后湖,承德避暑山庄的分合水系,杭州西湖的聚散水面	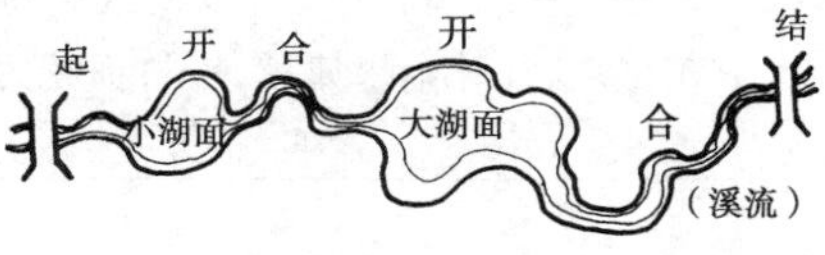 水面有分有合、有收有放
2.风景序列的断续起伏	是利用地形地势变化创造风景序列的手法,一般用于风景区或综合性大型公园。在较大范围内,将景区之间拉开距离,在园路的引导下,景序断续发展,游程起伏高下,从而取得引人入胜、渐入佳境的效果。例如,泰山风景区从红门开始,路经斗母宫、柏洞、回马岭来到中天门就是第一阶段的断续起伏序列。从中天门经快活三、步云桥、对松亭、升仙坊、十八盘到南天门是第二阶段的断续起伏序列。又经过天街、碧霞祠,直达玉皇顶,再去后石坞等,这是第三阶段的断续起伏序列	

续表

创作手法	说　明	例　图
3. 风景序列的主调、基调、配调和转调	风景序列是由多种风景要素有机组合、逐步展现出来的,在统一基础上求变化,又在变化之中见统一,这是创造风景序列的重要手法。作为整体背景或底色的树林可谓基调,作为某序列前景和主景的树种为主调,配合主景的植物为配调,处于空间序列转折区段的过渡树种为转调,过渡到新的空间序列区段时,又可能出现新的基调、主调和配调,如此逐渐展开就形成了风景序列的调子变化,从而产生不断变化的观赏效果	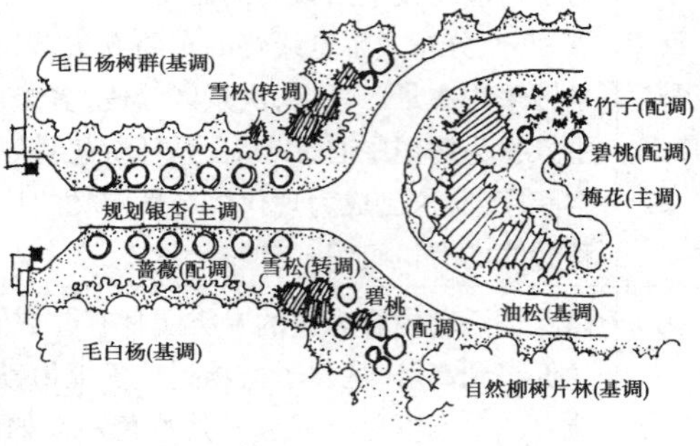 毛白杨树群(基调) 雪松(转调) 竹子(配调) 碧桃(配调) 梅花(主调) 规划银杏(主调) 蔷薇(配调)　雪松(转调) 碧桃(配调) 毛白杨(基调)　油松(基调) 自然柳树片林(基调)
4. 园林植物景观序列的季相与色彩布局	园林植物是风景园林景观的主体,然而植物又有独特的生态规律。在不同的立地条件下,利用植物个体与群落在不同季节的外形与色彩变化,再配以山石水景,建筑道路等,必将出现绚丽多姿的景观效果和展示序列。如扬州个园(见右图)内春景区竹配石笋,夏景区种广玉兰配太湖石,秋景区种枫树、梧桐,配以黄石,冬景区植蜡梅、南天竹,配以白色英石,并把四景分别布置在游览线的4个角落,在咫尺庭院中创造了四时季相景序。一般园林中,常以桃红柳绿表春,浓荫白花主夏,红叶金果属秋,松竹梅花为冬	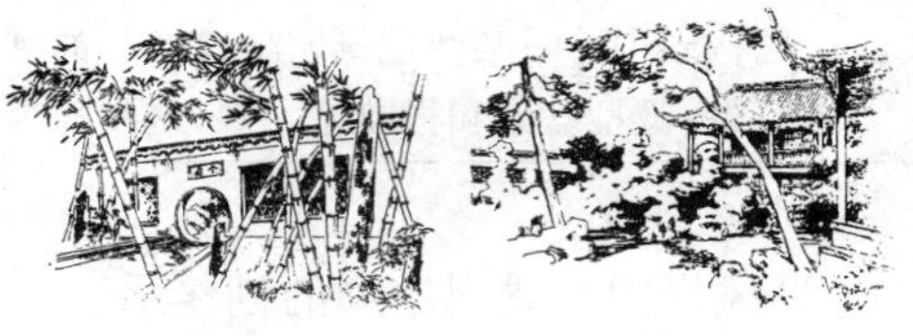 春景区　　夏景区 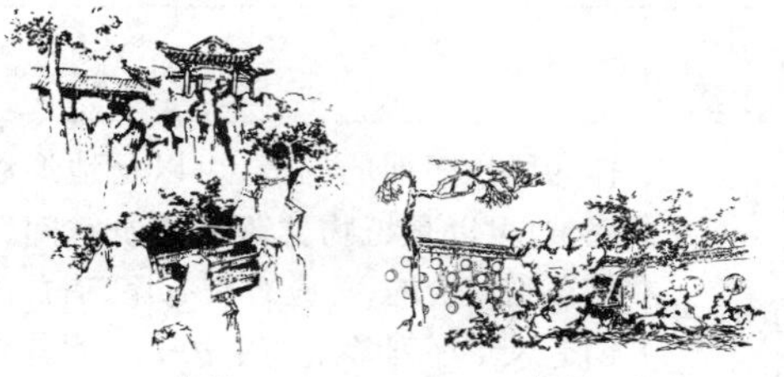 秋景区　　冬景区
5. 园林建筑组群的动态序列布局	园林建筑在风景园林中只占有1%~2%的面积,但往往居于某景区的构图中心,起到画龙点睛的作用。由于使用功能和建筑艺术的需要,对建筑群体组合的本身以及对整个园林中的建筑布置,均应有动态序列的安排。对一个建筑群组而言,应该有入口、门庭、过道、次要建筑、主体建筑的序列安排。对整个风景园林而言,从大门入口区到次要景区,最后到主景区,都有必要将不同功能的景区,有计划地排列在景区序列线上,形成一个既有统一展示层次,又有多样变化的组合形式,以达到应用与造景之间的完美统一	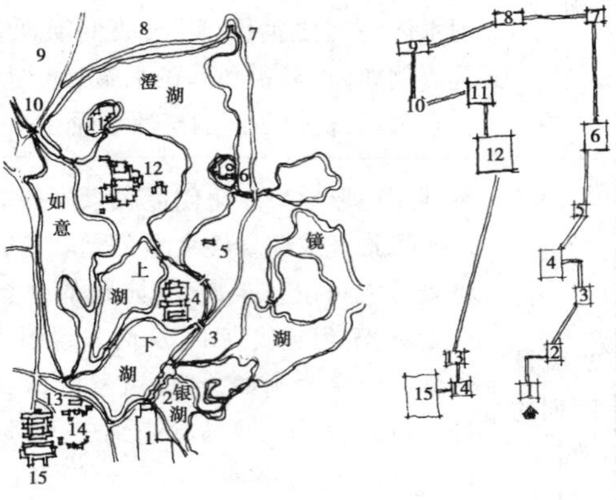 澄湖 如意 上湖 下湖 银湖

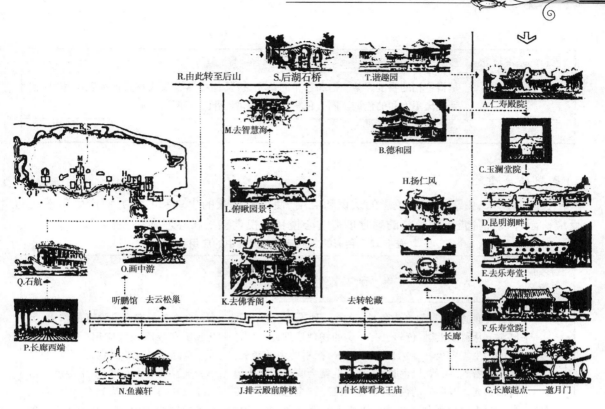

入口部分作为序列的开始和前奏由一列四合院组成;出玉澜堂至昆明湖畔豁然开朗;
过乐寿堂经长廊引导至排云殿、佛香阁达到高潮;由此返回长廊继续往西可绕到后山,则
顿感幽静;至后山中部登须弥灵境再次形成高潮;回至山麓继续往东可达谐趣园,为序列
的尾声;再向南至仁寿殿完成循环

图4.10　颐和园的空间序列安排
（引自肖创伟主编《园林规划设计》）

4.4　园林色彩艺术构图

4.4.1　色彩的基础知识

1）色彩的基本概念（表4.21）

表4.21　色彩的基本概念

色彩的基本概念	解　释
色　相	是指一种颜色区别于另一种颜色的相貌特征,即颜色的名称
三原色	三原色指红黄蓝3种颜色
色　度	是指色彩的纯度。如果某一色相的光没有被其他色相的光中和,也没有被物体吸收,即为纯色

续表

色彩的基本概念	解　释
色　调	是指色相的明度。某一饱和色相的色光,被其他物体吸收或被其他补色中和时,就呈现出不饱和的色调。同一色相包括明色调、暗色调和灰色调
光　度	是指色彩的亮度

2) 色彩的感觉

长时间以来,由于人们对色彩的认识和应用,使色彩在人的生理和心理方面产生出不同的反应。园林设计师常运用色彩的感觉创造赏心悦目的视觉感受和心理感受(表4.22)。

表4.22　色彩的感觉及其在园林中的应用

色彩的感觉	说　明	园林应用
温度感	又称冷暖感,通常称之为色性,这是一种最重要的色彩感觉。从科学上讲,色彩也有一定的物理依据,不过,色性的产生主要还在于人的心理因素,积累的生活经验,而人们看到红、黄、橙色时,在心理上就会联想到给人温暖的火光以及阳光的色彩,因此给红、黄、橙色以及这三色的邻近色以暖色的概念。可当人们看到蓝、青色时,在心理上会联想到大海、冰川的寒意,给这几种颜色以冷色的概念。暖色系的色彩波长较长,可见度高,色彩感觉比较跳跃,是一般园林设计中比较常用的色彩。绿是冷暖的中性色,其温度感居于暖色与冷色之间,温度感适中	暖色在心理上有升高温度的作用,因此宜于在寒冷地区应用。冷色在心理上有降低温度的感觉,在炎热的夏季和气温较高的南方,采用冷色会给人凉爽的感觉。从季节安排上,春秋宜多用暖色花卉,严寒地带更宜多用,而夏季宜多用冷色花卉,炎热地带用多了,还能引起退暑的凉爽联想。在公园举行游园晚会时,春秋可多用暖色照明,而夏季的游园晚会照明宜多用冷色
胀缩感	红、橙、黄色不仅使人感到特别明亮清晰,同时有膨胀感,绿、紫、蓝色使人感到比较幽暗模糊,有收缩感。因此,它们之间形成了巨大的色彩空间,增强了生动的情趣和深远的意境。光度的不同也是形成色彩胀缩感的主要原因,同一色相在光度增强时显得膨胀,光度减弱时显得收缩	冷色背景前的物体显得较大,暖色背景前的物体则显得较小,园林中的一些纪念性构筑物、雕像等常以青绿、蓝绿色的树群为背景,以突出其形象
距离感	由于空气透视的关系,暖色系的色相在色彩距离上,有向前及接近的感觉;冷色系的色相,有后退及远离的感觉。另外光度较高、纯度较高、色性较暖的色,具有近距离感,反之,则具有远距离感。6种标准色的距离感按由近而远的顺序排列是:黄、橙、红、绿、青、紫	在园林中如实际的园林空间深度感染力不足时,为了加强深远的效果,作背景的树木宜选用灰绿色或灰蓝色树种,如毛白杨、银白杨、桂香柳、雪松等。在一些空间较小的环境边缘,可采用冷色或倾向于冷色的植物,能增加空间的深远感

续表

色彩的感觉	说　明	园林应用
重量感	不同色相的重量感与色相间亮度的差异有关,亮度强的色相重量感小,亮度弱的色相重量感大。例如,红色、青色较黄色、橙色为厚重,白色的重量感较灰色轻,灰色又较黑色轻。同一色相中,明色调重量感轻,暗色调重量感重;饱和色相比明色调重,比暗色调轻	色彩的重量感对园林建筑的用色影响很大,一般来说,建筑的基础部分宜用暗色调,显得稳重,建筑的基础栽植也宜多选用色彩浓重的种类
面积感	运动感强烈、亮度高、呈散射运动方向的色彩,在我们主观感觉上有扩大面积的错觉,运动感弱、亮度低、呈收缩运动方向的色彩,相对有缩小面积的错觉。橙色系的色相,主观感觉上面积较大,青色系的色相主观感觉面积较中,灰色系的色相面积感觉小。白色系色相的明色调主观感觉面积较大,黑色系色相的暗色调,感觉上面积较小;亮度强的色相,面积感觉较大,亮度弱的色相,面积感觉小;色相饱和度大的面积感觉大,色相饱和度小的面积感觉小;互为补色的两个饱和色相配在一起,双方的面积感更扩大;物体受光面积感觉较大,背光则面积感较小	园林中水面的面积感觉比草地大,草地又比裸露的地面大,受光的水面和草地比不受光的面积感觉大,在面积较小的园林中水面多,白色色相的明色调成分多,也较容易产生扩大面积的感觉。在面积上冷色有收缩感,同等面积的色块,在视觉上冷色比暖色面积感觉要小,在园林设计中,要使冷色与暖色获得面积同大的感觉,就必须使冷色面积略大于暖色
兴奋感	色彩的兴奋感,与其色性的冷暖基本吻合。暖色为兴奋色,以红橙为最;冷色为沉静色,以青色为最。色彩的兴奋程度也与光度强弱有关,光度最高的白色,兴奋感最强,光度较高的黄、橙、红各色,均为兴奋色。光度最低的黑色,感觉最沉静,光度较低的青、紫各色,都是沉静色,稍偏黑的灰色,以及绿、紫色,光度适中,兴奋与沉静的感觉也适中,在这个意义上,灰色与绿紫色是中性的	红、黄、橙色在人们心目中象征着热烈、欢快等,在园林设计中多用于一些庆典场面。如广场花坛及主要入口和门厅等环境,给人朝气蓬勃的欢快感。例如,九九昆明世博园的主入口内和迎宾大道上以红色为主构成的主体花柱,结合地面黄、红色组成的曲线图案,给游人以热烈的欢快感,使游客的观赏兴致顿时提高,也象征着欢迎来自远方宾客的含义

3）色彩的感情

色彩美主要是情感的表现,要领会色彩的美,主要应领会色彩表达的感情。但色彩的感情是一个复杂而又微妙的问题,它不具有绝对的固定不变的因素,往往因人、因地及情绪条件等的不同而有差异,同一色彩可以引起这样的感情,也可引起那样的感情,这对于园林的色彩艺术布局运用有一定的参考价值(表4.23)。

表4.23　色彩的感情

色彩	产生联想的事物	色彩的感情
红色	火、太阳、辣椒、鲜血	给人以兴奋、热情、活力、喜庆及爆发、危险、恐怖之感
橙色	夕阳、橘子、柿子、秋叶	给人以温暖、明亮、华丽、高贵、庄严及焦躁、卑俗之感

续表

色彩	产生联想的事物	色彩的感情
黄色	黄金、阳光、稻谷、灯光	给人以温和、光明、希望、华贵、纯净及颓废、病态之感
绿色	树木、草地、军队	给人以希望、健康、成长、安全、和平之感
蓝色	天空、海洋	给人以秀丽、清新、理性、宁静、深远及悲伤、压抑之感
紫色	紫罗兰、葡萄、茄子	给人以高贵、典雅、浪漫、优雅及嫉妒、忧郁之感
褐色	土地、树皮、落叶	给人以严肃、浑厚、温暖及消沉之感
白色	冰雪、乳汁、新娘	给人以纯洁、神圣、清爽、雅致、轻盈及哀伤、不祥之感
灰色	雨天、水泥、老鼠	给人以平静、沉默、朴素、中庸及消极、憔悴之感
黑色	黑夜、墨汁、死亡	给人以肃穆、安静、沉稳、神秘及恐怖、忧伤之感

4.4.2　园林色彩构图

组成园林构图的各种要素的色彩表现,就是园林色彩构图。园林色彩包括天然山石、土面、水面、天空的色彩,园林建筑构筑物的色彩,道路广场的色彩,植物的色彩(表4.24)。

表4.24　园林色彩构图

园林色彩构图的内容	色彩设计和配置要点
1. 天然山石、土面、水面、天空的色彩	①一般作为背景处理,布置主景时,要注意与背景的色彩形成对比与调和 ②山石的色彩大多为暗色调,主景的色彩宜用明色调 ③天空的色彩,晴天以蓝色为主,多云的天气以灰白为主,阴雨天以灰黑色为主,早、晚的天空因有晚霞而色彩丰富,往往成为借景的因素 ④水面的色彩主要反映周围环境和水池底部的色彩。水岸边植物、建筑的色彩可通过水中倒影反映出来
2. 园林建筑构筑物的色彩	①与周围环境要协调。如水边建筑以淡雅的米黄、灰白、淡绿为主,绿树丛中以红、黄等形成对比的暖色调为主 ②要结合当地的气候条件设色。寒冷地带宜用暖色,温暖地带宜用冷色 ③建筑的色彩应能反映建筑的总体风格。如园林中的游憩建筑应能激发人们或愉快活泼或安静雅致的思想情绪 ④建筑的色彩还要考虑当地的传统习惯
3. 道路广场的色彩	道路广场的色彩不宜设计成明亮、刺目的明色调,而应以温和的和暗淡的为主,显得沉静和稳重,如灰、青灰、黄褐、暗红、暗绿等

续表

园林色彩构图的内容	色彩设计和配置要点
4. 植物的色彩	①统一全局。园林设计中主要靠植物表现出的绿色来统一全局,辅以长期不变的及一年多变的其他色彩 ②观赏植物对比色的应用。对比色主要是指补色的对比,因为补色对比从色相等方面差别很大,对比效果强烈、醒目,在园林设计中使用较多,如红与绿、黄与紫、橙与蓝等。对比色在园林设计中,适宜于广场、游园、主要入口和重大的节日场面,对比色在花卉组合中常见的有:黄色与蓝色的三色堇组成的花坛,橙色郁金香与蓝色的风信子组合图案等都能表现出很好的视觉效果。在由绿树群或开阔绿茵草坪组成的大面积的绿色空间内点缀红色叶小乔木或灌木,形成明快醒目、对比强烈的景观效果。红色树种有长年树叶呈红色的红叶李、红叶碧桃、红枫、红叶小檗、红继木等以及在特定时节红花怒放的花木,如春季的贴梗海棠、碧桃、垂丝海棠,夏季的花石榴、美人蕉、大丽花,秋季的木槿、一串红 ③观赏植物同类色的应用。同类色指的是色相差距不大比较接近的色彩。如红色与橙色、橙色与黄色、黄色与绿色等。同类色也包括同一色相内深浅程度不同的色彩。如深红与粉红、深绿与浅绿等。这种色彩组合在色相、明度、纯度上都比较接近,因此容易取得协调,在植物组合中,能体现其层次感和空间感,在心理上能产生柔和、宁静、高雅的感觉,如不同树种的叶色深浅不一:大叶黄杨为有光泽的绿色,小蜡为暗绿色,悬铃木为黄绿色,银白杨为银灰绿色,桧柏为深暗绿色。进行树群设计时,不同的绿色配置在一起,能形成宁静协调的效果 ④白色花卉的应用。在暗色调的花卉中混入白色花可使整体色调变得明快;对比强烈的花卉配合中加入白色花可以使对比趋于缓和;其他色彩的花卉中混种白色花卉时,色彩的冷暖感不会受到削弱 ⑤夜晚的植物配置。在夜晚使用率较高的花园中,植物应多用亮度强、明度较高的色彩。如白色、淡黄色、淡蓝色的花卉,如白玉兰、白丁香、玉簪、茉莉、瑞香等

4.5　典型实践案例分析

合肥市环城公园

　　合肥市环城公园是一座围绕合肥老城区的环状园林,它连接了逍遥津、杏花、稻香楼、包河四块绿地,形成了"一条绿色项链,串联四颗明珠"的独特的绿地系统(图4.11、图4.12)。

　　1)历史沿革及现状

　　合肥环城公园是在古城墙护城河旧址上兴建的。合肥古城有2 000多年历史,几经变迁,汉合肥城距今合肥城西门外1 km,汉城毁后,唐朝在今合肥南半部重新建城,南宋时拓至目前老城的规模。三国遗址有逍遥津、笙笛浦、藏舟浦;北宋遗址有香花墩包公祠;清初遗址有稻香楼等。古城痕迹依稀可辨,为环城公园规划设计提供了历史人文方面的依据,也使新建的环城公园具有一定的历史内涵。

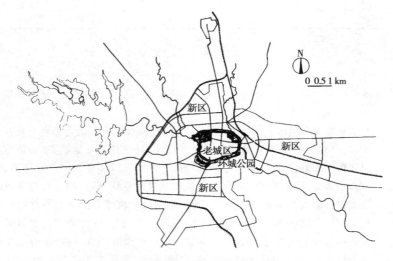

图 4.11　环城公园位置图

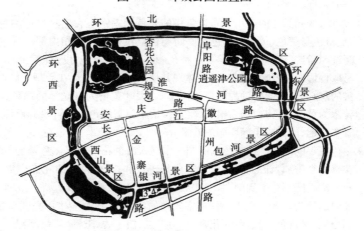

图 4.12　环城公园景区规划图

1. 庐阳亭景点　2. 稻香水榭景点　3. 叠亭景点　4. 银河茶室双亭景点

新中国成立后,建筑了环城路,并在其两侧土坡上种植白杨、刺槐等树木。经过多年的绿化及培育,现环城周边大部分已为林木所覆盖,林地总面积达 48 hm²。这条介于老城区与新城区之间的绿化带对改善市中心小气候,保护环境,起到了一定的作用。

环城林带环北地域比较狭窄,环南地域较宽,最宽处达 250 m。林带外侧均被不同宽度的水面所环绕。环北环东外侧为南淝河,环西外侧为墨池坝水面,环南外侧分别为鱼花塘、银河、包河等水面。地域内地形高差较大,水陆相间,地形极富变化,有独特的自然环境特色。

2)环城公园总体布局

环城公园总长 8.7 km,规划用地总面积 136.6 hm²,因受历史人文与自然环境的影响,该公园逐渐发展为环形带状。公园设计总立意是"四季秋色环古城"。环城公园按其自然地势和城市干道的分隔分为西山、银河、包河、环东、环北、环西 6 个景区。

(1)西山景区　以山水见长,以秋景、动物雕塑群为特色。总面积 17.8 hm²,其中陆地为 8.2 hm²,水面为 9.6 hm²。水面较宽阔,与稻香楼旅游宾馆区隔水相望,环境景观较佳。西山自然条件好,林木成荫,有山林野趣,环城路将其分为上下两部分,上端西部地势较高,峰峦连绵向东渐趋平缓,一派山岭风光,因位于合肥城西,故名西山。山上广植红叶树,以观赏秋景为主题。

西山景区(图4.13)结合环境布置了几处动物雕塑群,在入口处布置了"醒狮",在草坪、水面、山坡布置了"象的家族""鹤翔""鹿群"等,形成了西山景区的另一特色。

西山景区在水面两端布置了观景建筑,景区内部建少量休息廊、爬山廊、亭阁等。建筑数量少,体量小,掩映在林木山水之中。

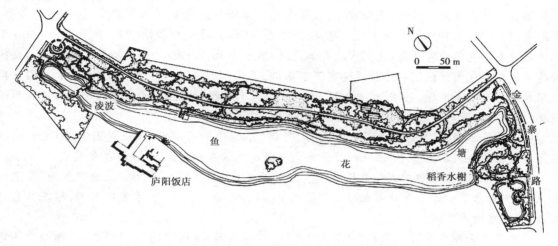

图4.13 西山景区平面图

(2)银河景区 以银河景区为中心,突出春夏景色。景区位于环南,为一块狭长地段,桐城路桥从中间穿过,分为东西两部分。景区总长870 m,宽窄不等,最窄处30 m,最宽处140 m。总面积11.26 hm²。其中西银河6.44 hm²,东银河4.22 hm²。该景区地形起伏,水面与两侧陆地高差达6~7 m。景区南岸为居民区,地势高,有挡土墙与银河分开。

银河景区(图4.14)自然地形高差大,有一定气势。其艺术格调为自然、开阔、明朗、秀丽,创造了"花径春风人载酒,银河秋月夜谈诗"的意境。在具体景观设计上,运用各种手法分隔水面空间,避免一览无余。银河以俯视景观为主,驳岸线、半岛、岛的线型设计曲折而舒展,两岸进退呼应,水面轮廓自然而多样,为景区增色不少。

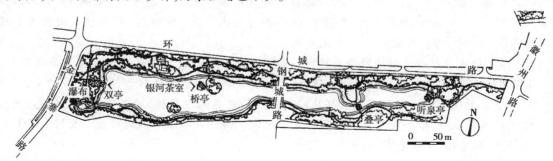

图4.14 银河景区平面图

银河景区布置了5处园林建筑,它依托环境进行布局、设计和构思,并错落点缀在绿地、水面之中。叠亭对景优美,地势较高,游人登临叠亭,居高临下,西银河全景尽收眼底。岛上的双亭伸入水面,自高处俯视,明净的水面与玲珑的双亭,构成一幅美丽的图画。东银河的听泉亭,建在溢水井上,是溢水构筑物,经过美化成为景点,因其潺潺溢水声而得名。

在绿化配置上，临水背阴处栽植耐阴、耐湿植物，北岸向阳坡上栽喜阳植物。岛上花木扶疏，突出春夏景色。银河水面上经常有成群的红嘴鸥在飞翔觅食，也不失为一处特色景观。

（3）包河景区　这是香花墩北宋包孝肃公祠所在，有浓郁的历史人文特色。该景区总面积约 28 hm^2，其中水面 15 hm^2，广植荷花，突出夏景。

包河景区大体上分东西两部分：东部为浮庄景点，有包拯墓；西部为香花墩包孝肃公祠古迹。该古迹是历史上形成的，几经破坏，近年来已基本修复。主要有包孝肃公祠、包拯读书亭、廉泉亭、回澜轩、东轩。包公祠是晚清建筑，为三合院布局，建筑物粉墙黛瓦，栗色隔扇，颇具徽派建筑特色。包拯为官清廉，其祠堂简朴如民居，流芳亭为歇山顶亭，廉泉亭为六角亭。包公祠的建筑风格为包河景区园林建筑风格定下了基调，因此，在景区东部"浮庄"景点按古典园林建筑形式修建了临濠水榭、茶室、明月松风亭等建筑，色彩素雅，造型古朴，木雕的花饰均用高雅的荷花、松、竹、梅等构成图案，体现了包拯为官清廉、刚正不阿的品格。

包河景区水面大，在部分水面种植荷花，可谓"清溪流出荷花水，犹是龙图不染心"。同时在岸边栽植耐湿植物垂柳等，传统的绿化方式与徽派建筑互相衬托，创造出水乡风光。

（4）环东景区　以规则式的广场、喷泉、大型城市雕塑为主要特色，因是"淮浦春融"景点所在，绿化突出春景。近年来对环东绿化做了调整，以合肥市树广玉兰、市花花石榴、桂花为基调树种，形成市树市花园。

环东景区面积 5.5 hm^2，包括"九狮苑"广场、河滨游园、市树市花园、"鲲鹏志"雕塑广场等几个景段，是南淝河滨河风景带。结合这一带城市空间开阔、壮观的特点，景区由巨型雕塑、大喷泉、大片绿地等组成，有一定的气势。

"九狮苑"广场作为环城公园的大门对称布局，气魄宏丽，由"九狮"雕塑、喷泉群、九狮苑茶室 3 部分组成。

"九狮苑"以北为河滨游园，分东西两部分：西园南入口为规则式布局，以便与"九狮"相对应，其余部分为自然式布局。东园为自然式布局，在河岸转折处，结合地形建一双层小亭——"淮浦春融"亭，供人们凭眺河川景色。

河滨游园以北为市树市花园，临河布置了一座茶室。由此向北为"鲲鹏志"广场。广场平面形状为一幅安徽省的地图，用不同色彩的石块铺砌成各个地区的图案。"鲲鹏志"以北园林植物仍以广玉兰、花石榴、桂花为骨干树种，配以其他花木作为"鲲鹏志"的背景。向北规划建环城公园服务中心，布置公园服务及交通设施。

（5）环北景区　以山林自然野趣为特色。该区分东、西两段，东段从交通厅桥至阜阳路桥，长约 1 300 m，其内侧与逍遥津公园相邻，规划时对现状树木进行合理取舍，辟出视线空间，以借"逍园"之景。外侧自南淝河驳岸边至环城路栽植松柏之类的常绿树，以冬景为主要特色，同时应发挥防护作用，以阻挡冷空气及水泥厂粉尘的侵袭。西段以阜阳路桥到水西门长约 1 600 m，林木葱郁，林相整齐，植被丰富，已具林间野趣。

（6）环西景区　从亳州路桥至蜀山路以北，面积 36.6 hm^2，其中陆地 24.5 hm^2，黑池坝水面 12.1 hm^2，大部分为冲地。景区以水景见长，池东岸已高林密布，多为乌桕林，叶色丰富，林带台地间已形成多处自然小径。

该区规划意向为大型游乐中心，以游乐活动为主要特色。

综上所述，环城公园从总体上看，是大面积、长距离自然式的风致园，犹如一幅秀丽的山水画长卷。从园林风格上看，环北极少人工装点，朴实粗犷富有野趣；环南着意人工精雕细刻，秀丽典雅,自然与人工融为一体。但总的是以山水植物造园为主,人工雕琢为辅,南北各异其趣。从季相特色看,"四季秀色环古城",绿化配置强调了季相特色。从造园艺术看,环城公园是以历史人文、自然环境为依据,在继承我国古典园林造园艺术的基础上,探索具有合肥特色的园林艺术的一个成功的尝试。

3)四景点设计

(1)庐阳亭景点——山环水抱,秋色烂漫 庐阳亭景点(图4.15)位于鱼花塘北端的坡地上,地面与驳岸高差约5.5 m,为鱼花塘向北视线的终点。此处地势较高,从庐阳亭东望西山、庐阳饭店,层次丰富,红叶漫山冈,秋水明净如画。在这里布置观景建筑既可登高远眺,又可成为视线的主景。庐阳亭3层,逐层与附近山坡相连,游人可以从不同角度或高度观景。建筑形式是简化了的四角攒尖顶,暗红色屋面,与对岸庐阳饭店的风格十分协调。景点周围结合坡地地形进行整理,用块石砌成几级台地,台地上栽观赏花木,点缀少量山石。东侧顺地形修一道石砌蹬道,坡地上植草皮,保留原有树木,形成一处颇具新意的景点。

图4.15　庐阳亭景点立面图

(2)稻香水榭景点——浮水凌波,巧于因借 稻香水榭景点(图4.16)依山面水,河岸呈凸弧形,由于山坡下用地局促,故将水榭布置在水面上,从驳岸经小桥可通水榭,沿弧形驳岸设计一弧形廊及扇形亭,向外取得视野开阔的效果,向内围成一个水院,空间活泼生动。稻香水榭入口处选用八角门洞,门洞中庐阳饭店构成框景,因借合宜。稻香水榭与水面的关系处理得比较好,水榭平台高出水面仅20 cm,屋顶用绿色琉璃瓦;水榭背面小土冈上为茂密的刺槐林,在高大浓绿的槐树林衬托下,水榭显得平远、舒展,浮水凌波,明快清澈。

图4.16　稻香水榭景点立面图

(3)叠亭景点——飞阁凌空,俯视声河 叠亭(迎曦阁,图4.17)位于西银河端部的坡地上,坐西朝东。坡顶地面与驳岸高差达 6 m 多。原状坡下为沼泽地,设计时将驳岸向前扩大约 7 m,修了一条临河游步小道。该景点是从桐城路桥西望的视线终点,也是东望银河景区的观景点。因此在坡地上设计了一座 3 层叠落式的亭阁。叠亭是吸收古代石舫造型,结合地形上起落较大的特点设计的,建筑随地形落差而下直至水面,造型上有一定特色。其顶层居高临下,银河景色尽收眼底,远处因桐城路桥的分隔,东西银河水面似分似合,有银河水东流不尽之意。中景是临水而建的双亭和小岛,与北岸茶室、草坪、树丛相衬,游船荡漾在水平如镜的银河上,充满了诗情画意。叠亭二层平台跨在临河小道上,并设楼梯通小道,空间上下穿通,活泼有趣。叠亭以北修筑了一条蹬道,堆叠了一座假山,烘托山坡气氛。假山以北为竹林。叠亭南边群植春梅,铺植大片草皮,形成自然山坡景观。

图 4.17　叠亭景点立面图

　　(4)银河茶室双亭景点——茶室双亭,隔河相望　银河茶室(图 4.18、图 4.19)北沿环城路,南临银河。环城路与银河水面标高差约 6 m。银河茶室贴坡而筑,设计成坡上、坡下两间茶室,中间以爬山廊相连。游人从坡上坡下均可进入茶室,使用方便合理。在坡上坡下茶室之间设一泉石水池庭园小品,将园林景色引入内庭。坡上坡下均设露天茶室,供游人品茗观景。同时利用高差形成的空间布置厕所、开水间、贮藏室、小卖部等。在银河茶室内庭园水池旁,栽植观赏花木,置石数枚,石隙流泉淙淙,为一处清雅而富有情趣的小院。在茶室东西两侧的山坡上结合地形修筑了蹬道,堆叠了假山,保留了大片高大乔木,西边栽植了大片碧桃林,与民居风格的茶室构成了一幅山居图。

图 4.18　银河茶室景点立面图

　　在银河茶室东南的水面上堆填成一个小岛,在岛的两端成对角线布置的四角双亭浮水而筑,与银河茶室隔河相望,并设观赏平台,平面轮廓错落有致,与环境结合得较自然,且与叠亭互为对景。

　　综上所述,四景点设计与构思主要依据园林环境。有的浮水凌波(如稻香水榭、双亭),有的登高远眺(庐阳亭、叠亭),使之与园林环境融为一体。景点的选址注意了景点之间的互为因借。如庐阳亭与稻香水榭景点从不同方向借庐阳饭店的景,叠亭与银河茶室、双亭景点互为因

图4.19　银河茶室双亭景点立面图

借,起到景观上的引导与呼应。

4)设计手法分析

(1)得景随形,师法自然　环城公园设计师承我国园林"崇尚自然"的文脉以自然环境为依托,略加人工改造,形成园林景观,"源于自然,妙造自然"。

建设前的环城林带,地形比较复杂,虽然有的地段有一定的风景基础,但是大部分的地形、水域并不构成园林景观。这就需要利用、改造得当才能成为创造园林景观的好素材,即所谓:园地唯山林最胜,有高有凹,有曲有伸,有峻而悬,有平而坦,自成天然之趣,不烦人事之工。规划按照"高方堆山,就低凿水""宜山则山,宜水则水"的原则,因地就势,不破坏自然环境,以创造优美的园林景观。

西山景区重点处理了庐阳亭、稻香水榭两处观景点的地形。庐阳亭东侧放缓了土坡,结合地形修筑了游步道,坡上铺植大片草皮,很有特色。稻香水榭附近池岸包括鱼花塘驳岸均填占了部分水面,使坡下临水部分能有5~6 m宽供游人游憩的地段,池岸线走向根据景观要求选线,自然伸展,曲折有致。

银河景区水面狭长,西银河长360 m,景色单调。遵循"大池以分为主,小池以聚为主"的理水原则,河中用小岛、半岛、桥亭来分割水面空间,使水面似分似合,增加了景观的空间层次。从工程上看,河中增设岛、半岛,用清淤挖出的土扩大岸边绿地,挖填相抵,既满足了造景的要求,也降低了工程的造价。

包河景区浮庄景点环境是以岛为中心,四周碧水萦回。景点由一串小岛组成,岛东头还有小水池。池中有岛,岛中有池,水面与陆地穿插分隔,饶有趣味。水面与陆地高差仅20 cm,小岛犹如一片柳叶飘浮水上。岛上的园林建筑粉墙黛瓦,或浮水凌波,或绕池而筑,皆临水,云影波光,景色清丽秀逸。素雅的建筑,浮水的小岛,"浮庄"由此而得名。水岛环境与"浮庄"相辅相成,相得益彰。

河滨游园跨南淝河两岸,由东西两座小游园组成。依据南淝河具有丘陵地区河流水位涨落变化大的特点,设计了台阶式的驳岸。临河一级设人行道,并设二三处踏步与游园相连,游人可沿阶而下漫步,亲近水面,河流与绿地结合得比较自然。

环北景区仅顺地形修筑了游步道,点缀了小量山石,补植了常绿树、花灌木等,保留高大的乔木形成浓荫夹道,漫步林间,野趣横生,颇有"蝉噪林愈静,鸟鸣山更幽"的意境。

以上几个景区皆以自然环境为景观设计的依据,按造景的要求对环境作了平面及空间的处理,对环境的改造只是因势利导稍作整理,使之既不矫揉造作,又不拘于原状。

(2)连续的空间构图,动观与静观相结合　环城公园具有环形、长距离的特点,沿环城路不同风格特色的景区相互衔接,游人沿着游览路线,观赏连续的空间构图。

环城公园中的绿化、水景始终是连续空间构图中最重要的因素,是统一各景区的主旋律。游人可观赏长距离、宏观的园林景色,可以看到景区的风格特色,景点的总构图,大面积色叶树、大片花灌木色彩,大面积的水景,长距离的丛林景色,不同时空的光影等。

主要游览路线的设计尽量避免过多的迂回曲折,游览方式以动观为主,静观为辅,以缩短时空距离,"浓缩"园景,避免游人长途劳顿。而当游人进入景点停留细观,又可以徘徊于花木、山石、曲径、回廊、亭榭之间,领略庭园小品之趣。为了使静观景物耐看,在各个景点对园林小空间组景,对植物配置,亭榭、山石、水面的安排做了重点处理。

银河景区兼具现代色彩与传统韵味的空间构图。银河叠亭上精工雕刻的鹊桥会木雕使人浮想联翩,银河茶室水石内庭院的精心布置,河中小岛、双亭、小路、山石花木的重点点缀,稻香水榭傍波临水的优美环境和良好景观,庐阳亭变化丰富的空间,等等,均使静观景物给人以丰富而细腻的艺术享受。

(3)以植物造景为主,亭榭点缀为辅　环城公园林木葱郁,绿水萦回,地形起伏变化。规划中充分发挥这种自然条件的优势,运用植物造景,保留成片高大繁茂的乔木林,起了庇荫、形成主景轮廓线的作用。植物以自然式的布局为主,合理配置上木、下木、地被草本植物,形成良好的生态环境。

在不同景区大面积群植不同的色叶树,形成宏观的色彩效果。例如西山景区绿化配置以大面积秋季红叶树为基调,成片栽乌桕、枫香、三角枫、五角枫、火炬树、银杏等色叶树。

在大片绿地里,注意林缘线的设计,以形成大小不同、有开有合、或明或暗的空间,使绿地内部空间不断变化、景观丰富。如在西山景区,以象的群雕作为主景布置在树木围成的南端草地上,白色的象群在绿树衬托下显得格外活泼、明朗。

在供游人休憩、玩赏的景点上,精心选择树种,精心布置、创造赏心悦目的静观效果。如在银河小岛上栽植樱花、桂花、红叶李、花石榴、紫薇、榔榆等。春夏秋均有花可赏。岛上花木扶疏,在溶溶碧水的衬托下更显艳丽、夺目。

总之,运用植物造景的手法,在景区大范围内一般采用丛植或大面积群植的手法,形成宏观效果;而在景点上则精心搭配花木,力求静观效果较好。作为景点和观景点以及为游人服务的设施,环城公园布置了若干园林建筑。园林建筑在体量与面积上与整个园林环境相比所占比重极少,且与园林融为一体,浑然天成。西山、银河景区总面积29.06 hm²,而园林建筑总面积约1 170 m²。

但是,园林以植物造景为主,园林建筑从属于园林环境并不意味着园林建筑在园林组景中处于无足轻重的地位,布置得体合宜的园林建筑往往成为借景、成景、组织园林空间序列的主要因素。如西山景区鱼花塘水面两端的视线终点景观皆以园林建筑为主景,并通过庐阳亭、庐阳饭店、稻香水榭之间的因借组成了园景的空间序列。银河景区西部叠亭、银河茶室、双亭等几处园林建筑既构成了西银河水面空间,又成为不同方向景观的主景。又如"浮庄"景点,在原绿貌的基础上,点缀了浮庄大门、茶室、明月松风亭、临濠水榭等一组园林建筑后,山石亭榭与绿树碧水交相辉映,素雅古朴,分外宜人,大大提高了原来"东大岛"的景观艺术效果。

(资料来源:刘少宗《中国优秀园林设计集》)

思考题

请结合以下问题,对合肥环城公园设计中应用的园林艺术原理加以分析。

1. 分析植物配置中的色彩搭配。

2. 该公园是怎样安排静态风景与动态风景的?

3. 以四景点中的叠亭景点为例,分析在设计时是如何突出主景的。

本章小结

扎实地掌握园林设计的基本原理,是进行园林规划设计的必要条件。本章从美学原理入手,介绍了园林美的特点以及塑造园林美的途径,结合园林实例阐述了形式美的基本法则及其在园林中的应用乃至园林造景的方法,分析了园林空间构图规律,总结了园林空间序列组织的一般规律和方法及园林色彩构图的一般规律和方法。

研讨与练习

1. 园林美可以通过哪些因素来体现?

2. 举例说明在园林中怎样应用形式美的基本法则。

3. 图示说明在园林植物的配置上怎样设计主调、基调、配调和转调?

4. 以当地的某公园为例,说明其风景序列的组织方法。

5. 园林造景的方法有哪些?

6. 园林中突出主景的方法有哪些?

7. 分析比较规则式园林与自然式园林的特点。

8. 分析比较开朗风景与闭锁风景的处理方法。

9. 如何运用色彩规律进行色彩构图?

10. 分析比较平视风景、仰视风景及俯视风景的效果。

本章推荐参考书目

[1] 王晓俊. 风景园林设计[M]. 南京:江苏科学技术出版社,2008.

[2] 刘少宗. 中国优秀园林设计集[M]. 天津:天津大学出版社,1997.

5 园林植物种植设计基础知识

[本章学习目标]

知识要求：

1. 了解园林植物种植设计的意义、依据和原则,植物景观与生态设计,园林植物种植设计与生态学原理。

2. 掌握园林植物种植设计的基本形式、类型以及各类植物景观种植设计的方法等。

技能要求：

1. 掌握园林植物种植设计的构图原理和美学原理,能够进行植物种植设计的合理布局。

2. 在充分理解园林植物生态习性的基础上进行植物种植的科学规划。

3. 在仔细体会园林植物意境美的基础上,并注意个人的文化修养,结合周围环境,能够独立进行各类园林绿地的种植设计,做到科学与艺术两方面的高度统一。

5.1 园林植物种植设计基础知识

5.1.1 种植设计的意义

1)植物的作用

①可以改善小气候和保持水土。

②利用植物创造一定的视线条件可增强空间感、提高视觉和空间序列质量,安排视线主要有两种情况,即引导与遮挡,如图 5.1、图 5.2 所示。视线的引导与遮挡实际上又可看作为景物的藏与露。将植物材料组织起来可形成不同的空间,如形成围合空间,增加向心和焦点作用或形成只有地和顶两层界面的空透空间;按行列构成狭长的带状过渡空间,如图 5.3 所示。

③具有丰富过渡或零碎的空间、增加尺度感、丰富建筑立面、软化过于生硬的建筑轮廓的作用等。城市中的一些零碎地,如街角、路侧不规则的小块地,特别适合于用植物材料来填充,充分发挥其灵活的特点,如图 5.4 所示。

④作主景、背景和季相景色,如表 5.1 所示。

表5.1　植物的造景要素

造景要素	设计中的应用
1.形成主题或焦点	植物材料可作主景,并能创造出各种主题的植物景观。但作为主景的植物景观要有相对稳定的形象,不能偏枯偏荣
2.作为背景	植物材料还可作背景,但应根据前景的尺度、形式、质感和色彩等决定背景植物材料的高度、宽度、种类和栽植密度以保证前后景之间既有整体感又有一定的对比和衬托,背景植物材料一般不宜用花色艳丽、叶色变化大的种类
3.季相色彩变化	季相景色是植物材料随着季节变化而产生的暂时性景色,具有周期性,如春花秋叶便是园中很常见的季相景色主题。由于季相景色较短,并且是突发性的,形成的景观不稳定,如日本樱花盛开时花色烂漫、人流熙熙攘攘,但花谢后景色也极平常。因此,通常不宜单独将季相景色作为园景中的主景。为了加强季相景色的效果应成片成丛种植,同时也应安排一定的辅助观赏空间避免人流过分拥挤,处理好季相景色与背景或衬景的关系(图5.5)

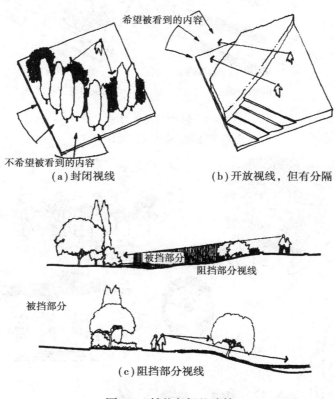

(a)封闭视线　　　　(b)开放视线,但有分隔

(c)阻挡部分视线

图5.1　植物与视线遮挡

(引自王晓俊《风景园林设计》)

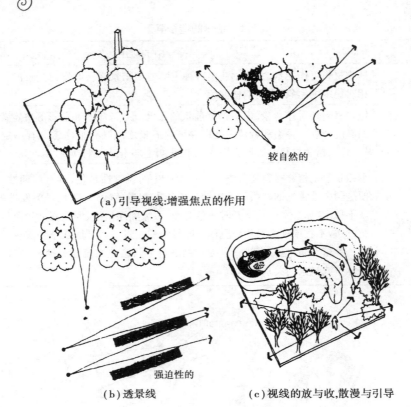

（a）引导视线:增强焦点的作用

较自然的

强迫性的

（b）透景线   （c）视线的放与收,散漫与引导

图5.2   植物与视线引导

（引自王晓俊《风景园林设计》）

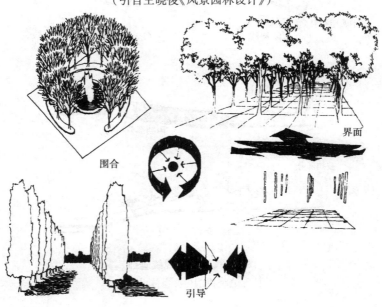

围合

界面

引导

图5.3   植物空间的形成

（引自王晓俊《风景园林设计》）

图5.4   用植物材料填充零碎地丰富空间
（引自王晓俊《风景园林设计》）

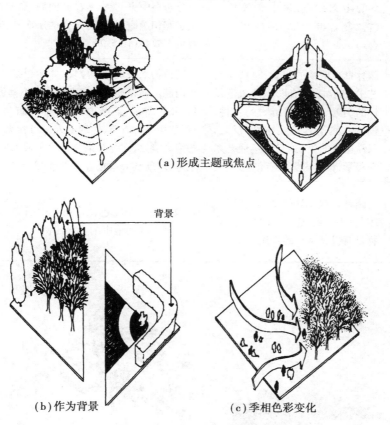

（a）形成主题或焦点

背景

（b）作为背景   （c）季相色彩变化

图5.5   植物的造景要素
（引自王晓俊《风景园林设计》）

2）植物造景的含义

　　园林植物种植也称植物造景，是指应用乔木、灌木、藤本植物及草本植物来创造景观，充分发挥植物本身形体、线条、色彩等自然美，配植成美丽动人的画面（表5.2）。

表 5.2   园林植物种植设计的意义

种植意义	设计理念	种植设计具体应用
1. 美化环境、意在景为人用	在现代城市环境中，生态平衡遭到了严重破坏，人们"回归大自然"的愿望越来越强烈，即便是再壮丽、再雄伟的建筑，没有花草树木的衬托，都是缺乏生机的	运用植物的形态、色彩、季相、清香，让人在工作之余享受到自然风光，在欣赏景色的同时，达到养目清心、精力充沛的效果，真正感到大自然的温馨。营造宜人的优美环境，正是景观设计师追求的最高艺术境界，也是种植设计艺术的魅力所在(图 5.6)
2. 科学设计、注重生态效益	选择植物时，既要考虑植物的个体美、群体美，更要考虑植物群落的生态效益，从生态效益上讲，"复合混交层"的应用更为合理	科学的配置有利于植物群落的稳定，更利于城市环境的生态平衡。如树群在组合时，高度喜光的乔木层应该分布在中央，亚乔木在其四周，灌木在外缘，这样不至于互相遮掩，并具有丰富的层次感，既有观赏性，又有生态效益(图 5.7)
3. 植物造景、展现文化内涵	园林景观植物的配置，是科学与艺术相结合的结果。只知道设计的美学，不精通植物的习性，设计方案不具有实施性；反之，只懂植物的生态习性，不懂艺术和美学，设计方案没有创意	运用植物来表现创作意境，并赋予某些植物深厚的文化内涵。如杭州"海棠春坞"的小庭园中，用一丛翠竹、几块湖石、草镶边，使一处建筑角隅充满诗情画意，并用修竹有节，体现主人宁可食无肉，不可居无竹的清高境界，而海棠果及垂丝海棠才是"海棠春坞"的主题，以欣赏海棠报春的景色(图 5.8)
4. 园林植物是园林景观的关键要素之一	在园林景观设计的基本要素(地貌、道路广场、建筑、植物)中，植物具有极其重要的作用	我国有关园林规划设计规范中明确制订了植物在园林景观空间用地中的主导比例

图 5.6   景色怡人的谐趣园
(引自周维权《中国古典园林史》)

图 5.7   具有丰富层次感的树群组合
(引自周道瑛《园林植物种植设计》)

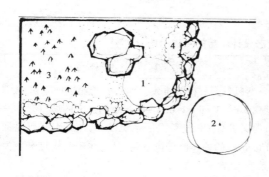

海棠春坞平面图　　　　　　　　　　　　海棠春坞效果图

图5.8　海棠春坞
1.海棠花　2.垂丝海棠　3.孝顺竹　4.沿阶草
（引自苏雪痕《植物造景》）

5.1.2　植物景观与生态设计

1）生态设计的概念

一般来说,任何与生态过程相协调,尽量使其对环境的破坏影响达到最小的设计形式都称为生态设计,这种协调意味着:设计要尊重物种多样性,减少对资源的剥夺,保持营养和水循环,维持植物生境和动物栖息地的质量,以有助于改善生态系统及人居环境。生态设计的核心内容是"人与自然和谐发展"。

2）生态设计的发展

早期国外的绿化,植物景观多半是规则式。植物被整形修剪成各种几何形体及鸟兽形体,以体现植物也服从人们的意志,当然,在总体布局上,这些规则式植物景观与规则式建筑的线条、外形,乃至体量较协调一致。究其根源,据说主要是体现人类可以征服一切的思想,较东方传统造园的"天人合一"思想,具有更强的征服自然的色彩。但随着城市环境的不断恶化,以研究人类与自然的和谐发展、相互动态平衡为出发点的生态设计思想开始形成并迅速发展。发展最早和最快是美国从19世纪下半叶至今,生态的设计思想先后出现了4种倾向,即自然式设计、乡土化设计、保护性设计、恢复性设计,如表5.3所示。

相比之下,我国园林界在生态设计方面有待于提高。新中国伊始,园林设计以构图严谨的对称式为主,植物配置以常绿树种为主,过于单调。改革开放以来,规划布局变得灵活多样,植物种类也从少到多,植物配置更加科学化。然而在园林事业迅速发展的同时,有的地方过于突出绿化对城市的装饰美化作用,绿化布局追求大尺度、大气派、大手笔、大色块、不分场合,不栽或少栽乔木,一律是草坪和由低矮植物组修剪成各种图案,这种单一的草坪种植模式明显违反了生态设计原则。

生态设计已成为我国现代园林进行可持续发展的根本出路。园林的生态设计就是要使园林植物在城市环境中合理再生、增加积蓄和持续利用,形成城市生态系统的自然调节能力,起着改善城市环境、维护生态平衡、保证城市可持续发展的主导和积极作用,使人、城市和自然形成一个相互依存、相互影响的良好生态系统。

表5.3　生态设计思想的4种倾向

倾　向	代表人物	主要观点及代表作品
1. 自然式设计	真正从生态的高度将自然引入城市的是奥姆斯特德（Frederick Law Olmsted）	他对自然风景园林极为推崇。他在曼哈顿规划之初，设计了长2 mi、宽0.5 mi（1 mi = 1.609 344 km）的巨大的城市绿肺——中央公园；他又进行了波士顿公园系统设计，在城市滨河地带设计了2 000多hm²的一连串绿色空间，目的在于重构日渐丧失的城市自然景观系统
2. 乡土化设计	西蒙兹（O. C. Simonds）、詹森（Jens Jenson）、哈普林（Lawrence Halprin）等为代表	主张运用乡土植物群落来展现地方景观特色，并创造稳定、持久、和谐的园林风景环境。其重要思想有西蒙兹的"向自然学习如何种植"。代表园林有林肯纪念公园、旧金山海滨牧场住宅等
3. 保护性设计	美国风景园林大师麦克哈格开创了景园生态设计的科学时代	主要观点有："肯定自然作用对景观的创造性；推崇科学而非艺术的设计；强调科学家与设计人员合作的重要性。"意义在于他率先将生态学研究与景园设计紧紧联系到一起，并建立起科学的设计伦理观。代表作品有费城大城市地区开放空间和空气库的研究、华盛顿综合景观规划等
4. 恢复性设计	代表人物有K. 希尔（Kristina Hill）和A. 丹尼斯（Agnes Denes）	随着人口增长、工业化、城市化和环境污染的日益严重，为谋求科学的解决方法，生态设计开始转向更为现实的课题——如何恢复因人类过度利用而污染严重的废弃地。代表作品有德国风景园林师K. 希尔对圣富特堡煤矿区生态环境恢复设计等

3）生态园林的概念

生态园林就是以植物造景为主，建立以木本植物为骨干的生物群落，并根据植物共生、生态位、竞争、植物种群生态学、植物它感作用等生态学原理，因地制宜地将乔木、灌木、藤本、草本植物相互配置在一个群落中，有层次感、厚度感、色彩感，使具有不同生物特性的植物各得其所，从而充分利用阳光、空气、土地、肥力，构成一个和谐、有序、稳定、能长期共存的复层混交的立体植物群落，发挥净化空气、调节温度与湿度、杀菌除尘、吸收有害气体、防风固沙、水土保持等生态功能。

4）生态园林的应用（表5.4）

表5.4　生态园林的应用

应用方面	原理及应用举例
1. 植物配置	应用生态园林的原理，根据植物生理、生态指标及园林美学知识，进行植物配置。首先，乔灌花草合理结合，将植物配置成高、中、低3个层次，体现植物的层次性、多样性、功能性；其次，充分了解植物生理和生态习性，在植物配植时，应做到植物四季有景和三季有花；最后，要运用观形植物、观花植物、观色叶植物、观果植物等，从而形成植物多样性、生物多样性

续表

应用方面	原理及应用举例
2.物质、能量的循环	应用生态经济学原理,在多层次人工植物群落中,通过植物与微生物之间的代谢作用,实现无废物循环生产;通过不同深浅的地下根,来净化土壤和增强肥力,吸收空气中的CO_2,如以豆科植物的根瘤菌改造土壤结构和增加土壤肥力;通过在群落中适当种植女贞、槐树等蜜源植物,增加天敌数量,从而减少对危害性大的害虫的控制,以达到利用天敌昆虫、鸟类、动物等防治害虫,以生物治虫为主,尽量少用化学药剂防虫,使环境不受药剂的污染
3.景观效果	应用生态园林的原理,在人工植物群落中,景观应该体现出科学与艺术的结合与和谐。只有同园林美学相融合,我们才能从整体上更好地体现出植物的群落美,并在维护这种整体美的前提下,适当利用造景的其他要素,来展现园林景观的丰富内涵,从而使它源于自然而又高于自然
4.绿地利用	应用生态园林原理,设计多层结构,在乔木下面配置耐阴的灌木和地被,构成复层混交的人工群落以得到最大的叶面积总和,取得最佳的生态效果

5.1.3　园林植物种植设计与生态学原理

1)环境分析

（1）环境分析与植物生态习性　环境(environment)是指在某地段上影响植物发生、发展的全部因素的总和,包括无机因素(光、水、土壤、大气、地形等)和有机因素(动物、其他植物、微生物及人类)。这些因素错综复杂地交织在一起,构成了植物生存的环境条件,并直接或间接地影响着植物的生存和发展。

环境分析(environmental analysis)在植物生态学上是指从植物个体的角度去研究植物与环境的关系。从环境分析出来的因素称为环境因子,而在环境因子中对园林植物起作用的因子称为生态因子,其中包括:气候因子、土壤因子、生物因子、地形因子。对植物起决定性作用的生态因子,称为主导因子,如橡胶是热带雨林的植物,其主导因子是高温高湿。所有的生态因子构成了生态环境,其中光、温度、空气、水分、土壤等是植物生存不可缺少的必要条件,它们直接影响着植物的生长发育。

生态习性,指某种植物长期生长在某种环境里,受到该环境条件的特定影响,通过新陈代谢,于是在植物的生活过程中就形成了对某些生态因子的特定需要,如仙人掌耐旱不耐寒。有相似生态习性和生态适应性的植物则属于同一个植物生态类型,如水中生长的植物称为水生植物、耐干旱的植物称为旱生植物、强阳光下生长的植物称为阳性植物等。

（2）环境分析与种植设计　在园林植物种植设计中,运用植物个体生态学原理,就是要尊重植物的生态习性,对各种环境条件与环境因子进行研究和分析,然后选择应用合理的植物种类,使园林中每一种植物都有各自理想的生活环境,或者将环境对植物的不利影响降到最小,使植物能够正常地生长和发育。

2）种群分布与生态位

（1）种群分布与种植设计　种群（population）是生态学的重要概念之一，是生物群落的基本组成单位，是在一定空间中同种个体的组合。园林植物种群，是指园林中同种植物的个体集合。

种群分布，又称种群的空间格局（spatial pattern），是指构成种群的个体在其生活空间中的位置状态或布局。其平面布局形式有随机型（由于个体间互不影响，每一个体出现的机会相等）、均匀型（由于种群个体间竞争）、成群型（由于资源分布不均匀、植物传播种子以母株为扩散中心、动物的社会行为使其结合成群）。

种群的空间格局，决定了自然界植物的分布形式。具体在园林中，植物群落同样呈现出以上3种特定的个体分布形式，就是种植设计的基本形式，即规则式、自然式、混合式。

（2）生态位与种植设计　生态位（ecological niche）是生态学中的一个重要概念。E. P. Odum（1971年）认为物种的生态位不仅决定于它们在哪里生活，而且决定于它们如何生活以及如何受到其他生物的约束。生态位概念不仅包括生物占有的物理空间，还包括它在群落中的功能作用以及它们在温度、湿度、土壤和其他生存条件的环境变化中的位置。

将生态位概念与竞争排斥原理应用到自然生物群落中，其要点如表5.5所示。

表5.5　生态位与竞争排斥原理在生物群落中的应用

对　象	表现特征
1. 对于物种而言	一个生态位一个种，即一个稳定的群落中占据了相同生态位的两个物种，其中一个种终究要灭亡
2. 对于群落而言	在一个稳定的群落中，由于各种群在群落中具有各自的生态位，种群间能避免直接的竞争，从而又保证了群落的稳定
3. 对于种群系统而言	一个相互作用、生态位分化的种群系统，各种群在它们对群落的时间、空间和资源利用方面以及相互作用的可能类型方面，都趋向于互相补充而不是直接竞争。因此，由多个种群组成的群落，要比单一种群的群落更能有效地利用环境资源，具有更大的稳定性

在园林种植设计中，了解生态位的概念，运用生态位理论，模拟自然群落，组建人工群落，合理配置种群，使人工种群更具有稳定性、持久性、可观性。如乔木树种与林下喜阴灌木和地被植物组成的复层植物景观设计，或园林中的密植景观设计，都必须建立种群优势，占据环境资源，排斥非设计性植物（如杂草等），选择竞争性强的植物，采用合理的种植密度，都应遵循生态位原理。

3）物种多样性

（1）生物多样性　生物多样性（biodiversity），是指生命形式的多样化，各种生命形式之间及其与环境之间的多种相互作用，以及各种生物群落、生态系统及其生境与生态过程的复杂性。一般来讲，生物多样性包括遗传多样性、物种多样性和生态系统多样性，如图5.9所示。

图5.9　生物多样性所包括的内容

（2）物种多样性　物种多样性（species diversity），是指多种多样的生物类型及种类，强调物种的变异性,物种多样性代表着物种演化的空间范围和对特定环境的生态适应性。理解和表达一个区域环境物种多样性的特点,一般基于两个方面,即物种的丰富度(abundance)和物种的相对密度(relative density),如表5.6所示。

表5.6　物种的丰富度与相对密度

物种理解的角度	具体解释
1. 物种丰富度	是表示一个种在群落中的个体数目,植物群落中植物种间的个体数量对比关系,可以通过各个种的丰富度来确定
2. 物种的相对密度	是指样地内某一物种的个体数占全部物种个体数的百分比

（3）植物群落与种植设计　植物群落按其形成可分为自然群落和栽培群落。自然群落是在长期的历史发育过程中,在不同的气候条件及生境条件下自然形成的群落;栽培群落是按人类需要,把同种或异种的植物栽植在一起形成的,用于生产、观赏、改善环境条件等方面,如苗圃、果园、行道树、林荫道、林带等。植物种植设计就是栽培群落的设计,只有遵循自然群落的生长规律,并从丰富多彩的自然群落中借鉴,才能在科学性、艺术性上获得成功。切忌单纯追求艺术效果及刻板的人为要求,不顾植物的生态习性要求,硬凑成一个违反植物自然生长规律的群落。

植物种植设计遵循物种多样性的生态学原理,目的是实现植物群落的稳定性、植物景观的多样性,并为实现区域环境生物多样性奠定基础。如杭州植物园裸子植物区与蔷薇区的水边,选择最耐水湿的水松植于浅水中,原产北美沼泽地耐水湿的落羽杉及池杉植于水边,对于较不太耐水湿,又不耐干旱的水杉植于离水边稍远处,最后补植些半常绿的墨西哥落羽松,这些树种及其栽植地点的选择是符合植物生态习性要求的,而且极具观赏性,如图5.10所示。

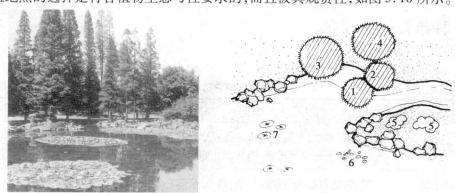

图5.10　符合植物生态习性的人工栽培群落
1. 水松　2. 池杉　3. 落羽杉　4. 水杉　5. 寿星桃　6. 萍蓬　7. 睡莲
（引自苏雪痕《植物造景》）

4）生态系统

（1）城市绿地系统　城市绿地系统是由城市绿地和城市周围各种绿地空间所组成的自然生态系统。城市绿地系统是由点、线、面、组团相结合的艺术手法进行规划,如此以线连点达面,从而形成巨大完整的城市绿地系统,在净化空气、吸收有害气体、杀菌、净化水体和土壤、调节和改善城市气候、降低噪声方面起到重要的作用,如表5.7所示。

表5.7　城市绿地系统组成及应用

绿地系统组成	实际应用
点	以小型公园、街心花园、各组团及各单位绿地等为"点"
线	以街道的两侧或中间的带状绿地为"线"
面	以公园、植物园、绿地广场等为"面"
立体绿化	可以利用城区内自然地貌的高差、某些建筑物、构筑物和古墙等进行"立体绿化"

(2)城市绿地生态系统与种植设计

①利用城市原有的树种、植被、花卉等,本着保护和恢复原始生态环境的原则,按照体现不同城市特点的要求,尽可能协调城市绿地、水体、建筑之间的生态关系,使人居住环境可持续发展。

②根据城市气候和土壤特征,在进行城市绿地构建时,要适地适树,并考虑其观赏价值、功能价值和经济价值,按乔木、灌木、花草相结合的原则,最大限度地保持生物多样性,从而改善城市生态环境。

③切实保护好当地的植物物种,积极引进驯化优良品种,营造丰富的植物景观,增加绿地面积,提高绿地系统的功能,使城市处在一个良好的多样性植物群落之中。

5.2　园林植物种植设计的依据与原则

5.2.1　种植设计的依据

园林植物种植设计的依据主要考虑3个方面,如表5.8所示。

表5.8　园林植物种植设计的依据

依　据	具体内容
1.政策与法规	依据国家、省、市有关的城市总体规划、城市详细规划、城市绿地系统规划、园林绿化法规、园林规划设计规范、园林绿化施工规范等
2.场地设计的自然条件	设计场地的自然条件包括气象、植被、土壤、温度、湿度、年降水量、污染情况、风频玫瑰图及人文基础资料等
3.总体设计方案	依据总体设计方案布局和创作立意,确定场地的植物种植构思,合理选择植物材料,进行植物配植

5.2.2 种植设计的原则

1) 合理布局,满足功能要求

园林植物种植设计,首先要从园林绿地的性质和主要功能出发。城市园林绿地的功能很多,但就某一绿地而言,有其主要功能,如表5.9所示。

表5.9 各类园林绿地中植物的主要功能

绿地性质	主要功能
1.街道绿化	主要功能是遮阴,在解决遮阴的同时,要考虑组织交通、美化市容等
2.综合公园	在总体布局时,除了活动设施外,要有集体活动的广场或大草坪作为开敞空间,以及遮阴的乔木,成片的灌木和密林、疏林等
3.烈士陵园	多用松柏类常绿植物,以突出庄重、稳重的纪念意境
4.工厂绿化	主要功能是防护,绿化以抗性强的乡土树种为主
5.医院绿化	主要功能是环境卫生的防护和噪声的隔离,比如在医院周围可种植密林,同时在病房周边应多植花灌木和草花供人休息观赏

2) 艺术原理的运用

园林植物种植设计同样遵循绘画艺术和造园艺术的基本原则,如表5.10所示。

表5.10 种植设计艺术原理的运用

原 则	具体要求	应 用
统一和变化原则	①在树形、色彩、线条、质地及比例方面要有一定的差异和变化,以示多样性 ②彼此间有一定相似性、引起统一感 ③变化太多,整体杂乱;平铺直叙,没有变化,又会单调呆板	运用重复的方法最能体现植物景观的统一感(图5.11)。如行道树绿带设计,用等距离配植同种、同龄乔木,或在乔木下配植同种、同龄花灌木
调和原则	①利用植物的近似性和一致性,体现调和感,或注意植物与周围环境的相互配合与联系,体现调和感,使人具有柔和、平静、舒适和愉悦的美感 ②用植物的差异和变化产生对比的效果,具有强烈的刺激感,形成兴奋、热烈和奔放的感受。因此,常用对比的手法来突出主题或引人注目	①立交桥附近,用大片色彩鲜艳的花灌木或花卉组成大色块,方能与之在气魄上相协调 ②在学校办公楼前绿化中,以教师形象为主题的雕塑周围配以紫叶桃、红叶李,在色彩上红白相映,又能隐喻桃李满天下,与校园环境十分协调

续表

原 则	具体要求	应 用
均衡原则	①色彩浓重、体量大、数量多，质地粗、枝叶茂密的植物种类，给人以重的感觉 ②色彩淡、体量小、数量少，质地细、枝叶疏朗的植物种类，给人以轻柔的感觉 ③根据周围环境的不同，有对称式均衡和自然式均衡两种	①对称式均衡常用于庄严的陵园或雄伟的皇家园林中 ②自然式均衡常用于自然环境中。如蜿蜒的曲路一侧种植雪松，另一侧配以数量多、单株体量小、成丛的花灌木，以求均衡
韵律和节奏原则	在种植设计中，节奏就是植物景观简单的重复连续出现，通过游人的运动而产生美感	配植时，有规律的变化，就会产生韵律感。如杭州白堤上桃树、柳树间种，非常有韵律，有桃柳依依之感。又如行道树，也是一种有韵律感的植物配植

3) 植物选择

植物的选择应满足生态要求，如表 5.11 所示。

表 5.11　园林植物的选择要满足生态要求

影响因素	具体要求	应 用
1. 因地制宜、适地适树	植物种植设计不但要满足园林绿地的功能及艺术要求，更应考虑到植物本身所需的生态环境，恰当地选择植物	①例如行道树要选择枝干平展、主干高的树种，以达到遮阴之用，同时考虑到美观、易成活、生长快、耐灰尘等方面的问题 ②在墓地的周围，种植具有象征意义的树种，做到因地制宜，适地适树
2. 创造合适的生态条件	①要认真考虑植物的生态习性和生长规律，使植物的生态习性与栽培环境的生态条件基本一致 ②创造适当的条件，使园林植物能适应环境，各得其所，能够正常生长和发育	例如百草园，充分利用复层混交的人工群落来解决庇荫问题，在林下种植一些喜荫的植物，又通过地形的改造，挖塘作溪，溪边用石叠岸，再设置水管向上喷雾，保持了空气湿度，这样完美地构成了湿生、岩生、沼生、水生等植物的种植环境，经过这样创造的生态环境条件，就连最难成活的黄连都生长良好(图 5.12)
3. 科学配植，密度适宜	植物种植的密度是否合适，直接影响到绿化功能的发挥。从长远考虑，应根据成年树冠大小来决定种植株距	如在短期内，就能取得较好的绿化效果，可适当密植，将来再移植，要注意常绿树与落叶树、速生树与慢生树、乔木与灌木、木本植物与草本花卉之间的搭配，同时还要注意植物之间相互和谐，要过渡自然，避免生硬
4. 种类多样，兼顾季相变化	一年四季气候变化，使植物的形、枝、叶等产生了不同变化，这种随季节变化而产生植物周期性的貌相，称为季相。植物的季相变化是园林中的重要景观之一	在种植设计中，应该做到植物种类丰富，并且使每个季节都有代表性的植物或特色景观可欣赏，讲究春花、夏叶、秋实、冬干，合理种植，做到四季有景，利用植物的季相变化，使人们由景观的变化而联想到时间的推移

图5.11 由同一树种构成的统一
（引自周道瑛《园林植物种植设计》）

图5.12 复层混交的人工群落
（引自周道瑛《园林植物种植设计》）

5.2.3 种植设计的一般技法

种植设计的一般技法见表5.12。

表5.12 园林植物的个体特性在种植设计中的应用

个体特性	在种植设计中的应用	设计应用注意的问题
1. 色彩	①色彩起到突出植物的尺度和形态的作用 ②浅绿色植物能使一个空间产生明亮、轻快感。在视觉上除有飘离观赏者的感觉外，同时给人欢欣、愉快和兴奋感 ③在处理设计所需要色彩时，应以中间绿色为主，其他色调为辅	①忌杂。不同色度的绿色植物，不宜过多、过碎地布置在总体中 ②应小心地使用一些特殊的色彩。诸如青铜色、紫色等，长久刺激会令人不快 ③不要使重要的颜色远离观赏者。任何颜色都会由于光影逐渐混合，在构图中出现与愿望相反的混浊 ④色彩分层配置中要多用对比，这样才能发挥花木的色彩效果
2. 芳香	①布置芳香园。编排好香花植物的开花物候期 ②建植物保健绿地，配植分泌杀菌素植物，如侧柏、雪松等	①注意功能性问题 ②注意香气的搭配 ③注意控制香气的浓度

续表

个体特性	在种植设计中的应用	设计应用注意的问题
3.姿态	①增加或减弱地形起伏 ②不同姿态的植物经过妥善的种植与安排,可以产生韵律感、层次感 ③姿态巧妙利用能创造出有意味的园林形式 ④特殊姿态植物的单株种植可以成为庭园和园林局部中心景物,形成独立观赏景点	①简单化。种类不宜太多,或为同一种姿态植物的大量应用 ②有意味。非规则对称的、出人意料的、非正常生长的植物姿态的利用常常使景观有较强的艺术吸引力 ③有秩序。姿态组合有韵律、节奏、均衡等 ④模拟自然、高于自然
4.质感	①粗质感植物可在景观设计中作为焦点,以吸引观赏者的注意力 ②中质感植物往往充当粗质型和细质型植物的过渡成分,将整个布局中的各个部分连接成一个统一的整体 ③细质感植物轮廓清晰,外观文雅而密实,宜用作背景材料,以展示整齐、清晰规则的特殊氛围	①根据空间大小选用不同质感的植物 ②不同质感的植物过渡要自然,比例合适 ③善于利用质感的对比来创造重点 ④均衡地使用不同质感类型的植物 ⑤在质感的选取和使用上必须结合植物的特性
5.体量	①重量感。大型植物往往显得高大、挺拔、稳重;中型姿态各异,会因姿态不同给人不同的重量感觉;小型植物由于没有体量优势,而且在人的视线之下,通常不容易引起人们的关注 ②可变性。主要随着年龄的增长而发生变化,还有不同季节所呈现的体量也不同,落叶后体量相对变小	①围合空间。大型乔木从顶面和垂直面上封闭空间。中型的高灌木好比一堵墙,在垂直面上使空间闭合,形成一个个竖向空间,顶部开敞,有极强的向上趋向性。小型植物可以暗示空间边缘 ②遮阴作用。大型乔木庞大的树冠在景观中被用来提供阴凉,种植于空间或楼房建筑的西南面、西面或西北面 ③防护作用。大型乔木在园林中可遮挡建筑西北的西晒,同时还能起阻挡西北风的作用

5.3　园林植物种植设计基本形式与类型

5.3.1　种植设计基本形式

园林的平面布局有规则式、自然式、混合式,从而决定了植物种植设计基本形式也如此。园林植物种植设计的基本形式主要有规则式种植、自然式种植、混合式种植。具体要求如表5.13所示。

表 5.13 园林植物种植设计基本形式

基本形式	平面布局	具体应用
1. 规则式种植	平面布局以规则为主的行列式、对称式;树木以整形修剪为主的绿篱、绿柱和模纹景观;花卉以图案为主的花坛、花带;草坪以平整为主并具有规则的几何形体	一般用于气氛较严肃的纪念性园林或有对称轴线的广场、建筑庭园中
2. 自然式种植	平面布局没有明显的对称轴线,植物不能成行成列的栽植,种植形式比较活泼自然。树木不做任何修剪,自然生长为主,以追求自然界的植物群落之美,植物种植以孤植、丛植、群植、林植为主要形式	一般用于有山、有水、有地形起伏的自然式的园林环境中
3. 混合式种植	平面布局以自然式和规则式相互交错组合	一般在地形较复杂的丘陵、山谷、洼地处采用自然式种植,在建筑附近、入口两侧采用规则式种植

(1)规则式种植 给人以庄严、雄伟、整齐之感,如图 5.13 所示。

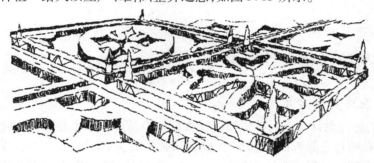

图 5.13 修建整齐的绿篱

(引自周道瑛《园林植物种植设计》)

(2)自然式种植 给人清幽、雅致、含蓄之感,如图 5.14 所示。

图 5.14 生动活泼的自然式种植

（3）混合式种植　集规则式种植、自然式种植优点于一身，既有自然美，又有人工美，如图5.15所示。

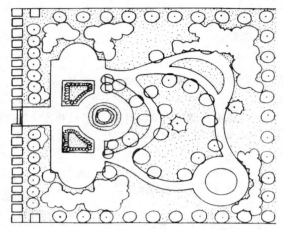

图5.15　入口两侧规则其他自然的混合式种植
（引自赵建民《园林规划设计》）

5.3.2　园林植物种植设计类型

1）按园林植物应用类型分类

（1）乔灌木的种植设计　在园林植物的种植设计中，乔木、灌木是园林绿化的骨干植物，所占的比重较大。在植物造景方面，乔木往往成为园林中的主景，如界定空间、提供绿荫、调节气候等；灌木是供人观花、观果、观叶、观形等，它与乔木有机配置，使植物景观有层次感，形成丰富的天际轮廓线，如图5.16所示。

图5.16　富有层次感的乔灌木种植
（引自周道瑛《园林植物种植设计》）

图5.17　具有强烈现代气息的流线型花坛设计
（引自张吉祥《园林植物种植设计》）

（2）花卉的种植设计　花卉的种植设计是指利用姿态优美、花色艳丽、具有观赏价值的草本和木本植物进行植物造景，以表现花卉的群体色彩美、图案装饰美、烘托气氛等作用。主要包括花坛设计、花境设计、花台设计、花丛设计、花池设计等，如图5.17所示。

（3）草坪的种植设计　草坪是指用多年生矮小草本植物密植，并经人工修剪成平整的人工草地。草坪,好比是绿地的底色,对于绿地中的植物、山石、建筑物、道路广场等起着衬托的作用,能把一组一组的园林景观统一协调起来,使园林具有优美的艺术效果,此外还具有为游憩提供场地,使空气清洁,降温增湿的作用,如图5.18所示。

图5.18　草坪与树群结合组景
(引自周道瑛《园林植物种植设计》)

2)按植物生境分类

(1)陆地种植设计　大多数园林植物都是在陆地生境中生存的,种类繁多。园林陆地生境的地形有山地、坡地和平地3种。山地多用山野味比较浓的乔木、灌木;坡地利用地形的起伏变化,植以灌木丛、树木地被和缓坡草地;平地宜做花坛、草坪、花境、树丛、树林等。

(2)水体种植设计　水体种植设计主要是指湖、水池、溪涧、泉、河、堤、岛等处的植物造景。水体植物不仅增添了水面空间的层次,丰富了水面空间的色彩,而且水中、水边植物的姿态、色彩所形成的倒影,均加强了水体的美感,丰富了园林水体景观内容,给人以幽静含蓄、色彩柔和之感,如图5.19所示。

3)按植物应用空间环境分类

(1)建筑室外环境的种植设计　建筑室外环境的植物种类多、面积大,并直接受阳光、土壤、水分的影响,设计时不仅考虑植物本身的自然生态环境因素,而且还要考虑它与建筑的协调,做到使园林建筑主题更加突出,如图5.20所示。

图5.19　建筑、荷花、树木倒影融为一体的种植

图5.20　植物与建筑协调,突出园林建筑主体
(引自周道瑛《园林植物种植设计》)

(2)建筑室内的种植设计　室内植物造景是将自然界的植物引入居室、客厅、书房、办公室等建筑空间的一种手段。室内的植物造景必须选择耐阴植物,并给予特殊的养护与管理,要合理设计与布局,并考虑采光、通风、水分、土壤等环境因子对植物的影响,做到既有利于植物的正常生长、又能起到绿化作用。

(3)屋顶种植设计　屋顶的生态环境与地面相比有很大差别,无论是风力上、温度上,还是土壤条件上均对植物的生长产生了一定影响,因此在植物的选择上,应该仔细考虑以上因素,要选择那些耐干旱、适应性强、抗风力强的树种。在屋顶的种植设计中,应根据不同植物生存所必需的土层厚度,尽可能满足植物生长基本需要,一般植物的最小土层厚度是:草本(主要是草坪、草花等)为 15 cm;小灌木为 25～35 cm;大灌木为 40～45 cm;小乔木为 55～60 cm;大乔木浅根系为 90～100 cm,深根系为 125～150 cm。

5.4　各类植物景观种植设计

5.4.1　树列与行道树设计

1)树列设计

(1)树列设计形式　树列也称列植,就是沿直线(或者曲线)呈线性的排列种植。树列的设计形式一般有两种,即一致性排列和穿插性排列两种。一致性排列是指用同种同龄的树种进行简单的重复排列,具有极强的导向性,但给人以呆板、单调乏味之感;穿插性排列是指用两种以上的树木进行相间排列,具有高低层次和韵律的变化,但是如果树种超过 3 种,则会显得杂乱无章,如图 5.21 所示。

(a)一致性排列　　　　　　　　　　　　　(b)穿插性排列

图 5.21　树列设计

(引自顾小玲《景观设计艺术》)

(2)树种选择　选择树冠体形比较整齐、耐修剪、树干高、抗病虫害的树种,而不选择枝叶稀疏、树冠体形不端正的树种。树列的株行距,取决于树种的特点,一般乔木 3～8 m,甚至更大,而灌木为 1～5 m,过密则成了绿篱。

(3)树列的应用　树列,可用于自然式园林的局部或规则式园林,如广场、道路两边、分车绿带、滨河绿带、办公楼前绿化等,行道树是常见的树列景观之一。

2)行道树设计

行道树是有规律地在道路两侧种植乔木,用以遮阴而形成的绿带,是街道绿化最普遍、最常见的一种形式。

(1)设计形式　行道树种植形式有很多,常用的有树池式和树带式两种。

①树池式。它是指在人行道上设计几何形的种植池,用来种植行道树,经常用于人流量大或路面狭窄的街道上。由于树池的占地面积比较小,因此可留出较多的铺装面积来满足交通的需要。形状有正方形、长方形、圆形,正方形以 1.5 m×1.5 m 为宜,最小不小于 1 m×1 m;长方

形树池以 1.2 m × 1.2 m 为宜,长短边之比不超过 1:2;圆形直径则不小于 1.5 m ,行道树的栽植位置一般位于树池的几何中心,如图 5.22 所示。

　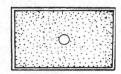　

(a)正方形树池　　　　　(b)长方形树池　　　　　(c)圆形树池

图 5.22　常用的树池形式

(引自赵建民《园林规划设计》)

②树带式。它是指在人行道和非机动车道之间以及非机动车道和机动车道之间,留出一条不加铺装的种植带。种植带的宽度因道路红线而定,但最小不得小于 1.5 m,可以种植一行乔木或乔、灌木间种。当种植带较宽时,可种植两行或多行乔木,同时为丰富道路景观,可在树带中间种植灌木、花卉或用绿篱加以围合,如图 5.23 所示。

(a)高低错落、景观丰富的树带立面

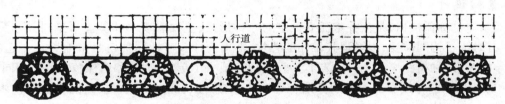

人行道

非机动车道

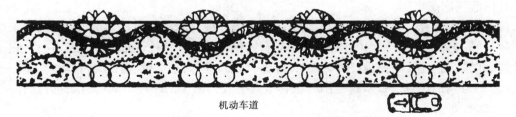

机动车道

(b)乔灌间种的树带平面

图 5.23　树带式种植设计

(引自赵建民《园林规划设计》)

(2)树种选择　行道树的根系只能在限定的范围内生长,加之城市尘土及有害气体的危害,机械和人为的损伤,因此,对于行道树的选择要求比较严格,一般选择适应性强、易成活、树姿端正、体形优美、叶色富于季相变化、无飞絮、耐修剪、不带刺、遮阴效果好、对水肥要求不高、病虫害少、浅根系的乡土树种。

（3）设计距离　行道树设计必须考虑树木之间；树木与建筑物、构筑物之间；植物与地下管道线及地下构筑物之间；树木与架空线路之间的距离，使树木既能充分生长，又不妨碍建筑设施的安全。行道树的株距以成年树冠郁闭效果为最好，多用 5 m 的株距，一些高的乔木，也用 6 ~ 8 m 的株距，有时也采取密植的办法，以便在近期取得较好的绿化效果，树木长大后可间伐抽稀，定植到 5 ~ 6 m 为宜。

（4）安全视距　为了保证行车安全，在道路交叉口必须留出一定的安全距离，使司机在这段距离内能看到侧面道路上的车辆，并有充分刹车和停车的时间而不致发生事件。这种从发觉对方汽车并立即刹车而能够停车的距离，称为"安全视距"。根据两条相交道路的两个最短视距，可在交叉口转弯处绘出一个三角形，称为"视距三角形"。在此三角区内不能有建筑物、杆柱、树木等遮蔽司机视线，即便是绿化，植物的高度不能超过 0.7 m，如图 5.24 所示。

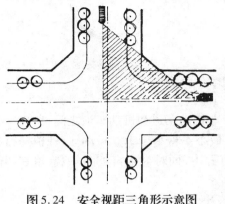

图 5.24　安全视距三角形示意图

5.4.2　孤景树与对植设计

1）孤景树设计

孤景树也称孤植树，是指乔木孤立种植的一种形式，主要表现个体美。孤景树并非只种一棵树，有时为了构图需要，以增强其雄伟的感觉，常用两株或三株同种树紧密地种在一起（一般以成年树为准，种植距离在 1.5 m 左右为宜），以形成一个单元，远看和单株植物效果相同。

（1）孤景树的作用　孤景树的作用有观赏性、纪念性、标志性。首先，是园林构图艺术上的需要，给人以雄伟挺拔、繁茂深厚的艺术感染，或给人以绚丽缤纷、暗香浮动的美感；其次，是孤景树可以起到庇荫之用。

（2）树种的选择　孤景树应选择那些具有枝条开展、姿态优美、轮廓富于变化、生长旺盛、成荫效果好、花繁叶茂等特点的树种，常用的有雪松、油松、五针松、白皮松、云杉、白桦、白玉兰、七叶树、红枫、元宝枫、枫香、悬铃木、银杏、麻栎、乌桕、垂柳、鹅掌楸、榕树、朴树等。

（3）孤景树的位置　孤景树是园林植物造景中较为常见的一种形式，其位置的选择主要考虑 4 个方面，如表 5.14 所示。

表 5.14　孤景树的位置

位置选择	具体要求
最好布置在开阔的大草坪中	一般不宜种植在草坪几何构图中心，应偏于一端，安置在构图的自然重心上，四周要空旷，留有一定观赏视距（图 5.25、图 5.26）
配置在眺望远景的山冈上	既可供游人纳凉、赏景，又能丰富山冈的天际线
布置在开朗的水边、河畔等	以清澈的水色作背景，游人可以庇荫、观赏远景（图 5.27）
布置在公园铺装广场的边缘、人流较少的区域等地方	可结合具体情况灵活布置

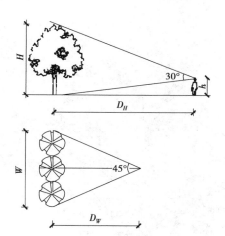

为了获得清晰的景物形象和相对完整的静态构图,应尽量使视角与视距处于最佳位置

H——景物高度

W——景物宽度

h——人的视高

最佳视距与景观高度或宽度的关系可表示为

$$D_H = (H-h)\cot\frac{\alpha}{2} \approx 3.7(H-h)$$

$$D_W = \frac{W}{2}\cot\frac{\beta}{2} \approx 1.2W$$

式中 α——垂直视角,通常26°~30°

β——水平视角,通常45°时观景效果较佳

D_H——垂直视角下的视距

D_W——水平视角下的视距

图5.25 最佳视角和视距与景物的关系
(引自周道瑛《园林植物种植设计》)

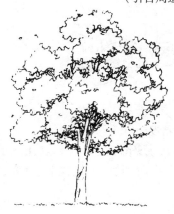

图5.26 姿态优美孤景树
(引自周道瑛《园林植物种植设计》)

图5.27 水边的孤景树

2)对植设计

对植是指用两株或两丛相同或相似的树木,按一定的轴线关系左右对称或均衡种植的方式,如图5.28所示。

(1)对植设计形式 对植设计形式,通常有对称式和均衡式两种。对称式是指采用同种同龄的树木,按对称轴线作对称布置,给人以端庄、严肃之感,常用于规则式植物种植中。均衡式是指种植在中轴线的两侧,采取同一树种(但大小、树姿稍有不同)、或不同树种(树姿相似),树木的动势趋向中轴线,其中稍大的树木离中轴线的距离近些,较小要较远,且两树种植点的连线与中轴线不成直角,也可在数量上有所变化,比如左侧是一株大树,右侧是同种两株小树,给人以生动活泼之感,常用于自然式植物种植中。

(2)树种的选择 在对植设计中,对树种的选择要求不太严格,无论是乔木,还是灌木,只要树形整齐美观均可采用,对植的树木要在体形、大小、高矮、姿态、色彩等方面应与主景和周围环境协调一致。

图 5.28　对植

（引自周道瑛《园林植物种植设计》）

（3）树种的应用　在园林景观中,对植始终作为配景或夹景,起陪衬和烘托主景的作用,并兼有庇荫和装饰美化的作用,通常用于广场出入口两侧、台阶两侧、建筑物前、桥头、道路两侧以及规则式绿地等。

5.4.3　树丛设计

树丛,通常是由两株到十几株同种或不同种树木组合而成的种植类型,主要体现树木的群体美,彼此之间既有统一的联系,又有各自的变化。配植树丛的地面,可以是自然植被、草坪、草花地,也可以配置山石或台地。

1) 树丛设计形式

（1）两株树丛　两株植物的配植既要有协调,又要有对比,如果两株植物的大小、树姿等一致,则显得呆板;如果两株植物差异过大,对比过于强烈,又难于均衡。最好是同一树种,或外观相似的不同树种,并且在大小、树姿、动势等方面有一定程度的差异,这样配植在一起,显得生动活泼,正如明朝画家龚贤所言:"两株一丛,必一俯一仰、一欹一直、一向左一向右,一有根一无根,一平头一锐头,二根一高一下。"两株植物的栽植间距应小于两树冠的一半,可以比小的一株的树冠还要小,这样才能成为一个整体,如图 5.29 所示。

图 5.29 树姿、动势有差异的两株配植
（引自张吉祥《园林植物种植设计》）

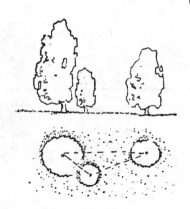

图 5.30 三株树丛配植
（引自胡长龙《园林规划设计》）

（2）三株树丛 三株植物的配植，最好同为一个树种。如果是两个不同树种，宜同为常绿或落叶，同为乔木或灌木。树种差异不宜过大，一般很少采用三株异种的树丛配置，除非它们的外观极为相似。三株丛植，立面上大小、树姿等要有对比；平面上忌在同一直线上、也不要按等边三角形栽植，最大的一株和最小的一株靠近组成一组，中等大小的一株稍远为另一组，这两小组在动势上要有呼应，顾盼有情，形成一个不可分割的整体。正如明朝画家龚贤之言："三株一丛，第一株为主树，第二第三为客树。""三树一丛，则二株宜近，一株宜远，以示别也。近者曲而俯，远者宜直而仰。三株一丛，二株枝相似，另一株宜变，二株以上，则一株宜横出，或下垂似柔非柔……""三株不宜结，亦不宜散，散则无情，结是病。"如图 5.30 所示。

（3）四株树丛 四株树丛的配植，在树种的选择上，可以为相同的树种（在大小、距离、树姿等方面不同），也可以为两种不同的树种（但要同为乔木、同为灌木），如果 3 种以上的树种或大小悬殊的乔灌配置在一起，就不宜协调统一，原则上不宜采用。四株树组合，不能种在一条直线上，要分组栽植，但不能两两组合，也不要任意三株成一直线，可分 2 组或 3 组，呈 3:1 组合（三株较靠近，另一株远离）或 2:1:1 组合（两株一组，另外两株各为一组且相互距离均不等）。如果四株树种相同时，应使最大的和最小的成一组，第二、三位的两株各成一组（2:1:1）或者其中一株与最大、最小组合在一起，另一株分离（3:1）；如果四株树种不同时，其中三株为一树种，一株为另一树种，这单独的一株大小应适中，且不能单成一组，而要和另一树种的两株树成一个三株混植的一组，在这一组中，这一株和另外一株靠近，在两小组中，居于中间，不宜靠边，如图 5.31所示。

（4）五株树丛 五株树丛可为相同树种（动势、树姿、间距等方面不同），最理想的组合方式为 3:2（最大一株要位于三株的小组中，三株的小组与三株树丛相同，两株的小组与两株树丛相同，两小组要有动势呼应），此外还有 4:1 组合（单株的一组，大小最好是第二或第三，两小组要有动势）。也可以为不相同的两个树种，如果是 3:2 组合，不宜把同种的三株种在同一单元，而另一树种的两株种在同一单元；如果是 4:1 组合，应使同一树种的三株分别植于两个小组中，而另一树种的两株树不宜分离，最好配植在同一组合的小组中，如果分离，则使其中一组置于另一树种的包围之中，如图 5.32 所示。

树木的配植，株数越多，则配置越复杂，但有一定的规律可循：孤植和两株丛植是基本方式，而三株是由一株和两株组成，四株则由一株和三株组成，五株可由一株和四株或两株和三株组成，六七株、八九株同样，以此类推。

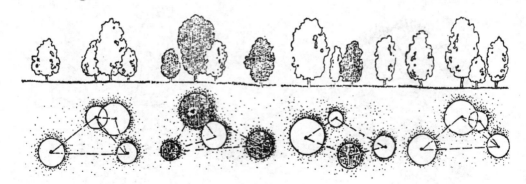

图 5.31　四株树丛配植

（引自胡长龙《园林规划设计》）

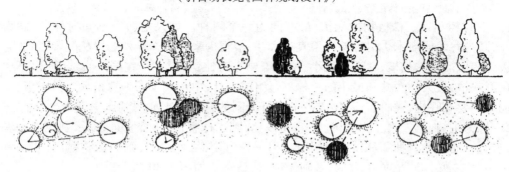

图 5.32　五株树丛配植

（引自胡长龙《园林规划设计》）

2）树丛设计的应用

树丛的应用比较广泛,有做主景的,有做诱导的,有做庇荫的,有做配景的,如表 5.15 所示。

表 5.15　树丛的应用

作　用	说　明
做主景的树丛	可配植在大草坪的中央、水边、河旁、岛上或小山冈上等
做诱导的树丛	布置在出入口、道路交叉口和弯道上,诱导游人按设计路线欣赏景观
做庇荫的树丛	通常是高大的乔木
做配景的树丛	多为灌木

5.4.4　树群设计

群植,即组合栽植,数量在 20~30 株,主要是体现植物的群体美。

1)树群设计形式

树群可分为单纯树群和混交树群。单纯树群是指由同一种树木组成,特点是气势大,整体统一,突出量化的个性美。混交树群是指由不同品种的树木组成,特点是层次丰富,接近自然,通常由乔木层、亚乔木层、大灌木层、小灌木层、多年生草本 5 部分组成,分布原则是,乔木层在中央,四周是亚乔木层,灌木在最外缘,每一部分都要显露出来,以突出观赏特征。

2)树种的选择

混交树群设计,应从群落的角度出发,乔木层选用姿态优美,林冠线富于变化的阳性树种;亚乔木层选用开花繁茂、叶色美丽的中性树种或稍能耐阴的树种;灌木应以花木为主,多为半阴性或阴性树种,草本植被选用多年野生花卉为主,树种一般不超过 10 种,多会显得繁杂,最好选用 1~2 种作为基调树种,分布于树群各个部位,同时,还应注意树群的季相变化。

3)树群的应用

树群在园林中应用广泛。通常布置在有足够距离的开敞场地上,如靠近林缘的草坪、宽广的林中空地、水中小岛屿、宽阔水面的水滨、小山的山坡等地方。树群主立面的前方,至少要在树群高的 4 倍,树群宽的 1.5 倍距离上,要留出大片空地,以便游人欣赏景色。树群的配植要有疏密,不能成行成列栽植,如图 5.33 所示。

图 5.33   多种树种组成的树群
(引自周道瑛《园林植物种植设计》)

5.4.5 树林设计

树林也称林植,是指成片、成块大量种植乔灌木,以形成林地和森林景观。树林的设计形式可分为密林和疏林两种。

1)密林

密林是指郁闭度为0.7~1.0的树林,一般不便于游人活动。密林有单纯密林和混交密林两种,如表5.16所示。

表5.16　密林的分类

分类	树种选择与应用	具体要求
1.单纯密林	树种的选择	单纯密林,通常是由一个树种组成的,由于它在园林构图上相对单一,季相变化也不丰富。因此在树木的选择上,应选用那些生长健壮、适应性强、树姿优美等富于观赏特征的乡土树种,比如马尾松、枫香、毛竹、白皮松、金钱松、水杉等树种
	单纯密林的应用	在园林构图上,树木种植的间距应有疏有密、且疏密自然,同时,还应随着地形的变化,林冠线也随之富于变化,或配置同一树种的孤植树或树丛等,来丰富林缘线的曲折变化,使单纯密林具有雄伟的气氛,给人以波澜壮阔、简洁明快之美感
2.混交密林	树种的选择	混交密林是指一个具有多层结构的植物群落,季相变化颇为丰富,景观华丽多彩。在植物的选择上,要特别注重植物对生态因子的要求、乔灌木的比例以及常绿树和落叶树的混交形式
	混交密林的应用	大面积混交密林的植物组合方式多采用片状或带状配置,如果面积较小时,常用小块和点状配置,最好是常绿与落叶树穿插种植,种植间距疏密相宜,如冬天有充足的阳光洒落,夏天有足够的绿荫遮挡。在供游人观赏的林缘部分,其垂直的成层景观要十分突出,但也不宜全部种满,应留有一定的风景透视线,使游人可观赏到林地内幽远之境,如有回归大自然之感,因此可设园路伸入林中

（1）单纯密林　为了使单纯树种景观丰富,常采用异龄树种加林下草本植被的配置,如种植开花艳丽的耐阴或半耐阴的草本植物,如图5.34所示。

（2）混交密林　除了满足植物对生态因子的需求外,还要兼顾植物层次和季相变化,如图5.35所示。

图5.34　水杉单纯密林

图5.35　注意植物层次和季相变化的混交密林

2）疏林

疏林常与草地结合,因此又称疏林草地,郁闭度为 0.4 ~ 0.6,是园林中应用最多的一种形式。

（1）树种选择 疏林在树种的选择上,要选择树姿优美、生长健壮、树冠疏朗开展或具有较高观赏价值的树木,并以落叶树种为多,如合欢、白桦、银杏、枫香、玉兰、鹅掌楸、樱花、桂花、丁香等,林下草地应该选择耐践踏、绿叶期长的草种,以便于人们在上面开展活动。

（2）疏林的应用 疏林树木间距一般为 10 ~ 20 m,以不小于成年树的树冠为准,林间要需留出较多的空地,形成草地或草坪,游人在草坪上,可进行多种形式的游乐活动,如观赏景色、看书、摄影、野餐等,如图 5.36 所示。

图 5.36 结合地形起伏变化的疏林
（引自周道瑛《园林植物种植设计》）

5.4.6 林带设计

林带是指数量众多的乔木林、灌木林,一般树种呈带状种植,是列植的扩展种植,如表 5.17 所示。

表 5.17 林带设计

内　容	具体要求
1. 设计形式	林带,多采用规则式种植,也有采用自然式种植。林带与列植的不同在于,林带树木的种植不能成行、成列、等距离的栽植,天际线要起伏变化,多采用乔木、灌木树种结合,而且树种要富于变化,以形成不同的季相景观
2. 树种的选择	在园林绿地中,一般选用 1 ~ 2 种树木,多为高大的乔木,树冠枝叶繁茂的树种,常用的有水杉、杨树、栾树、刺槐、火炬树、白桦、银杏、桧柏、山核桃、柳杉、池杉、落羽杉、女贞等
3. 林带的应用	在园林绿地中,林带多应用于周边环境、路边、河滨等地,具有较好的遮阳、除噪、防风、分割空间等作用
4. 林带的株距	在园林绿地中,林带的株距视树种特性而定,一般为 1 ~ 6 m,窄冠幅的小乔木株距较小,树冠开展的高大乔木则株距较大,总之,以树木成年后树冠能交接为准

5.4.7　植篱设计

植篱是由灌木或小乔木以相等的株行距，栽植成单行或双行，排列紧密的绿带形式。园林绿地中，植篱常用作边界、空间划分、屏障、或作为花坛、花境、喷泉、雕塑的背景与基础造景等。

1）植篱设计形式

（1）按高度划分　根据高度的不同，绿篱可分为矮绿篱、中绿篱、高绿篱和绿墙 4 种，如表 5.18、图 5.37 所示。

表 5.18　绿篱按高度分类

种　类	高　度	作　用
1. 矮绿篱	绿篱高度在 50 cm 以下，人们可不费力地跨过，一般选择株体矮小或枝叶细小、生长缓慢、耐修剪的树种	矮绿篱，具有象征性划分园林空间的作用
2. 中绿篱	绿篱高度为 50 ~ 120 cm，人们比较费事才能跨过，这是园林中最常用的绿篱类型，即为人们所说的绿篱	中绿篱，具有分隔园林空间、诱导游人赏景的作用
3. 高绿篱	绿篱高度为 120 ~ 160 cm，人们的视线可以通过，但人不能跨过	高绿篱，经常用作园林绿地的空间分隔与防护，或者组织交通
4. 绿墙	绿篱高度在 160 cm 以上，人们的视线不能通过，如桧柏、珊瑚树等	绿墙，具有分隔园林空间，阻挡游人视线、或做背景

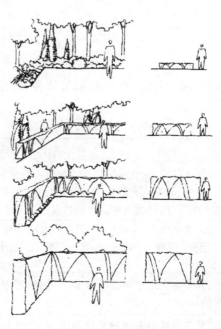

图 5.37　绿篱高度示意
（引自周道瑛《园林植物种植设计》）

（2）按功能与观赏要求划分　　根据功能与观赏要求的不同,可分为常绿篱、落叶篱、花篱、果篱、刺篱、蔓篱、编篱等,如表5.19、图5.38所示。

表5.19　绿篱按功能与观赏要求分类

种　类	说　　明
常绿篱	由常绿树设计而成,是园林运用较多一种绿篱,常用的有千头柏、大叶黄杨、瓜子黄杨、桧柏、侧柏、雀舌黄杨、蜀桧、椤木、石楠、茶树、香柏、海桐、中山柏、铅笔柏、罗汉松、云杉、珊瑚树、冬青等
落叶篱	由落叶树组成,东北、华北地区常用,主要有水腊、榆树、丝棉木、紫穗槐、柽柳、雪柳、小叶女贞等
花　篱	由观花树木组成,是园林中较为精美的绿篱。主要有桂花、栀子花、茉莉、六月雪、凌霄、迎春、木槿、麻叶绣球、日本绣线菊、金钟花、珍珠梅、月季、杜鹃、郁李、黄刺玫、棣棠等
果　篱	由观果树木组成,常用的树种有紫珠、小檗、枸骨、火棘、金银木等,为了不影响观赏效果,一般不做过重的修剪
刺　篱	在园林中为了防范之用,常用带刺的植物作为绿篱,常用树种有枸骨、枸橘、花椒、胡颓子、酸枣、玫瑰、蔷薇、云实、柞木、马甲子、刺柏、红皮云杉、黄刺玫、小檗、火棘等
蔓　篱	指设计一定形式的篱架,并用藤蔓植物攀缘其上所形成的绿色篱体景观,主要用来围护和创造特色篱景。常用的植物有常春藤、爬山虎、紫藤、凌霄、茑萝、三角花、木通、蔷薇、云实、扶芳藤、金银花、牵牛花、香豌豆、月光花、苦瓜等
编　篱	为了增加绿篱防范作用,避免游人或动物穿行,有时把绿篱的枝条编织起来,做成网状或格状式,以此增加绿篱牢固性。常用的植物有木槿、杞柳、紫薇等枝条柔软的树种

（a）花篱（引自张吉祥《园林植物种植设计》）　（b）果篱[引自吴涤新《花卉应用与设计》(修订本)]

（c）蔓篱　　　　　　　（d）编篱（引自张吉祥《园林植物种植设计》）

图5.38　植篱设计

2）植篱的应用（表5.20）

表5.20　绿篱的应用

作　用	说　明
1. 作为防范的边界物	在园林绿地中，用绿篱作为防范的边界，比用构筑物要显得有生机而且美观，它可以组织游人的游览路线，常用的有刺篱、高绿篱、绿墙等
2. 作为规则式园林的区划线	规则式园林中，常以中绿篱作为分界线，以矮绿篱作花境的镶边、或作模纹花坛、草坪图案等
3. 作为屏障和组织空间之用	为了减少互相干扰，常用绿篱或绿墙进行分区和屏障视线，以便分隔不同的空间，最好用常绿树组成高于视线的绿墙。如安静休息区和儿童活动区的分隔
4. 作为花境、喷泉、雕塑的背景	在园林景观设计中，经常用常绿树修剪成各种形式的绿墙，作为喷泉和雕塑的背景，其高度要与喷泉和雕塑的高度相称，色彩以选用没有反光的暗色树种为好，作为花境背景的绿篱一般为常绿的高绿篱、中绿篱
5. 美化挡土墙	在各种绿地中，为避免挡土墙立面的枯燥，常在挡土墙的前方栽植绿篱，以便把挡土墙的立面美化起来

5.4.8　花卉造景设计

花卉造景是指利用草本和木本植物，进行组织景点，选择的花卉要开花鲜艳、姿态优美、花香浓郁，主要作用是烘托气氛、丰富园林景观。

1）花坛设计

花坛是指在具有一定几何轮廓的种植床内，种植各种不同色彩的花卉，从而构成一幅具有鲜艳色彩或华丽纹样的装饰图案以供观赏。主要是表现植物的群体美，而不是植物的个体美。花坛在园林构图中常作为主景或配景。

（1）花坛设计形式

①独立花坛。它是指具有几何轮廓，作为园林构图的一部分而独立存在。根据花坛所表现主题以及所用植物材料的不同，独立花坛可分为花丛花坛、模纹花坛、混合花坛3种形式。独立花坛的平面一般具有对称的几何形状，有单面对称的，也有多面对称的，其长短的差异不得大于3倍。独立花坛面积不宜太大，若是太大，必须与雕塑、喷泉或树丛等结合布置。常用作园林局部的主景，一般布置在建筑广场的中心、公园出入口的空旷地、大草坪的中央、道路的交叉口等处，如图5.39所示。

花丛花坛又称盛花花坛，以观花草本花卉盛开时，花卉本身华丽的群体美为表现主题，设计时以花卉的色彩为主，图案为辅，选用的花卉必须是开花繁茂，在开花时，达到只见花、不见叶的景观效果，如图5.40所示。

图 5.39 规则对称的独立花坛

[引自吴涤新《花卉应用与设计》(修订本)]

图 5.40 以展现花卉色彩为主的花丛花坛

[引自吴涤新《花卉应用与设计》(修订本)]

模纹花坛又称毛毡花坛、嵌镶花坛、图案式花坛,采用不同色彩的花卉、观叶植物或花叶兼美的草本植物组成华丽的图案纹样来表现主题。其形式有平面模纹和立体模纹,平面模纹可修剪不同的图案纹样,注重平面及居高俯视效果;立体模纹可修剪成花篮、动物等,注重立面效果。模纹花坛选用的植物要求植株矮小、萌蘖性强、枝密叶细、耐修剪,五色苋等为常用,如图 5.41 所示。

图 5.41 时钟模纹花坛

(引自《中国园林》)

混合花坛是花丛花坛和模纹花坛的混合,通常兼有华丽的色彩和精美的图案纹样,观赏价值较高。

②组合花坛。它由多个个体花坛组成的一个不可分割的园林构图整体,有的呈轴对称,有的呈中心对称,在构图中心上,可以设计一个花坛,也可以设计喷泉水池、雕塑、纪念碑或铺装场地等。多用于较大的规则式园林绿地空间、大型广场、公共建筑设施前。组合花坛的个体之间地面一般铺装,可以设置座凳、座椅或直接将花坛的植床壁设计成坐凳,人们既可以休息,又可以观赏景色,如图 5.42 所示。

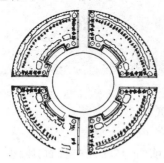

图 5.42 由 4 个个体花坛组成的组合花坛

(引自胡长龙《园林规划设计》)

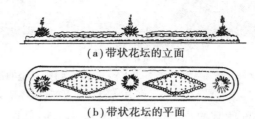

(a)带状花坛的立面

(b)带状花坛的平面

图 5.43 带状花坛

(引自胡长龙《园林规划设计》)

③带状花坛。带状花坛是指设计宽度在 1 m 以上,长比宽大 3 倍以上的长方形花坛。在连续的园林景观构图中,常作为主体景观来运用,具有较好的环境装饰美化效果和视觉导向作用,如在道路两侧、规则式草坪、建筑广场边缘、建筑物墙基等处均可设计带状花坛,如图 5.43 所示。

花坛的类型不止以上介绍的几种,还有连续花坛群、沉床花坛、浮水花坛等。

（2）花坛的设计原则　　花坛的设计原则,如表5.21所示。

表5.21　花坛的设计原则

原　则	说　明
花坛的布置要与周围的环境求得统一	花坛的布置一定要与周围的环境联系起来,比如,自然式的园林不宜用几何轮廓的独立花坛;作为主景的花坛,要做得突出些,作为配景用的花坛要起到烘托主景的作用,不宜喧宾夺主;布置在广场上的花坛,面积要与广场成一定的比例,并注意交通功能上的要求
植物选择要因其类型和观赏时期的不同而异	花坛是以色彩、图案构图为主,选用1~2年生草本花卉,很少用木本植物和观叶植物。花丛花坛要求开花一致,花序高矮规格一致;模纹花坛以表现图案为主,最好用生长缓慢的多年生观叶植物。花坛用花宜选择株形整齐、具有多花性、花期长、花色鲜明、耐干燥、抗病虫害的品种,常用的有金鱼草、雏菊、翠菊、鸡冠花、石竹、矮牵牛、一串红、万寿菊、三色堇、百日草等
主题鲜明,注重美学,突出文化性	主题是造景思想的体现,是神韵之所在,特别是作为主景的花坛更应该充分体现其主题功能和目的,同时从花坛的形式、色彩、风格等方面都要遵循美学原则,展示文化内涵

2）花境设计

花境是以多年生草本花卉为主组成的带状景观,既要表现植物个体的自然美,又要注重植物自然组合的整体美,它是园林从规则式构图到自然式构图的一种过渡。平面形式与带状花坛相似,外轮廓较为规整,内部花卉可自由灵活布置。

（1）花境设计形式　　花境的设计形式有单面欣赏和双面欣赏两种,如图5.44所示。

单面欣赏花境　　　　　　　　　　双面欣赏花境

图5.44　花境的设计形式
（引自张吉祥《园林植物种植设计》）

①单面欣赏的花境。花卉配置成一斜面,低矮的种在前面,高的种在后面,以建筑或绿篱作为背景,它的高度可以超过游人的视线,但是也不能超过太多。设计宽度为2~4 m,一般布置在道路两侧、建筑、草坪的四周。

②双面欣赏的花境。花卉植株低矮的种在两边,高的种在中间,但中间花卉高度不宜超过游人视线,因此,可供游人两面观赏,无须背景。一般布置在道路、广场、草地的中央等。

（2）花境的应用　　花境在园林中应用的形式很多,常用的5种形式如表5.22、图5.45所示。

表5.22　花境的应用

种　类	说　明
1. 以绿篱为背景的花境	沿着园路边,设计一列单面欣赏的花境,花境的后面以绿篱为背景,绿篱以花境为点缀,不仅可弥补绿篱的单调,而且可构成绝妙的一景,使两者相得益彰
2. 与花架、游廊配合布置的花境	沿花架、游廊的建筑基台来布置花境,极大地丰富了园林景观,同时还可在花境的一侧设置园路,游人在园路上就可欣赏到景色
3. 布置在建筑物墙边缘的花境	建筑物墙体与地面相交的部分,过于生硬,缺少过渡,一般采用单面欣赏花境来缓和,从而使建筑物与地面环境取得协调,植物的高度宜控制在窗台以下
4. 布置在道路上的花境	在园林设计中,道路上的花境常用的布置形式有两种:一是在道路中央布置双面观赏的花境;二是在道路两侧分别布置单面欣赏的花境,并使两列花境向中轴线集中,成为一个完整的园林构图,给人以美的享受
5. 布置在围墙和挡土墙边的花境	围墙和挡土墙立面单调,为了绿化墙面,利用藤本植物作为基础种植,在围墙的前方布置单面欣赏的花境,墙面成为花境的背景

（a）以绿篱为背景的花境

（b）与花架、游廊配合布置的花境

（c）建筑物墙边缘的花境

（d）道路一侧的花境

（e）布置在围墙边的花境

（f）布置在挡土墙边的花境

图5.45　花境的设计形式

（图（a）引自顾小玲《景观设计艺术》,图（b）、（c）引自吴涤新《花卉应用与设计（修订本）》,图（f）引自张吉祥《园林植物种植设计》）

3）花台、花池与花丛设计

（1）花台设计　花台种植床较高，一般为 40 ～ 100 cm，适合近距离观赏，以表现花卉的姿态、芳香、花色等综合美，在园林景观中，经常做主景或配景，布置在大型广场、道路交叉口、建筑入口等。花台形式有规则型和自然型两种，既可设计成单个的花台，又可设计成组合花台，如图5.46 所示。

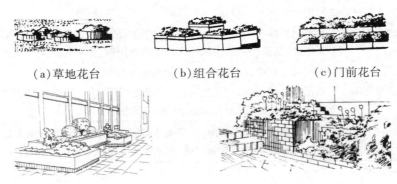

（a）草地花台　　　（b）组合花台　　　（c）门前花台

（d）建筑物前的花台组合　　　　（e）台阶旁的花台组合

图 5.46　花台的设计形式

（引自辽宁省林业学校《园林规划设计》）

（2）花池设计　花池的种植床高度和地面相差不多，池缘一般用砖石作为围护，池中种植花木或配置山石小品，是我国传统园林中常用的植物种植形式，如图 5.47 所示。

（3）花丛设计　花丛是指由 3 ～ 5 株，多则几十株组成，无论是平面还是立面都属于自然式配置。花卉的选择种类不宜过多，间距要疏密有致，同一花丛色彩要有变化。花卉种类的选择，通常选用多年生，且生长健壮的花卉，或选用野生花卉和自播繁衍的 1 ～ 2 年生花卉。常布置在树林外缘或园路小径的两旁、草坪的四周和疏林草地，如图 5.48 所示。

图 5.47　有创意的仿树桩花池　　　　**图 5.48　错落有致的花丛设计**

（引自张吉祥《园林植物种植设计》）

5.4.9　草坪设计

在园林中，作为开敞空间，为游人进行活动而专门铺设的，并经人工修剪成平整的草地称为草坪。在生态方面,有改善气候、杀菌、减少灰尘、净化空气、降温等作用;在景观方面,以绿地为底色,给人以视线开阔、心胸舒畅之感。

1) 草坪设计形式

草坪的设计形式有多种多样,按草坪的作用和用途的不同,可分为游憩性草坪、体育草坪、观赏性草坪和护坡草坪等;按草坪的植物组成不同,可分为纯一草坪、混合草坪和缀花草坪;按草坪的季相特征与生活习性的不同,可分为夏绿草坪、冬绿草坪和常绿草坪;按设计形式的不同,可分为规则式草坪、自然式草坪,如图 5.49 所示。

（a）给人以心胸开阔的游憩性草坪

（b）供人休闲娱乐的游憩性草坪

（c）观赏性草坪

（d）护坡性草坪

（e）以水池为中心呈对称布局的规则式草坪

（f）地形、树木、水面融为一体的自然式草坪

图 5.49　草坪的设计形式
（图（a）、（b）、（c）、（d）引自张吉祥《园林植物种植设计》,
图（e）、（f）引自顾小玲《景观设计艺术》）

2) 草坪植物选择

草坪植物的选择,要根据草坪的形式而定,如表 5.23 所示。

表 5.23　草坪的植物选择

草坪设计形式	具体要求
1. 游憩和体育草坪	选择耐践踏、耐修剪、适应性强,如早熟禾、狗牙根、结缕草等
2. 观赏草坪	要求植株低矮,叶片细小,叶色翠绿且绿叶期长,如天鹅绒草、早熟禾等
3. 护坡草坪	要求根系发达、适应性强、耐干旱,如结缕草、白三叶、假俭草等

3）草坪坡度设计

草坪的坡度与排水要求因草坪的设计形式不同，对坡度有着不同的要求，如表 5.24 所示。

表 5.24   不同形式草坪的坡度

草坪设计形式		坡度要求	排水要求
游憩草坪		自然式草坪坡度 5% ~10% 为宜，小于 15%	自然排水坡度 0.2% ~5%
体育草坪	足球场草坪	中央向四周以小于 1% 为宜	自然排水坡度 0.2% ~1%，如果场地具有地下排水系统，则草坪坡度可以更小
	网球场草坪	中央向四周的坡度为 0.2% ~0.8%，纵向坡度大，横向坡度小	
	高尔夫球场草坪	因具体使用功能不同而变化较大，如发球区小于 0.5%，障碍区有时坡度达 15%	
	赛马场草坪	直道坡度 1% ~2.5%，转弯处坡度 7.5%，弯道坡度 5% ~6.5%，中央场地 15% 或更高	
观赏草坪		平地观赏草坪坡度不小于 0.2%，坡地观赏草坪坡度不超过 50%	自然安息角以下和最小排水坡度以上

4）草坪的应用

在园林设计中，草坪的应用比较广泛，主要有 3 个方面，如表 5.25 所示。

表 5.25   草坪的应用

应 用	说 明
结合树木，划分空间	草坪具有开阔性的空间景观，最适用于面积较大的集中绿地，在植物配植上，选用树形高耸、树冠庞大的树种，配置在宽阔的草坪边缘，草坪中间则不配植层次过多的树丛，树种要单纯，林冠线要整齐，边缘树丛要前后错落，这样才能显出一定的深度（图 5.50）
作为地被，覆盖地面	在园林中，绿化以不露黄土为主，几乎所有的空地都可设置草坪，可以有效地防止水土流失和尘土飞扬，同时创造绿毯般的空间，丰富了人的视野，给人以生机和力量（图 5.51）
结合地形，组织景观	平地和缓坡设计游憩草坪；陡坡设计护坡草坪；山地设计树林景观；水边注意空间延伸，起伏的草坪从山脚延伸到水边（图 5.52）

图 5.50   结合树木、划分空间
（引自张吉祥《园林植物种植设计》）

图 5.51   作为地被、覆盖地面
（引自张吉祥《园林植物种植设计》）

山脚的草坪延伸到水面

平地中的游憩性草坪

图 5.52　结合地形、组织景观

（引自张吉祥《园林植物种植设计》）

5.4.10　水体植物种植设计

　　水是园林的灵魂,给人以清澈、亲切、柔美的感觉。园林中各类水体,无论在园林中是主景,还是配景,无一不借助植物来丰富水体的景观,通过水生植物对水体的点缀,犹如锦上添花,使景观更加绚丽。

1)水生植物种植设计

　　水生植物种植设计,主要从 4 个方面考虑,如表 5.26 所示。

表 5.26　水生植物种植设计的原则

设计原则	具体要求
疏密有致、若断若续、不宜过满	水中的植物布置不宜太满,应留出一定面积的活泼水面,使周围景物在水中产生倒影,形成一种虚幻的境域,丰富园林景观,否则,会造成水面拥挤,不能产生景观倒影而失去水体特有的景观效果,也不能沿水面四周种满一圈,显得单调、呆板,一般较小的水面,植物所占的面积不超过 1/3(图 5.53)
植物种类、配植方式要因水体大小而异	若水池较小,可种一种水生植物;若水池较大,可考虑结合生产,选择不同的水生植物混植,除满足植物生态要求外,构图时要做到主次分明,植物的姿态、高矮、叶色等方面的对比调和要尽量考虑周全
植物选择要充分考虑植物的生态习性	水生植物按生态习性的不同,可分为沼生植物、漂浮植物、浮生植物 3 类。沼生植物根生于泥中,植株直立,挺出水面,一般生长在水深不超过 1 m 的浅水区,如荷花、芦苇、慈姑、千屈菜等;漂浮植物在深水、浅水中都能生长,并且繁殖迅速,有一定经济价值,如水浮莲、浮萍等;浮生植物种在浅水或稍深的水面上,根生于泥中,茎不挺出水面,仅有叶、花浮于水面上,如芡实、睡莲等(图 5.54)
安装设施、控制生长	水生植物生长迅速,如果不加以控制,很快就会在水面上蔓延,从而影响整个景观效果,为了控制水生植物的生长,常需在水下安置一些设施。如种植面积大,可用耐水湿的建筑材料砌筑种植床,这样可以控制其生长范围;如水池较小,一般设砖石或混凝土支墩,用盆栽植水生植物,放在支墩上,如水浅时可以不用支墩(图 5.55)

图 5.53   水中疏密有致、若断若续的荷花

［引自吴涤新《花卉应用与设计》(修订本)］

图 5.54   浮生植物——睡莲

［引自吴涤新《花卉应用与设计》(修订本)］

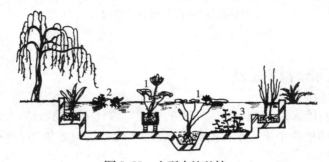

图 5.55   小型水池种植

1.沼生植物(荷花)   2.浮生植物(水葫芦)   3.沉水植物(金鱼藻)

(引自胡长龙《园林规划设计》)

2)水体驳岸边种植设计

水体驳岸边植物配植,不但能使岸边与水面融为一体,又对水面的空间景观起主导作用。

(1)土岸边的植物种植   自然土岸边的植物配植最忌等距离,用同一树种,同样大小,甚至整形修剪,绕岸四周栽一圈;应该结合地形、道路、岸线来配植,做到有近有远、有疏有密、若断若续,自然有趣,岸边植以大量花灌木、树丛及姿态优美的孤植树,尤其是变色叶的树木,做到四季有景。

规则式石岸边的植物种植

自然式石岸边的植物种植

图 5.56   石岸边的植物种植

(引自苏雪痕《植物造景》)

（2）石岸边的植物种植　石岸有自然式石岸和规则石岸两种。自然式石岸线条丰富，配以优美的植物线条及色彩可增添景色与趣味；规则式石岸线条生硬，通常用具有柔软枝条的植物来缓和。例如，苏州拙政园规则式的石岸边种植垂柳和南迎春，细长柔和的柳枝下垂至水面，圆拱形的南迎春枝条沿着笔直的石岸壁下垂至水面，丰富了生硬的石岸，如图 5.56 所示。

5.4.11　攀缘植物种植设计

1）攀缘植物设计形式

攀缘植物设计的形式有很多，常用的形式如表 5.27 所示。

表 5.27　攀缘植物设计形式

类　　型	具体内容
1. 廊、柱或架式	利用花廊、花架、柱体等建筑小品作为攀缘植物的依附物来造景，具有美化空间、遮阴等功能，一般选用一种攀缘植物种在边缘地面或种植池中，如果为了丰富植物种类，创造多种花木景观，也可选用几种形态与习性相近的植物（图 5.57）
2. 墙面式	为了打破建筑物、构筑物墙面的呆板、生硬，常在建筑物墙基部种植攀缘植物，进行垂直绿化，不仅增添了绿意，显得有生机，而且还能有效地防止西晒，这是占地面积最小，绿化面积大的一种设计形式（图 5.58）
3. 篱垣式	利用篱架、栅栏、铁丝网等作为攀缘植物的依附物来造景。篱垣式既有围护防范作用，又能起到美化环境的作用，因此，园林绿地中各种竹、木篱架、铁栅栏等多采用攀缘植物绿化，从而构成苍翠欲滴、繁花似锦、硕果累累的植物景观（图 5.59）
4. 垂帘式	一般用于建筑较高部位，并使植物茎蔓挂于空中，形成垂帘式的植物景观，如遮阳板、雨篷、阳台、窗台、屋顶边缘等处的绿化。垂帘式种植必须设计种植槽、花台、花箱或进行盆栽（图 5.60）

2）攀缘植物选择

攀缘植物是茎干柔弱纤细，自己不能直立向上生长，必须以某种特殊方式攀附于其他植物或物体上才能正常生长。在园林中，攀缘植物种类有很多，形态习性、观赏价值各有不同。因此，在设计时须根据具体景观功能、生态环境和观赏要求等做出不同的选择。常用的攀缘植物有：紫藤、常春藤、五叶地锦、三叶地锦、葡萄、猕猴桃、南蛇藤、美国凌霄、木香、葛藤、五味子、铁线莲、乌萝、云实、丝瓜、扶芳藤、金银花、牵牛花、藤本月季、蔷薇、络石、牵牛花等。

3）攀缘植物的应用

攀缘植物是一种垂直绿化植物，其优点在于利用较小土地和空间达到一定程度的绿化效果，人们经常用它来解决城市和某些建筑拥挤，地段狭窄，没有办法栽植乔木、灌木等地的绿化。多用于建筑墙面、花架、廊柱等处的绿化，具有丰富的立面景观。攀缘植物除绿化作用外，其优美的叶形、繁茂的花簇、艳丽的色彩、迷人的芳香及累累的果实等，都具有较高的观赏价值。

园林的生态环境各种各样，不同植物对生态环境要求也不相同，因此，设计时要注意选择合适的攀缘植物,如墙面绿化,向阳面要选择喜光、耐干旱的植物,而背面则要选择耐阴植物;南方多选用喜温树种,北方则必须考虑植物的耐寒能力。

以美化环境为主要种植目的,则要选择具有较高观赏价值的攀缘植物,并注意与攀附的建筑、设施的色彩、风格、高低等配合协调,以取得较好的景观效果。如灰色、白色墙面,选用秋叶红艳的植物就较为理想;如要求有一定彩色效果时,多选用观花植物,如多花蔷薇、三角花、云实、凌霄、紫藤等。

图5.57　以建筑小品为依附物的廊、柱或架式

［引自吴涤新《花卉应用与设计》(修订本)］

图5.58　以墙面为依附物的墙面式种植

图5.59　以篱架为依附物的篱垣式种植

［引自吴涤新《花卉应用与设计》(修订本)］

图5.60　具有种植槽的垂帘式种植

5.5　典型实践案例分析

深圳簕杜鹃花展——风起云涌

1)项目简介

"2021深圳市簕杜鹃花展"在广东省深圳市莲花山公园举办,花展主题为"千园生态、万象生活",共有"未来花园""精品花园""城市花园""城市花集""文创花集"5个单元。本项目作品"风起云涌"位于未来花园,场地长宽为7 m,为学生设计竞赛建成作品(图5.61、图5.62),由叶雪老师带领龚科铭、陈晶晶、李佳慧三位同学完成,设计建成历时2个月,获得2021深圳簕杜鹃花展未来花园类三等奖。设计理念以竹子的形为"风",缠绕着攀援而上的簕杜鹃为"云";错

落的花盆代表着城市不同角落里的一小方天地,勾勒出在风起云涌时,湾区发展势不可挡的画卷。

图 5.61　"风起云涌"展园平面图
(龚科铭、陈晶晶、李佳慧绘制)

图 5.62　"风起云涌"展园效果图
(龚科铭、陈晶晶、李佳慧绘制)

2)种植设计

种植设计以簕杜鹃为主题植物,并运用高低错落的花盆布置,寓意着绵延不断的城市轮廓线,高楼之上盛开的鲜花,是对城市未来的美好希冀。针对项目实施中因市场供给、工期短等造成问题,优化调整方案阶段设计。花盆植物除不同品种簕杜鹃外,主要运用狐尾天门冬、鼠尾草、佛甲草、金叶薯、绣球花、月季花等进行组合搭配,形成色彩丰富、高低变化的植物景观,如图5.63 所示。

图 5.63　"风起云涌"展园建成景观

（叶雪拍摄）

箭杜鹃花展参
赛作品动画

思考题

如何运用花境的种植形式来进行展园设计？需要考虑哪些植物搭配技法？

本章小结

通过本章的学习，了解园林植物种植设计的意义、依据、原则，掌握园林植物种植设计形式，熟悉各类植物景观的种植设计，从而更深层次地理解植物造景的科学设计与文化内涵，以及人们在欣赏园林植物自然美的同时，所带来的生态效益。在实践课的学习中，要运用植物景观与生态设计的基本原理，以及园林植物配植的基本规律和植物的特点，能够独立完成园林景观设计图的绘制。

研讨与练习

1. 种植设计的基本形式有哪些? 举例说明。
2. 树列设计形式有几种? 结合实例加以说明各自的优缺点。
3. 孤景树应选择在什么位置? 结合实例说明。
4. 对植设计形式有几种?
5. 画出两株、三株、四株、五株的植物平面配植图。
6. 绿篱的设计形式有哪些?
7. 花坛的设计原则有哪些?
8. 花境在实际中的应用有哪些?
9. 攀援植物种植设计形式有哪些? 举例说明。

本章推荐参考书目

唐学山,李雄,曹礼昆. 园林设计[M]. 北京:中国林业出版社,1997.
(参考内容:北京香山饭店庭园种植设计)

实践技能篇

园林规划设计实训基本技能

[本章学习目标]

知识要求：

1. 了解园林规划设计实训的特点与要求，能应用于园林设计实训中。

2. 理解实训课程的学习意义、内容与方法。

技能要求：

1. 掌握园林规划设计的程序和基本方法，包括方案构思及一般的园林规划设计图的表达方法。

2. 正确理解综合运用所学的园林规划的基本知识，应用于园林设计实训中，能独立进行中小型园林规划设计方案设计和制作。

园林规划设计实训是专业学习体系中的一个重要组成部分。实训强调专业技能的掌握和知识综合应用能力的培养；实训内容紧扣园林市场的发展需要，将园林规划设计基本原理有机地融入实践中，从而进一步巩固课堂所学的知识，并将其综合应用在实际工作中。在实训的同时，要求学生加强对园林市场的了解，明确学习目的，增加对本专业的学习兴趣；广泛利用校外实习基地，加强实践性素质教育，培养良好的工作作风。

如何掌握园林规划设计的方法是学生最关心的问题，怎样入门常常是初学者遇到的一个难题。本章主要针对学生在进行园林规划设计实训时所应注意的问题，以及如何掌握正确的思维方法和设计方法，做一些基本的介绍。选用了具有工学结合典型意义的实训任务，让学生运用所学的基本理论知识和设计原理对课题进行实践训练，从而掌握园林规划的设计技能。

6.1 实训课程特点与技能要求

6.1.1 实训课程特点

1）园林规划设计的特点

园林规划的设计创作必须以科学的、先进的技术来保证其使用功能和审美的需求。在明确了设计任务、环境因素和工程技术条件以后,要选择新颖的理念、巧妙的构思、合理的布局,包括风格形式、细部的材质和色彩等进行设计。设计中要注意挖掘项目的地域特点、风俗习惯、文化背景的不同,来创造富有特色的设计作品。

园林空间场所是园林绿地功能与艺术构思和工程技术相结合的产物,都需要符合实用、经济、美观的基本原则;同时,在艺术上还要考虑诸如统一、变化、尺度、比例、均衡、对比等原则。由于园林在物质和精神功能方面的特点,其具体的设计手法与要求,与其他设计类型又表现出许多不同之处。

园林规划在设计方法上归纳起来主要有5个特点,如表6.1所示。

表6.1　园林规划设计的主要特点

特　点	说　明
1. 与城市整体环境的有机结合	园林虽具有一定的独立性,但它必须遵循城市规划的整体布局原则。在设计中,要注重与周围城市环境的协调,通过巧妙的布局,使之与周围环境成为一个有机的整体
2. 设计的灵活度大	由于园林受到休憩游乐生活多样性和观赏性强的影响,形成了在设计方面的灵活性大。这一特性既可以为空间组合的多样化带来有利条件,也会给设计工作带来一定的难度
3. 艺术性要求高	园林是集游憩、生态、美观主要功能于一体的,要求有较高的观赏价值与艺术性,富有诗情画意
4. 注重步移景换的时空效果	园林绿地所提供的空间场所要能适合人们在动中观景的需要,力求景色富于变化,要认真推敲园林的空间序列和组织观赏路线,以达到步移景换的时空效果;同时,植物本身就是有生命的,设计中要注意用好它的季相变化
5. 追求声色皆具的多元化效果	为了创造富于艺术意境的空间环境,还要特别重视巧借大自然中各种动态组景的因素。例如,园林在花木水石点缀下,再结合如自然界的各种水声、风啸、鸟语、花香等动态组景因素,可产生奇妙的艺术效果

2) 实训课程特点

园林设计实训课是一门实践性与综合性很强的课程,同时又是一门艺术与技术紧密联系的课程,在学习该实训课程中应认真地把握4个特点,如表6.2所示。

表6.2　园林设计实训课程特点

特　点	说　明
实践性	在实训过程中应始终贯彻从实践中掌握园林规划设计的基本方法,通过设计课题的多次循环,由浅入深地螺旋式上升,逐步培养起对规划设计过程的熟悉与掌握,从而有效培养自己的设计能力
阶段性	本课程涉及学科内容广泛、头绪繁多,在学习过程中往往难于掌握而感到无从着手。因此,设计课程在整体系统构成中应注重分阶段提出各自的重点要求,制订好进度计划,以便于在设计中有所侧重地解决各阶段的问题,以确保完成整体任务
综合性	由于本课程牵涉的知识面广,综合性强,在设计中应将相关学科知识综合应用摆在重要位置上。平时要注重扩大知识面,注意多学科的交叉,关注本课程与其他相关课程相互衔接应用
科学性	园林规划课的实践特征不能与过去"授徒传艺"的工匠方法混同,在实践中,应注重艺术的、科学的、理性的思维,掌握正确的设计方法,培养良好的工作习惯,应避免完全凭感觉的草率态度

6.1.2　实训过程与技能要求

1）实训过程

　　学生通过本实训课程的学习,从简单的小型园林开始,过渡到一般中小型园林规划设计,逐步发展到完成功能较为复杂的综合性园林规划学习,构成一个由浅入深、由表及里,从内向外和从外向内,以至内外结合的学习园林规划的系统课程。使学生能有系统、分层次、多方位、多角度地学习本课程,通过 6 个大小不同,类型各异的模拟真题设计实践,逐步学习和掌握园林规划的理论知识、设计环节、设计方法、设计成果表达的技巧等(图 6.1)。

| 理论知识学习 | → | 现场调研 | → | 优秀案例分析 | → | 草图设计 | → | 正图绘制 | → | 成果汇报 | → | 实训小结 |

图 6.1　设计课题的实训过程

　　一般的园林规划设计实训要求如表 6.3 所示。

表 6.3　实训技能要求

内　容	要　求			
实训目的	通过 6 个实训项目,达到掌握园林设计技能,独立完成设计方案的目的,同时训练口头表达能力: 1. 掌握园林规划的步骤和基本方法,会调研分析相关资料(含优秀案例学习) 2. 掌握园林设计中的构思立意、总体布局、景观空间组合、主要景点设计及植物配置设计等特点 3. 会分析和比较方案,掌握优化方案的方法,学会方案设计中的比例尺度的推敲方法 4. 掌握方案的表达方法。学会功能分区、总平面、剖面图、主要景点立面或效果图的表现方法。掌握第一次草图、工具草图和正式图的表现技法			
	技能点	训练要求与标准	训练方法	参考学时
实训环节安排	1. 知识综合应用	理解和掌握各类园林设计中的合理的功能分区、景观空间组合、总平面布局、主要景点设计及植物配置设计等基本原理知识综合应用	教师讲授、提问、讨论	2 学时
	2. 调研分析训练	研读任务书,收集相关的资料,多看、多想、多记、多动手,借鉴同类设计实例的优点,启发与寻找设计灵感。要求 5 人 1 组进行调研,每人完成实训报告	教师现场讲解,学生分组调研、讨论、汇报	2 学时(课后 4 学时)
	3. 构思训练	在对设计任务全面了解的基础上,对课题的功能要求、技术和艺术等各方面进行完整而系统的考虑。将构思用草图表现出来,要求每人完成 2 ~ 3 个不同的构思方案	教师辅导、检查	2 学时(课后 4 学时)
	4. 选择与优化方案训练	经过反复比较各方案的利弊,选择一个最佳方案进行细化,要求完善该方案的功能分区图、总平面、植物配置草图等	学生练习、教师辅导、提问,不合要求的分析原因后重做	2 学时(课后 4 学时)

续表

	技能点	训练要求与标准	训练方法	参考学时
实训环节安排	5. 工具草图训练	进一步修改完成该方案的规划总平面、植物配置、剖面、主要景点立面或效果图等工具草图	学生练习、教师辅导	4 学时（课后 4 学时）
	6. 方案表达，绘制正图训练	绘制正式图前应有充分的准备，要注意选择合适的表现方式，同时，要注意设计成果图面的排版、构图、色彩等问题	学生练习、教师辅导	4 学时（课后 4 学时）
	7. 口头表达能力训练	汇报方案。要注意思路清晰、重点突出、简明扼要，语言流畅	答辩、评析、小结	2 学时
过程考核主要内容	1. 预习报告检查，记入平时成绩 2. 实训报告以小组为单位汇报答辩，记入平时成绩 3. 构思草图方案检查，记入平时成绩 4. 工具草图检查，记入平时成绩 5. 所制作的手绘或电脑绘制正式图，评分，记入平时成绩			
考核标准	思路清晰，设计程序正确，进度安排合理，方法正确；按时完成预习报告和实训调研报告；按时完成构思方案、根据草图、正图；图面内容完整、美观清楚；答辩准确。重做时酌情扣分（表6.4、表6.5）			
分组要求	5 ~ 6 人/组，配一位指导教师			
场地要求	园林规划设计实训室(有多媒体、绘图板等)、校外实训调研基地			
设备仪器	本课程教学过程中有大量信息资料，教室需有多媒体；作为一门操作性极强的专业课，为增加学生的动手能力，需使用制图教室(40 座位)，绘图工具有一号图板 40 块、一号丁字尺 40 把、大三角板 40 副等，其他工具学生自备			
耗材预算	图纸、颜料、各种画笔等			
其他要求	上课前，需详细研读任务书同时预习并完成相关设计任务的预习报告			

2）实训考核标准

　　为达到实训目标本课程考核宜采取形成性考核方式。该项成绩由每次实训课题成绩取平均分数而得。每学期将开设 2 ~ 3 个实训设计课题，教师将全方位考察每一个学生的每次实训设计全过程，其目的是培养学生的设计动手能力及表达能力。每次实训考核成绩主要由平时实训综合能力表现与平时实训设计能力两大部分内容构成（表6.4、表6.5）。

　　实训考核成绩（100 分）= 设计能力（80 分）+ 平时实训综合表现（20 分）

表6.4　实训过程综合能力表现考核

考核项目	考核内容	评分标准/分	
1.平时综合表现	学习态度(主要体现在课堂是否积极参与回答问题和出勤情况)	10	20
	平时实训按时按要求完成各阶段的任务的综合情况	5	
	是否具有团队合作精神	5	
2.调研能力	是否积极参与调研、按要求完成实训调研报告	15	15
3.草图设计能力	是否按要求完成第一次草图(2~3个不同的构思方案)	15	40
	完成工具草图的情况,是否按要求深化方案	25	
4.绘制正图能力	是否按要求完成正图的情况	10	10
5.方案汇报能力	是否积极参与答辩,思路是否清晰,语言表达是否熟练流畅	15	15
总　计		100	

表6.5　设计能力实训考核标准

考核项目	考核内容	评分标准/分	
1.方案构思能力	是否有创意	10	10
2.功能与形式的结合	是否满足任务书的要求,功能是否合理,空间设计是否合理,功能与形式是否有机结合	10	10
3.整体与局部	是否协调统一,又富有变化、与周边环境是否协调	10	10
4.比例尺度	设计的比例尺度是否恰当合理,表达是否正确	10	10
5.主要设计成果表达能力	规划总平面设计是否合理,绘制是否正确	10	45
	植物配置设计是否合理,图表表达是否清楚	10	
	竖向设计是否符合场地的要求,剖面图绘制是否正确	10	
	重要景点设计是否恰当,其效果图的表达是否美观清楚	10	
	设计说明是否特点突出,言简意赅;园林命名是否有创意	5	
6.图面效果	图面排版(含图、表、字体等),线条、色彩是否美观、整洁,具有较好的表现力;图纸表达的规范性,素材符号表达是否清楚美观;图文应按规定要求无缺漏	15	15
总　计		100	

6.2　实训步骤

6.2.1　园林规划设计的一般程序

了解园林规划设计的工作程序是非常必要的,园林工程与其他实际工程一样都要经过设计与施工两大程序来完成(图6.2)。

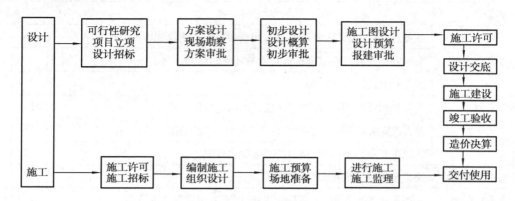

图 6.2　园林工程建设程序示意图

实际园林工程设计工作的程序,一般又分为 3 个阶段,如表 6.6 所示。

表 6.6　园林工程设计的 3 个阶段划分

序号	阶段划分	主要内容
1	方案设计	确立方案的设计思路,结合基地与周围环境的整体关系,进行功能分区、游览路线组织安排、空间结构布局形式与风格、总平面布置、竖向设计、植物配置设计、主要效果图,以及某些重大技术问题的初步考虑等
2	初步设计	根据已确定的方案,做全方位的详细设计,研究方案的局部处理和确定各专业的技术需求,协调各专业,共同解决设计中的各种矛盾和具体的技术问题。初步设计的文件包括设计图纸、说明书、工程量总表和概算。图纸部分要确定重要细部准确的形状、尺寸、色彩和材料,并完成详细的平面图、立面图、剖面图、局部详图、综合管网图等。一般中小型较简单的园林,也可省略此阶段
3	施工图设计	将前阶段的设计成果绘制成正式的施工图纸,并编制出正式的文件说明,作为施工的依据。施工图设计的文件包括施工图纸、说明书、工程预算。图纸内容为施工总平面图、竖向施工图、种植施工图、园林建筑施工图,各项设计内容包括准确的位置、形状、尺寸、材料、种类、色彩以及构造和结构等

　　在校的学习不可能与实际工作完全等同,尤其是中、低年级的学生,无论从时间上或所具备的专业知识上看都不可能完成每个设计的全过程。就以上各个设计阶段的工作内容看,其中方案设计往往更带有全局性和战略性。设计的基本方案如何,将直接影响到以后工作的进行甚至决定着整个设计的成败。而方案设计能力的提高,则需长期反复的训练。因此,在校学习该课程深度,一般仅大体相当于实际工作中的方案设计阶段的要求,让学生有较多的时间和机会,接受由易到难、由简单到复杂的多课题、多类型的训练。只有在高年级或毕业设计的某些课题中,要求达到初步设计或施工图的深度,以便学生更快地适应即将到来的实际工作(图6.3)。

■ 企业工作流程

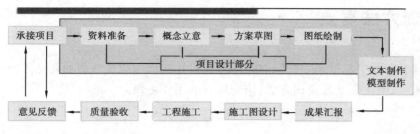

图 6.3 基于工作过程设计教学流程示意图

6.2.2 实训步骤方法

园林规划设计是一种创作活动,无论所设计的课题怎样简单,它已经与绘制一张《园林制图》课中的平面图或效果图在性质上有着根本的不同,它已不再是一种单纯的模仿性绘图练习了。因此,应特别注意方案设计的方法与步骤,方案设计步骤的建议如表 6.7 所示。

表 6.7 方案设计实训步骤方法

步骤	阶段划分	各阶段主要任务	各阶段主要工作内容
第一阶段	设计前期准备工作	1. 设计要求分析	设计任务要求、功能要求、布局形式要求、经济技术等要求分析
		2. 现场调研	基地现状、周边环境、当地的人文地理环境调研
		3. 相关资料的收集与调研	调研分析同领域的优秀实例、资料归类与分析
		4. 项目策划	在前几项工作的基础上进行分析,确认项目定位,制订进度计划等
第二阶段	设计过程	1. 设计立意	在第一阶段的基础上进行创作,确定设计立意等
		2. 方案构思	可从环境特点入手或从功能特点入手,完成 2~3 个构思或设计风格不同的草图方案
		3. 多方案比较	分析比较各方案的利弊,选择方案进行优化,确定设计风格、完善功能分区图
		4. 调整、优化与细化,并完成工具草图	总平面设计
			竖向设计
			植物配置设计
			主要景点设计
第三阶段	设计成果表达	1. 提交设计成果	排版、绘制正图(手绘或电脑绘制)
		2. 汇报方案	答辩

6.3　实训方法要点

本节从教学实践中总结出一些针对初学者在设计实训中应该掌握的要点进行讲述,引起学生的高度重视,以便正确掌握实训方法,培养良好的工作习惯。

6.3.1　设计前期准备工作要充分

为保证方案的设计质量,对方案的设计前期准备工作必须予以高度重视。设计前期的准备工作的目的是通过对影响因素、设计要求、基地现状、相关资料及项目策划等重要内容的全面系统的分析研究,为方案设计确立科学的依据。

1)影响园林设计的因素

影响园林设计的因素很多。在设计之前,应注意全面分析调查研究,才能设计出高水平的作品。这些影响因素主要包括自然环境条件、人文环境条件、所有者与使用者特质等因素(表6.8)。

表6.8　影响园林设计的主要因素

影响因素		说　明
自然环境条件	气候　气温	地区温度影响植物与园林建筑材料的选择
	雨量	该地的降雨量大小,影响植物的选择与养护以及场地排水等
	风力风向	影响园林的布局、植物与园林建筑材料的选择等
	日照	四季日照条件影响园林的布局、植物的选择与园林建筑设计
	水体	基地(或附近)有无水源对园林设计影响较大
	地形地势	是平坦的还是有起伏的,并进行正负面的分析
	土壤	土色、土壤构造、土壤的化学反应、地下水位的分布等影响园林的布局及植物与材料的选择
	动植物	了解当地的动植物种类、生长特点及分布状态,影响植物的选择
	原有地物	基地与附近可利用的造园材料,自然的(如有特色的植物群落、山水景致等)或人工的景物,有无改造与再利用的价值
人文环境条件	地方风貌特色	人文环境的地域性与文脉性为创造富有个性特色的园林可提供重要的启发与参考。例如,当地民俗风情、文化特色、历史名胜、建筑特点、园林设计风格等
	城市性质规模	项目建设地属政治、文化、金融、商业、旅游、交通、工业还是科技城市;属特大、大型、中型还是小型城市
	交通状况	是否便利,正负面的影响,人流量、噪声的影响
	原有的人工设施	原有的构筑物、道路和广场的色彩质感;各种地上地下管线等

续表

影响因素		说　明
人文环境条件	材料市场供应状况	当地材料(主要指植物与园林建筑材料)市场供应状况、价格
	法律法规	国家及当地政府的相关的法律法规及规章制度
	社会状况	社会治安情况、劳力供应情况
所有者	建设目的	是政府改善城市环境还是私人建设、是新建还是改建、是否收门票等
	经济能力	准备前期预算投入多少、后期的养护投入多少等,以确定项目的定位
使用者	需求与兴趣	使用者的需求与兴趣(含性别、年龄、职业、生活习惯等)是影响园林设计重要因素之一,可通过问卷调查进行分析,同时要明智地判断其需求是否合理,在设计中要正确引导
	性质与数量	属公共的还是私人的;人数与各空间的影响,如园路的宽度、停车位等
	禁忌事项	特别注意要严格遵守国家的设计规范,不能留下安全隐患。例如,幼儿活动区应减少(或没有)有毒、有刺的植物,水池深度宜浅;老人活动区应考虑无障碍设计等

2)设计要求分析

从设计任务书的物质要求和精神要求入手,即对功能要求、空间形式特点要求、经济技术条件进行分析(表6.9)。

表6.9　设计要求分析

要　求	说　明
1.功能要求	主要指个体空间区域与整体功能之间的关系。从使用者的需求出发,安排合理的各个空间。个体空间区域对环境景观、空间区域属性、位置、体量大小、基本设施等方面的要求与整体功能之间的相互关系与密切程度。例如,相互关系属主次关系还是并列、序列或混合关系;密切程度为密切、一般、很少或没有
2.形式要求	园林的类型特点:属休闲性的还是纪念性的,属公共的还是私人的等 使用者的个性特点:少儿的、老年人的还是成人的,或者各年龄阶层都有
3. 经济技术条件分析	经济技术因素是指建设者所能提供用于建设的实际经济条件与可行的技术水平。它是确立园林建设的档次质量、植物的选择、材料应用以及设备选择的决定性因素,是除功能、形式之外影响园林设计的第3大因素

在方案设计入门阶段,由于我们所涉及的园林规模较小,难度较低,并考虑到初学者的实际程度,可重点考虑功能与形式的要求,而经济技术因素在此不重点展开讨论。

3)基地调查和分析

园林拟建地又称为基地,它是由自然和人类活动共同作用所形成的复杂空间实体,它与外部环境有着密切的联系。在进行园林规划之前应对基地进行全面、深入、系统的调研分析,为设计提供细致、可靠的依据。

(1)基地现状调查　基地现状调查包括收集与基地有关的技术资料和进行实地踏勘、测量两部分工作。有些技术资料可从有关部门查询得到,如基地所在地区的基地地形及现状图、城市规划资料、气象资料等。对查询不到的但又是设计所必需的资料,可通过实地调查、勘测得到,如基地及环境的视觉质量、基地小气候条件等。若现有资料精度不够或不完整或与现状有出入,则应重新勘测或补测。基地现状调查的主要内容如表6.10所示。

表6.10　基地现状调查的主要内容

调研项目	主要内容
1. 地段环境	①基地自然条件:地形、水体、土壤、植被等 ②气象资料:四季日照条件、温度、风、降雨量、小气候等 ③视觉质量:基地现状景观、周围环境景观、视域等 ④人工设施:构筑物、道路和广场、各种管线等
2. 人文环境	人文环境的地域性与文脉性为创造富有个性特色的空间造型提供必要的启发与参考 ①地方风貌特色:当地民俗风情、文化特色、历史名胜、地方城市特点、园林绿地风格等 ②城市性质与规模:项目建设地属政治、文化、金融、商业、旅游、交通、工业还是科技城市;属特大、大型、中型还是小型城市
3. 城市规划设计条件	该条件是由城市管理职能部门依据法定的总体发展规划与城市绿地系统规划提出的,其目的是从城市宏观角度对具体的园林设计项目提出若干总体要求与控制性限定,以确保城市园林绿地系统整体环境的良性运行与发展。特别在风景名胜地区控制较严格 ①绿化技术指标要求:用地内绿化率、绿化覆盖率、三维绿量等技术指标要求 ②后退红线限定:为了满足所临城市道路(或相邻建筑或文物古迹)的景观、交通、市政及日照要求,限定城市园林绿地中建筑或构筑物在临街(或相邻建筑或文物古迹)方向后退用地红线的距离。它是该园林绿地的最小后退指标 ③停车量要求:用地内停车位总量(包括地面上下)。它是该项目的最小停车量指标。城市规划设计条件是园林规划设计所必须严格遵守的重要前提条件之一

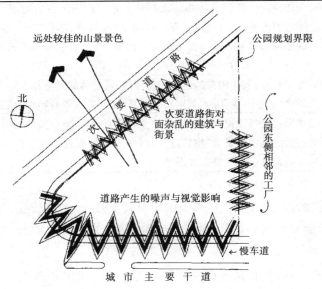

公园基地位于某市开发区中心地带。公园平面呈三角形,占地面积约0.6 hm²,南临滨江路、西北接张澄路,东面与某工厂相邻。场地原先为菜地,现已平整。场地土壤条件良好

图6.4　某公园场地现状分析示意图

(引自王晓俊《风景园林设计》)

现状调查并不需将所有的内容一个不漏地调查清楚,应根据基地的规模、内外环境和使用目的分清主次,主要的应深入详细的调查,次要的可简要的了解。要分析清楚哪些是有利的因素可以加以利用,哪些是不利的因素必须加以改造(图6.4—图6.6)。

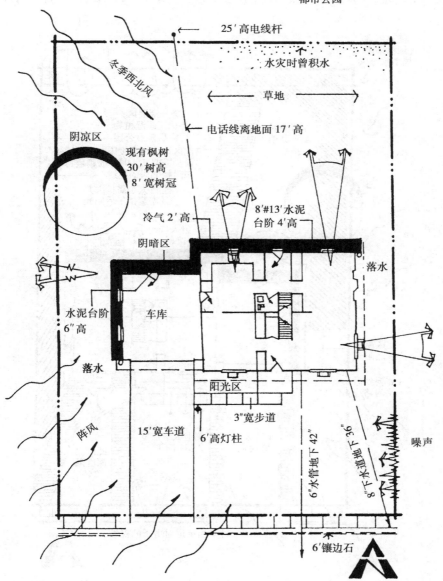

图6.5 某独立式住宅小花园基地现状条件示意图
(引自洪得娟《景观建筑》)
(注:1′=0.304 8 m,1″=0.025 4 m)

(2)基地分析 基地分析在整个设计过程中占有很重要的地位,深入细致地进行基地分析有助于用地的规划和各项内容的详细设计,并且在分析过程中产生的一些设想也很有价值。基地分析是在客观调查和主观评价的基础上,对基地及其环境的各种因素作出综合性的分析与评价,使基地的潜力得到充分发挥。基地分析包括:在地形资料的基础上进行坡级分析、排水类型分析,在土壤资料的基础上进行土壤承载分析,在气象资料的基础上进行日照分析、小气候分析,等等。

较大规模的基地是分项调查的,因此,基地分析也应分项进行,最后再综合。首先将调查结

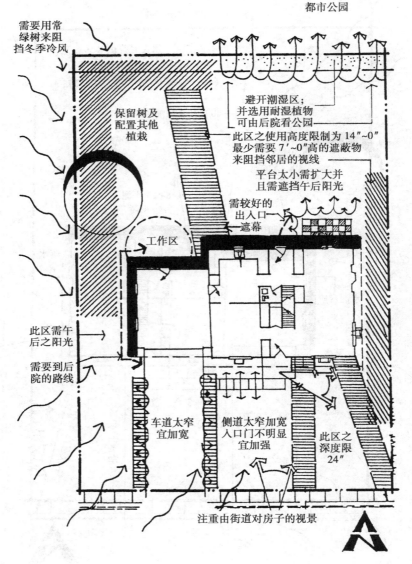

都市公园

需要用常绿树来阻挡冬季冷风

保留树及配置其他植栽

避开潮湿区;并选用耐湿植物可由后院看公园
此区之使用高度限制为 14″~0″
最少需要 7′~0″高的遮蔽物来阻挡邻居的视线

平台太小需扩大并且需遮挡午后阳光

需较好的出入口
遮幕

工作区

此区需午后之阳光

需要到后院的路线

车道太窄宜加宽

侧道太窄加宽入口门不明显宜加强

此区之深度限24″

注重由街道对房子的视景

说明:
1.在房子北方的植栽必须耐阴暗
2.房子前面的屋基栽植必须不能高于 36″
3.不能选用喜好酸性土壤者

图6.6　某独立式住宅小花园基地分析示意图

(引自洪得娟《景观建筑》)

(注:1′=0.304 8 m,1″=0.025 4 m)

果分别绘制在基地底图上,一张底图上只做一个单项内容,然后将诸项内容叠加到一张基地综合分析图上(图6.7)。由于各分项的调查或分析是分别进行的,因此可做得较细致较深入,而且应标明关键内容。

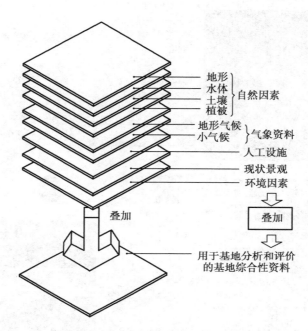

图6.7　基地分析的分项叠加方法
(引自王晓俊《风景园林设计》)

4) 相关资料的调研与搜集

学习并借鉴前人正反两个方面的实践经验,了解并掌握相关法规,既是避免走弯路、走回头路的有效方法,也是认识熟悉各类型园林规划的捷径。因此,为了要学好园林规划,必须学会搜集并使用相关资料。结合设计对象的具体特点,资料的搜集调研可以在第一阶段一次性完成,也可以穿插于设计之中,有针对性地分阶段进行。

(1)实例调研　"百闻不如一见",体验现场的感受,有目的地到现场调研是十分重要的。实例的选择应本着性质相同、内容相近、规模相当、方便实施并体现多样性的原则,调研的内容包括一般技术性了解(对设计构思、功能分区、总平面布局、空间组织、植物配置等方面的优缺点分析)和现场使用管理情况调查(对使用与管理两方面的直接调查)两部分。最终调研的成果应以图文形式尽可能详尽而准确地表达出来,形成一份永久性的参考资料。

(2)资料搜集　相关资料的搜集包括规范性资料和国内外优秀设计图文资料两个方面。

园林规划规范是为了保障城市园林绿地的质量水平而制定的,设计师在设计过程中必须严格遵守这一具有法律意义的强制性条文,在我们的课程设计中同样应做到熟悉、掌握并严格遵守。对我们影响最大的设计规范有日照规范,消防规范和交通规范等。

优秀设计图、文资料的搜集与实例调研有一定的相似之处,只是前者更侧重于设计思路、设计手法、方案特点等方面的分析了解,后者更侧重于实际运营情况和使用管理情况的调查。但简单方便和资料丰富则是前者的最大优势。因此,初学者应多看多记一些优秀案例和研读大师作品,这是认识熟悉各类型园林建筑设计的有效捷径,这一点对初学者尤其重要(图6.8)。

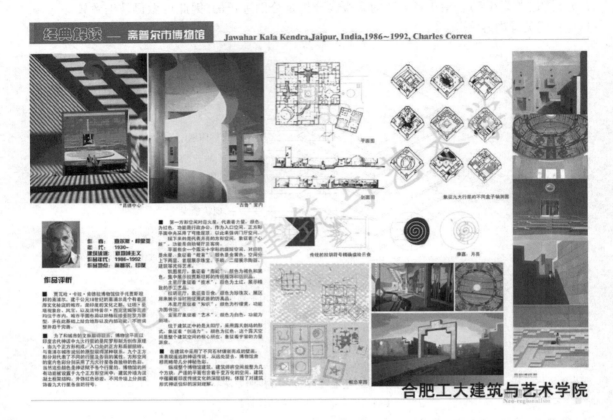

图6.8　大师经典作品解读
(引自合肥工业大学公共建筑设计精品课程网)

5)项目策划

过去在园林绿地的建设程序中,项目的策划阶段往往不为人所重视。这个阶段在社会上尚未有明确的分工和具体的工作职责范围,但它对项目成败是具有关键意义的。近年来,随着园林事业的迅猛发展,项目策划越来越受到人们的关注。

策划阶段的主要内容是:明确项目建设的目的性;市场使用者有何需求;分析项目的共性与个性,如项目所在地的文化历史背景、人文环境、地理特征等,充分挖掘其特性;需要满足哪些建设条件的要求;项目的可行程度和保证条件,等等。概括地说,就是设计前在艺术、技术、项目实施上有一个更高、更深、更全面的认识。这一点在实际工作中尤其重要。

以上所着手的设计前期准备工作可谓内容繁杂,头绪众多,工作起来也较枯燥,而且随着设计的进展会发现,有很大一部分的工作成果并不能直接运用于具体的方案之中。我们之所以坚持认真细致一丝不苟地完成这项工作,是因为虽然在此阶段我们不清楚哪些内容有用(直接或间接),哪些无用,但是我们应该懂得只有对全部内容进行深入系统的调查、分析、研究、整理,才可能获取所有的对我们至关重要的信息资料。

6.3.2 方案的构思与选择

完成第一阶段工作后我们对设计要求、环境条件及前人的实践已有了一个比较系统全面的了解与认识,并得出了一些原则性的结论,在此基础上可以开始方案的设计。本阶段的主要工作包括设计立意、方案构思和多方案比较(图 6.9)。

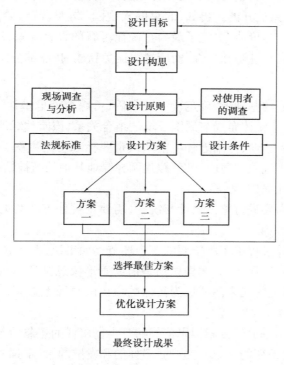

图 6.9 多方案设计与选择示意框架图

1)设计立意

如果把设计比喻为作文的话,那么设计立意就相当于文章的主题思想,它作为我们方案设计的行动原则和境界追求,其重要性不言而喻。

严格地讲,存在着基本和高级两个层次的设计立意。前者是以指导设计,满足最基本的城市园林绿地功能、环境条件为目的;后者则在此基础上通过对设计对象深层意义的理解与把握,谋求把设计推向一个更高的境界水平。对于初学者而言,设计立意不应强求定位于高级层次。

评判一个设计立意的好坏,不仅要看设计者认识把握问题的立足高度,还应该判别它的现实可行性。例如,要创作一幅命名为"深山古刹"的画,我们至少有 3 种立意的选择:或表现山之"深",或表现寺之"古",或"深"与"古"同时表现。可以说这 3 种立意均把握住了该画的本质所在。但通过进一步的分析我们发现,三者中只有一种是能够实现的。苍山之"深"是可以通过山脉的层叠曲折得以表现的,而寺庙之"古'是难以用画笔来描绘的,自然第三种也难实现了。在此,"深"字就是它的最佳立意(至于采取怎样的方式手段来体现其"深",那则是"构思"

阶段应解决的问题了）。

园林规划是一种艺术与技术相结合,寓情于景的空间塑造,因此较其他一般的工程设计更加需要意匠。这里所说的"意"为立意,"匠"为技巧。

在确定立意的思想高度和现实可行性上,许多城市园林绿地优秀作品的创作给了我们很好的启示。例如,深圳的海上田园风光,它所立意追求的不仅仅是一般意义视觉上的美观或游憩的舒适,而是要把园林融入自然,回归自然,谋求与大自然进行全方位对话,作为园林规划的最高境界追求。它的具体构思从主题的确定、位置选择、功能分区、布局经营、空间处理到造型设计,无不是围绕着这一立意展开的。再如,北京的大观园（仿照《红楼梦》中的描写）,由于原型园林特有的历史文化地位与价值,决定了最为正确而可行的设计立意,应该是无条件地保持文化历史园林原有形象的完整性与独立性,而应竭力避免新建、扩建部分的喧宾夺主。

2）方案构思

在全面了解以上问题的基础上,确定设计立意后,可综合考虑基地与周边城市空间环境中诸因素的平衡。例如,方案整体布局与周围环境的结合关系;该园林绿地与外围联系关系;方案的风格与周边环境的关系;方案与附近环境空间或重要标志物的主次关系和空间构图关系;方案与该基地地形、水体、小气候的适应程度;拟建园林绿地基地的植被情况确认,对于有古树、名木的现场更要仔细认真地保护,等等。

以上问题在设计上需要进行整体设计与统筹,需要把握住方案总的发展方向,并形成一个明确的构思意图。

方案构思是方案设计过程中至关重要的一个环节。如果说,设计立意侧重于观念层次的理性思维,并呈现为抽象语言,那么,方案构思则是借助于形象思维的力量,在立意的理念思想指导下,把第一阶段分析研究的成果落实成为具体的城市园林绿地形态,由此完成了从物质需求到思想理念再到物质形象的质的转变。

以形象思维为其突出特征的方案构思依赖的是丰富多样的想象力与创造力,它所呈现的思维方式不是单一的,固定不变的,而是开放的,多样的和发散的,是不拘一格的,因而常常是出乎意料的。一个优秀城市园林绿地给人们带来的感染力乃至震撼力无不始于此。

想象力与创造力不是凭空而来的,除了平时的学习训练外,充分的启发与适度的形象"刺激"是必不可少的。例如,可以通过多看资料,多画草图,多做模型等方式来达到刺激思维,促进想象的目的。

形象思维的特点也决定了具体方案构思的切入点必然是多种多样的,可以从功能入手,从环境入手,也可以从经济条件入手,由点及面,逐步发展,形成一个方案的雏形。

(1)从环境特点入手进行方案构思　富有个性特点的环境因素（如地形地貌、景观朝向以及道路交通等）均可成为方案构思的启发点和切入点。例如,广东省罗浮山怡康村（老年社区）地属南亚热带季风气候,雨量充沛,气候温和湿润,年平均雨量为 1 841.4 mm,年平均气温22.2 ℃。地理位置十分优越,具备了开发老年社区的良好的自然资源条件。该项目选址于风景优美的广东罗浮山风景区旁,用地三面环山,层峦叠翠、具有得天独厚的自然景观。罗浮山为道佛两教圣地,享有岭南第一山的美称。该设计在认识并利用环境方面做了一些有益的探索。充分利用原有林果场和废弃的水库进行构思,构成其独特的景观环境设计。在处理小区园林绿地与原有环境及人文景观的关系上,使小区园林绿地的美观及实用性与原有的植被、水库有机结合,而且有着增色环境的更高追求,成为一个富有场所精神的绿色空间,为罗浮山怡康村平添了一道独特的风景(图6.10)。又如,深圳的青青世界,利用原有的山谷设计了一个富有野趣的侏罗纪迷你公园,深受游客们的喜爱。从中可以看出设计师从自然环境特点入手进行的巧妙构思。

图6.10　从原有环境入手进行方案构思的罗浮山怡康村

(2)从具体功能特点入手进行方案构思　更圆满、更合理、更富有新意地满足功能需求一直是园林设计师所梦寐以求的,具体设计实践中它往往是进行方案构思的主要突破口之一。一般的园林规划多用此方法进行构思(图6.11、图6.12)。

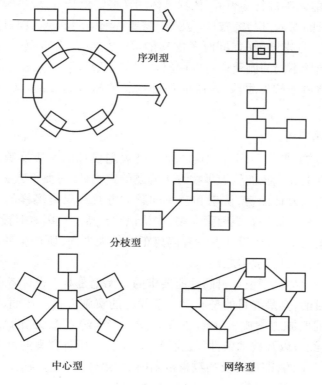

序列型

分枝型

中心型　　　　　　　　网络型

图6.11　常见的几种功能结构关系图

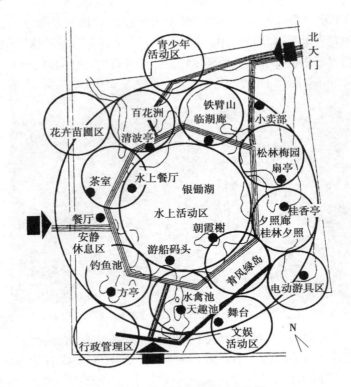

图 6.12   某公园功能分区示意图

除了从环境、功能入手进行构思外，依据具体的任务需求特点、经济因素乃至地方特色均可以成为设计构思可行的切入点与突破口。另外，需要特别强调的是，在具体的方案设计中，同时从多个方面进行构思，寻求突破（如同时考虑功能、环境、经济、结构等多个方面），或者是在不同的设计构思阶段选择不同的侧重点（如在总体布局时从环境入手，在平面设计时从功能入手等）都是最常用、最普遍的构思手段，这既能保证构思的深入和独到，又可避免构思流于片面，走向极端。

3）多方案比较与选择

（1）多方案构思的必要性   多方案构思是园林规划设计的本质反映。中学的教育内容与学习方式在一定程度上养成我们认识事物解决问题的定式，即习惯于方法结果的唯一性与明确性。然而对于园林规划设计而言，认识和解决问题的方式结果是多样的、相对的和不确定的。这是由于影响园林规划设计的客观因素众多，在认识和对待这些因素时设计者任何细微的侧重就会导致不同的方案对策，只要设计者没有偏离正确的大方向，所产生的任何不同方案就没有简单意义的对错区分，而只有优劣之别。

多方案构思也是园林规划设计目的性所要求的。无论是对于设计者还是建设者，方案构思是一个过程而不是目的，其最终目的是取得一个优秀的实施方案。然而，我们又怎样去获得这样一个理想而完美的实施方案呢？我们知道，要求一个"绝对意义"的最佳方案是不可能的。因为在现实的时间、经济以及技术条件下，我们不具备穷尽所有方案的可能性，我们所能够获得的只能是"相对意义"上的，即在可及的数量范围内的"最佳"方案。在此，唯有多方案构思是实现这一目标的可行方法（图 6.13）。

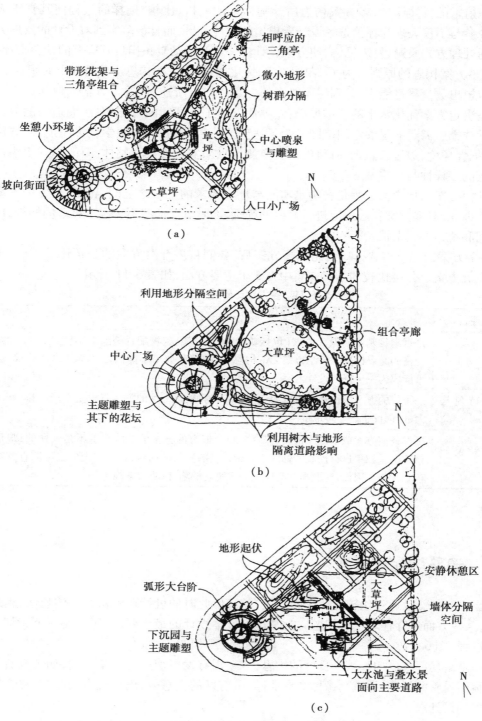

图6.13　某公园3种构思方案

（a）方案一；（b）方案二；（c）方案三

（引自王晓俊《风景园林设计》）

另外,多方案构思是民主参与意识所要求的。让使用者和管理者真正参与到建设中来,是以人为本这一追求的具体体现,多方案构思所伴随而来的分析、比较、选择的过程使其真正成为可能。这种参与不仅表现为评价选择设计者提出的设计成果,而且该落实到对设计的发展方向乃至具体的处理方式质疑,发表见解,使方案设计这一行为活动真正担负其应有的社会责任。

(2)多方案构思的原则　为了实现方案的优化选择,多方案构思应坚持如下原则:

①应提出数量尽可能多,差别尽可能大的方案。如前所述,供选择方案的数量大小以及差异程度是决定方案优化水平的基本尺码:差异性保障了方案间的可比较性,而适当的数量则保障了科学选择所需要的足够空间范围。为了达到这一目的,我们必须学会多角度、多方位来审视题目,把握环境,通过有意识、有目的地变换侧重点来实现方案在整体布局、形式组织以及造型设计上的多样性与丰富性。

②任何方案的提出都必须是在满足功能与环境要求的基础之上的,否则,再多的方案也毫无意义。因此,对多方案构思就应进行必要的筛选,随时否定那些不现实不可取的构思,以避免造成时间和精力的无谓浪费。

(3)多方案的比较与选择　当完成多方案后,我们将展开对方案的分析比较,从中选择出理想的发展方案。分析比较的重点应集中在 3 个主要方面,如表 6.11 所示。

表 6.11　多方案比较的主要内容

比较项目	主要内容
1. 设计要求的满足程度	是否满足基本的设计要求(包括功能、空间环境、植物配置等因素)是鉴别一个方案是否合格的起码标准。一个方案无论构思如何独到,如果不能满足基本的设计要求,也绝不可能成为一个好的设计方案
2. 个性特色是否突出	一个好的方案应该是特色鲜明、优美动人的,缺乏个性的方案肯定是平淡乏味,难以打动人的,因此也是不可取的
3. 修改调整的可能性	虽然任何方案或多或少都会有一些缺点,但有的方案的缺陷尽管不是致命的,却是难以修改的。如果进行彻底的修改不是带来新的更大的问题,就是完全失去了原有方案的特色和优势。因而,对此类方案应充分重视其缺陷,以防留下隐患

6.3.3　调整与优化方案

初步方案虽然是通过比较选择出的最佳方案,但此时的设计还停留在大体想法、粗线条的层次上,某些方面还存在着一些问题。为了达到方案设计的最终要求,还需要一个调整和深入推敲的过程(图 6.14)。

全局是由局部组成的。一个良好的构思,一个很有发展前途的初步方案,如果没有对各个局部慎重而妥善的处理,那就会像做文章那样,虽有好的立意,却出现过多的败笔,终究算不上一个完美的设计。

如何在原方案的基础上,做好每一个局部的设计,这对提高整个方案的设计质量,具有重要的意义。处理好细节问题,就要进行大量艰苦细致的工作,有时为了某个局部,要画出很多平、立、剖草图,进行反复比较,才能做出决定或取得改进。这也就是所谓"推敲",此项工作应由整体到局部,由粗到细。要注意对空间的比例、尺度、均衡、韵律、协调、虚实、光影、质感以及色彩等形式美原则的把握与运用。方案如果没有这种推敲和深化,设计则无法在原有的基础上得到提高。

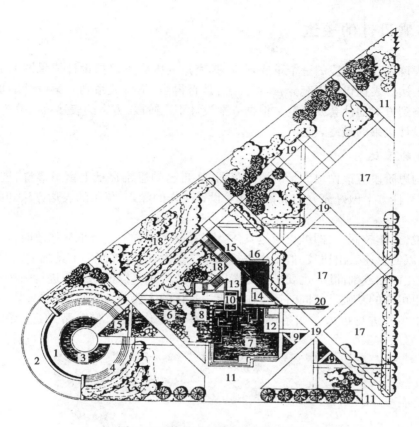

图 6.14　某公园调整优化后的方案

(引自王晓俊《风景园林设计》)

1.下沉园　2.面临街面大花坛　3.下沉圆环形水池　4.下沉园大台阶　5.小溪跌水　6.小溪
7.大水池　8.带汀步大水池　9.三角小水池　10.大型叠水景　11.铺装地面　12.临水平台
13.上层平台　14.小庭园　15.带状小水池　16.大花架　17.草坪　18.地形　19.道路　20.框景墙

6.3.4　不要轻易推翻方案

　　在前一阶段工作中,强调了做规划设计要进行总体的构思,强调了对设计方案要进行反复的比较,其目的就是为避免仓促定案,造成以后工作的反复。既然完成了前面这样一段工作,那么在方案的深入阶段,就应注意不要轻易否定前段工作成果,不要轻易推翻原有的方案。因为任何一个基本方案,都可能有这样或那样的缺点,如果遇到某一具体矛盾,就轻易地否定整个方案(这一点初学者要特别注意),则可能在新的方案中,这个问题解决了,却又产生了另外的问题,而每个设计的时间总是有限制的,不可能无休止地停留在方案的反复推敲上。应当理解,随着设计的逐步深入,出现一些原来没有考虑到的问题和矛盾,这是正常的现象,只要是属于局部的、次要的问题,只要它们不影响到原方案的成立,就应坚持在原有的基础上,进行改进和提高。

而且这种改进和提高,正是方案的深入阶段的主要任务。

6.3.5　方案设计的表达

　　方案的表现是设计阶段的一个重要环节,其表达的内容不仅指设计成果图面文本的表达,还包含口头表达。表达得是否充分,是否美观,是否得当,不仅关系到方案设计的形象效果,而且会直接影响到方案的社会认可度。根据方案设计不同阶段,方案的表达可划分为设计阶段的推敲表达和设计成果的最终表达。

1)设计阶段的表达

　　在最初构思阶段应该做出大量的铅笔草图,让自己的思维在纸上留下痕迹,进行多方案的比较,为选择最佳方案做好充分的准备。随着设计工作的深入,草图的表达方法和深度,也应做相应的配合。

　　一般来说,工作越深入,图纸也应越具体。当开始对原方案进行推敲修改时,可仍用草图进行拷贝修改,以便迅速做出比较,但工作进行到一定深度,就应该使用工具画出比较正规的总平面、主要景点立面图或剖面图、主要植物配置图等。这等于将以前的工作进行一次整理和总结,使之建立在更可靠的基础上。同时还要画些更为具体的主要节点景观透视图,某些草图尚可绘出阴影或加上色彩进行推敲。如条件允许,还可做出工作模型,借以帮助进行深入推敲比较(图6.15)。

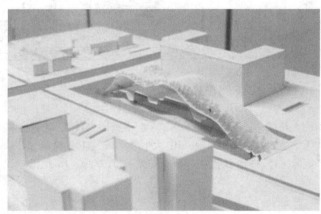

图6.15　为推敲方案制作的工作模型

　　草图所用的比例尺,一般在方案比较阶段,应采用小比例尺,这样可略去细节而有利于掌握全局。当进行深入推敲比较时,比例尺可逐步放大,有时为推敲某一细节,还可采用更大的比例尺,如广场设计中某些重要地面花格纹样等。在整个设计过程中,何时采用何种比例尺,何时采用徒手,何时使用工具,很难做具体的规定。能否正确地选用,常取决于设计者对园林规划设计规律的掌握程度。熟能生巧,只有勤学苦练多摸索,才能正确掌握设计方法。

2)设计成果的表达

　　设计成果的表达要求具有完整、明确、美观、得体的特点,以确保把方案所具有的构思、景观空间、风格特点充分展示出来,从而最大限度地赢得评判者的认可。因此,应高度重视这一阶段

的工作。首先,在时间上要给予充分的保证;其次,要准备好各种正式底稿,包括配景、图题等;再次,要注意版面设计的美观性,包括整体排版的协调性、均衡性、色彩等;最后,要选择好合适的表达方式(手绘或电脑或模型三者的结合),根据时间和自己的特长进行选择(图6.16)。

    以上两个阶段都要求学生配合口头表达进行训练,以适应实际工作的需要。

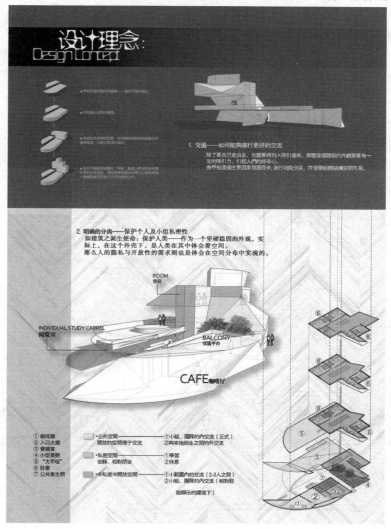

图6.16 某景观设计方案图

6.3.6 培养良好的工作作风

    由于园林规划牵涉的内容广,综合性强。要注重培养自己的文化艺术修养,拓展自己的知识面,多观摩、多思考、多动手、多交流,培养良好的构思习惯和工作作风。初学者尤其应注重方案进度计划安排的科学性与合理性,按时完成每个阶段的任务,不要前松后紧,否则再好的构思也会因后期的时间不够而草草收场,影响最终的设计成果。我们要在实践中不断地积累经验,改进方法,提高设计水平。

6.4　典型实践案例分析

1)某滨水绿地方案设计(图6.17)

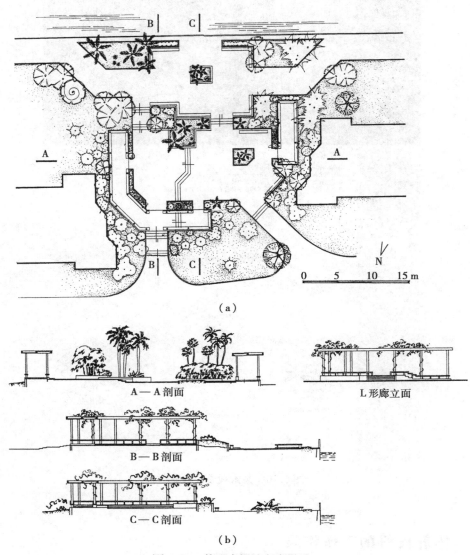

（a）

A—A剖面　　　　　　　　L形廊立面

B—B剖面

C—C剖面

（b）

图6.17　某滨水绿地方案设计
（a）平面图;（b）剖面图、连廊立面图
（引自沈葆久等《深圳新园林》）

2) 深圳中航小游园设计 (图6.18)

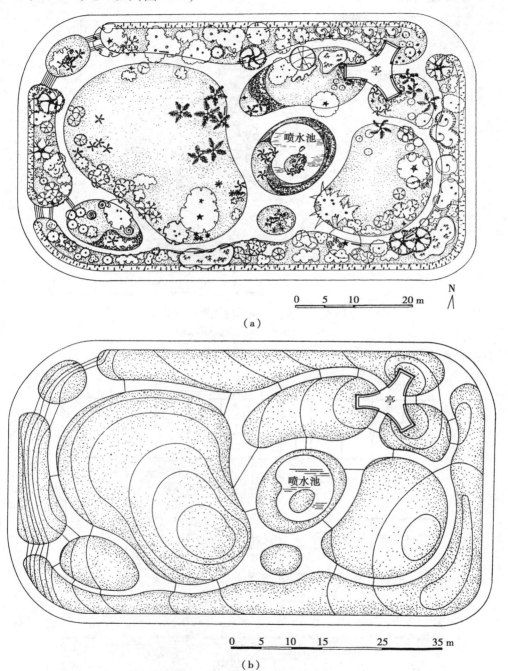

（a）

（b）

注:高等线高差 0.10 m

图6.18 深圳中航小游园设计

（a）平面图；（b）竖向设计图

（引自沈葆久等《深圳新园林》）

3）深圳宏昌大厦前庭绿地设计（图6.19）

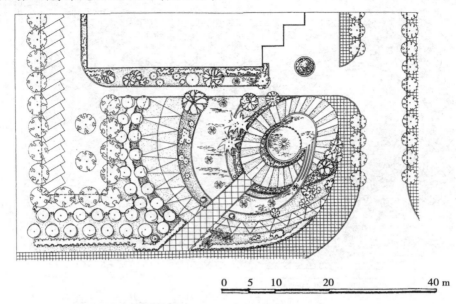

0　5　10　　20　　　　　　40 m

图6.19　宏昌大厦前庭规划平面图

（引自沈葆久等《深圳新园林》）

4）深圳环宇大厦庭园方案设计（图6.20）

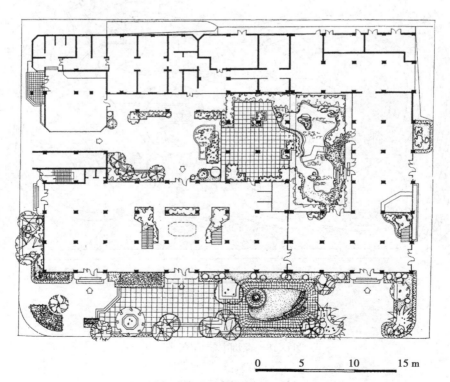

0　　　5　　　10　　15 m

图6.20　环宇大厦庭园规划平面图

（引自沈葆久等《深圳新园林》）

5) 集输庭院规划方案 (图6.21)

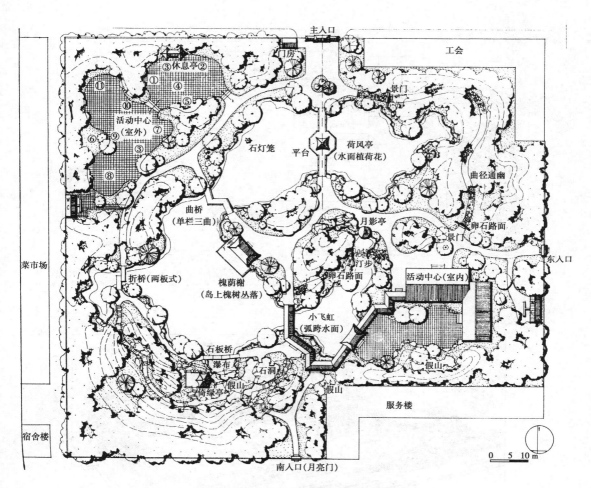

图6.21 集输庭院规划方案总平面图
(引自张浪《图解中国园林建筑艺术》)

6) 深圳市大剧院绿地规划方案（图6.22）

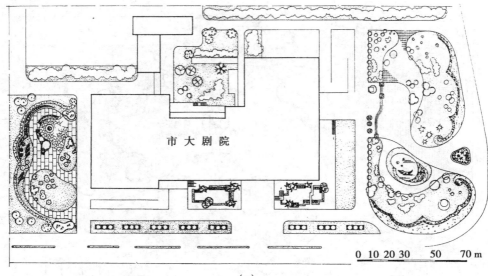

市大剧院

0 10 20 30   50   70 m

(a)

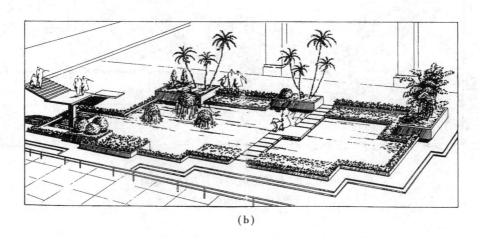

(b)

图6.22　深圳市大剧院绿地规划方案
（a）大剧院总体规划平面图；（b）大剧院正面下沉式天井鸟瞰图
（引自沈葆久等《深圳新园林》）

7)某住宅区小游园方案设计(图6.23)

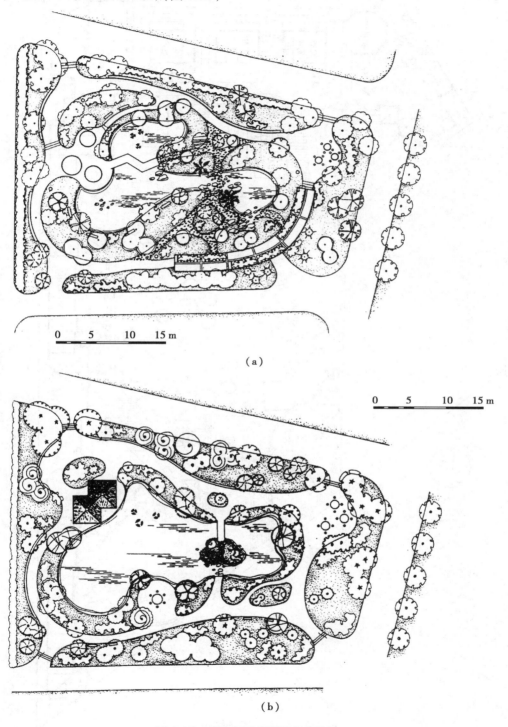

0　5　10　15 m

（a）

0　5　10　15 m

（b）

图6.23　某住宅区小游园方案设计
（a）庭院规划平面图（方案甲）；（b）庭院规划平面图（方案乙）
（引自沈葆久等《深圳新园林》）

8) 某宠物中心规划设计方案 (图6.24)

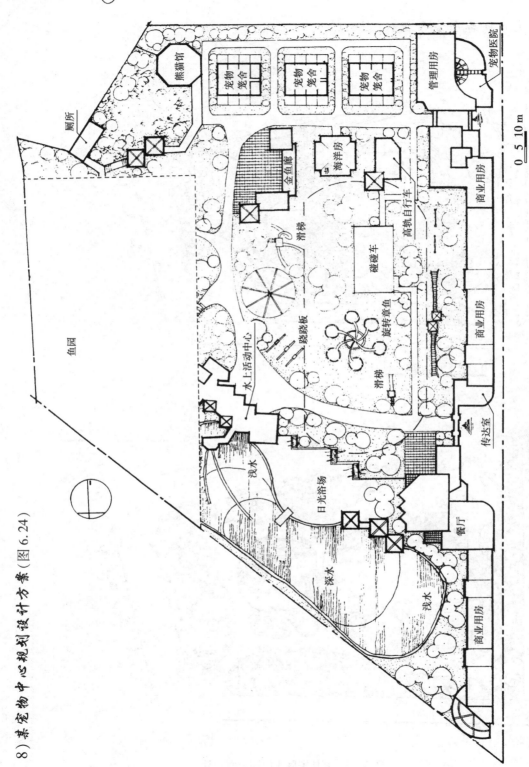

图6.24　某宠物中心总平面图
（引自张浪《图解中国园林建筑艺术》）

熊猫馆

厕所

鱼园

宠物笼舍

宠物笼舍

宠物笼舍

管理用房

宠物医院

金鱼廊

海洋房

商业用房

滑梯

碰碰车

高积自行车

商业用房

商业用房

跷跷跷板

水上活动中心

旋转草鱼

浅水

滑梯

日光浴场

传达室

深水

浅水

餐厅

商业用房

0　5　10 m

9）某儿童公园规划方案（图6.25）

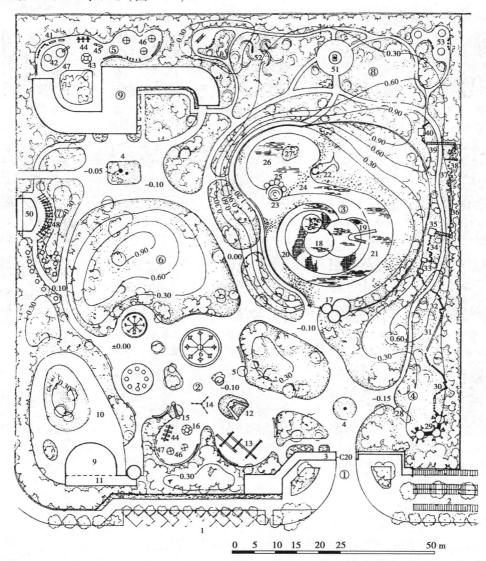

图6.25　儿童公园规划平面图

（引自沈葆久等《深圳新园林》）

项目编号：

①入口区：1.汽车停车场　2.自行车停车场　3.入口建筑　4.花坛及雕塑

②陆上游乐区：5.票房、小卖部　6.登月火箭　7.电动飞碟　8.电动转马　9.碰碰车　10.儿童赛车
　　11.车库　12.机器人滑梯　13.综合游嬉架　14.铅笔攀登架　15.宇宙飞船攀登架　16.钢管攀登架

③水上乐园：17.入口更衣室　18.三台嬉水池　19.天鹅滑梯　20.小溪流水　21.畅游长江　22.鲸鱼喷水
　　23.海螺屋　24.汀步　25.碰碰船　26.太平洋　27.海岛

④探险者之路：28.踏破铁鞋　29.三亭结网　30.木巨龙　31.波状爬梯　32.荡木　33.箱形攀登台　34.树
　　桩踏步　35.瞭望台　36.铁索树　37.乱石路　38.蜘蛛结网　39.空中隧道　40.软梯敲钟

⑤幼儿乐园：41.一条龙　42.沙坑　43.幼儿攀登架　44.跷跷板　45.幼儿爬梯　46.手动转椅　47.儿童车

⑥大草坪

⑦鸟语花香区：48.花架　49.小鸟笼　50.孔雀笼

⑧曲径通幽处：51.雕塑　52.迷宫　53.蘑菇小屋

10）企业优秀实践案例分析（详见以下二维码）

西湖公园一期 景观设计	西湖公园一期 景观设计小视频	东莞左岸东宸 景观设计	东莞左岸东宸 景观设计小视频	东莞柏悦公馆 景观设计
东莞柏悦公馆 景观设计小视频	南通力高中奥 景观设计	南通力高中奥 景观设计小视频	盐城滨湖天地 景观设计	盐城滨湖天地 景观设计小视频
绍兴藏珑府 景观设计	绍兴藏珑府 景观设计小视频	太原振南府 景观设计	太原振南府 景观设计小视频	万科海上明月 景观方案简介
万科海上明月 景观小视频	虎门万科里 景观方案简介	虎门万科里 景观小视频 1	虎门万科里 景观小视频 2	时代天荟 景观方案简介

思考题

　　1. 结合设计案例试分析各方案的设计特点，谈谈对你的启发。

　　2. 学习设计案例的优秀设计手法，掌握平面图、立面图、剖面图的正确表达方法，要注意掌握整体与细节的比例尺度是如何正确表达的。

本章小结

　　本章介绍了实训课程的要求与特点，总结了园林规划手法与技巧，讲解了实训步骤及要点，选编了应用广泛的设计案例，通过这些有典型意义的案例，使学生掌握不同类型的园林规划方案的设计技巧与表达方法。

　　由于园林规划设计具有较高的艺术性、技术性、科学性的要求，以及设计的灵活度大等特点，因而，如何把握一个规划设计方案的构思及设计方法是本章学习的难点。在学习中要注意灵活运用园林规划的基本原理,多分析与借鉴优秀的园林规划设计实例的设计手法,注重在综合发挥城市园林绿地的生态效益、社会效益和经济效益功能的前提下,处理好设计方案中的主要矛盾,依照园林规划的设计程序,掌握实训项目的设计特点。在学习方法上,要勤动手、多分析。无论实地考察调研分析,还是对规划设计方案的构思及推敲,都应注重培养良好的设计工作习惯,按要求完成各阶段的实训任务。

研讨与练习

1. 实训课程的目的与特点是什么?

2. 实训项目设计与实际工程设计有何差异? 为什么?

3. 实训项目设计一般分几个阶段? 实际园林工程设计分几个阶段? 它们各阶段的主要任务是什么?

4. 园林规划的主要特点是什么?

5. 方案设计要求分析主要包括哪些内容?

6. 基地分析所需的自然环境资料及分析内容有哪些?

7. 多方案构思的必要性是什么? 多方案构思的原则是什么?

8. 谈谈你对深入调整与细化方案必要性的认识。

9. 为什么不要轻易推翻方案?

10. 实训中应注意哪些问题?

本章推荐参考书目

[1] 洪得娟.景观建筑[M].上海:同济大学出版社,1999.

[2] 沈葆久,等.深圳新园林[M].深圳:海天出版社,1994.

7 城市道路与广场绿地设计

[本章学习目标]

知识要求：

1. 了解城市道路绿地设计的专用语。
2. 熟悉城市道路横断面布置形式及其绿地类型。
3. 了解城市广场类型及特点。
4. 掌握城市广场规划设计的原则。

技能要求：

1. 能够进行各类城市道路绿地的规划设计。
2. 能够进行各类广场的规划设计。

7.1 城市道路绿地规划的基础知识

城市道路就是一个城市的骨架，密布整个城市形成了一个完整的道路网，而街道绿化的好坏对城市面貌起决定性的作用。同时，街道绿地对于调节街道附近地区的温度、湿度、减低风速都有良好的作用，在一定程度上可改善街道的小气候。因此，城市街道绿化是城市园林绿地系统的重要组成部分，它是城市文明的重要标志之一。街道绿地在城市中以线条的形式广泛分布于全城，连着城市中分散的"点"和"面"的绿地，从而形成完善的城市园林绿地系统。

7.1.1 城市道路绿地的作用

1）改善城市环境

（1）净化空气　街道绿化可以净化大气，减少城市空气中的烟尘，同时利用植物吸收二氧化碳和二氧化硫等有害气体，放出氧气。植物可以不断地净化大气，所以绿化在城市卫生防护方面起相当大的作用。

（2）降低噪声　由于现代工业、交通运输、航空事业的发展,噪声对环境的污染日益严重。但在街道绿化好,在建筑前能有一定宽度,合理配置绿化带,就可以大大减低噪声。因此,道路绿化是降低噪声的措施之一。

（3）降低辐射热　街道绿化可以调节道路附近的温度、湿度、减低风速等,在改善街道小气候方面产生良好的作用。显然绿化可以降低地表温度及道路附近的气温。

（4）保护路面　夏季城市的裸露地表往往比气温高 10 ℃以上。当气温达到 31.2 ℃时,地表温度可达 43 ℃,而绿地内的地表温度低 15.8 ℃,因此街道绿化在改善小气候的同时,也对路面起到了保护作用。

2）组织交通

在城市道路规划中,用分车绿化带分隔车行道;在人行道与车行道之间又有行道树及人行绿化带将行人与车辆分开;在交通岛、立体交叉、广场、停车场也需要进行一定方式的绿化。在街道上的这些不同的绿化都可以起到组织城市交通,保证行车速度和交通安全的作用。

3）美化市容

街道绿化,美化街景,衬托或加强了城市建筑艺术面貌。优美的街道绿化,给人留下深刻印象。在街道上对重点建筑物,应当用绿化手段来突出、强调立体装饰作用,对不太美观的建筑物可以用绿化来掩饰遮挡,使街道市容整洁美观。

4）休息散步

城市街道绿化有面积大小不同的街道绿地、城市广场绿地、公共建筑前的绿地,常设有园路、广场、坐凳、小型休息建筑等设施,街道绿化可为附近居民提供锻炼身体的地方。

5）增收副产

我国自古以来街道两侧种植既有遮阴观赏又有副产品收益的树种例子很多。但在具体应用上应结合实际,因地制宜,讲究效果,这样才能达到预期目的。

6）其他作用

道路交通绿地可以起到防灾、备战作用,比如平时可以作为防护林带,防止火灾;战争时可以伪装掩护;地震时可以搭棚自救等。

城市道路绿地是一个沿着纵轴方向演进的风景序列。其两旁不仅有建筑立面的变化,还有树木、花卉、草坪等高低大小姿态的变化。

7.1.2　城市道路的分类

1）快速路

城市道路中设有中央分隔带,具有 4 条以上机动车道,全部或部分采用立体交叉与控制出入,供汽车以较高速度行驶的道路,又称汽车专用道。快速路的设计行车速度为 60～80 km/h。

2）主干路

连接城市各分区的干路,以交通功能为主。主干路上的机动车与非机动车分道行驶,两侧不宜设置公共建筑出入口。主干路的设计行车速度为 40～60 km/h。

3）次干路

次干路是城市中数量最多的交通道路,承担主干路与各分区间的交通集散作用,兼有服务功能。次干路两侧可设置公共建筑物及停车场等。次干路的设计行车速度为 40 km/h。

4）支路

支路是次干路与街坊路(小区路)的连接线,以服务功能为主。可满足公共交通线路行驶的要求,也可作自行车专用道。支路的设计行车速度为 30 km/h。

7.1.3 城市道路绿地设计专用语

表7.1 为城市道路绿地设计专用术语,如图7.1 所示。

表 7.1　城市道路绿地设计专用语

道路红线	在城市规划建设图纸上划分出的建筑用地与道路的界限,常以红色线条表示,故称红线。红线是街面或建筑范围的法定分界线,是线路划分的重要依据
道路分级	道路分级的主要依据是道路的位置、作用和性质,是决定道路宽度和线型设计的主要指标
道路总宽度	道路总宽度也称路幅宽度,即规划建筑线(红线)之间的宽度,是道路用地范围(包括横断面各组成部分用地)的总称
分车带	车行道上纵向分割行驶车辆的设施,用以限定行车速度和车辆分行。常高出路面 10 cm 以上。也在路面上用漆涂纵向白色标线,分隔行驶车辆,故又称分车线
交通岛	为便于管理交通而设于路面上的一种岛状设施。交通岛分为:中心岛又称转盘,设置在交叉路口中心引导行车;方向岛,路口上分隔进出行车方向;安全岛,宽阔街道中供行人避车的地方
人行道绿化带	人行绿化带又称步行道绿化带,是车行道与人行道之间的绿化带。行道树是其绿化带最简单的形式
防护绿带	将人行道与建筑分隔开的绿带。防护绿带应有 5 m 以上的宽度,可种乔木、灌木、绿篱等,主要是为了减少噪声、烟尘、日晒,以及减少有害气体对环境的危害。路幅宽度较小的道路不设防护绿带
基础绿带	基础绿带是紧靠建筑的一条较窄的绿带。它的宽度为 2～5 m,可栽植绿篱、花灌木,分隔行人与建筑,减少外界对建筑内部的干扰,美化建筑环境
道路绿地率	道路红线范围内各种绿带宽度之和占总宽度的比例。按国家有关规定,该比例不应少于20%
园林景观路	城市在重点路段强调沿线绿化景观,体现城市风貌,有绿化特色的道路
装饰绿地	以装点美化街景观赏为主,一般不对行人开放的绿地
开放式绿地	绿地中铺设游步道,设置建筑、小品、园桌、园椅等设施,供行人休息、娱乐、观赏的绿地
通透式配置	绿地上配置的树木,在距相邻机动车道路面高度 0.9～3.0 m 的范围内,且树冠不遮挡驾驶员视线(即在安全视距之外)的配置方式

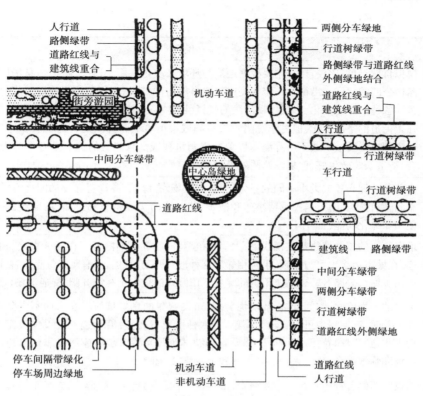

人行道
路侧绿带
道路红线与
建筑线重合
街旁游园
机动车道
中间分车绿带
中心岛绿地
道路红线
停车间隔带绿化
停车场周边绿地
机动车道
非机动车道

两侧分车绿地
行道树绿带
路侧绿带与道路红线
外侧绿地结合
道路红线与
建筑线重合
人行道
行道树绿带
车行道
行道树绿带
建筑线 路侧绿带
中间分车绿带
两侧分车绿带
行道树绿带
道路红线外侧绿地
道路红线
人行道

图 7.1   交通绿地设计专用术语

7.1.4   城市道路绿地类型

道路绿地是城市道路环境中的重要景观元素。城市道路的绿化以"线"的形式可以使城市绿地连成一个整体,可以美化街景,衬托和改善城市面貌。因此,城市道路绿地的形式直接关系到人对城市的印象。现代化大城市有很多不同性质的道路绿地的形式。

根据不同的种植目的,城市道路绿地可分为景观种植与功能种植两大类。

1)景观栽植

从城市道路绿地的景观角度出发,从树种、树形、种植方式等方面来研究绿化与道路、建筑协调的整体艺术效果,使绿地成为道路环境中有机组成的一部分。景观栽植主要是从绿地的景观角度来考虑栽植形式,可分为 6 种,如表 7.2 所示。

表 7.2   城市道路绿地景观栽植类型

栽植类型	说　明
密林式	沿路两侧浓茂的树林,主要以乔木为主,配以灌木、常绿树种和地被植物组成。具有明确的方向性。一般在城乡交界、环绕城市或结合河湖处布置。沿路植树要有相当宽度,一般在 50 m 以上。一般多采用自然种植,则比较适合地形现状,可结合丘陵、河湖布置,容易适应周围地形环境特点。若采取成行成排整齐种植,反映出整齐的美感。密林式的形式夏季具有浓荫,具有良好的生态效果(图 7.2)

续表

栽植类型	说　明
自然式	模拟自然景色,比较自由,主要根据地形与环境来决定。用于造园、路边休息场所、街心花园、路边公园的建设。沿街在一定宽度内布置自然树丛,树丛由不同植物种类组成,具有高低、浓密和各种形体的变化,形成生动活泼的气氛(图 7.3)。这种形式能很好地与附近景物配合,增强了街道的空间变化,但夏季遮阴效果不如城市街道上整齐式的行道树。在路口、拐弯处的一定距离内要减少或不种乔灌木以免妨碍司机视线。自然式的优点是容易与周围环境相结合,街道景观效果好,但夏季遮阴效果一般
花园式	沿着路外侧布置成大小不同的绿化空间,有广场,有绿荫,并设置必要的园林设施和园林建筑小品,供行人和附近居民逗留小憩和散步,花园式的优点是布局灵活、用地经济,具有一定的使用和绿化功能(图 7.4)
田园式	道路两侧的园林植物都在视线下,大都种植草坪,空间全面敞开。在郊区直接与农田、菜园相连;在城市边缘也可与苗圃、果园相邻。这种形式开阔、自然,富有乡土气息。视线较好。主要适用于城市公路、铁路、高速干道的绿化。田园式的优点是视线开阔,交通流畅(图 7.5)
滨河式	道路的一面临水,空间开阔,环境优美,是市民游憩的良好场所。在水面不十分宽阔,对岸又无风景时,滨河绿地可布置较为简单,树木种植成行成排,沿水边就应设置较宽的绿地,布置游人步道、草坪、花坛、座椅等园林设施和园林小品。游人步道应尽量靠近水边,或设置小型广场和临水平台,满足人们的亲水感和观景要求(图 7.6)
简易式	沿道路两侧各种植一行乔木或灌木,形成"一条路,两行树"的形式,它是街道绿地中最简单、最原始的形式(图 7.7)

图 7.2　密林式景观栽植

图 7.3　自然式景观栽植

图7.4　花园式景观栽植

图7.5　田园式绿地

图7.6　滨河式绿地

图7.7　简易式道路绿带

　　总之,由于交通绿地的绿化布局取决于道路所处的环境、道路的断面形式和道路绿地的宽度,因此在现代城市中进行交通绿地绿化布局时,要根据实际情况,因地制宜地进行绿化布置,才能取得好的效果。

2)功能栽植

　　功能栽植是通过绿化栽植来达到某种功能上的效果。一般这种绿化方式都有明确的目的(表7.3)。但道路绿地功能并非唯一的要求,不论采取何种形式都应考虑到视觉上的效果,并成为街景艺术的组成部分。

表7.3　城市道路绿地功能栽植类型

基本类型	说　明
遮蔽式栽植	遮蔽式栽植是考虑需要把视线的某一个方向加以遮挡。如街道某处景观不好,需要遮挡,城市的挡土墙或其他结构物影响道路景观时,即可种一些树木或攀缘植物加以遮挡
遮阴式栽植	我国许多地区夏天比较炎热,道路上的温度很高,所以对遮阴树的种植十分重视。遮阴树的树种对改善道路环境,特别是夏天降温效果十分显著。但要注意栽植物与建筑的距离,以免影响建筑的通风及采光条件
装饰栽植	装饰栽植可以用在建筑用地周围或道路绿化带、分隔带两侧作局部的间隔与装饰之用。它的功能是作为界限的标志,防止行人穿过、遮挡视线、调节通风、防尘等
地被栽植	使用地被栽植覆盖地表,如草坪等,可以防尘、防土、防止雨水对地表的冲刷,在北方还有防冻作用
其他	如防噪声栽植,防风、防雨栽植等

7.1.5　城市道路绿地规划设计原则

为了更好地发挥城市道路绿化在改善城市生态环境及丰富城市景观中的作用,避免绿化影响交通安全,保证绿化植物的生存环境,提高道路绿化规划设计水平,创造优美的绿地景观,城市道路绿地设计应做到9点,如表7.4所示。

表7.4　城市道路绿地规划设计原则

原　则	说　明
1. 道路绿地要求与城市道路的性质、功能相适应	由于城市的布局、地形、气候、地质、水文及交通方式因素的影响产生不同的城市道路网。城市道路网是由不同性质与功能的道路所组成的。由于交通的目的不同,不同环境的景观元素要求也不同,道路建筑、绿地、小品以及道路自身的设计都必须符合不同道路的特点。例如,商业街、步行街的绿化,如果树木过于高大,种植过密,就不能反映商业街繁华的特点
2. 道路绿地应起到应有的生态功能	①城市绿地可以滞尘和净化空气 ②城市道路绿地具有遮蔽降温功能 ③城市绿地植物可以增加空气湿度 ④城市道路绿地吸收有害气体,并能杀灭细菌,制造氧气 ⑤城市道路绿地可以隔音和降低噪声 ⑥城市道路绿地可以起遮挡作用,也可以起缓冲作用 ⑦城市道路绿地还可以防风、防雪、防火具有防护作用
3. 道路绿地设计要符合行人的行为规律与视觉特性	城市道路空间是供人们生活、工作、休息、互相交往与货物流通的通道。考虑到我国城市道路交通的构成情况和未来发展前景,在交通中有各种不同出行目的的人群,为了研究道路空间的视觉环境,需要对道路交通空间活动人群,根据其不同的出行目的与乘坐不同交通工具所产生的行为规律与视觉特性加以研究,并从中找出规律,作为城市道路景观与城市环境设计的一个依据
4. 城市道路绿地要与街景环境相协调,形成优美的城市景观	城市道路绿地设计应符合美学的要求。通常道路两侧的栽植应看成建筑物前的种植,应该让人们从各方面都能看到良好的景观效果。同一道路的绿化应有统一的景观风格,不同路段的绿化形式可有所变化;同一路段上的各类绿带,在植物配置上应相互配合并应协调空间层次、树形组合、色彩搭配和季相变化的关系;园林景观路应与街景结合,配植观赏价值较高、有地方特色的树种;主干路应体现城市道路绿化景观的风貌;毗邻山河湖海的道路,其绿化应结合自然环境,突出自然景观特色。所以道路绿地不仅与街景中其他元素相互协调,而且与地形、沿街建筑等紧密结合,使道路在满足交通功能的前提下,与城市自然景色、历史文物以及现代建筑有机地联系在一起,把街道与环境作为一个景观整体加以考虑并做出统一的设计,创造有特色、有时代感的城市环境景观
5. 城市道路绿地要选择适宜的园林植物,形成优美、稳定的城市景观	城市道路绿地中的各种园林植物,因树形、色彩、香味、季相等不同,在景观、功能上也有不同的效果。根据道路景观及功能上的要求,要实现三季有花、四季常青,就需要植物的选择与多植物栽植方式的协调,达到植物的多样统一。道路绿地直接关系着街景的四季景观变化,要使春、夏、秋、冬四季具有丰富季相变化。应根据人们的视觉特性及观赏要求处理好绿化时植物种植的间距、树木的品种、树冠的形状以及树木成年后的高度和修剪等问题。城市道路的级别不同,绿地也应有所区别。主干道的绿地标准应较高,在形式上也较丰富

续表

原　则	说　明
6. 城市道路绿地统一规划、合理安排道路附属设施	为了交通安全,城市道路绿地中的植物不应遮挡司机在一定距离内的视线,不应遮蔽交通管理标志,要留出公共车站的必要范围,以及保证乔木有相当高的分枝点,不致刮碰到大轿车的车顶。在可能的情况下利用绿篱或灌木遮挡汽车光的眩光。要对沿街各种建筑对绿地的个别要求和全街的统一要求进行协调。其中对重要公共建筑和居住建筑应起保护和美化作用。城市道路绿地对于人行过街天桥、地下通道口、电杆、路灯、各类通风口、垃圾出入口、路椅等地上设施和地下管线、地下构筑物及地下沟道等都应相互配合。在城市道路绿地的设计时都应该充分考虑其布局位置
7. 道路绿化远近期结合	城市道路绿化从建设开始到形成较好的绿化效果需要十几年的时间。因此,道路绿化规划设计要有发展的观点和长远的眼光,对所用各种植物材料在生长过程中的形态特征、大小、颜色等的现状和可能发生的变化,要有充分的了解,当各种植物长到鼎盛时期,达到最佳效果。城市道路绿地中的绿化树木不应经常更换、移植。道路绿化建设初期一般所用植物体量相对较小,应注意整体效果使其尽快发挥功能作用。这就要求道路绿化远近期结合,互不影响
8. 树种选择要适地适树	适地适树是指绿化要根据本地区气候、种植地的小气候和地下环境条件选择适于在该地生长的树木,以利于树木的正常生长发育,抗御自然灾害,保持较稳定的绿化成果。自然界中乔木、灌木、地被等多种植物通常相伴生长在一起形成植物群落景观。道路绿化为了使有限的绿地发挥更大的生态效益,通常进行人工植物群落配置,形成丰富的植物景观层次
9. 注意保护道路绿地内的古树名木	古树是指树龄在百年以上的大树。名木是指具有特别历史价值或纪念意义的树木及稀有、珍贵的树种。道路沿线的古树名木可依据《城市绿化条例》和地方法规或规定进行保留和保护

7.1.6　城市道路绿化形式

　　城市道路绿化的设计必须根据道路类型、性质功能与地理、建筑环境进行规划和安排布局(表7.5)。设计前,先要做周密的调查,搞清与掌握道路的等级、性质、功能、周围环境,以及投资能力、苗木来源、施工、养护技术水平等进行综合研究,将总体与局部结合起来,做出切实、经济、最佳的设计方案。城市道路绿化断面布置形式是规划设计所用的主要模式,根据绿带与车行道的关系常用的有一板二带式、二板三带式、三板四带式、四板五带式、六板七带式及其他形式。

表 7.5　城市道路绿化形式

形　式	设计要求
一板二带式	即一条车行道,二条绿化带。这是道路绿化中最常用的一种绿化形式。中间是车行道,在车行道两侧为绿化带。两侧的绿化带中以种植高大的行道树为主。这种形式的优点是:简单整齐,用地经济,管理方便。但当车行道过宽时行道树的遮阴效果较差,景观相对单调。对车行道没有进行分隔;上下行车辆、机动车辆和非机动车辆混合行驶时,不利于组织交通。在车流量不大的街道,特别是小城镇的街道绿化多采用此种形式(图7.8)

续表

形　式	设计要求
二板三带式	二板三带式即分成单向行驶的两条车行道和两条绿化带,中间用一条分车绿带将上行车和下行车道进行分隔,构成二板三带式绿带。这种形式适于较宽道路,绿带数量较大,生态效益较显著,多用于高速公路和入城道路。此种形式对城市面貌有较好的景观效果,同时车辆分为上、下行驶,减少了行车事故发生。但由于各种不同车辆,同时混合行驶,还不能完全解决互相干扰的矛盾(图7.9)
三板四带式	利用两条分车绿带把车行道分成3块,中间为机动车道,两侧为非机动车道,连同车行道两侧的绿化带共为4条绿带,故称三板四带式。此种形式占地面积大,却是城市道路绿化较理想的形式,其绿化量大,夏季庇荫效果好,组织交通方便,安全可靠,解决了各种车辆混合行驶互相干扰的矛盾,尤其在非机动车辆多的情况下更为适宜。此种形式有减弱城市噪声和防尘的作用。此种形式多用于机动车、非机动车、人流量较大的城市干道(图7.10)
四板五带式	利用中央分车绿化带把车行道分为上行和下行车道,然后把上、下行车道又分为上、下行快车道和上、下行慢车道3条分车绿带将车道分为4条,而加上车行两侧的绿化带共有5条绿带,使机动车与非机动车均形成上行、下行各行其道,互不干扰,保证了行车速度和交通安全。但用地面积较大,若城市交通较繁忙,而用地又比较紧张时,则可用栏杆分隔,以便节约用地(图7.11)
六板七带式	此种形式是用中央分车带分隔上行车道和下行车道,然后再把上下行车道分别用绿化带分隔为快车道和慢车道,又在上、下行慢车道旁用绿化带分隔出公共汽车专用道,连同车行道两侧的绿化带共为7条绿带。此种形式占地面积最大,但城市景观效果最佳。对改善城市环境有明显作用,同时对组织城市交通最为理想。此种形式只适合于新建城市用地条件允许情况下的道路绿化
其他形式	按城市道路所处位置、环境条件特点,因地制宜的设置绿带,如山坡道、水道的绿化设计

图7.8　一板二带式道路绿化断面图

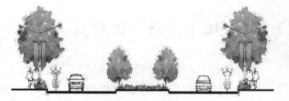

图7.9　二板三带式道路绿化断面图

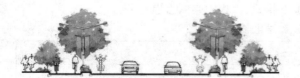

图7.10　三板四带式道路绿化断面图

图7.11　四板五带式道路绿化断面图

　　城市道路绿化的形式多,究竟以哪种形式为好,必须从实际出发,因地制宜,不能片面追求形式,讲求气派。尤其在街道狭窄,交通量大,只允许在街道的一侧种植行道树时,就应当以行人的庇荫和树木生长对日照条件的要求来考虑,不能片面追求整齐、对称。

7.2 城市道路绿化带的设计

城市道路绿地中带状绿地的设计包括行道树的设计、人行绿化带的设计、中央分车带的设计、花园式林荫道的设计、滨河绿地的设计等。

7.2.1 人行道绿化树种植设计

从车行道边缘到建筑红线之间的绿化地段统称为"人行道绿化带"。这是城市道路绿化中重要组成部分,它的主要功能是夏季为行人遮阴、美化街景、装饰建筑立面。

为了保证车辆道上行驶时车中人的视线不被绿地遮挡,能够看到人行道上的行人和建筑,在人行道绿化带上种植树木必须保持一定的株距,以保持树木生长需要的营养面积。

人行道绿化带上种植乔木和灌木的行数由绿带宽度决定,并可分为规则式、自然式、混合式的形式。地形条件确定采用哪种设计形式,应以乔灌木的搭配、前后层次的处理,以及单株丛植交替种植的韵律变化为基本原则。近年来人行绿化带设计多用自然式布置手法,种植乔木、灌木、花卉和草坪,外貌自然活泼而新颖。但是,为了使道路绿化整齐统一,而又自由活泼,人行道绿化带的设计以规则与自然的形式最为理想。其中的乔木、灌木、花卉、草坪应根据绿化带面积大小、街道环境的变化而进行合理配置(图7.12、图7.13)。

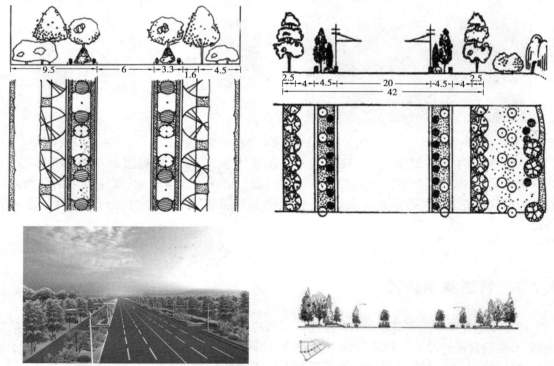

图7.12 规则式人行道绿化带实例

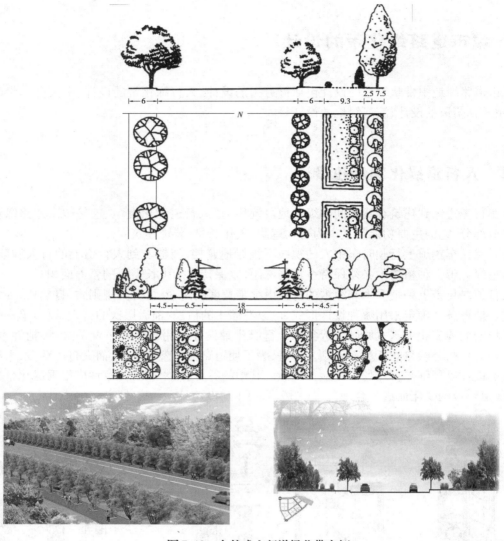

图 7.13　自然式人行道绿化带实例

　　另外,城市中心的繁华街道,只让行人活动或休息,不准车辆通过的街道称为步行街。其绿化美化主要是为了增加街景,提高行人的兴趣。由于人流量较大,绿化可采用盆栽或做成各种形状的花台、花箱等进行配置,并与街道上的雕塑、喷泉、水池、山石、园林小品等相协调。

7.2.2　行道树的设计

　　行道树是有规律地在道路两侧种植用以遮阴的乔木而形成的绿带,是街道绿化最基本的组成部分,是最普遍的形式。行道树的主要功能是夏季为行人遮阴。行道树的种植要有利于街景,与建筑协调,不应妨碍街道通风及建筑物内的通风采光。

1）行道树种植方式（图7.14、图7.15）

（1）树带式　在人行道与车行道之间留出一条不小于1.5 m宽的种植带。在树带中铺设草坪或种植地被植物，不能有裸露的土壤。在适当的距离和位置留出一定量的铺装通道，便于行人往来。在道路交叉口视距三角形范围内，行道树绿带应采用通透式配置。

（2）树池式　在交通量比较大、行人多而人行道又狭窄的道路上采用树池的方式。树池式行道树绿带优点是非常利于行人行走；缺点是营养面积小，不利于松土、施肥等管理工作，不利于树木生长。

图7.14　宁波市育才路延伸段树带式种植　　　**图7.15　成都市光华大道树池式种植**

树池边缘与人行道路面的关系：树池边缘高出人行道路面8～10 cm时，可减少行人践踏，保持土壤疏松，但不利于排水，容易造成积水；树池的边缘和人行道路面相平时，便于行人行走，但树池内土壤易被行人踏实，影响水分渗透及空气流通，不利于树木生长。为解决此问题可以在树池内放入大鹅卵石，这样既保持地面平整、卫生，又可防止行人践踏造成土壤板结，景观效果也好；树池的边缘低于人行道路面时，常在上面加盖箅子，与路面相平，加大通行能力，行人在上面走不会踏实土壤，并且利于雨水渗入，但不利于清扫和管理。

常用的树池形状有正方形（边长不小于1.5 m）、圆形（直径不小于1.5 m）和长方形（短边不小于1.5 m，以1.5 m×2.2 m为宜），如图7.16所示。

图7.16　行道树景观设计图

2）行道树的选择

行道树选择要求是比较严格的，在选择时应注意以下6点：

①能适应当地生长环境，生长迅速而健壮的乡土树种。

②适应城市的各种环境因子,对病虫害抵抗力强,苗木来源容易、成活率高的树种。

③树龄要长,树干通直,树枝端正,形体优美,树冠大荫浓,花朵艳丽,芳香郁馥,春季发芽早,秋季落叶迟且落叶期短而整齐,叶色富于季相变化的树种为佳。

④花果无毒无臭味,无刺,无飞絮,落果少。

⑤耐强度修剪,愈合能力强。目前,因为我国的架空线路还不能全部转入地下,对行道树需要修剪,以避免树木枝叶与线路的矛盾。一般树冠修剪呈"Y"字形。

⑥深根性,不选择带刺或浅根树种,在经常遭受台风袭击地区更应注意,也不宜选用萌蘖力强和根系特别发达隆起的树种,以免刺伤行人或破坏路面。

我国地域辽阔,地形和气候变化大,植被类型分布也各不相同,因此各地应选择在本地区生长最多和最好的树种来做行道树。行道树绿带种植,常采用乔木、灌木、地被植物相结合的形式,形成连续的绿带。在行人较多的路段,行道树绿带不能连续种植,行道树之间宜采用透气性路面铺装便于行人通过。树池上可覆盖池箅子,增加透水性。行道树绿带的宽度应根据道路的性质、类别和对绿地的功能要求以及立地条件等综合考虑而决定,一般不小于1.5 m。

3)行道树株距与定干高度

行道树种植的株行距直接影响到其绿化功能效果。正确确定行道树的株行距,有利于充分发挥行道树的作用,合理使用苗木和管理。一般来说,株行距要根据树冠大小来决定。但实际情况比较复杂,影响的因素较多,如苗木规格、生长速度、交通和市容的需要等。我国各大城市行道树株距规格略有不同,现趋向于大规格苗木与大距离株距,有4,5,6,8 m等,最小距离为4 m,行道树树干中心至路缘石外侧最小距离宜为0.75 m,如表7.6所示。

表7.6　行道树的株距

树种类型	通常采用的株距/m			
	准备间移		不准备间移	
	市区	郊区	市区	郊区
快长树(冠幅15 m以下)	3~4	2~3	4~6	4~8
中慢长树(冠幅15~20 m)	3~5	3~5	5~10	4~10
慢长树	2.5~3.5	2~3	5~7	3~7
窄冠幅	—	—	3~5	3~4

行道树定干高度应根据其功能要求、交通状况、道路性质、宽度以及行道树与车行道的距离、树木分枝角度等确定。当苗木出圃时,苗木胸径在12~15 cm为宜,其分枝角度较大的,干高不得小于3.5 m;分枝角度较小者,也不能小于2 m,否则会影响交通。行道树的定干高度视具体条件而定,以成年树冠郁闭度效果好为佳。

4)行道树的种植与工程管线的关系

随着城市现代化的加快,空架线路和地下管网等各种管线不断增多,大多沿道路走向布设各种管线,因而与城市道路绿化产生许多矛盾。一方面要在城市总体规划中考虑;另一方面又要在详细规划中合理安排,需要在种植设计时合理安排,为树木生长创造有利条件(见表7.7—表7.9)。

表 7.7　树木与建筑、构筑物水平间距

名　称	最小间距/m	
	至乔木中心	至灌木中心
有窗建筑物外墙	3.0	1.5
无窗建筑物外墙	2.0	1.5
道路侧面外缘、挡土墙角、陡坡	1.0	0.5
人行道	0.75	0.5
高 2 m 以下围墙	1.0	0.75
高 2 m 以上围墙	2.0	1.0
天桥、栈桥的柱及架线塔电杆中心	2.0	不限
冷却池外缘	40.0	不限
冷却塔	高 1.5 倍	不限
体育用场地	3.0	3.0
排水明沟外缘	1.0	0.5
邮筒、路牌、车站标志	1.2	1.2
警亭	3.0	2.0
测量水准点	2.0	1.0
人防地下室出入口	2.0	2.0
架空管道	1.0	
一般铁路中心线	3.0	4.0

表 7.8　树木与架空线路的间距

架空线名称	树木枝条与架空线的水平距离/m	树木枝条与架空线的垂直距离/m
1 kV 以下电力线	1	1
1~20 kV 电力线	3	3
35~140 kV 电力线	4	4
150~220 kV 电力线	5	5
电线明线	2	2
电信架空线	0.5	0.5

表 7.9　一般较大型的各种车辆高度

度量/车类	无轨电车	公共汽车	载重汽车
高度/m	3.15	2.94	2.56
宽度/m	2.15	2.50	2.65
离地高度/m	0.36	0.20	0.30

5)街道宽度、走向与绿化的关系

（1）街道宽度与绿化的关系　决定街道绿化的种植方式有多种因素,但其街道的宽度往往起决定作用。人行道的宽度一般不得小于 1.5 m,而人行道在 2.5 m 以下时很难种植乔灌木,只能考虑进行垂直绿化,但随着街道、人行道的加宽,绿化宽度也逐渐地增加,种植方式也可随之丰富而有多种形式出现。

为了发挥绿化对于改善城市小气候的作用,一般在可能的条件下绿带占道路总宽度的 20% 为宜,但对于不同的地区的要求也可有所差异。例如,在旧城区要求一定绿化宽度就比较困难,而在新建区就有条件实现起绿化功能,街道绿化可根据城市规划的要求有较宽的绿带,形式也丰富多彩,既达到其功能要求又美化了城市面貌。

(2)街道走向与绿化的关系　行道树的要求不仅对行人起到遮阴的效果,而且对临街建筑防止太阳强烈的西晒也很重要。全年内要求遮阴时期的长短,与城市所在地区的纬度和气候条件有关。我国城市街道一般 4—9 月,约半年时间要求有良好的遮阴效果,低纬度的城市则更长些。一天内 8:00—10:30,13:30—16:30 是防止东、西日晒的主要时间。因此,我国中、北部地区东西走向的街道,在人行道的南侧种植行道树,遮阴效果良好,而南北走向的城市街道两侧都应种行道树。在南部地区,无论是东西走向、还是南北走向的街道都应该在两侧种植行道树。

一般来说,街道绿化多采取整齐、对称的布置形式,街道的走向如何只是绿地布置时参考的因素之一。要根据街道所处的环境条件,因地制宜地合理规划,做到适地适树。

7.2.3　分车绿带的设计

在分车带上进行绿化,称为分车绿带,也称为隔离绿带。在车行道上设立分车带的目的是组织交通,分隔上下行车辆。或将人流与车流分开,机动车与非机动车分开,保证不同速度的车辆安全行驶。分车带上经常设有各种干线、公共汽车停车站,人行横道有时也横跨其上。分车带的宽度,依车行道的性质和街道总宽度而定,没有固定的尺寸,因而种植设计就因绿带的宽度不同而有不同的要求了。高速公路分车带的宽度可达 5~20 m,一般也要 4~5 m,但最低宽度不能小于 1.5 m。

1)分车带绿化带的种植形式

分车带位于车行道的中间,在城市道路上位置明显而重要,因此,在设计时要注意街景的艺术效果,可以造成封闭的感觉,也可以创造半开敞、开敞的感觉。这些都可以用不同的种植设计方式来达到(图 7.17—图 7.20)。分车绿带的种植形式有 3 种,即封闭式种植、半开敞式种植和开敞式种植(表 7.10)。无论采用哪一种种植方式,其目的都是合理地处理好建筑、交通和绿化之间的关系,使街景统一而富于变化。但要注意变化不可太多,过多的变化,会使人感到零乱,缺乏统一,容易分散司机的注意力,从交通安全和街景考虑,在多数情况下,分车带以不遮挡视线的开敞式种植较合适。

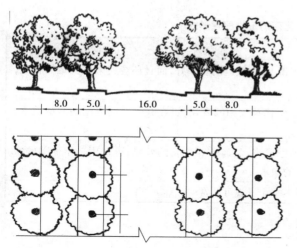

图 7.17 分车带种植实例(1)

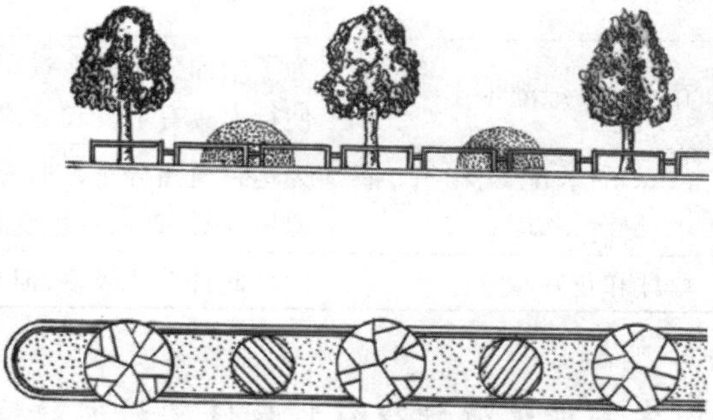

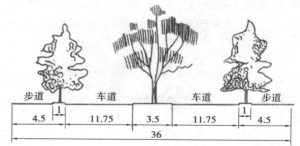

图 7.18 分车带种植实例(2)

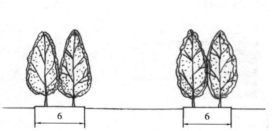

图 7.19 分车带种植实例(3)

图 7.20 分车带种植实例(4)

表 7.10 分车带绿化带的种植形式

种植形式	说　明
封闭式种植	造成以植物封闭道路的境界,在分车带上种植单行或双行的丛生灌木或慢生常绿树。在较宽的隔离带上,种植高低不同的乔木、灌木和绿篱,可形成多种树冠搭配的绿色隔离带,层次和韵律较为丰富
开敞式种植	在分车带上种植草皮、低矮灌木或较大株行距的大乔木,以达开朗、通透境界,大乔木的树干应该裸露
半开敞式种植	介于封闭式种植和开敞式种植之间,可根据车行道的宽度、所处环境等因素,利用植物形成局部封闭的半开敞空间

2)分车绿带的植物配置形式(表7.11)

表7.11　分车带绿化带的植物配置形式

形　式	配置要求
乔木为主,配以草坪	高大的乔木成行种在分车带上,不仅遮阴效果好,而且还会使人感到雄伟壮观,但较单调
乔木和常绿灌木	为了增加分车带上景观的变化及季相的变化,可在乔木之间再配些常绿灌木,使行人具有节奏和韵律感
常绿乔木配以花卉、灌木、绿篱、草坪	为达到道路分车带形成四季常青、又有季相变化的效果,可选用造型优美的常绿树和具有叶、花色变化的灌木
草坪和花卉	使用此种形式较多,但是冬季无景观可欣赏

3)分车绿化带种植设计应注意的问题

①分车绿带位于车行道之间。当行人横穿道路时必然横穿分车绿带,这些地段的绿化设计应该根据人行横道线在分车绿带上的不同位置,采取相对应的处理办法。既要满足行人横穿马路的需要,又不致影响分车绿带的整齐美观景观效果(图7.21)。

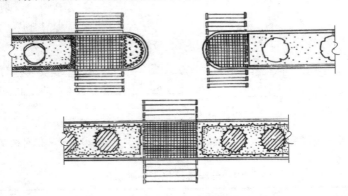

图7.21　人行横道线与绿带的关系

②分车绿带一侧靠近快车道,公共交通车辆的中途停靠站,都在近快车道的分车绿带上设停车站,其长度约为30 m。在靠近停车的一边需要留有1~2 m宽的铺装地面,应种植高大的落叶乔木,以利夏季遮阴(图7.22)。

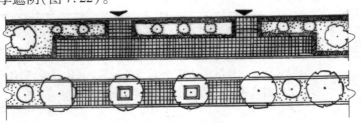

图7.22　分车绿带上的汽车停靠站

在这个范围内一般不能种灌木、花卉,可种植高大的阔叶乔木,以便在夏季为等车乘客提供树荫。当分车绿带宽5 m以上时,在不影响乘客候车的情况下,可以适当配置草坪、花卉、绿篱和灌木,并设低栏杆进行保护。

7.2.4　花园林荫道的绿化设计

花园林荫道是指那些与道路平行而且具有一定宽度的带状绿地,也可称为街头休息绿地。林荫道利用植物与车行道隔开,在其内部不同地段开辟出各种不同休息场地,并有简单园林设施,供行人和附近居民做短时间休息之用。目前在城镇绿地不足的情况下,可起到小游园的作用。它扩大了群众活动场地,同时增加了城市绿地面积,对改善城市小气候,组织交通,丰富城市街景作用大。

1) 林荫道布置的类型 (表7.12)

表 7.12　林荫道布置的类型

布置类型	说　明
设在街道中间的林荫道	即两边为上下行的车行道,中间有一定的绿化带,这种类型较为常见。例如,北京正义路林荫道等。主要供行人和附近居民作短时间休息用。此种类型使街道具有一定的对称感,并且具有分车带的作用。但多在交通量不大的情况下采用,出入口不宜过多
设在街道一侧的林荫道	由于林荫道设在街道的一侧,减少了行人与车行道的交叉,在交通比较频繁的街道上多采用此种类型,往往也因地形而定。人们到达林荫路不需要横穿车行道有利于人身安全,但这种形式使街道缺乏对称感
设在街道两侧的林荫道	设在街道两侧的林荫道与人行道相连,可以使附近居民不用穿过车行道就可达林荫道内,既安静又使用方便。这种形式对减少尘埃和降低城市噪声有明显的作用,并且城市街道具有强烈的对称感。但此类林荫道占地过大,目前使用较少

2) 林荫道设计的原则 (表7.13)

表 7.13　林荫道布置的原则

原　则	说　明
设置游步道	一般8 m宽的林荫道内,设一条游步道;8 m以上时,设两条以上为宜
设置绿色屏障	车行道与林荫道绿带之间要有浓密的绿篱和高大的乔木组成的绿色屏障相隔,立面上布置成外高内低的形式较好(图7.23)
设置建筑小品	在林荫道内可设小型儿童游乐场、休息座椅、花坛、喷泉、宣传栏、花架等建筑小品
留有方便的出入口	林荫道可在每隔75~100 m处分段设计出入口,人流量大的人行道,在正对大型建筑处应留出入口。出入口布置应具有特色,对建筑起绿化装饰作用,以增加绿化效果。但是分段也不能过多,否则会影响内部的安静(图7.24)
植物具有丰富的季相变化	在城市林荫道总面积中,道路广场不宜超过25%,乔木占30%~40%,灌木占20%~25%,草本占10%~20%,花卉占2%~5%。由于南方天气炎热需要更多的浓荫效果,故常绿树占地面积可大些,北方则落叶树占地面积大些
规划设计布置形式	林荫道宽度较大(8 m以上)的林荫道,宜采用自然式布置;宽度较小(8 m以下)的,则以规则式布置

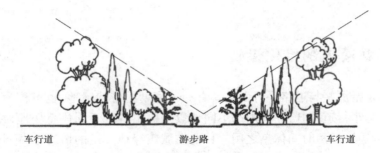

車行道　　　　　　　　　　　　游步路　　　　　　　　　　車行道

图7.23　林荫道立面轮廓外高内低示意图

图7.24　林荫道内分段设立出入口

7.2.5　滨河路绿地种植设计

　　滨河路是城市中临河流、湖沼、海岸等水体的道路。滨河绿地是指城市道路的一侧沿江河湖海狭长的绿化用地。其一面临水,空间开阔,环境优美,是城镇居民游憩的地方,可吸引大量游人,特别是夏天的傍晚,是人们散步和纳凉胜地(图7.25、图7.26)。

图7.25　西湖绿地景观

图7.26　金鸡湖人工恢复湿地景观

　　滨河绿地的设计要根据其功能、地形、河岸线的变化而定。如岸线平直、码头规则对称,则可设计为规则对称的形式布局,如岸线自然曲折变化的长形地带可设计为自然式。不论滨河绿地采用哪一种设计形式都要注意开阔的水面给予人们的开朗、幽静、亲切感觉。一般滨河路的一侧是城市建筑,在建筑和水体之间设置道路绿带。如果水面不十分宽阔且水深,对岸又无风景时,滨河绿地可以布置得简单些,除车行道和人行道之外,临水一侧可修筑游步道,树木种植成行;驳岸风景点较多,沿水边就应设置较宽的绿带,布置游步道、草地、花坛、座椅、报刊亭等园林设施。游步道应尽量接近水边,以满足人们近水边的散步需要。在可以观看风景的地方设计成平台,以供人们观景用。在水位较稳定的地方,驳岸应尽可能砌筑得低矮一些,满足人们的亲水感,同时可为居民提供戏水的场所。

滨河绿地上除采用一般行道绿地树种外,还可在临水边种植耐水湿的树木,如垂柳。除了种植乔木以外,还可种一些灌木和花卉,以丰富景观。树木种植要注意林冠线的变化,不宜种得过于闭塞,要留出景观透视线。如果沿水岸等距离密植同一树种,则显得林冠线单调闭塞,既遮挡了城市景色,又妨碍了观赏水景及借景。在低湿的河岸上或一定时期水位可能上涨的水边,应特别注意选择能适应水湿和耐盐碱的树种。滨河道路的绿化,除有遮阴功能外,有时还具有防浪、固堤、护坡的作用。斜坡上要种植草皮,以免水土流失,也可起到美化作用。

滨河林荫路的游步道与车行道之间应尽可能用绿化带隔离开来,以保证游人安静休息和安全。国外滨河道路的绿化一般布置得比较开阔,种草坪为主,乔木种得比较稀疏,在开阔的草地上点缀修剪成形的常绿树和花灌木。有的还把砌筑的驳岸与花池结合起来,种植花卉和灌木,形式多样。

在具有天然彼岸的地方,可以采用自然式布置游步道和树木,凡为铺装的地面都应种植灌木或栽草皮。如在草坪上配置或点缀山石,更显自然。这样的地方应设计为滨河公园(图7.27)。

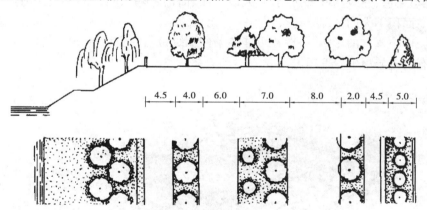

图7.27 滨河路绿化设计实例

对于人的视觉来讲,垂直面上的变化远比平面上的变化更能引起人们的关注与兴趣。滨水景观空间开阔,岸边结合实际情况设计成起伏的地形变化,与自然界的水体相得益彰(图7.28)。

图7.28 滨河绿地剖面图

7.3 街道小游园设计

小游园是距城市居民区最近、利用率最高的园林绿地,与居民日常生活关系最为密切,是居民经常使用的一种城市绿地形式。街道小游园是在城市供居民短时间休息的小块绿地,又称为街道休息绿地、街道花园。

7.3.1 街道小游园的布局形式

街道小游园绿地大多地势平坦,或略有高低起伏,可设计为规则对称式、规则不对称式、自然式及混合式等多种形式。

1) 规则对称式

有明显的中轴线,有规律几何图形,如正方形、长方形、三角形、多边形、圆形、椭圆形等。小游园的绿化、建筑小品、园路等园林组成要素对称或均衡地布置在中轴线两侧。此种形式外观比较整齐,能与街道、建筑物取得协调,给人以华丽、简洁、整齐、明快的感觉。缺点就是不够灵活。特别是在面积不大的情况下还会产生一览无余的效果。但也易受一定的约束,为了发挥绿化对于改善城市小气候的影响,一般在可能的条件下绿带占总宽度的 20% 为宜,也要根据不同地区的要求有所差异(图 7.29)。

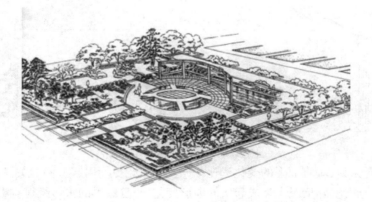

图 7.29　规则对称式布局

2) 规则不对称式

此种形式整齐而不对称,绿化、建筑小品、道路、水体等组成要素都按一定的几何图案进行布置,但无明显的中轴线。可以根据其功能组成不同的空间,它给人的感觉是虽不对称,但有均衡的效果(图 7.30)。

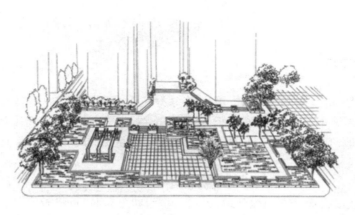

图 7.30　规则不对称式布局

3）自然式

　　绿地无明显的轴线,道路为曲线,植物以自然式种植为主,易于结合地形,创造自然环境,活泼舒适,如果点缀一些山石、雕塑或建筑小品,更显得美观。这种布置形式布局灵活,给人以自由活泼感,富有自然气息(图 7.31)。

4）混合式

　　混合式小游园是规则式与自然式相结合的一种形式,运用比较灵活,内容布置丰富。占地面积较大,能组织成几个空间,联系过渡要自然,总体格局与四周的建筑应协调,不可杂乱(图7.32)。

图 7.31　自然式布局

图 7.32　混合式布局

7.3.2　街道小游园的设计内容

　　街道小游园的设计内容包括确定出入口、组织空间、设计园路、场地选择、安放设施、种植设计等。这些都要按照艺术原理及功能要求考虑。以休息为主的街道小游园,其道路场地可占总面积的 30%～40%,以活动为主的街道小游园道路场地可占 60%～70%,但这个比例会因游园大小及环境不同而有所变化。

7.3.3　景观设计

当交通量较大,路旁空间较小时,可用常绿乔木为背景,在前面培植花灌木,放置置石、设立雕塑或广告栏等小品,形成一个封闭式的装饰绿地,但要注意与周围环境相协调。位于道路转弯处的绿地,应注意视线通透,不妨碍司机和行人的视线,选择低矮的灌木或地被植物。

当局部面积较宽广,两边除人行道之外还有一定土地空间时,可栽植大乔木,布置适当设施,供人们休息、散步或运动。当绿化地段较长,呈带状分布时,可将游园分成几段,设多个出入口,以便游人出入。

7.3.4　植物配置

街道小游园设计以绿化为主,可用树丛、树群、花坛、草坪等布置成乔灌木、常绿或落叶树相互搭配的形式,追求层次的丰富性、四季景观的变化性。为了遮挡不佳的建筑立面和节约用地,其外围可使用藤本植物绿化,充分发挥垂直绿化的作用。

7.4　城市广场绿地规划设计

城市广场是城市道路交通体系中具有多种功能的空间,是人们政治、文化活动的中心,常常是公共建筑集中的地方。城市广场是居民社会活动的中心,可组织集会,交通集散,也是人流、车流的交通枢纽或居民休息和组织商业贸易交流的场所。广场周围一般均布置城市中的重要建筑和设施,所以能集中体现城市的艺术面貌。城市广场往往成为表现城市景观特征的标志。

现代城市广场是现代城市开放空间体系中最具公共性、最具艺术性、最具活力、最能体现都市文化和文明的开放空间。现代城市广场的概念,是指由建筑物、街道和绿地等围合或限定形成的永久性城市公共活动空间,是城市空间环境中最具公共性、最富有艺术魅力、最能反映城市文化特征的开放空间。

7.4.1　城市广场的分类

城市广场的类型多种多样,城市广场的分类通常是从广场使用功能、尺度关系、空间形态、材料构成、平面组合等方面的不同属性和特征来分类(表7.14)。其中,最为常见的是根据广场的功能性质来进行分类。

表 7.14　城市广场的分类

分类方法	说　明
以广场的使用功能分类	①集会性广场:政治广场、市政广场、宗教广场等 ②纪念性广场:纪念广场、陵园、陵墓广场等 ③交通性广场:站前广场、交通广场等 ④商业性广场:集市、商贸广场、购物广场等 ⑤文化娱乐休闲广场:音乐广场、街心广场等 ⑥儿童游乐广场 ⑦附属广场:商场前广场、大型公共建筑前广场等
以广场的尺度关系分类	①特大广场:特指国家性政治广场、市政广场等。这类广场用于国务活动、检阅、集会、联欢等大型活动 ②中小广场:街区休闲活动、庭院式广场等
以广场的空间形态分类	①开放性广场:露天市场、体育场等 ②封闭性广场:室内商场、体育场等
以广场的材料构成分类	①以硬质材料为主的广场:以混凝土或其他硬质材料做广场主要铺装材料,可分素色和彩色两种 ②以绿化材料为主的广场:公园广场、绿化性广场等 ③以水质材料为主的广场:大面积水体造型等

7.4.2　城市广场规划设计的基本原则

城市广场规划设计的基本原则如表 7.15 所示。

表 7.15　城市广场规划设计的基本原则

原　则	设计要求
系统性原则	现代城市广场是城市开放空间体系中的重要节点。现代城市广场通常分布于城市入口处、城市的核心区、街道空间序列中或城市轴线的交点处、城市与自然环境的接合部、城市不同功能区域的过渡地带、居住区内部等。现代城市广场在城市中的区位及其功能、性质、规模、类型等应有所区别,各自有所侧重。每个广场都应根据周围环境特征、城市现状和总体规划的要求,确定其主要性质、规模等,只有这样才能使多个城市广场相互配合,共同形成城市开发空间体系中的有机组成部分。所以城市广场必须在城市空间环境体系中进行系统分布的整体把握,做到统一规划、合理布局(图 7.33)
完整性原则	城市广场的完整性包括功能的完整和环境的完整两个方面。 功能的完整性是指一个广场应有其相对明确的功能。做到主次分明、重点突出。从发展趋势看,大多数城市广场都在从过去单纯为政治、宗教服务向为市民服务转化。 环境完整性主要考虑广场环境的历史背景、文化内涵、时空连续性、完整的局部、周边建筑的环境协调和变化等问题。城市建设中,不同时期留下的物质印痕是不可避免的,特别是在改造更新历史上留下来的广场时,更要妥善处理好新老建筑的主从关系和时空连续等问题,以取得统一的环境完整效果(图 7.34)

续表

原　则	设计要求
尺度适配性原则	尺度适配原则是根据广场不同使用功能和主题要求,确定广场合适的规模和尺度
生态环保性原则	生态性原则就是要遵循生态规律,包括生态进化规律、生态平衡规律、生态优化规律、生态经济规律,充分体现"因地制宜,合理布局"的设计思想,具体到城市广场来说,现代城市广场设计应从城市生态环境的整体出发,一方面应运用园林设计的方法,通过融合、嵌入、缩微、美化和象征等手段,在点、线、面不同层次的空间领域中,引入自然,再现自然,并与当地特定的生态条件和城市园林景观特点相适应,使人们在有限的空间体会自然带来的自由、清新和愉悦。另一方面,城市广场设计应特别强调其小环境生态的合理性,既要有充足的阳光,又要有足够的绿化,冬暖夏凉,为城市居民的各种空间活动创造宜人的生态环境
多样性原则	现代城市广场应有一定的主要功能,也可以具有多样化的空间表现形式和特点。由于广场是人们享受城市文明的舞台,它既反映作为群体的人的需要,同时,广场的服务设施和建筑功能也应多样化,使纪念性、艺术性、娱乐性和休闲性兼而有之
步行化原则	步行化是现代城市广场的主要特征之一,也是城市广场的共享性和良好环境形成的必要前提。城市广场空间和各因素的组织应该保证人的自由活动行为,如保证广场活动与周边建筑及城市设施使用连续性(图7.35)
文化性原则	城市广场作为城市开放空间通常是城市历史风貌、文化内涵集中体现的场所,是城市的主要景观。其规划设计既要尊重历史传统,又要有所创新、有所发展,这就是继承和创新有机结合的文化性原则
特色性原则	个性特征是通过人的生理和心理感受到的与其他广场不同的内在本质和外部特征。现代城市广场应通过特定的使用功能、场地条件、人文主题及城市景观艺术处理来塑造特色。广场的特色性不是设计师的凭空创造,更不能套用现成特色广场模式,而是对广场的功能、地形、环境、人文、城市区位等方面做全面的分析,不断地总结、加工、提炼,才能创造出与市民生活紧密结合并独具地方、时代特色的现代城市广场(图7.36)

图7.33　青岛五四广场及植物配置

图7.34 南宁五象广场及五象泉雕塑

图7.35 北京西单广场及竖向设计

图7.36 大连海之韵广场及海之韵主景

7.4.3 现代城市广场绿地规划设计原则

①城市广场绿地布局应与城市广场总体布局统一,使绿地成为广场的有机组成部分,从而更好地发挥其主要功能,符合其主要性质要求。

②城市广场绿地的功能与广场内各功能区相一致,更好地配合和加强本区功能的实现。如在入口区植物配置应强调绿地的景观效果,休闲区规划则以落叶乔木为主,冬季的阳光、夏季的遮阳都是人们户外活动所需要的。

③城市广场绿地规划应具有清晰的空间层次,独立形成或配合广场周边的建筑、地形等形成优美的广场空间体系。

④城市广场绿地规划设计应考虑到与该城市绿化总体风格协调一致,结合城市地理区位特征,植物种类选择应符合植物的生长规律,突出地方特色,季相景观丰富。

⑤结合城市广场环境和广场的竖向特点,以提高环境质量和改善小气候为目的,协调好风向、交通、人流等诸多因素。

⑥对城市广场上的原有大树应加强保护,保留原有大树有利于广场景观的形成,有利于体现对自然、历史的尊重,有利于对广场场所感的接受和利用。

7.4.4　各类城市广场绿地规划设计要求

1)集会广场

位置:城市中心地区。

作用:用于政治、文化集会、庆典、游行、检阅、礼仪、民间传统节目等活动;反映城市面貌。

设计要点:

能够与周围的建筑布局协调,无论平面立面、透视感觉、空间组织、色彩和形体对比等,都应起到相互烘托、相互辉映的作用,反映出中心广场非常壮丽的景观。

面积较大,规则式为主,强调其严整、雄伟。常用的广场几何图形为矩形、正方形、梯形、圆形或其他几何形状的组合,一般长宽比例以4:3,3:2,2:1。广场的宽度与四周建筑物的高度也应有适当的比例,一般以3～6倍为宜。

广场中心绿地设计一般不布置种植,多为水泥铺设,但在节日又不举行集会时可布置草皮绿地、盆景群等,以创造节日新鲜、繁荣的欢乐气氛。

广场主体建筑或景观要设在轴线上,构景要素与主体建筑相协调,构成衬托主体建筑。基本布局是周边以种植乔木或设绿篱为主,场面上种植草坪,设花坛,起交通岛作用,还可设置喷泉、雕像,或山水小品、建筑小品、座椅等。

不设娱乐性、商业性建筑(图7.37)。

图7.37　集会广场绿化实例

2）纪念广场

位置：远离商业区、娱乐区，多位于宁静和谐的环境中。纪念广场主要是为纪念某些名人或某些事件的广场。它包括纪念广场、陵园广场、陵墓广场等。

纪念广场是在广场中心或侧面设置突出的纪念雕塑、纪念碑、纪念塔、纪念物及纪念性建筑等作为标志物。主题标志物应满足纪念气氛及象征的要求。广场本身应成为纪念性雕塑或纪念碑底座的有机组成部分。广场在设计中应体现良好的观赏效果，以供人们瞻仰。

其绿地设计，首先要按广场的纪念意义、主题、形成相应、统一的形式、风格，如庄严、简洁、娴静、柔和等。其次，城市广场绿化要选择具有代表性的树木和花木，如广场面积不大，选择与纪念性相协调的树种，加以点缀、映衬。塑像侧宜布置浓重、苍翠的树种，创造严肃或庄重的气氛；纪念堂侧面铺设草坪，创造娴静、开朗境界（图7.38、图7.39）。

图7.38　哈尔滨防洪纪念塔广场　　　　图7.39　南昌八一广场

例如，北京天安门南部，以毛主席纪念堂为主体和中心，以松、柳为主配树种，周围以矮柏为绿篱，构成了多功能、政治性、纪念性的绿地。

3）交通广场

交通广场可分为站前交通广场和环岛广场。

（1）站前交通广场

位置：城市内外交通会合处，往往是一个城市或城市区域的轴线端点。

作用：起交通转换作用，如火车站、长途汽车站前广场。

设计要点：

①广场的规模与转换交通量有关，应有足够的行车面积、停车面积和行人场地。

②一般以铺装为主，少量设置喷泉、雕像、座椅等。如吉林四平站前广场（图7.40）。

③广场的空间形态应尽量与周围环境相协调，体现城市风貌，使过往旅客使用舒适，印象深刻。

（2）环岛交通广场

位置：城市干道交叉口处，通常处于城市的轴线上。

作用：有效地组织城市交通，包括人流、车流等。它是连接交通的枢纽，起交通集散、联系过渡及停车的作用。

设计要点：

①环岛交通广场地处道路交汇处，尤其是4条以上的道路交汇处，以圆形居多，3条道路交

汇处常常呈三角形(顶端抹角)。

②一般以绿化为主,构成完整的色彩鲜明的绿化体系,有利于交通组织和司乘人员的动态观赏,同时广场上往往还设有城市标志性建筑或小品(喷泉、雕塑等)。例如,西安市的钟楼、法国巴黎的凯旋门都是环岛交通广场上的重要标志性建筑。

③有绿岛、周边式与地段式3种绿地形式。

绿岛是交通广场中心的安全岛。可种植乔木、灌木并与绿篱相结合。面积较大的绿岛可设地下通道,圈以栏杆。面积较小的绿岛可布置大花坛,种植一年生或多年生花卉,组成各种图案,或种植草皮,以花卉点缀。冬季长的北方城市,可设置雕像与绿化相结合,形成景观。

周边式绿化是在广场周围地进行绿化,种植草皮、矮花木,或围以绿篱,如大连中山广场(图7.41)。

图7.40 吉林四平广场　　　　　　　　图7.41 大连中山广场

地段式绿化是将广场上除行车路线外的地段全部绿化,种植除高大乔木外,花草、灌木皆可。形式活泼,不拘一格。特大交通广场常与街心小游园相结合。

4)文化娱乐休闲广场

任何传统和现代广场均有文化娱乐休闲的性质和功能,特别在现代社会中,文化娱乐休闲广场已经成为广大民众最喜爱的重要户外活动场所,它可有效地缓解市民工作之余的精神压力和疲劳。在现代城市中应当有计划地修建大量的文化娱乐休闲广场,以满足广大民众的需求。但在城市中的布置要合理(图7.42、图7.43)。

位置:人口较密集的地方,以方便市民使用为目的,如街道旁、市中心区、商业区、居住区内。

作用:供市民休息、娱乐、游玩、交流等活动的重要场所。

设计要点:

设计形式往往灵活多变,空间多样自由,但一般与环境结合很紧密。

广场的规模可大可小,没有具体的规定,主要根据环境现状来考虑。

广场以让人轻松愉快为目的,因此广场尺度、空间形态、环境小品、绿化、休闲设施等都应符合人的行为规律和人体尺度要求。

单纯的休闲广场可以没有明确的中心主题,但每个小空间环境的主题、功能是明确的,每个小空间的联系是方便的。

为了强调城市深厚的文化积淀和悠久历史的广场,应有明确的主题。

选择植物材料时,可在满足植物生态要求的前提下,根据景观需要去进行,文化娱乐休闲广场的植物配置是比较灵活自由的,最能发挥植物材料的美妙之处。

图7.42 大连星海广场全景   图7.43 大连星海会展中心前广场

5)商业广场

商业广场包括集市广场、购物广场。它用于集散贸易、购物等活动,或者在商业中心区以室内外结合的方式把室内商场与露天、半露天市场结合在一起。商业广场大多采用步行街的布置方式,使商业活动区集中,既便于购物,又可避免人流与车流的交叉,同时可供人们休息、散步、饮食等。商业性广场宜布置各个城市中具有特色的广场设施(图7.44)。

图7.44 商业广场绿化效果图

6)宗教广场

位置:布置在教堂、寺庙及祠堂等宗教建筑群前。

作用:用于宗教庆典、集会、游行、休息的广场。

设计要点：

宗教广场设计应该以满足宗教活动为主，尤其要表现出宗教文化氛围和宗教建筑美。

通常有明显的轴线关系，景物也是对称（或对应）布局。

广场上的小品以与宗教相关的饰物为主。

7.4.5　广场绿地种植设计的基本形式

广场绿地种植设计的基本形式如表 7.16 所示。

表 7.16　广场绿地种植设计的基本形式

基本形式	种植设计要求
排列式种植	这种形式主要用于广场周围或者长条形地带，用于隔离或遮挡，或作背景。单行的绿化栽植，可采用乔木、灌木、灌木丛、花卉相搭配，但株距要适当，以保证有充分的阳光和营养面积。乔木下面的灌木和花卉要选择耐阴品种，并排种植的各种乔木在色彩和体型上注意协调。形成良好的水平景观和立体景观效果（图 7.45）
集团式种植	它是为避免成排种植的单调感，把几种树组成一个树丛，有规律地排列在一定地段上。这种形式有丰富浑厚的效果，排列整齐时远看很壮观，近看又很细腻。可用花卉和灌木组成树丛，也可用不同的灌木或（和）乔木组成树丛。植物的高低和色彩都富于变化（图 7.46）
自然式种植	它是在一个地段内，植物的种植不受株行距限制，而是疏落有序地布置，生动而活泼，可以巧妙地解决与地下管线的矛盾。自然式树丛的布置要结合环境，管理工作上的要求较高（图 7.47）
花坛式（图案式）种植	花坛式就是图案式种植，是一种规则式种植形式，装饰性极强，材料可以选择花卉、地被植物，也可以用修剪整齐的低矮小灌木构成各种图案。它是城市广场最常用的种植形式之一。花坛的位置及平面轮廓要与广场的平面布局相协调。花坛的面积占城市广场面积的比例一般最大不超过广场 1/3，最小也不小于 1/15。当然华丽的花坛面积要小些；简洁的花坛面积要大些（图 7.48）

图 7.45　首义广场

图 7.46　北部湾广场

图 7.47　广场的图案式种植

图 7.48　广场中的花坛设计

7.4.6　城市广场树种选择的原则

城市广场树种的选择要适应当地土壤与环境条件,掌握选树种的原则、要求,因地制宜,才能达到合理、最佳的绿化效果。在进行城市广场树种选择时,一般须遵循 9 条原则(标准),如表 7.17 所示。

表 7.17　城市广场树种选择的原则

选择标准	说　明
冠大荫浓	枝叶茂密且冠大、枝叶密的树种夏季可形成大片绿荫,能降低温度、避免行人暴晒
耐瘠薄土壤	城市中土壤瘠薄,植物多种植在道旁、路肩、场边。受各种管线或建筑物基础的限制和影响,植物体营养面积很少,补充有限。因此,选择耐瘠薄土壤习性的树种尤为重要
深根性	营养面积小,而根系生长很强,向较深的土层伸展仍能根深叶茂。根深不会因践踏造成表面根系破坏而影响正常生长,特别是在一些沿海城市更应选择深根性的树种能抵御暴风袭击而不受损害
耐修剪	广场树木的枝条要求有一定高度的分枝点。侧枝不能刮、碰过往车辆,并具有整齐美观的形象。所以要修剪侧枝,树种需有很强的萌芽能力,修剪以后能很快萌发出新枝
抗病虫害与污染	要选择能抗病虫害,且易控制其发展和有特效药防治的树种,选择抗污染、消化污染物的树种,有利于改善环境
落果少或无飞毛、飞絮	经常落果或有飞毛、飞絮的树种,容易污染行人的衣物,尤其污染空气环境,并容易引起呼吸道疾病
发芽早、落叶晚且落叶期整齐	选择发芽早、落叶晚的阔叶树种。落叶期整齐的树种有利于保持城市的环境卫生
耐旱、耐寒	选择耐旱、耐寒的树种可以保证树木的正常生长发育,减少管理上财力、人力和物力的经济投入。北方大陆性气候,冬季严寒,春季干旱,致使一些树种不能正常越冬,必须予以适当防寒保护
寿命长	树种的寿命长短影响到城市的绿化效果和管理工作

7.5　公路绿化和立交桥绿地设计

7.5.1　高速公路绿化

随着城市交通现代化的进程,高速公路与城市快速道路迅速发展。高速公路是指有中央分隔带、4个以上车道立体交叉、完备的安全防备设施,并专供快速行驶的现代公路(图7.49)。这种主要供汽车高速行驶的道路,路面质量较高,行车速度较快,一般速度为80~120 km/h,甚至超过200 km/h。通过绿化缓解因高速公路施工、运营给沿线地区带来的各种影响,保护自然环境,改善生活环境,并通过绿化提高交通安全和舒适性。

高速公路的横断面内包括行车道、中央分隔带、路肩、边坡和路旁安全地带等(表7.18)。

表7.18　高速公路绿化设计

内　容	绿化设计要求
中央分隔带	分车带宽度一般为1~5 m,其主要目的是按不同的行驶方向分隔车道,防止车灯眩光干扰,减轻司机因行车引起的精神疲劳感。绿化可消除司机的视觉疲劳及旅客心理的单调感,还有引导视线改善景观的作用 中央分隔带一般以常绿灌木的规则式整形设计为主,也可结合落叶花灌木形成自由式设计,地表一般采用草皮覆盖。在植物的选择上,应重点考虑耐尾气污染、耐粗放管理、生长旺盛、慢生、耐修剪的灌木。如蜀桧、龙柏、大叶黄杨、小叶女贞、蔷薇、丰花月季、紫叶李、连翘等(图7.50)
边坡绿化	边坡是高速公路中对路面起支持保护作用的有一定坡度的区域。除应达到景观美化的效果外,还应与工程防护相结合,起到固坡、防止水土流失的作用。在选用护坡植物材料时,应考虑固土性能好、成活率高、生长快、耐干旱、耐瘠薄、耐粗放管理等要求的植物。如连翘、蔷薇、迎春、毛白蜡、柽柳、紫穗槐等。对于较矮的土质边坡,可结合路基种植低矮的花灌木、地被植物;较高的土质边坡可用三维网种植草坪,对于石质边坡可用攀缘植物进行垂直绿化(图7.51)
公路两侧绿化带	公路两侧绿化带是指道路两侧边沟以外的绿化带。公路两侧绿化带是为了防止噪声和废气污染,还可以防风固沙、涵养水源,吸收灰尘、废气,减少污染、改善小环境气候以及增加绿化覆盖率。路侧绿化带宽度不定,一般在10~30 m。通常种植花灌木,在树木光影不影响行车的情况下,可采用乔灌结合的形式,形成良好的景观(图7.52)
服务区绿化	高速公路上,一般每50 km左右设一个服务管理区,供司机和乘客做短暂停留,满足车辆维修、加油,司机、乘客就餐、购物、休息的需要。应结合具体的建筑及设施进行合理的绿化设计。面积较大的服务管理区可设置观赏的草坪、喷泉,以开敞草坪或喷泉为主景,点缀宿根花卉或地被植物,形成组合图案景观,达到很好的绿化美化效果。在停车场地可以种植冠大荫浓的乔木,场地内可以用花坛和树池划分出不同的车辆停放区

图 7.49 孝襄高速公路绿化

图 7.50 中央隔离带绿化

图 7.51 孝襄高速公路硬质护坡绿化

图 7.52 昆玉高速公路两边地被植物

7.5.2 公路绿化

　　城市郊区的道路为公路,它联系着城镇、乡村以及通向风景区的道路。一般距市区、居民区较远,所以公路绿化的主要目的在于美化道路,防风、防尘,并满足行人车辆的遮阳要求,再加上其地下管线设施简单,人为影响因素较少。因此在进行绿化设计时往往有它特殊的地方。在绿化设计时应考虑以下 5 个方面的问题:

　　①根据公路的等级、路面宽度决定公路绿化带的宽度和树种的种植位置。

　　a. 当路面宽度在 9 m 或 9 m 以下时,公路绿化植树不宜栽在路肩上,要栽到边沟以外,距边缘 0.5 m 处为宜(图 7.53、图 7.54)。

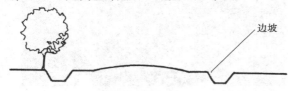

边坡

图 7.53 公路断面结构示意图

图 7.54 公路宽 9 m 以下绿化示意图

b. 当路面宽度在 9 m 以上时,公路绿化可种植在路肩上,距边沟内径不小于 0.5 m 为宜,以免树木生长时,其地下部分破坏路基(图 7.55)。

图 7.55   公路宽 9 m 以上绿化示意图

②公路交叉口应留出足够的视距,在遇到桥梁、涵洞等构筑物时 5 m 以内不能种植任何植物。

③公路线较长时,应在 2~3 km 处变换另一树种,避免绿化单调,增加景色变化,保证行车安全,避免病虫害蔓延。

④选择公路绿化树种时要注意乔灌木相结合,常绿与落叶相结合,速生树与慢生树相结合,还应多采用地方乡土树种。

⑤公路绿化应尽可能结合生产或与农田防护林带相结合,节省用地。

7.5.3   交叉路口和交通岛绿地设计

1)交叉路口的绿地设计

为了保证行车安全,在进入道路的交叉口时,必须在道路转角空出一定的距离,使司机在这段距离内能看到对面开来的车辆,并有充分的刹车和停车的时间以避免撞车。这段从发现对方立即刹车到刚好停车所经过的距离,称为"安全视距"。

根据两相交道路的两个最短视距,可在交叉口平面图上绘出一个三角形,称为视距三角形。在此三角形内不能有建筑物、构筑物、树木等遮挡司机视线的地面物。在布置植物时其高度不得超过 0.65~0.70 m,或者在三角视距内不要布置任何植物。视距的大小,随着道路允许的行驶速度、道路的坡度、路面质量情况而定,一般采用 30~50 m 的安全视距为宜(图 7.56、图 7.57)。

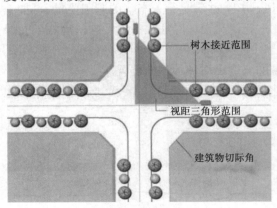

图 7.56   视距三角示意图

图 7.57   南宁民族大道视距三角绿化

2）交通岛的绿地设计

交通岛也可称中心岛（俗称转盘）。设置交通岛主要是组织交通,交通岛多呈圆形,少数为方形或长方形。一般直径在 40～60 m。通常以嵌花草坪、花坛为主,或以低矮的常绿灌木组成简单的图案花坛(图 7.58),切忌采用常绿小乔木或大灌木以免影响视线。但在居住区内则不同,人流、车流比较小,以步行为主的交通岛就可以小游园的形式布置,增加群众的活动场地。

图 7.58 交通岛的绿地

3）立体交叉绿地设计

立体交叉是指两条道路在不同平面上的交叉。高速公路与城市各级道路交叉时、快速路与快速路交叉时都必须采用立体交叉。大城市的主干路与主干路交叉时视具体情况也可设置立体交叉。立体交叉使两条道路上的车流可各自保持其原来车速前进,而互不干扰,是保证行车快速、安全的措施。但占地大、造价高,应选择占地少的立交形式。

（1）立体交叉口设计

①立体交叉口的数量。立体交叉口的数量应根据道路的等级和交通的需求设置。其体形和色彩等都应与周围环境协调,力求简洁大方,经济实用。在一条路上有多处立体交叉时,其形式应力求统一,其结构形式应简单、占地面积少。

②立体交叉的形式。立体交叉分为分离式和互通式两类。分离式立体交叉分隧道式和跨路桥式。其上、下道路之间没有匝道连通。这种立体交叉不增占土地,构造简单。互通式立体交叉设置有连通上、下道路的匝道。互通式立体交叉形式繁多,按交通流线的交叉情况和道路互通的完善程度分为完全互通式、不完全互通式和环形立体交叉式 3 种。

互通式立体交叉一般由主、次干道和匝道组成,为了保证车辆安全和保持规定的转弯半径,匝道和主次干道之间形成若干块空地,这些空地通常称为绿岛。作为绿化用地和停车场用。

（2）绿地设计 立体交叉绿地包括绿岛和立体交叉外围绿地。

①设计原则。绿化设计首先要服从立体交叉的交通功能,使行车视线通畅,突出绿地内交通标志,诱导行车,保证行车安全。在顺行交叉处要留出一定的视距,不种乔木,只种植低于驾驶员视线的灌木、绿篱、草坪或花卉;在弯道外侧种植成行的乔木,突出匝道附近动态曲线的优美,诱导驾驶员的行车方向,使行车有一种舒适、安全之感。

绿化设计应服从于整个道路的总体规划要求,要与整个道路的绿地相协调。要根据各立体交叉的特点进行,形成地区的标志,并能起到道路分界的作用。

绿化设计要与道路绿化及立体交叉口周围的建筑、广场等绿化相结合,形成一个整体。

绿地设计应以植物为主,发挥植物的生态效益。为了适应驾驶员和乘客的瞬间观景的视觉要求,宜采用大色块的造景设计,布置力求简洁明快,与立交桥宏伟气魄相协调。

②绿化布局形式。绿化布局要形式多样,各具特色,常见的有规则式、自然式、混合式、图案式、抽象式等(图7.59—图7.62)。

规则式:构图严整、平稳。

自然式:构图随意接近自然,但因车速高、景观效果不明显,容易造成散乱的感觉。

混合式:自然式与规则式结合。

图案式:图案简洁,平面或立体轮廓要与空间尺度协调。

图7.59　北京建国门立交桥绿化——规则式

图7.60　北京安慧立交桥绿化——自然式

图7.61　北京三元立交桥绿化——混合式

图7.62　北京菜户立交桥绿化——图案式

(3)植物配置　植物配置上同时考虑其功能性和景观性,尽量做到常绿树与落叶树结合、速生树与慢生树结合,乔、灌、草相结合。注意选用季相不同的植物,利用叶、花、果、枝条形成色彩对比强烈、层次丰富的景观,提高生态效益和景观效益。

(4)绿岛设计　绿岛是立体交叉中分隔出来的面积较大的绿地,多设计成开阔的草坪,草坪上点缀一些有较高观赏价值的孤植树、树丛、花灌木等形成疏朗开阔的绿化效果。或用宿根花卉、地被植物、低矮的常绿灌木等组成图案。最好不种植大量乔木或高篱,容易给人一种压抑感。桥下宜种植耐阴地被植物,墙面进行垂直绿化。如果绿岛面积很大,在不影响交通安全的前提下,可设计成街旁游园,设置园路、座椅等园林小品和休憩设施,或纪念性建筑等,供人们作短时间休息(图7.63)。

(5)树种选择　树种选择首先应以乡土树种为主,选择具有耐旱、耐寒、耐瘠薄特性的树种。能适应立体交叉绿地的粗放管理。还应重视立体交叉形成的一些阴影部分的处理,耐阴植物和草皮都不能正常生长的地方应改为硬质铺装。

图 7.63　北京四元立交桥绿化鸟瞰图

7.6　典型实践案例分析

连云港——徐州高速公路邳州西段绿地规划设计

1）总体规划设计阶段

（1）景观规划　结合高速公路车速快、车流量大、车型以客车和轿车为主、运量以客运为主的特点，绿化应突出景观、生态效益，满足高速公路绿化功能的需要，达到稳定边坡、遮光防眩、诱导视线、改善环境的目的，为驾乘人员提供优美、舒适、安全的外部环境，使旅客有"人在车中坐，车在画中行"的良好感觉。景观设计从下面 3 个方面来展示：

①开阔：立交桥互通区域以开放的草坪景观为基底，该景观的出现，可以满足视野的开阔性，同时降低成本。

②流畅：绿岛内设计成线条流畅的银杏叶模纹，模纹处于植物空间的中间层级，形成错落有致的生态公园，该空间还要求丰富多样性和色彩的变化多端。无论是植物还是景观都不仅降低了成本，同时又烘托出了生态效果。

③绿廊：中央分隔带及护坡景观的疏林密地设计，是最为丰富的空间形式（图 7.64）。

图 7.64　徐州方向高速公路绿化效果图

（2）植物规划　该路段自然条件较差,选用耐贫瘠、耐干旱、景观性强的树种(选择银杏、栾树、合欢)。绿岛内以大片常绿、半常绿(龙柏、金叶女贞)造型植物为基调,以简洁图案和少量植物造景来点缀。路基路堑边坡以铺植固着性好的灌木(蜀桧、侧柏、黄杨)、草坪为主,达到稳定边坡、防止冲刷、绿化美化的作用。

2)详细设计阶段

根据确定后的总体规划设计方案,对各绿地局部进行详细设计。局部详细设计工作主要包括以下内容:

（1）中央分车带绿化规划设计　中央分车带植物立地条件差,其特点是:地块狭长,呈带状,植物生长空间小,土层薄,光照强,温度高,湿度小,易干旱,风速大,污染重。绿化以防眩、防噪声为主要目的,以丰富景观、提高行车安全为前提。土层厚度应达到60 cm,起防眩作用的绿色植物高度控制在160 cm以上,立交桥主干道以单排种植为主,徐州方向300 m道路引线区段以双排种植为主,以达到变化有序。选择耐热、耐干旱瘠薄、耐修剪、生长较慢的植物(拟选用蜀桧、法国冬青、龙柏、紫薇、石楠、金叶女贞、大叶黄杨、丝兰、海桐、矮化美人蕉等)(图7.65、图7.66)。

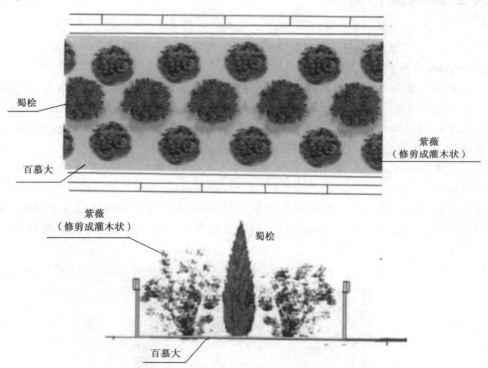

图7.65　立交桥主干道中央分隔带平、立面图

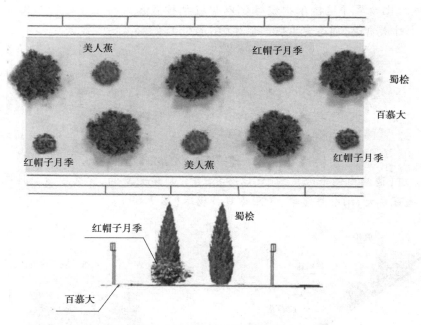

图7.66　徐州方向高速公路中央分隔带平、立面图

（2）互通（立交）区域绿化　绿化以满足行车功能、丰富景观、美化环境为主要目的。布局要突出主题、简洁明快,大手笔、大色块、大绿量、大曲线,线型流畅美观,色彩艳丽,体量、高低适度,层次分明,透视效果好,与灯光、喷灌及其他设施协调,形成有气势的景观效果。其边沟外侧绿化与沿线绿化相统一,宜选用常绿、枝叶浓密、色彩丰富、观赏价值较高的植物。如邳州西段互通立交范围内分块整理地形,使其中部高、四周低,坡度为5/1 000,以利排水。用金叶女贞创造银杏叶和银杏果图案组合,用龙柏球组合景点表示世界各地,百慕大加黑麦草铺底形成四季常青的绿色大地。此设计意在表达邳州名产——银杏走向世界各地(图7.67)。

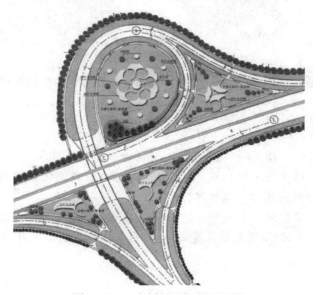

图7.67　立交桥绿地规划平面图

（3）护坡绿化　草坪培植床护坡绿化以护坡草种百慕大为主体进行绿化,其中点缀迎春花、黄杨球、小叶女贞等,创造音乐般的韵律(图7.68)。

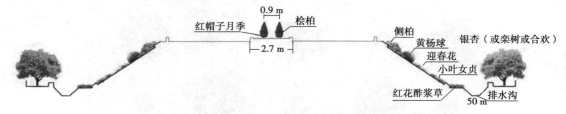

图7.68　连—徐高速公路断面图

（4）护坡道(边沟内侧平台)　绿化以防护、美化环境为目的,宜选用适应性强、易管理的植物。护坡撒播百慕大、细叶结缕草,等距离栽黄杨球(图7.69)。

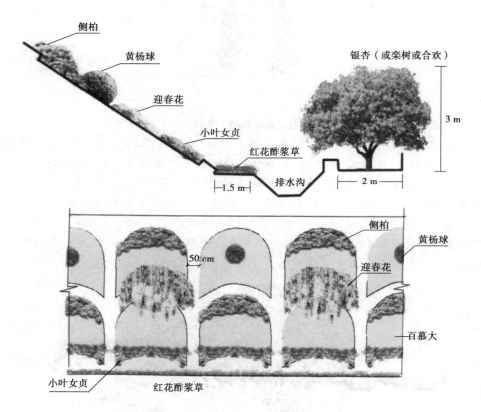

图7.69　连—徐高速公路护坡绿化平、断面图

（5）边沟外绿化　以生态防护构成林网骨架为目的,兼顾美化环境的功能。银杏、桧柏间距8 m,间植红叶李,护坡选用细叶结缕草(图7.70)。

（6）挡土墙绿化　应起到缓和视觉、美化环境、减少冲刷等功能,可选择抗性强、阳性的攀缘植物进行垂直绿化,宜密植,适宜种类有迎春、金银花、爬山虎、攀缘月季、凌霄、木香等。

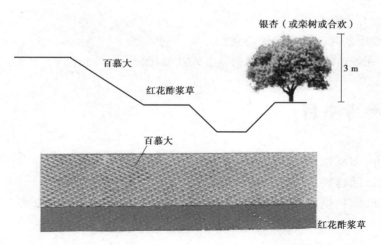

图 7.70 连—徐高速公路草坪配置床护坡绿化平、断面图

（资料来源：筑龙网）

思考题

1. 高速公路横断面由几部分构成？各有什么设计要点？
2. 立体交叉绿地设计原则有哪些？应注意哪些设计要点？
3. 试讨论所在城市立体交叉绿地设计形式。

城市道路绿地
规划设计微课

本章小结

　　城市道路是一个城市的骨架，而城市道路和广场绿化水平的好坏，不仅影响着整个城市形象，而且还能反映出城市绿化的整体水平。城市道路和广场绿地是城市园林绿地系统的重要组成部分。它们给城市居民提供了安全、舒适、优美的生活环境，而且在改善城市小气候、保护环境卫生、丰富城市景观效果、组织城市交通以及社会效应方面有着积极作用。城市道路和广场绿地是城市总体规划设计与城市物质文明和精神文明建设的重要组成部分。

研讨与练习

1. 城市道路的横断面布置形式有几种？各有什么优缺点？
2. 分车带绿化应注意哪些要点？
3. 行道树绿化应注意哪些要点？
4. 交通岛的作用是什么？试述设计要点。
5. 简述分车绿带的种植方式。
6. 简述林荫道的绿化布置。
7. 简述街道小游园的种植形式。

8. 街头绿地有什么特点？

9. 滨河绿地规划时应注意哪些要点？

10. 列举所在城市的街旁绿地,说明其形式及绿化特点。

本章推荐参考书目

［1］胡长龙.园林规划设计［M］.北京:中国农业出版社,2002.

［2］黄东兵.园林规划设计［M］.北京:中国科学技术出版社,2003.

［3］宁妍妍.园林规划设计［M］.沈阳:白山出版社,2003.

8 居住区绿地规划

[本章学习目标]

知识要求：

1. 学习居住区绿地规划基本知识，了解居住区绿地的概念，绿地的组成和级别划分。

2. 了解居住区绿地规划布局的特点，掌握居住区园林规划设计的原则。

技能要求：

1. 掌握居住区园林规划设计的基本方法和设计程序，会进行居住区绿地规划方案构思及设计图的制作。

2. 能够综合运用所学的居住区园林规划知识，进行居住区各类绿地的规划设计。

8.1 居住区规划基础知识

居住区绿地是城市绿地系统的重要组成部分。对其进行科学、合理的规划，不仅能为居民创造良好的休息环境，还能为居民提供丰富多彩的活动场地。随着现代社会对绿色、环保、生态的进一步探索和研究，在住区选址、建房、买房的过程中，城市居民越来越渴盼绿地，人人都希望居住景观环境中充满绿色，无论是草坪花坛，还是乔木灌木，都有利于改善居住环境的质量，使人身心愉悦。为此，居住区绿地规划设计成为我国当前乃至以后很长时期内最热门的园林课题，很有必要对它的基础知识、基本设计原则和方法做一些归纳和分析。

我国《城市居住区规划设计规范》（GB 50180—2018）的总则中明文规定：居住区的规划设计应符合城市总体规划的要求；要统一规划、合理布局、因地制宜、综合开发、配套建设；要综合考虑所在城市的性质、气候、民族、习俗和传统风貌等地方特点和规划用地周围的环境条件，充分利用规划用地内有保留价值的河湖水域、地形地物、植被、道路、建筑物与构筑物等，并将其纳入规划；适应居民的活动规律，综合考虑日照、采光、通风、防灾、配建设施及管理要求，创建方便、舒适、安全、优美的居住生活环境；为老年人、残疾人的生活和社会活动提供条件；为工业化生产、机械化施工和建筑群体、空间环境多样化创造条件；为商品化经营、社会化管理及分期实施创造条件；充分考虑社会、经济和环境 3 个方面的综合效益。

居住区规划是指对居住区的布局结构、住宅组群布置、道路交通、公共服务设施、各种绿地和游憩场地、市政公用设施和市政管网等各个系统进行的综合安排。它是城市详细规划的组成部分。研究居住区的绿地规划,首先应该对居住区规划的基本知识有所了解。

8.1.1 居住区组成和规模

在我国,居住区按居住户数或人口规模可分为居住区、小区、组团3级(表8.1)。

表8.1 居住区分级控制规模

	居 住 区	小 区	组 团
户数/户	10 000~16 000	3 000~5 000	300~1 000
人口/人	30 000~50 000	10 000~15 000	1 000~3 000

城市居住区,泛指不同居住人口规模的居住生活聚居地和特指被城市干道或自然分界线所围合,并与居住人口规模(30 000~50 000人)相对应,配建有一整套较完善的、能满足该区居民物质与文化生活所需的公共服务设施的居住生活聚居地。居住小区是人口规模在7 000~15 000人的居住聚居地,通常被居住区级道路或自然分界线所围合,配建的公共服务设施能满足该区域居民基本的物质和文化生活所需要。居住组团,居住人口规模在1 000~3 000人,配建有居民所需的基层公共服务设施。一个居住小区通常由几个组团组成,相互间被小区道路所分隔。

我国目前的城市用地,尤其是大中城市和发达地区,大规模的居住区用地逐渐或已经被开发,地产界竞争激烈,房地产商想方设法取得很多占地规模不大的商品房开发用地,因此,组团式的中小型"楼盘"不断推出,这种小"社区""楼盘"的热销也是当代住宅产业的一大特点(图8.1、图8.2)。

图8.1 深圳阳光棕榈园中心花园   图8.2 深圳黄埔雅苑居住区翠悠园组团绿地

8.1.2 居住区住宅组群的布置形式

居住区建筑一般由住宅建筑和公共建筑两大类构成,是居住环境中重要的物质实体。其中,住宅在整个居住区建筑中占据主要比例,我们研究居住区建筑的布置形式,首先应对住宅的分类和基本功能特征有所了解。

1)住宅

居住区中常见住宅一般可分为低层住宅(1~3 层),多层住宅(4~6 层),中高层住宅(7~9 层)和高层住宅(9 层以上)。

(1)低层住宅　低层住宅又可分为独立式、并列式和联列式 3 种。目前城市用地中,以开发多层、小高层、高层住宅为主;低层住宅常以别墅形式出现,如有一块独立的住宅基地,则属于比较高档的低层住宅。

(2)多层住宅　多层住宅以公共楼梯解决垂直交通,有时还需设置公共走道解决水平交通。它的用地较低层住宅省,是中小城市和经济相对不发达地区中大量建造的住宅类型。从平面类型看,有梯间式、走廊式和点式之区分。

(3)高层住宅　高层住宅垂直交通以电梯为主、楼梯为辅,因其住户较多,而占地相对减少,符合当今节约土地的国策。尤其在北京、上海、广州、深圳等特大城市土地昂贵,发展高层乃至超高层已是迫不得已的事情。在规划设计中,高层住宅往往占据城市中优良的地段,组团内部,地下层作为停车场,一层作架空处理,扩大地面绿化或活动场地,临街底层常扩大为裙房,作商业用途。从平面类型看,有组合单元式、走廊式和独立单元式(又称"点式""塔式")之区别。

2)住宅组群设计基本原则

居住区建筑布置形式包括住宅布置形式和公建布置形式两个方面,核心问题是对住宅组群的研究。

住宅组群设计主要遵循以下基本原则:

①住宅建筑组群设计,既要有规律性,又要有恰当合理的变化。

②住宅建筑的布局,空间的组织,要有疏有密,布局合理,层次分明而清晰。

③住宅单体的组合,组群的布置,要有利于居住区整体景观的创造与组织。

④合理的住宅间距和日照卫生标准。

3)住宅组群的布置形式

居住区住宅布置,除满足日照、通风、噪声等功能要求外,还要创造居住区丰富的空间形态,体现地域、生态、景观、文化等的多样性特征。

住宅组群布置形式包括"平面组合形式"和"空间组合形式"两个层面。

(1)住宅组群的平面组合形式　组团是居住区的物质构成细胞,也是居住区整体结构中的较小单位。

①组团内。组团内的住宅组群平面组合的基本形式有 3 种,即行列式、周边式和点群式。此外,还有混合式(表 8.2)。

表 8.2　住宅组群平面组合的基本形式

基本形式	特　点	实例 1	实例 2
行列式	按一定朝向和间距成排布置,每户都能获得良好的日照和通风条件;整齐的住宅排列在平面构图上有强烈的规律性;行列式布局有平行排列、交错排列、不等长拼接、成组变向排列、扇形排列等几种方式	 上海番瓜弄居住小区住宅组群	 常州红梅新村住宅组群
周边式	住宅沿街坊或院落周边布置,形成封闭或半封闭的内院空间;院内安静、安全、方便;较适合于寒冷多风沙地区。周边式布局有单周边、双周边等布局形式	 天津子牙里住宅组群	 德国艾森许特恩城 6 号住宅区住宅组群
点群式	点式住宅包括低层独院式住宅、多层点式及高层塔式住宅。点式住宅自成组团或围绕住宅组团中心建筑、公共绿地、水面有规律地或自由布置,可丰富居住区建筑群体空间,形成居住区的个性特征。点式住宅布局灵活,能充分利用地形。点群式布局有规则式与自由式两种方式	 巴黎勃菲兹芳泰乃·奥克斯露斯小区住宅组群	 香港穗禾苑住宅组群

续表

基本形式	特 点	实例1	实例2
混合式	它是以上3种基本形态的结合或变形的组合形式。可体现居住空间的灵活性和组群变化	深圳莲花居住区住宅组群	法国吐鲁兹居住区住宅组群

混合式组群布局在近几年新楼盘中应用非常广泛(图8.3、图8.4),体现出多种居住文化理念。

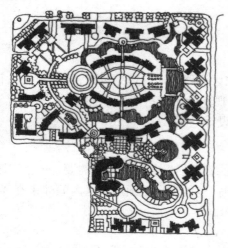

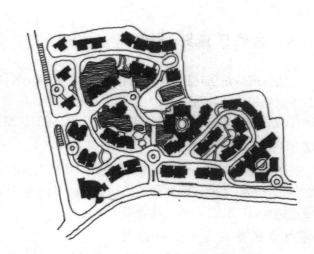

图8.3 深圳蔚蓝海岸二期总平面图　　　**图8.4 深圳百仕达花园总平面图**

②组团间。若干住宅组团配以相应的公共服务设施和场所即构成居住小区。常见的小区内住宅组团间的平面组合方式有统一法、向心法和对比法等。

a. 统一法:是指小区采用相同形式与尺度的建筑组合空间重复设置,或以一定的母题形式或符号形成主旋律,从而达到整体空间的协调统一。不管是重复组合还是母题延续,都有利于形成居住外环境空间的秩序统一和节奏感的产生。统一法组合,容易在组团之间布置公共绿地、公共服务设施,并从整体上组织空间层次。通常,一个小区可用一种或两种基本形式重复设置,贯穿母题;有时依地形、环境及其他因素做适当的变异,体现一定的灵活性和多样性。

b. 向心法:是将小区的各组团和公共建筑围绕着某个中心(如小区公园、文化娱乐中心)来布局,使它们之间相互吸引而产生向心、内聚及相互间的连续,从而达到空间的协调统一。尤其在大、中城市和经济发达地区地价昂贵,又要保证比较高的容积率,常采用周边布置高层住宅,中央设置小区集中绿地,布置成包括泳池、水景、广场在内的中心花园景观,此类规划方法即典型的向心组合。

c.对比法:在居住空间组织中,任何一个组群的空间形态,常可采用与其他空间进行对比予以强化的设计手法。在居住环境规划中,除考虑自身尺度比例外,还要考虑各空间之间的相互对比与变化。它包括空间的大小、方向、色彩、形态、虚实、围合程度、气氛等对比。如点式住宅组团和板式住宅组团的对比,庭院围合式与里弄、街坊式等空间组织方式的对比,容易产生个性鲜明的组团组合特色。

(2)住宅组群的空间组合形式 在居住区的规划实践中,常用的住宅组群空间的组合方式有成组成团式和街坊式两种。

①成组成团式。这种组合方式是由一定规模和数量的住宅成组成团的组织,构成居住区(小区)的基本组合单元。其规模受建筑层数、公建配置方式、地形条件等因素的影响,一般为1 000~2 000人,较大的可达3 000人左右。住宅组团可由同一类型、同一层数或不同类型、不同层数的住宅组合而成。

②街坊式。成街是指住宅沿街组成带形的空间;成坊是指住宅以街坊作为一个整体的布置方式。有时在组合群设计中,因不同条件限制,可既成街,又成坊。

8.1.3 居住区道路系统

居住区道路是居住区外环境的重要组成要素。居住区道路交通的规划设计,不仅与居民日常生活息息相关,同时也在很大程度上对整个居住区景观环境质量产生重要的影响。因此,创造宜人的居住区环境,尤其要注重对居住区交通的规划设计。

1)居住区道路的功能

居住区道路具有一般道路交通的普通功能,即不仅能满足居民各种出行的需要,如上下班、上放学、购物等,使他们能顺利地到达各自的目的地,同时,也能满足必须进入区内的外来交通,如走亲访友、送货上门、运出垃圾等要求。

2)居住区道路交通的设计原则

居住区道路是居住区外环境构成的骨架和基础,为居住区景观提供了观赏的路线。若居住区道路系统设计得合理有序,则能创造居住区丰富、生动的空间环境和多变的空间序列,为渲染区内自然的居住氛围提供有利的条件。同时,路型的设计方式和对尺度的控制也影响着居住区环境观赏的角度和景点营造。

居住区道路交通,一方面关系着居民日常的出行行为,另一方面又与居民的邻里交往、休闲散步、游憩娱乐等有密切的关联。因此,在居住区道路交通的规划设计中,要综合考虑社会、心理、环境等多方面的因素。在设计中应遵循以下原则:

①使居住区内外交通联系"顺而不穿,通而不畅",既要避免往返迂回,又要便于消防车、救护车、商店货车和垃圾车等的通行。

②根据地形、气候、用地规模和用地四周的环境条件以及居民的出行方式,选择经济、便捷的道路系统和道路断面形式。

③有利于居住区内各类用地的划分和有机联系,以及建筑物布置的多样化。

3)居住区道路分级

根据我国近年来居住区建设的实践经验,将居住区道路划分为4级布置,可取得较好的效果。这4级道路分别为居住区道路、小区路、组团路及宅间小路。

(1)居住区道路　居住区道路是居住区内外交通联系的重要道路,适于消防车、救护车、私人小车、搬家车、工程维修车等的通行。其红线宽度一般为20～30 m,山地城市不小于15 m。车行道的宽度应根据居住区的大小和人车流量区别对待,一般不小于9 m,如通行公共交通时,应增至10～14 m。在车行道的两旁,各设2～3 m宽的人行道。

(2)小区路　小区路划分并联系着住宅组团,同时还联系着小区的公共建筑和中心绿地。为防止城市交通穿越小区内部,小区路不宜横平竖直,一通到头。通常可采用的形式有:环通式、尽端式、半环式、内环式、风车式和混合式等,既能避免外来车辆的随意穿行,又能使街景发生变化,丰富空间环境。小区路是居民出行的必经之路,也是他们交往活动的生活空间,因此要搞好绿化、铺地、小品等设计,创造出好的环境。小区路建筑控制线之间的宽度,采暖区不宜小于14 m,非采暖区不宜小于10 m。车行道的宽度应允许两辆机动车对开,宽度为5～8 m。

(3)组团路　组团路是居住区住宅群内的主要道路,即从小区路分支出来通往住宅组团内部的道路,主要通行自行车、行人、轻机动车等,还需要满足消防车通行需求,以便防火急救。在组团入口处应设置有明显的标志以便于识别,同时给来人一个明确的提示:进入组团将不再是公共的空间。同时,组团路可在适当地段做节点放大,铺装路面,设置座椅供居民休息、交谈。有的小区规划不主张机动车辆进入组团,常在组团入口处设置障碍,以保证小孩、老人活动的安全。组团路的建筑控制线宽度,采暖区不宜小于10 m,非采暖区不宜小于8 m。

(4)宅间小路　宅间小路是居住区道路系统的末梢,是通向各户或各单元入口的通路,主要供步行及上下班时自行车通行,但为方便居民生活,送货车、搬家车、救护车、出租车要能到达单元门前。宅前单元入口处是居民活动最频繁的场所,尤其是少年儿童最愿意在此游戏,所以,宜将宅间小路及附近场地作重点铺装,在满足步行的同时还可以作为过渡空间供居民使用。宅间小路的路面宽度不宜小于2.5 m。

4)居住区道路系统规划设计

居住区道路系统规划,通常是在居住区交通组织规划下进行的。一般居住区交通组织规划,可分为"人车分流"和"人车合流"两类。在这两类交通组织体系下,综合考虑居住区的地形、住宅特征和功能布局等因素,进行合理的居住区道路系统规划。

(1)人车分流的道路系统　"人车分流"的居住区交通组织原则,是20世纪20年代由C.佩里首先提出的。佩里以城市不穿越邻里内部的原则,体现了交通街和生活街的分离。1933年美国新泽西州的雷德朋居住区规划,率先体现了这一原则,较好地解决了私人汽车发达时代的人车矛盾,成为私家车时代居住区内交通处理的典范(图8.5、图8.6)。

"人车分流"的交通组织体系,涉及平面分流与竖向分流两类方法。该交通体系可以保持居住区内部的安全和安宁,保证区内各项生活与交往活动正常舒适地进行。目前国内像北京、上海、广州、深圳等大城市以及其他经济发达地区,推行以高层为主的住区环境,停车问题主要在地下解决,组团内部的地面上形成了独立的步行道系统,将绿地、户外活动、公共建筑和住宅联系起来,结合小区游戏场所可形成小区的游憩娱乐"环道",能为居民创造更为亲切宜人而富有情趣的生活空间,也可为景观环境的观赏提供有利的条件。

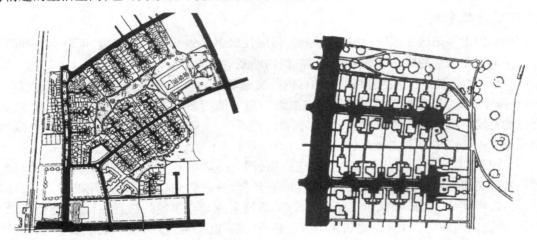

图 8.5　美国纽约雷德朋居住区人车分流路网平面　　图 8.6　美国纽约雷德朋居住区中的小区道路系统

　　(2)人车合流的道路系统　"人车合流",又称"人车混行",是居住区道路交通规划组织中一种很常见的体系。与"人车分流"的交通组织体系相比,在私人汽车不发达的地区,采用这种交通组织方式有其经济、方便的地方。在我国,城市之间的发展差异悬殊,根据居民的出行方式,在普通中、小城市和经济不发达地区,居住区内保持人车合流还是适宜的。在人车合流的同时,将道路按功能划分主次,在道路断面上对车行道和步行道的宽度、高差、铺地材料、小品等进行处理,使其符合交通流量和生活活动的不同要求;在道路线型规划上防止外界车辆穿行,等等。道路系统多采用互通式、环状尽端式或两者结合使用(图 8.7)。

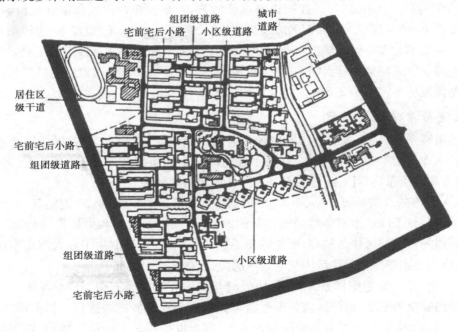

图 8.7　无锡沁园新村居住小区道路系统(人车合流)

8.1.4 居住区公共建筑与设施

1) 公共建筑分类

居住区公共服务设施,也称配套公建,应包括教育、医疗卫生、文化体育、商业服务、金融邮电、市政公用、行政管理及其他设施 8 类,如表 8.3 所示。

表 8.3　居住区公共服务设施分类

分　类	功能特点	主要内容
商业服务设施	是公共建筑中与居民生活关系最密切的基本设施,项目内容多,性质庞杂,随着经济生活的提高,发展变化快	粮店、综合百货商店、储蓄所等
保育教育设施	保育教育设施是学龄前儿童接受保育、启蒙教育和学龄青少年接受基础教育的场所,属于社会福利机构	托儿所、幼儿园、小学、普通中学等
文体娱乐设施	充实和丰富居民的业余文化生活,提供活动交往场所,满足居民高层次的精神需求	文化馆、电影院、运动场等
医疗卫生设施	在居住区内具有基层的预防、保健和初级医疗性质	门诊部、卫生站等
公用设施	为居民提供水、暖、电、煤气、交通等服务,及时清理垃圾,保障公共环境卫生	水、暖、电、煤气服务站点,公共厕所、停车场(库)、垃圾站、公交站等
行政管理设施	是城市中最基层的行政管理机构和社会组织	街道办事处、居民委员会、小区综合管理委员会以及房管、绿地、市政公用等管理机构
金融邮电设施	为居民提供储蓄、邮寄、通信等服务	银行、邮电所、电话亭等
其他设施	为预防战争等特殊情况而考虑的人防设施	防空地下室

在第 8 项的其他设施中,很重要的是人防设施。凡国家确定的一、二类人防重点城市均应按国家人防规范配建防空地下室,并应遵循平战结合的原则,与城市地下空间,如与停车场等规划相结合,统筹安排。根据不同公建项目的使用性质和居住区的规划组织结构类型,应采用相对集中与适当分散相结合的方式合理布局,并应有利于发挥设施效益,方便经营管理和减少干扰。

商业服务与金融邮电、文体等相关项目宜整合和集中布置,如形成与住区规模级别相吻合的超市、会所等。停车场的设置是一个重点和难点,我国很多城市的老区、旧区,停车位严重不足,当年留下来的地面停车空间远远不能解决交通组织、环境污染等突出问题。新开发的社区、楼盘,停车矛盾相对缓和,已经大幅度提高车位指标数,把地下空间有效地利用起来了。

2) 公共建筑设计原则

公共建筑设计主要遵循以下基本原则:

（1）方便生活　即要求控制合理的服务半径与活动路线,特别是经营日常性使用的公共建筑,要以最短的时间和最近的距离完成日常必要性生活活动。

（2）有利经营管理　发挥最大的效益,如重视节约用地和维持正常经营的现实因素。

（3）美化环境　综合公共建筑的使用性质,为使用者提供良好的生活环境。

3）公共建筑布置形式

根据公建的性质、功能和居民的生活活动需求,居住区公建的布局方式可分为分散式和集中式两种(表8.4)。

表8.4　居住区公建布局方式的分类、特点及适用范围

公建布局方式	特　点	适用范围
分散式	分布面广,服务效率高。一般地,功能相对独立,对环境有一定要求的公共建筑适宜于分散布置;或与居民生活关系密切,使用、联系频繁的基础生活设施也适合分散式布局	保育教育和医疗设施,居委会,自行车库,基层商业服务设施等
集中式	商品服务、文化娱乐及管理设施除方便居民使用外,宜相对集中布置,形成生活服务中心	如当今很多社区、楼盘内,都集中布置有面积较大的综合会所等

8.2　居住区绿地规划设计

8.2.1　居住区绿地的概念

1）居住区绿地的概念

居住区绿地是城市园林绿地系统的重要组成部分。根据我国《城市用地分类与规划建设用地标准》(GB 50137—2016)的指标规定,在人均单项建设用地指标中,人均居住用地是 18.0 ~28.0 m²;在规划建设用地结构中,城市居住用地占建设用地的比例是 20% ~32%。具体到居住区生活用地里面,居住绿地的比例又占到了 25% ~30%。居住区广泛分布在城市建设区内,居住区绿地构成了城市整个绿地系统点、线、面上绿化的主要组成部分,是最接近居民的最为普遍的绿地形态。

居住区绿地是居住区环境的主要组成部分,一般是指居住小区或居住区范围内,住宅建筑、公建设施和道路用地以外用于布置绿化、园林建筑及小品,为居民提供游憩、健身活动场地的用地。居住区公共绿地,具体包括各级中心绿地、运动场、成人和儿童游憩场地、林荫路、绿化隔离带等。

2）居住区绿地的功能和作用

绿地作为一个城市的呼吸系统,被人们喻为城市机体的“肺”。居住区绿地,具有其他基础设施与自然因素无法替代的多种功能。

众所周知,居住区住宅建设有着严格的规范要求,如住宅之间要满足必要的采光、通风、消

防间距,要避免视线干扰因素等,而居住区绿地的留设,既可以满足多方面的住宅指标要求,又可以通过绿化与建筑物的配合,使居住区的室外空间富于变化,形成多层次、多内涵的景观环境。21世纪的中国,住宅产业蓬勃发展,人们日益重视居住区以绿化为主的环境建设质量,买住宅就是要买环境,这在很大程度上决定着房价的走向。因此,居住区绿地的规划建设与居民的生活密切相关,居住区绿地的功能能否满足人们日益增长的物质、文化生活的需求,遂成为房地产市场关注的重要课题。

　　居住区绿地的功能,可以大致概括为使用功能、生态功能、景观功能、文化功能4个方面,如表8.5所示。

表8.5　居住区绿地功能分类

功能类别	内　容
使用功能	居住区绿地是形成居住区建筑通风、日照、防护距离的环境基础,特别是在地震、火灾等非常时期,有疏散人流和避难保护的作用,具有突出的实用价值。居住区绿地直接创造了优美的绿化环境,可为居民提供方便舒适的休息游戏设施、交往空间和多种活动场地,具有极高的使用效率。户外生活作为居民必不可少的居住生活组成部分,凭借宅前宅后的绿地,凭借组团绿地或中心花园,可以充分自由地开展多种丰富多彩的绿地休闲、游园观赏活动,有利于人们的康体健身
生态功能	居住区绿地以植物为主体,在净化空气、减少尘埃、吸收噪声等方面起着重要作用。绿地能有效地改善居住区建筑环境的小气候,包括遮阳降温、防止西晒、调节气温、降低风速,在炎夏静风状态下,绿化能促进由辐射温差产生的微风环流的形成,等等
景观功能	居住区绿地是形成视觉景观空间的环境基础,富于生机的园林树木、花卉和草坪作为居住区绿地的主要构成材料,绿化美化了居住区的环境,使居住建筑群更显得生动活泼、和谐统一,绿化还可以遮蔽不雅观的环境物,以绿色景观协调整体的社区环境
文化功能	具有配套的文化设施和一定的文化品位,这是当今创建文明社区的基本标准。居住区绿地对居住区的社区文化,对居民的生理、心理都有重要作用。一个温馨的家园,不仅是视觉意义上的园林绿化,还必须结合绿地上的文化景观设施来统一评价。这种绿化与文化设施(如园林建筑、雕塑、水景、小品等)共同形成的复合型空间,有利于居民在此增进彼此间的了解和友谊,有利于教育孩子、启迪心灵,有利于大家充分享受健康和谐、积极向上的社区文化生活

8.2.2　居住区绿地的组成与定额指标

1)居住区绿地的组成

　　居住区绿地按其功能、性质及大小,可划分为公共绿地、宅旁绿地、公建附属绿地和道路绿地等(表8.6),它们共同构成居住区绿地系统。宅旁绿化、道路绿化与公共绿化组成了居住区“点、线、面”相结合的绿化系统。

表8.6　居住区绿地组成

类　别	包括内容
公共绿地	包括居住区公园(居住区级)、小游园(小区级)、组团绿地(组团级)以及儿童游戏场和其他的块状、带状公共使用的绿地。居住区公园和小区游园往往与公共服务设施、青少年活动中心、老龄人活动中心等相结合,形成居民日常活动的绿化游憩场所,也是深受居民喜爱的公共空间或半公共空间
公建附属绿地	包括居住区的医院、学校、影剧院、图书馆、老龄人活动站、青少年活动中心、幼托设施、小学等专门使用的绿地
宅旁绿地	包括宅前、宅后的及建筑物本身的绿化,是居民使用的半私密空间和私密空间,是住宅空间的转折与过渡,也是住宅室内外结合的纽带
道路绿地	包括道路两旁的绿地和行道树

2)居住区绿地的定额指标

　　居住区绿地的指标,也是城市绿化指标的一部分,它间接地反映了城市绿化水平。随着社会进步,人们生活水平的提高,绿化事业日益受到重视,居住区绿化指标已经成为人们衡量居住区环境的重要依据。

　　我国《城市居住区规划设计规范》中明确指出:新区建设绿地率不应低于30%,旧区改造不宜低于25%。居住区内公共绿地的总指标应根据居住区人口规模分别达到:组团不少于0.5 m²/人,小区(含组团)不少于1 m²/人,居住区(含小区)不少于1.5 m²/人。并根据居住区规划组织结构类型统一安排使用。另外,《城市居住区规划设计规范》中还对各级中心公共绿地设置做了规定:居住区公园最小规模为10 000 m²,小游园4 000 m²,组团绿地最小规模为400 m²。

　　目前我国衡量居住区绿地的主要指标是平均每人公共绿地指标(m²/人)、平均每人非公共绿地指标(m²/人)和绿地覆盖率(%)(表8.7)。

表8.7　居住区绿地指标

指标类型	内　容	计算公式
平均每人公共绿地指标/(m²·人⁻¹)	包括公园、小游园、组团绿地、广场花坛等,按居住区内每人所占的平方米计算	居住区每人公共绿地面积(m²/人) = 居住区公共绿地面积(m²)/居住区总人口(人)
平均每人非公共绿地指标/(m²·人⁻¹)	包括宅旁绿地、公共建筑所属绿地、河边绿地以及设在居住区内的苗圃、果园等非日常生活使用的绿地。按每人所占的平方米计算	每人非公共绿地面积(m²/人) = 〔居住区各种绿地总面积(m²) − 公共绿地面积(m²)〕/居住区总人口(人)
绿地覆盖率/%	指居住区用地上栽植的全部乔、灌木的垂直投影面积及花卉、草坪等地被植物的覆盖面积,以占居住区总面积的百分比表示。覆盖面积只计算一层,不重复计算	绿地覆盖率(%) = 全部乔、灌木的垂直投影面积及地被植物的覆盖面积(m²)/总用地面积(m²)×100%

在发达国家,居住区绿地指标通常比较高,一般人均 3 m² 以上,公园绿地率在 30% 左右。日本提出每个市民人均城市公园绿地指标为 10.5 m²,其中居住区公园绿地人均为 4 m²。

另外一个概念是有关"居住区容积率"的问题。容积率,具体的定义是指居住区内建筑物的建筑面积与总用地面积的比值。根据城市总体规划,规划部门对各个居住开发用地都有一个建筑容积率的具体规定。它是衡量居住区有限的用地内负担着多少建筑面积的一项重要指标,它决定了居住环境的舒适度和使用效率。目前全国各大中城市的土地日趋升值,地产公司获取土地的成本也随之加大,因此普遍希望提高居住区容积率来达到开发的利润目标。容积率过小,则浪费土地资源,如一些发达城市在青山绿水的城市风景区内开发别墅区或部分低层豪宅区,占用土地多,满足户数少,这些不应成为各地追风的趋向;容积率过大,则带来使用上的诸多问题,如住宅朝向通风问题、人口密度大问题、停车紧张等问题,意味着居住区内人均绿地的减少。因此,每个城市在搞不同档次的居住用地开发时应当控制好容积率,从而保证居住区绿地的相关定额指标。

8.3　居住区绿地规划设计基本理念与原则

8.3.1　居住区绿地规划设计基本理念

居住区的规划设计和建设,包括居住区的绿化,经过数十年的实践和探索,我国在理论和研究层面上逐渐形成了一些主要共识或理念,大致可归纳为:居住区要创造舒适的人居环境,人居环境要可持续发展;居住区的规划设计,要从居住空间、环境、文化、效益 4 个方面评估其质量和水准;要以新颖多样的居住区建筑形式和布局,优美的园林景观来创造人、住宅和自然环境、社会环境协调共生的居住区;要实现绿色生态居住区。

对于居住区绿地的规划设计和建设,其基本要求如下:

①居住区内的绿地均应绿化,并宜发展垂直绿化。

②宅间绿地应精心规划与设计。

③应根据居住区的规划组织结构类型、不同的布局方式、环境特点及用地的具体条件,采用集中与分散相结合,点、线、面相结合的绿地系统,并宜利用或改造规划范围内的已有树木和绿地。

此外,立足于居住区普遍绿化的基础上,还要不断充实艺术文化内涵和生态园林的科学内容,使鳞次栉比的住宅掩映于山水花园之中,把居民的日常生活与园林游赏结合起来,使居住区绿地与建筑艺术、园林艺术、生态环境和社区文化有机联系。

8.3.2　居住区绿地规划设计基本原则

居住区绿地规划设计须遵循一些基本原则,大到居住区或小区公园,小到一个残疾人坡道设计,都应该关心人于细微之处,将这些基本原则具体化,落实到位,只有这样才能实现绿地的多项功能要求(表8.8)。

表8.8　居住区绿地规划设计原则

类　别	内　容	实施方式
系统性原则	居住区绿地规划设计应当将绿地的构成元素,周围建筑的功能特点,居民的行为心理需求和当地的文化艺术因素等综合考虑,多层次、多功能、序列完整的布局,形成一个具有整体性的系统,为居民创造幽静、优美的生活环境	整体系统首先要从居住区景观总体规划要求出发,反映自己的特色,然后要处理好绿化空间与建筑物的关系,使二者相辅相成,融为一体。绿化形成系统的重要手法就是:"点、线、面"相结合,保持绿化空间的延续性,让居民随时随地生活、活动在绿化环境之中
可达性原则	居住区公共绿地,无论集中设置或分散设置,都必须选址于居民经常经过并能到达的地方	对于那些行动不便的老年人、残疾人或自控能力低的幼童更应该考虑他们的通行能力,强调绿地中的无障碍设计,强调安全保障措施
亲和性原则	居住区绿地,尤其是小区小游园,受居住区用地的限制,一般规模不可能太大,规划设计必须掌握好绿化和各项公共设施的尺度,以取得平易近人的感观效果	当绿地有一面或几面开敞时,要在开敞面用绿化等设施加以围合,使游人免受外界视线和噪声的干扰。当绿地被建筑包围产生封闭感时,则宜采用"小中见大"的手法,造成一种软质空间,模糊绿地与建筑的边界,同时防止在这样的绿地内放入体量过大的构筑物或尺度不适宜的小品
实用性原则	绿地建设不能盲目注重观赏性而忽视实用价值。要借鉴和吸收传统住宅中,天井、院落、庭院等共享空间处理上的人性化特点,规划绿地时,应多考虑供人休息、交往、集会之用,空间上灵活多变	绿地规划应区分游戏、晨练、休息与交往的区域,或做类似的提示,充分利用绿化,为人服务;避免住宅与外庭院隔离,宅旁绿地成为无人问津的空地

8.4　居住区绿地规划布局

8.4.1　居住区公共绿地

居住区公共绿地是居民日常休息、观赏、锻炼和社交的就近便捷的户外活动场所,规划布局必须以满足这些功能为依据。居住区公共绿地主要有居住区公园、居住区小区公园和住宅组团绿地3类,它们在用地规模、服务功能和布局方面都有不同的特点,因而在规划布局时应区别对待,通过具体分析做出相对应的合理性方案。

1)居住区公共绿地形式特征

从总体布局来说,居住区公共绿地按造园形式一般可分为规则式、自然式和混合式 3 种,如表8.9 所示。

表8.9 居住区公共绿地形式分类

类　别	内　　容
规则式	规则式也称整形式,通常采用几何图形布置方式,有明显的轴线,从整个平面布局、立体造型到建筑、广场、道路、水面、花草树木的种植上都要求严整对称。绿化常与整形的水池、喷泉、雕塑融为一体,主要道路旁的树木也依轴线成行或对称排列。在主要干道的交叉处和观赏视线的集中处,常设立喷水池、雕塑,或陈设盆花、盆树等。绿地中的花卉布置也多以立体花坛、模纹花坛的形式出现
自然式	自然式又称风景式,自然式绿地以模仿自然为主,不要求严格对称。其特点是道路的分布、草坪、花木、山石、流水等都采用自然的形式布置,尽量适应自然规律,浓缩自然的美景于有限的空间之中。在树木、花草的配置方面,常与自然地形、人工山丘、自然水面融为一体,水体多以池沼的形式出现,驳岸以自然山石堆砌或呈自然倾斜,路旁的树木布局也随其道路自然起伏蜿蜒。自然式绿地景观自由、活泼、富有诗情画意,易创造出别致的景观环境,给人以幽静的感受。居住区公共绿地普遍采用这种形式,在有限的面积中能取得理想的景观效果
混合式	它是规划式与自然式相结合的产物,根据地形和位置的特点,灵活布局,既能和周围建筑相协调,又能兼顾绿地的空间艺术效果,在整体布局上,产生一种韵律和节奏感,是居住区绿地较好的一种布局手法

2)居住区公共绿地规划

居住区公共绿地主要是适于居民的休息、交往、娱乐等,有利于居民心理、生活的健康。在规划设计中,要注意统一规划,合理组织,采取集中与分散、重点与一般相结合的原则,形成以中心公园为核心,道路绿化为网络,宅旁绿化为基础的点、线、面为一体的绿地系统。

(1)居住区公园 居住区公园是居住区中规模最大,服务范围最广的中心绿地,为整个居民提供交往、游憩的绿化空间。居住区公园的面积一般都在 10 000 m² 以上,相当于城市小型公园。公园内的设施比较丰富,有体育活动场地、各年龄组休息活动设施、画廊、阅览室、茶室等。公园常与居住区服务中心结合布置,以方便居民活动。居住区公园服务半径为 800 ~ 1 000 m,居民步行到居住区公园的时间不多于 10 min。

居住区公园在选址与用地范围的确定上,往往利用居住区规划用地中可以利用且具保留或保护价值的自然地形地貌基础或有人文历史价值的区域。居住区公园除以绿化为主外,常以小型园林水体、地形地貌的变化来构成较丰富的园林空间和景观(图8.8)。

居住区公园主要功能分区有休息漫步游览区、游乐区、运动健身区、儿童游戏区、服务网点与管理区几大部分。概括来讲,居住区公园规划设计主要应满足功能、游览、风景审美、净化环境 4 个方面的要求,如表8.10 所示。

图8.8　广州颐和山庄中心公园

表8.10　居住区公园规划设计要求

类　别	内　容
功能要求	根据居民各种活动的要求布置休息、文化、娱乐、体育锻炼、儿童游戏及人际交往活动的场地与设施
游览要求	公园空间的构建与园路规划应结合组景,园路既是交通的需要,又是游览观赏的线路
风景审美要求	以景取胜,注重意境的创造;充分利用地形、水体、植物及人工建筑物塑造景观,组成具有魅力的景色
净化环境要求	多种植树木、花卉、草地,改善居住区的自然环境与小气候

　　居住区公园规划设计手法一方面可以参照城市综合性公园的规划设计方法,另一方面,还要注意居住区公园有其自身的特殊性,应灵活把握规则式、自然式、混合式的布局手法,或根据具体地形地域特色借鉴多种风格,熟练应用新的技术,如生态设计、生态技术等(图8.9)。居住区公园的游人主要是本区居民,居民游园时间大多集中在早晚,集中在双休日和节假日,在规划布局中应多考虑游园活动所需的场地和设施,多配置芳香植物,注意配套公园晚间亮化、彩化照明配电。

　　(2)居住小区公园　居住小区公园,又称居住小区级公园或居住小区小游园,是小区内的中心绿地,供小区内居民使用。小游园设置一定的健身活动设施和社交游憩场地,一般面积在4 000 m² 以上,在居住小区中位置适中,服务半径为400～500 m。

　　小游园的位置选择常见的有以下两种:

　　①设在小区中心。使其成为"内向"绿化空间,到小区各个方向的服务距离均匀,便于居民使用;在建筑环抱中空间环境比较安静,增强了居民的领域感和归属感;视觉上绿化空间与四周的建筑群产生明显的"虚"与"实","软"与"硬"的对比,小区空间疏密结合,层次丰富而有变化。

图 8.9　广州祈福新屯居住区中心绿地与水景

②沿街布置。在规模较小的小区中,小游园设在小区沿街一侧,将绿化空间从小区引向"外向"空间,与城市街道绿化相连,利用率较高;不仅为本小区居民游憩所用,还能美化城市、丰富街道景观;同时使小区住宅与城市道路有了绿化的分隔,可降低噪声,阻挡尘埃,有利于居住区小气候的改善。

小游园的规划设计要符合功能要求,尽量利用和保留原有的自然地形和原有植物,利用造园的艺术手法进行设计。在布局上,游园也作一定的功能划分,根据游人不同年龄的特征,划分活动场地和确定活动内容,场地之间设有一定的分隔,布局既要紧凑,又要避免相互干扰,做到动静分区明确,开敞与封闭结合相对合理。

小游园中儿童游戏场的位置一般设在入口处或稍靠近边缘的独立地段上,便于儿童前往与家长照看。青少年活动场地宜在小游园的深处或靠近边缘独立设置,避免对住户造成干扰。成人、老龄人休息活动场,可单独设置,也可靠近儿童游戏场,亦可利用小广场或扩大的园路,在高大的树冠下多设些座椅、座凳,便于他们聊天、看报。

(3)居住区组团绿地　组团绿地是结合居住建筑组团的不同组合而形成的又一级公共绿地,随着组团的布置方式和布局手法的变化,其大小、位置和形状也相应变化。组团绿地的最小规模为 400 m²。

组团绿地规划形式与内容丰富多样,主要为本组团居民集体使用,为其提供户外活动、邻里交往、儿童游戏、老人聚集的良好条件。组团绿地距居民居住环境较近,便于使用,居民茶余饭后即来此活动(图 8.10、图 8.11)。

住宅组团绿地位置的选择可有多种形式,如设在周边式住宅中间,行列式住宅山墙之间、住宅组团的一角,两个组团之间,组团临街处,甚至住宅区滨河而建时,绿地可结合自然水体形成迷人的景观。

图8.10　广州美林海岸组团绿地　　　　图8.11　广州金碧华府楼盘组团绿地

住宅组团绿地可布置幼儿游戏场和老龄人休息地,设置小沙池、游戏器械、座椅等,组团绿地中仍应以花草树木为主,使组团绿地适应居住区绿地功能需求。

8.4.2　居住区道路绿化

居住区道路一般由居住区主干道、居住小区干道、组团道路和宅间道路四级道路构成交通网络,它是居民日常生活和散步休息的必经通道,在城市各种用地类型中居住道路路网密度最高,利用率最高。居住区道路空间又是居住区开放空间系统的重要部分,在构成居住区空间景观、生态环境方面具有非常重要的作用。

1)道路绿化的作用

道路绿化是居住区绿化系统的有机组成部分,在居住区绿化系统中,它作为"点、线、面"绿化系统中的"线"部分,起到连接、导向、分割、围合等作用。随着道路沿线的空间收放,道路绿化设计使人产生观赏的动感。

同时,道路绿化也能为居住区与庭院疏导气流,传送新鲜空气,改善居住区环境的小气候条件。道路绿化有利于行人与车辆的遮阳,保护路基,美化街景,增加居住区绿地面积和绿化覆盖率。道路绿化也能起到防风、减噪、降尘等绿化所具有的功能和作用。

2)道路分级绿化设计

居住区各等级道路绿化设计有着各自具体的设计要求和实施要点(表8.11),应区别对待。

表8.11　居住区道路分级绿化设计要求和实施要点

道路分级	绿化设计要求和实施要点
居住区道路	居住区道路是联系各小区或组团与城市街道的主要道路,兼有人行和车辆交通的功能,其道路和绿化带空间、尺度与城市一般街道相似,绿化带的布置可采用城市一般道路的绿化布局形式
小区道路	小区路上行驶车辆虽较居住区级道路少,但绿化设计也必须重视交通的要求。当道路离住宅建筑较近时也要注意防尘减噪
组团路	居住区组团级道路,一般以通行自行车和人行为主,路幅与道路空间尺度较小,一般不设专用道路绿化带,绿化与建筑的关系较为密切。在居住小区干道、组团道路两侧绿地中进行绿化布置时,常采用绿篱、花灌木来强调道路空间,减少交通对住宅建筑和绿地环境的影响
宅间小路	宅间小路是通向各住户或各单元入口的道路,主要供人行。绿化设计时道路两侧树木的种植应适当退后,便于必要时救护车或搬运车辆等直接通达单元入口。有的步行道与交叉口可适当放宽,与休息活动场地结合,形成小景点

　　我国居住区现有道路断面多采用一块板的形式,规模较大的居住区也有局部采用三块板的断面形式,相应道路绿化断面分别为一板两带式和三板四带式。一板两带式是指中间为车行道,在车行道两侧的人行道上种植行道树;三板四带式是指用两条分隔带把车行道分成3块,中间为机动车道,两侧为非机动车道,连同车行道两侧的行道树共有4条绿化带,遮阴效果好。

　　居住区道路行道树的布置要注意遮阳和不影响交通安全,应注意道路交叉口及转弯处的树木种植不能影响行驶车辆的视距,必须按安全视距进行绿化布置。

3) 行道树的种植设计

　　一般居住小区干道和组团道路两侧均配植行道树,宅前道路两侧可不配置行道树或仅在一侧配行道树。

　　行道树树种的选择和种植形式,应配合居住区道路、小区道路、组团路、宅间小路等道路类型的空间尺度,在形成适当的遮阳效果的同时,具有不同于一般城市道路绿化的景观效果,能体现居住区绿化多样、富于生活气息的特点(表8.12)。

表8.12　行道树的种植要点

要　点	内　容
选择树种	要选择能适应城市各种环境因子,对病虫害抵抗能力强,苗木来源容易,成活率高、树龄长,树干比较通直,树姿端正,体形优美,冠大荫浓的行道树树种。并且树种不能带刺,要能经受大风袭击(不是浅根类),花果无臭味,不招惹蚊蝇等害虫,落花落果不打伤行人,不污染路面
景观效果	行道树的种植不要与一般城市道路的绿化效果等同,而要与两侧的建筑物、各种设施结合,形成疏密相间、高低错落、层次丰富的景观效果
株距确定	行道树株距的确定要根据苗木树龄、规格的大小来确定,要考虑树木生长的速度;在一些重要的建筑物前不宜遮挡过多,株距应加大,以展示建筑的整体面貌
可识别性	要通过绿化弥补住宅建筑的单调雷同,强调组团的个性,在局部地方种植个性鲜明、有观赏特色的树木,或与花灌木、地被、草坪组合成群体绿化景观,增强住宅建筑的可识别性,有利于居民找到自己的"家园"

　　行道树在种植形式方面,不一定沿道路等距离列植和强调全面的道路遮阳,而是根据道路绿地的具体环境灵活布置。如在道路转弯、交汇处附近的绿地和宅前道路边的绿地中,可将行道树与其他低矮花木配植成树丛,局部道路边绿地中不配植行道树;在建筑物东西向山墙边丛植乔木,而隔路相邻的道路边绿地中不配植行道树等,以形成居住区内道路空间活泼有序的变化,加强居住区开放空间的互相联系,形成连续开敞的开放空间格局等。

4) 人行道绿化带的种植设计

　　人行道绿化带可起到保护环境卫生和为居民创造安静、优美的生活环境的作用,同时也是居住区道路景观艺术构图中的一个生动的组成部分。

　　人行道和车行道之间留出的一条不加铺装的种植带,可种植草皮、花卉、灌木、防护绿篱,还可种植乔木,与行道树共同形成林荫小径。

8.4.3　居住区宅间宅旁绿地和庭园绿地

　　宅间宅旁绿地和庭园绿地是居住区绿化的基础,占居住区绿地面积的50%左右,包括住宅建筑四周的绿地(宅旁绿地)、前后两幢住宅之间的绿地(宅间绿地)和别墅住宅的庭园绿地、多层和低层住宅的底层单元小庭园等。宅间宅旁绿地一般不设计硬质园林景观,而主要以园林植物进行布置,当宅间绿地较宽时(20 m以上),可布置一些简单的园林设施,如园路、坐凳、铺地等,作为居民比较方便的安静休息用地。别墅庭院绿地及多层和低层住宅的底层单元小庭园,是仅供居住家庭使用的私人室外绿地。

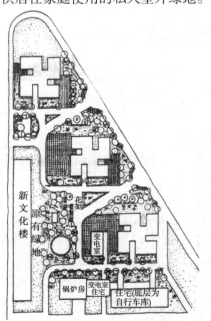

图8.12　天津西康路碧云里高层住宅宅旁绿地

　　不同类型的住宅建筑和布局决定了其周边绿地的空间环境特点,也大致形成了对绿化的空间形式、景观效果、实用功能等方面的基本要求和可能利用的条件。在绿化设计时,应具体对待每一种住宅类型和布局形式所属的宅间宅旁绿地,创造合理多样的配置形式,形成居住区丰富的绿化景观。

1) 宅间宅旁绿地

　　宅间宅旁绿地是居民在居住区中最常用的休息场地,在居住区中分布最广,对居住环境质量影响最为明显。宅旁绿地包括宅前、宅后、住宅之间及建筑本身的绿化用地,其设计应紧密结合住宅的类型及平面特点,建筑组合形式、宅前道路等因素进行布置,创造宜人的宅旁庭院绿地景观,区分公共与私有空间领域(图8.12)。

　　不同的宅旁庭院绿地可折射出居民不同的爱好与生活习惯,在不同的地理气候、传统习惯与环境条件下有不同的绿化类型。根据我国国情,宅旁庭院绿地一般以花园型、庭园型最多,在当前的售楼热中,底层有时可独享私家花园,成为一大卖点和亮点。

宅间宅旁绿地布置应注意以下 5 个要点：

①宅间宅旁绿地贴近建筑,其绿地平面形状、尺度及空间环境与其近旁住宅建筑的类型、平面布置、间距、层数和组合及宅前道路布置直接相关,绿化设计必须考虑这些因素。

②居住区中,往往有很多形式相似的住宅组合,构成一个或几个组团,因而存在相同或相似的宅间宅旁绿地的平面形状和空间环境,在具体的绿化设计中应把握住宅标准化和环境多样化的统一,绿化不能千篇一律,简单复制。

③绿化布置要注意绿地的空间尺度,特别是乔木的体量、数量,布局要与绿地的尺度、建筑间距、建筑层数相适应,避免种植过多的乔木或树形过于高大而使绿地空间显得拥挤、狭窄,甚至过于荫蔽或影响住宅的日照通风采光。

④住宅周围存在面积不一的永久性阴影区,要注意耐阴树木、地被的选择和配植,形成和保持良好的绿化效果。

⑤应注意与建筑物关系密切部位的细部处理,如住宅入口两侧绿地,一般以对植灌木球或绿篱的形式来强调入口,不要栽植有尖刺的园林植物;为防止西晒,在住宅西墙外侧栽高大乔木,在南方东西山墙还可进行垂直绿化,有效地降低墙体温度和室内气温,也美化了墙面;对景观不雅,有碍卫生安全的构筑物要有安全保护措施,如垃圾收集站、室外配电站等,要用常绿灌木围护,以绿色来弥补环境的缺陷。

2)庭园绿化

庭园绿化,主要针对别墅住宅的庭园绿地、多层和低层住宅的底层单元小庭园等。根据我国的国情,城市土地资源有限,人口众多,独立式别墅只是很少的发展范畴,绝大多数以集合式住宅出现;很多多层或高层楼盘为了实现绿色入户,在设计时推出了多层或高层住宅的入户花园或户内花园,我们暂且把这类特殊的空中平台绿化归入庭园绿化的内容。

在高档住宅区或纯别墅区中,住宅建筑以独立式别墅(2~3 层)出现,或以"二合一""双连式"别墅出现,或以低层连排式高档住宅出现(如 Townhouse),每户均安排有围绕建筑的庭院。这类独立庭院的绿化,要求在别墅组群或区域内有相对统一的外貌,但内部可根据户主的不同要求,在不影响各别墅或高级小住宅外部景观协调的前提下,灵活布置绿化,形成各具情趣的庭园绿化。

当前,有些楼盘在多层或高层的一些大户型住宅(如复式住宅、跃层住宅或 120 m^2 以上的平层住宅)中推出了入户花园、户内花园(有时以大阳台的形式出现),这类庭园绿化,面积很小,尺度局限,并且本身不是栽植在绿地上,又受到结构层(混凝土楼板)防水要求高的影响,因此设计上制约比较大,很讲究小巧精细、画龙点睛的手法。由于大型植物不能种植,所选择的植物、花卉一般是作重点点缀,以写意手法为主,旨在突出主人的审美情趣和文化品位。此外,私家养护条件也是应该考虑的因素,有时采用栽植钵或小型盆栽植物代替,不失为比较现实的养护设施。

3)入户花园与屋顶花园

伴随着近些年住宅产业的兴盛发展,多、高层住宅的大量涌现,城市绿地越来越少,实际中已很难做到多栋住宅每户都有庭院和花园了。在这种情形下,为了尽可能增加住宅区的绿化面积和满足城市居民对绿地的向往及对户外生活的渴望,近年来出现了在多层或高层住宅中利用入口空间扩大组成入户花园,或者把阳台或屋顶进行绿化。

入户花园能增加住宅区的绿化面积,加强自然景观,改善居民生活的环境,深受住户的喜爱。屋顶花园在鳞次栉比的城市住宅中,可使高层居住的人们能避免来自太阳和低层部分屋面反射的眩光和辐射热,可使屋面隔热,减少雨水的渗透,保护生态平衡。这类花园又为人们开辟了另一块景观基地,提供了观赏自然风景、城市街景及本住区的新视角和新领域(图 8.13、图 8.14)。

图 8.13　深圳美加广场——屋顶花园　　　图 8.14　深圳碧云天住宅区——屋顶花园

我们应当重视住宅入户花园与屋顶花园的创造,应在居住景观的"立体化"方面多做文章。如在有限的基地上以占天不占地的方式建造住宅,变平地为起伏地;设置多层活动平台,实现空中绿化,有效缓解绿化和人们争夺活动场地的矛盾等。由于毕竟不同于地面土壤上的绿化,入户花园与屋顶花园在绿化时有其自身的一些特点(表 8.13)。

表 8.13　入户花园与屋顶花园的绿化要点

要　点	内　容
1. 结构层承重要求	入户花园与屋顶花园利用的是屋面混凝土结构层作承重,荷载有相应的结构规范要求,覆土厚度不宜太大。这对屋面绿化的植物特别是对大树的栽植形成制约,除非在混凝土楼板设计时作树池的特殊设计,局部加大覆土,但这对结构处理、防排水处理增加了难度和复杂性。因此南北方应根据地域气候、土壤等条件作具体的植物选种和配植设计
2. 防水要求	入户花园与屋顶花园的难点是防水处理,当前都要采用结构层自防水和外加柔性防水的双保险措施。对于入户花园与屋顶花园的植物土壤层,除了采用卷材或涂膜防水层之外,还要增设防水层的保护层,增设沙层或细石过滤层,增设浇灌设施,需要相对高的技术作保障,避免出现渗水、漏水的事故
3. 绿地与其他休闲设施结合	入户花园与屋顶花园的绿化要与屋顶其他休闲设施、健身设施相结合,体现屋面绿地的优越性。屋顶空间相对开敞,避免了受建筑间距、建筑层数的影响,有利于居高眺望,这就要求屋顶上要留出必要的小型凉亭、凉椅、健康路径的地面铺装场地,接近女儿墙或檐口的位置要有安全保护的栏杆,要有利于观赏视线的选择
4. 协调性和环境多样化的统一	住宅入户花园与屋顶花园追求的是单元屋顶的协调性和环境多样化的统一,绿化有个性的同时也要有规律,单元之间不能差异悬殊,影响空中高视点俯视时的整体感

有的入户花园与屋顶花园上还设计观赏性的水景,甚至有屋顶泳池设施,这些都是设计需要考虑的视觉艺术和技术问题。随着人们物质生活、文化生活追求的不断提高,入户花园与屋顶花园必将呈现出千姿百态的特色,需要做的研究工作还很多,是一个持久性的课题。

8.4.4 郊野高档社区的环境绿化设计

1)郊野高档社区的特点

近年来,房地产商对一些大城市的近郊比较看好,已经建成或正在建设的不少以独立别墅或连排高级小住宅形式出现的郊野高档社区,与城市其他楼盘相比,具有突出的特点(表8.14),如杭州的九溪玫瑰园、深圳梅林关外的万科第五园(图8.15、图8.16)等。地产商依托发达城市的郊野高档商品住宅的市场需求,把握了近郊选址和城市之间便捷的交通联系,充分发挥城市建成区中各类居住区所不具备的充足的用地条件、良好的生态环境和乡村田园自然山水风景的优势,在规划建设和营销中,往往着意策划具有生态风景内涵或某类异地风情、人文趋向的社区品牌,形成有特色的社区文化。

表8.14 郊野高档社区的主要特点

特 点	内 容
自然资源优势	风景优美,环境清静,空气质量好,能享受到城市闹区所不具备的多种自然资源优势,如被保护的原有地形、山林水体等
较高的绿地率	郊野高档社区具有较低的容积率和较高的绿地率,可以比较方便地开设居住建筑外的休闲绿地、广场或园路,用来欣赏绿色,在绿色环抱中进行座谈、健身、娱乐等活动,适合修身养性,有世外桃源之境界
特色景观	郊野高档社区的居住建筑层数较低,居住人口密度较低,相对来讲,具有田园、小镇一类的风景优势,容易在独立的小院内营造私家园林的特色景观,有时可以拥有私家泳池、亭廊、花架等,条件优越,可以满足一些特定的人文创意,满足园主人的某些嗜好或审美趣味等

图8.15 深圳万科第五园——别墅区水环境

图8.16 深圳万科第五园——别墅区水环境

2)郊野高档社区的环境绿化规划设计

郊野高档社区,不同于一般的城市住宅区,往往兼具居住和健身度假和休闲娱乐功能,社区内很高的绿地率和山水风景资源为实现这些功能提供了重要保障。郊野高档社区的环境绿化规划设计是在遵照社区总体规划的基础上,结合一般居住绿地规划设计、旅游度假区规划设计和城市公园规划设计的原理和方法进行的。

郊野高档社区环境绿化规划设计应着重把握以下 3 个关键问题:

①环境绿化规划的定位问题,即规划目标。风景秀丽,环境幽雅,这是人心所向;在安静舒适的氛围下自娱自乐,做自己喜欢的事情,这是一种自我价值的实现,但独居此类高档社区,尤其不能忽视对原有山水资源的珍惜,绿化规划上要把充分利用和合理改造结合起来考虑,要以原来山水地形地貌为绿化基础,优化社区整体生态环境,体现生态内涵,体现可持续发展。建筑物不能建设得太张扬和奢华,不能以自我为中心而抢夺或破坏宝贵的山水绿地资源,建筑形象更不宜太商业化、广告化、媚俗化,而要通过绿化调和统一建筑物与自然环境在景观生态上的关系,弥补房屋建筑、车行道路对自然山林和绿地植被的破坏,合理修复被破损的自然景观。

②环境绿化的布局问题,如交通组织、功能分区、景点选择等。郊野高档社区大多把主干道作为展示社区内山水园林景观、联系规划景区(或景点)的游览路线,在没有设置建筑的山林绿地,湖塘水体边,在每户私家园林之外,要综合考虑具体地形条件、植被条件、交通设施等因素,合理布置不同的山水风景景点和休闲健身娱乐的园林景点。绿化布局直接影响着环境的观赏质量和审美品位,要达到丰富多彩的艺术意境,应当深刻挖掘环境绿化的内涵。那种围绕“青山绿水、小溪潺潺、碧波泛舟、竹林寻幽、夏日风荷”等创设的景点,都是郊野高档社区环境规划布局中考虑的细节问题,需要做的文章很多。

③环境绿化规划设计的方法、技术和投资费用的问题,如林相改造、植物群落结构的维护、景观生态功能的完善、绿地水体养护与费用等,这些都需要在规划阶段认真调研和评估,科学决策。对山林水体自然资源,要通过规划设计,体现高质量的自然生态景观;对人工设施,如建筑小品、园林小品等,要使新内容的开发与规模、尺度控制相结合,体现人与自然和谐共生的理念。

在对具体的郊野高档社区环境绿化做规划设计时,要因地制宜,对症下药。南北方存在地域气候的差异性,即使同一地域也因山地湖泊、树木植被、地势起伏等的不同而必须采取相应的规划措施来操作。假如社区拥有树林或贴近树林,可以在林中开辟步行道,其间适当布置园林小品和风雨廊、凉亭等建筑,供居民晨练、散步等活动;假如社区拥有湖泊水塘或是在滨水地带建设,则可以考虑多布置自然式驳岸,在岸边或水中添置临水茶室水榭,安排垂钓、游船、游泳等水上休闲活动设施,适当配以曲桥汀步、再创造瀑布和跌水等景观,形成水景特色。郊野高档社区由于以低层别墅建筑群、高级小住宅为主,故要注意利用建筑物周围开敞明朗的空间环境,使建筑物与山水环境及绿化景观互为映衬。

郊野高档社区环境的绿化,还要考虑各项建设对原有自然地形地貌的破坏,应通过后期绿化对此进行弥补或修复,如通过垂直绿化、边坡绿化来掩盖施工开挖后裸露的陡坎,重新构筑挡土墙,并且在挡土墙上考虑爬藤植物的绿色覆盖等。此外,该类高档社区地处郊野的自然生态环境中,可以直接利用当地乡土植物或选择适合山野生长的对环境条件不敏感而观赏价值较高的园林植物。

8.5　典型实践案例分析

广东省东莞市东田丽园

广东省东莞市东田丽园,占地24万 m^2,总建筑面积40万 m^2,是一个集多层、小高层、高层住宅和别墅于一体的花园示范小区。开发商是东莞市东田房地产开发有限公司,园林环境由广州市科美设计顾问有限公司设计。该居住小区先后获得"东莞市物业管理示范小区""广东省物业管理示范小区""东莞市园林式单位"等多项殊荣。

1)园林总体规划

(1)主题创意　园景规划以"自然、休闲、阳光、运动"为主题,旨在营造一个恬静、自然、优雅的岛国风情园林,一个大型立体化的亚热带水景园林(图8.17)。

图8.17　东田丽园总平面规划图
(引自广州市科美设计顾问有限公司设计作品集)

(2)组团分区　东田丽园以组团形式划分小区,根据每个组团的位置特点及空间形态,赋予其不同风格的园林特色及配套功能,形成围而不闭、动静兼宜的居住氛围。区内以主干道为分界,将地块分为6大组团,各个组团的地形地貌、园林建筑、花木、水景各具特色,并在艺术风格、设计手法上相互呼应、协调,从而达到多样统一的效果。

(3)交通组织　以"人车分流"的原则设置路网,进行良好的交通组织,并通过"网路"干线,串联不同属性的空间使其交流互动起来。

2）景观设计

（1）水景　全园以中部水景为中心，将人工湖、泳池和会所结合起来形成中心水景园林（图8.18），其他组团分别拥有各具特色的小型园林，如映月泉、欢乐谷、阳光草坪、童趣天地、太阳广场、文化广场等。此外，从住区北部售楼处开始结合地形设置有一道曲折细长的溪涧，南端汇合于中心水晶湖；在中心内环绿地南部"绿野仙踪"景区上设置一条盘龙玉溪，又向北延伸，经亲水桥汇合于水晶湖，从而将带状水系景观沟通南北，呼应波光粼粼的水晶湖中心水景。水帘瀑布及乡间小涧高低错落（图8.19），近百种热带树木葱郁茂盛，道路两旁繁花似锦，构筑出一幅幅亚热带海岛风情画。

图8.18　东田丽园中心园林水景透视图
（引自广州市科美设计顾问有限公司设计作品集）

图8.19　东田丽园瀑布溪流水景透视图
（引自广州市科美设计顾问有限公司设计作品集）

（2）植物造景　住区大量运用植物作为造景之重要元素，塑造各种风情的景观效果，并依四季变化配置树种，加强全区整体意象（图8.20）。

3）主要景点分析

（1）棕榈湾畔　该景点位于小区北端用地，以售楼部作为标志性建筑，悬浮于月牙形湾畔上，结合宽敞的入口广场，利用光带、地形变化、植栽等手法产生空间景深与层次。水房以4 m

高的叠石景墙形成瀑布，不同形式的水流形成几种截然不同的视觉效果，并以斜植棕榈穿插其中，使瀑布景墙更显得自然、写意；同时下沉式亲水平台连接路一侧，另一侧也以棕榈沙滩相呼应，以增加入口主干道的景观视觉效果。

图8.20　东田丽园植物造景透视图
（引自广州市科美设计顾问有限公司设计作品集）

（2）天籁之音　设立文化活动广场以满足更多不同类型的户外集会、文化艺术展演活动。广场及步道地区设置水景及瀑布，加强水流及水声的效果，以创造更生动的气氛；舞台设置一风帆造型的膜结构物，既形成舞台背景及提供遮阴功能，也可利用膜材半透明的特性，以适当的照明创造丰富的景观变化，形成舞台广场的视觉焦点。

（3）翡翠半岛　该区景点依地势的起伏而设置，以绿色为主题色调，包括休憩绿化地带、闲坐区、儿童娱乐场。大片草地可供一家大小游乐，共聚天伦，体现与大自然为伍的休闲生活。缓步径上，环境宁静清幽；写意徜徉，心扉洞开，充分享受节奏舒缓的家园生活。

（4）碧海云天　以人工大湖泊为全区主要景观，由于湖面呈南北狭形，故将湖分为北湖、中湖、南湖3个湖面。北湖连接溪涧，湖边栽植落羽杉、池杉、水松等沼泽林，布置自由步道及休息平台。中湖东侧为会所及室外热带园林泳池，各泳池皆以自然式设计，池边布置花卉植物，风格新颖独特、高雅宜人（图8.21）。西侧以高大的棕榈科植物为主，林下为草坪，并以湖中亭为视觉焦点。南湖湖中设岛，岛上设置雕塑等主题景观，湖水为浅水区，以供人嬉水游玩。

图8.21　东田丽园"碧海云天"景点透视图
（引自广州市科美设计顾问有限公司设计作品集）

（5）阳光天地　以橙色为主题色调,设置多种形式的休闲运动设施,包括下沉溜冰场、太极广场、阳光草坪、运动站、儿童活动场,增强区内游憩活动的趣味性与教育性,并提供高品质的游憩机会与体验(图8.22)。

图8.22　东田丽园"阳光天地"景点透视图
（引自广州市科美设计顾问有限公司设计作品集）

思考题

1. 分析东莞市东田丽园的总体规划特点。
2. 分析东莞市东田丽园的景观设计风格。
3. 东莞市东田丽园在水景处理上有何特色?

居住区园林景观
发展趋势 微课

本章小结

本章主要介绍了居住区规划基本知识,居住区园林绿地组成、定额指标,居住区绿地规划设计基本理念和原则等,通过归纳分析和实例图片的鉴赏,让学生了解居住区绿地规划布局特征和通常采用的设计方法。

通过系统的学习,学生初步掌握居住区各类各级别绿地的基本特征和内容,增加对住区绿地规划设计要点的理解,这也有助于学生结合实际感受对自身所处地域内一些居住区绿地规划建设进行理论思考和探析,为以后居住区园林绿地规划设计的实际课题打下基础。

研讨与练习

1. 居住区住宅群体平面组合有哪些形式和特征?
2. 居住区绿地由哪些部分组成?
3. 从造园形式上比较,居住区公共绿地有哪些形式特征?
4. 居住区屋顶花园规划设计需要把握哪些要点?

5.普通的城市居住区与郊野高档社区在环境绿化规划方面有什么差异性?

本章推荐参考书目

[1] 方咸孚,李海涛.居住区的绿化模式[M].天津:天津大学出版社,2001.

[2] 朱建达.小城镇住宅区规划与居住环境设计[M].南京:东南大学出版社,2001.

单位附属绿地规划

[本章学习目标]

知识要求：

1. 熟悉并了解各类单位附属绿地的组成、特点及其功能。

2. 掌握各类单位附属绿地规划设计要求。

技能要求：

能够进行学校、工厂、医院等各类单位附属绿地的规划设计。

9.1　单位附属绿地概述

9.1.1　单位附属绿地的概念

单位附属绿地是指在某一部门或单位内，由本部门或本单位投资、建设、管理、使用的绿地。专用绿地主要为本单位人员使用，一般不对外开放使用，又称为城市专用绿地或单位环境绿地。

9.1.2　单位附属绿地的类型

单位附属绿地是城市绿地规划建设用地之外的城市各类单位用地中的附属绿化用地。单位附属绿地在城市园林绿地系统规划中，一般不单独进行用地规划，它们的位置取决于本单位的用地条件和要求（表9.1）。

表9.1　单位附属绿地的类型

类　型	内　容
单位绿地	机关团体、学校、医院、工厂、部队等单位绿地
公用事业绿地	公共交通停车场、自来水厂、污水处理厂、垃圾处理厂等处的绿地
公共建筑庭院绿地	机关、学校、医院、宾馆、饭店、影剧院、体育馆、博物馆、图书馆、商业服务中心等公共建筑旁的附属绿地

9.1.3　单位附属绿地的功能

单位附属绿地是城市园林绿地系统的重要组成部分。这类绿地在城市中分布广泛,占地比重大,是城市普遍绿化的基础(表9.2)。搞好单位的园林绿化,为广大职工创造一个清新的学习、工作和生活环境,体现单位的面貌和形象,也是保护和改善城镇气候和环境质量的主要措施。因此,各单位应从全局出发,重视园林绿化建设,抓好单位附属绿地规划设计和建设管理,提高园林绿化水平,开展花园式、园林式单位的创建工作。

表9.2　单位附属绿地的功能

类　型	功　能
单位绿地	机关团体、部队、学校、医院等绿地的功能主要是调节内部小气候、降低噪声、美化环境,而工厂、仓库绿地的主要功能是为了减轻和降低有害气体或有害物质对工厂及附近居民的危害,改善小气候环境条件,防风防火等
公用事业绿地	主要功能是净化空气、改善环境卫生条件,减少细菌和病菌繁殖以及美化环境等
公共建筑庭院绿地	主要功能是丰富城市景观效果。衬托建筑,突出建筑物的个性,增加建筑艺术感染力

9.2　工矿企业的园林绿地规划设计

工矿企业园林绿地是城市园林绿地系统的重要组成部分,工矿企业园林绿化能美化厂容,使职工有一个清新优美的劳动环境,振奋精神提高劳动效率。

9.2.1　工厂园林绿化的功能

工矿企业园林绿化的功能如表9.3所示。

表9.3　工矿企业园林绿化的功能

功　能	说　明
美化环境、陶冶心情	可起到衬托主体建筑的作用,绿化与建筑相呼应形成一个整体,具有大小、高低起伏的效果。由于植物具有季相变化,可以陶冶心情,使人感到富有生命力
文明的标志,信誉的投资	优美的工厂绿化环境,可以陶冶工人的情操,消除疲劳,使工人精神振奋地投入工作生产,不断提高劳动生产率。工矿企业绿化可使空气新鲜,灰尘减少,有利于产品质量的提高。因此它的价值潜移默化地深入到产品之中,深入到用户的思想深处,同样也是工厂的信誉投资
维护社会生态平衡	工业城市工矿企业中会排出大量废气;会散出各种粉尘;交通工具等会带来各种噪声,污染危害人们的生活环境,破坏了社会生态环境。而绿色植物对有害气体、粉尘和噪声具有吸附、吸滞、过滤的作用。因此,工矿企业绿化不仅美化环境,而且对社会环境的生态平衡起着巨大的作用
创造一定经济收益	工矿企业绿化应根据工厂的地形、土质和气候条件,因地制宜结合生产,种植一些经济作物,既绿化了环境,又为工厂创造了一定的收益

9.2.2　工厂绿地的环境特点

　　工矿企业的绿化与其他用地上的绿化有不同的特点,工矿的性质、类型不同,生产工艺特殊,对环境的影响及要求也不相同(表9.4)。

表9.4　工矿企业绿地的环境特点

环　境	设计说明
环境恶劣	工厂在生产过程中常常会排放、逸出各种对人体健康、植物生长有害的气体、粉尘、烟尘及其他物质,使空气、水、土壤受到不同程度的污染。但是从根本上杜绝这种污染是不太可能的,只能用园林绿地来改善和保护工厂环境。另外,工业用地的选择尽量不占耕地良田,加上基本建设和生产过程中材料的堆放,废物的排放,使土壤的结构、化学性能和肥力变差,造成树木生长发育的立地条件变差。因此,根据不同类型、不同性质的工厂,选择适宜的花草树木,是工厂绿化成败的关键,也才能达到预期的绿化效果
用地紧凑	在城市用地相当紧张,工厂工业建筑及各项设施的布置都比较紧凑,建筑密度大,特别是城市中的中、小型工厂,往往能提供绿化的用地很少,因此,工厂绿化中要"见缝插绿",甚至"找缝插绿""寸土必争"地栽种花草树木,灵活运用绿化布置手法,争取绿化用地。充分运用攀缘植物进行垂直绿化,开辟屋顶花园,都是增加工厂绿地面积行之有效的办法
保证生产安全	工业企业的绿化要有利于生产的正常运行,有利于产品质量的提高。工厂里空中、地上、地下有着种类繁多的管线,不同性质和用途的建筑物、构筑物、铁路、道路纵横交叉。因此,绿化植树时要根据其不同的安全要求,既不影响安全生产,又要使植物能有正常的生长发育条件

环　境	设计说明
服务对象	工厂绿地是本厂职工休息的场所。绿地使用时间短、面积小,加上环境条件的限制,使可以种植的花草树木种类受到限制,因此,如何在有限的园林规划面积中,尽量以绿化美化为主,条件许可时适当布置一些景点和景区,点缀园林建筑小品、园林休息设施,使之内容丰富,发挥其最大的使用效率,这是工厂绿化中关键的问题

9.2.3　工厂园林绿地规划设计

1)工厂园林绿地规划设计前的准备(表9.5)

表9.5　工厂企业园林绿地规划设计前的准备

设计前的准备	说　明
自然条件的调查	工厂绿化的主要材料是树木、花草等。所以必须对当地的自然条件进行充分调查。如土壤类型分布、土壤理化性质、地下水位、气象气候资料等
工厂生产性质及其规模的调查	各种不同性质的工厂生产性质不同,对周围环境的影响也不一样;即使工厂性质相同,但生产工艺可能不同,所以还需要进行规模调查。必须对工厂设计文件、同类工厂进行调查才能弄清生产特点,确定本厂或他厂所有的污染源位置和性质,并选择相应的抗污染植物,才能正确进行工厂园林绿化设计
工厂总图了解	工厂总图不仅有平面图,而且有竖向布置图等。从图中可以了解工厂绿化面积情况,从竖向图中可知挖方、填方数及土壤结构变化,从管线图中可知绿化树木的栽种位置
社会条件的调查	要做好工厂的园林绿地规划设计,应当深入了解工厂职工、干部对环境绿化的意见,以便更好地进行工厂园林绿地规划建设和管理。最后还要调查工厂建设进展步骤,明确所有空地的近期、中期、远期使用情况,以便有计划地安排绿地分期建设

2)工厂绿地规划的原则

　　工厂绿地规划关系到全厂各区、车间内外生产环境的好坏。因此,在进行绿地规划时应注意6个方面,如表9.6所示。

表9.6　工矿企业绿地规划的原则

设计原则	说　明
全厂统一安排、统一布局	工厂绿化规划,是工厂总体规划的有机组成部分,应在工厂总图规划的同时进行绿化规划,以利全厂统一安排、统一布局,减少建设中的种种矛盾

续表

设计原则	说　明
工厂绿化规划设计,是以工业建筑为主体的环境设计	由于工厂建筑密度较大,一般占到工厂用地面积20%~40%,因此,绿化规划设计要与工业建筑主体相协调。按总平面构思与布局对各种空间进行绿化布置,在工厂内起美化、分流、指导、组织等作用。在视线集中的主题建筑四周,作重点绿化处理,能起到烘托主体的作用;如适当地配置园林小品,还能形成丰富、完整、舒适的空间。在工厂的河湖临水部分,布置带状绿地,形成工厂的林荫道、小游园等休息场所
工厂绿化规划要保证工厂生产的安全	由于工厂生产的需要,在地上地下设有很多管线,在墙上开大窗户等,因此,绿化规划设计一定要合理,不能影响管线和车间劳动生产的采光和通风需要,以保证生产的安全
应维护工厂环境卫生	有的工厂在生产过程中会放出一些有害物质,除了工厂本身应积极从工艺上进行三废处理,保证环境卫生以外,还应考虑从绿化着手,植物尽量选择具有抗污染、吸收有害气体、能吸滞尘埃、降低噪声的树木进行绿化,以便减少对环境的污染
工厂绿化规划要与全厂的分期建设相协调一致	既要有远期规划,又要有近期安排。从近期着手,兼顾远期建设的需要
工厂园林绿地规划还要适当结合生产	在满足各项功能要求的前提下因地制宜地种植乔灌木、果树、芳香、药用、油料和经济价值高的园林植物

　　工厂绿地作为城市园林绿地系统组成部分也要符合一定的绿化指标,即工厂绿化面积指标。工厂绿化规划是工厂总体规划的一部分,绿化在工厂中要充分发挥作用,必须要有一定的面积来保证。一般来说,只要设计合理,绿化面积越大,减噪、防尘、吸毒和改善小气候的作用也就越好。我国城建部门对新建工矿企业绿化系数的要求如表9.7所示。

表9.7　工矿企业绿化系数

企业类型	近期/%	远期/%
精密机械	30	40
化工	15	20
轻工纺织	25	30
重工业	15	20
其他工业	20	25

　　根据工厂的卫生特征、规模大小、厂区位置、轻工业重工业类别不同,绿化空间占地比例也不同(表9.8)。

表9.8 绿化空间占地面积比例/%

绿化空间	内地型工厂	沿海型工厂	全 体
前庭	30.1	24.2	27.9
外围	34.2	36.2	35.0
车间四周	17.3	21.8	19.0
生活区	18.4	17.9	18.1
绿化率	10.2	23.1	16.5

9.2.4 工厂绿地的组成

工厂绿地的组成如表9.9所示。

表9.9 工厂绿地的组成

绿地组成	范 围
厂前区绿地	厂前区由道路广场、出入口、门卫收发、办公楼、科研实验楼、食堂等组成,既是全厂行政、生产、科研、技术、生活的中心,也是职工活动和上下班集散的中心,还是连接市区与厂区的纽带。厂前区绿地为广场绿地、建筑周围绿地等。厂前区面貌体现了工厂的形象和特色
生产区绿地	生产区分布着车间、道路、各种生产装置和管线,是工厂的核心,也是工人生产劳动的区域。生产区绿地比较零碎分散,呈条带状和团片状分布在道路两侧或车间周围
仓库区绿地	该区是原料和产品堆放、保管和储运区域,分布着仓库和露天堆场,绿地与生产区基本相同,多为边角地带。为保证生产,绿化不可能占据较多的用地
绿化美化地段	厂区周围的防护林带,厂内的小游园、花园等

9.2.5 工厂园林绿地设计要求

工厂园林绿地的设计要求如表9.10所示。

表9.10 工厂园林绿地设计要求

工厂绿化应体现各自的特色和风格	工厂绿化是以厂内建筑为主体的环境净化、绿化和美化,要体现本厂绿化的特色和风格,充分发挥绿化的整体效果,以植物与工厂特有的建筑的形态、体量、色彩相衬托、对比、协调,形成别具一格的工业景观(远观)和独特优美的厂区环境(近观)。同时,工厂绿化还应根据本厂实际,在植物的选择配置、绿地的形式和内容、布置风格和意境等方面,体现出厂区宽敞明朗、洁净清新、整齐一律、宏伟壮观、简洁明快的时代气息和精神风貌

续表

为生产服务，为职工服务	为生产服务，综合考虑生产工艺流程以及产品对环境的要求，使绿化服从或满足要求，有利于生产和安全。为职工服务，就要创造有利于职工劳动、工作和休息的环境，有益于工人的身体健康。绿化的好坏直接影响厂容厂貌和工人的身体健康，应作为工厂绿化的重点之一。根据实际情况，从树种选择到布置形式，充分发挥绿化在净化空气、美化环境、消除疲劳、振奋精神、增进健康等方面的作用
合理布局，联合系统	工厂绿化要纳入厂区总体规划中，做到全面规划，合理布局，形成点线面相结合的厂区园林绿地系统。点的绿化是厂前区和游憩性游园，线的绿化是厂内道路、防护林带，面就是车间、仓库、料场等生产性建筑、场地的周边绿化
增加绿地面积，提高绿地率	工厂绿地面积的大小，直接影响到绿化的功能和厂区景观。各类工厂为保证文明生产和环境质量，必须有一定的绿地率：重工业20%，化学工业20%～25%，轻纺工业40%～45%，精密仪器工业50%，其他工业25%。因此，要想方设法通过多种途径、多种形式增加绿地面积，提高绿地率、绿视率和绿量

9.2.6 工厂局部绿地设计

工厂绿地规划布局的形成一定要与各区域的功能相适应，虽然工厂的类型有冶炼、化工、机械、仪表、纺织等，但都有共同的功能分区，如厂前区、生产区、生活区及工厂道路等。

1)厂前区绿地

厂前区的绿化要美观、整齐、大方、开朗明快，给人以深刻印象，还要方便车辆通行和人流集散。绿地设置应与广场、道路、周围建筑及有关设施相协调，一般多采用规则式或混合式。植物配置要和建筑立面、形体、色彩相协调，与城市道路相联系，种植类型多用对植和行列式。因地制宜地设置林荫道、行道树、绿篱、花坛、草坪、喷泉、水池、假山、雕塑等。入口处的布置要富于装饰性和观赏性，强调入口空间。建筑周围的绿化还要处理好空间艺术效果、通风采光、各种管线的关系。广场周边、道路两侧的行道树，选用冠大荫浓、耐修剪、生长快的乔木或用树姿优美、高大雄伟的常绿乔木，形成外围景观或林荫道。花坛、草坪及建筑周围的基础绿带或用修剪整齐的常绿绿篱围边，点缀色彩鲜艳的花灌木、宿根花卉，或植草坪，用低矮的灌木形成模纹图案。

厂前区是职工上下班场所，也是来宾首到之处，又邻近城市街道，小游园结合厂前区布置，既方便职工游憩，也美化了厂前区的面貌和街道侧旁景观。

(1)大门环境及围墙的绿化   工厂大门是对内对外联系的纽带，也是工人上下班必经之处。工厂大门环境绿化，首先要注意与大门建筑造型相协调，还要有利于出入。门前广场两旁绿化应与道路绿化相协调一致，可种植高大的乔木，引导人流通往厂区。门前广场中心可以设花坛、花台，布置色彩绚丽、多姿且气味香馥的花卉；但是其高度不得超过0.7 m，否则影响汽车驾驶员的视线。在门内广场可以布置花园，设立花坛、花台或水池喷泉、雕像、假山石等，形成一个清洁、舒适、优美的环境。

工厂围墙绿化设计应充分注意防卫、防火、防风、防污染和减少噪声，还要注意遮掩建筑不足，与周围景观相协调。绿化树种通常沿墙内外带状布置，以女贞、冬青、珊瑚树等常绿树为主，以银杏、枫香、乌桕等落叶树为辅,常绿树与落叶树的比例以4:1为宜;栽植3~4层树木,靠近墙栽植乔木,远离墙的一边栽植灌木花卉使之具有丰富色彩和立体景观层次。

(2)厂前区环境的绿化 厂前区办公用房一般包括行政办公及技术科室用房,以及食堂等福利建筑。为了节约用地,创造良好的室内外空间,这些建筑往往组成一个综合体,多数建在工厂大门附近。此处位于污染风向的上方,管线较少,因而相对绿化条件较好。绿化目的是要创造一个清新、安静、优美的工作环境。绿化的形式与建筑形式相协调,靠近大楼附近的绿化一般用规则式布局;门口可设计花坛、草坪、雕像、水池等,要便于行人出入;远离大楼的地方则可根据地形的变化采用自然式布局,设计草坪、树丛、树木等。在建筑物四旁绿化要做到朴实大方,美观舒适。也可以与小游园绿化相结合,但一定要照顾到室内采光、通风。在东、西两侧可种落叶大乔木,以减弱夏季太阳直射;北侧应种植常绿耐阴树种,以防冬季寒风袭击;房屋的南侧应在远离7 m以外种植落叶大乔木,近处栽植花灌木,其高度不应超出窗口。在办公室与车间之间应种植常绿阔叶树,以阻止污染物、噪声等对这里的影响。对于自行车棚、杂院等,可用常绿树种做成树墙进行隔离。其正面还可种植樱花、海棠、紫叶李、红枫等具有色彩变化的花灌木,以利观赏。在高层办公楼的楼顶最好建立屋顶花园,以利高层办公人员就近休息(图9.1)。

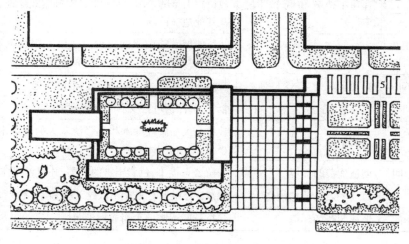

图9.1 某重型机械厂厂前绿化

2)车间周围的绿化

车间是人们工作和生产的地方,其周围的绿化对净化空气、消声、调剂工人精神等均有很重要的作用。车间周围的绿化要选择抗性强的树种,并注意不要与上下管道产生矛盾。在车间的出入口与车间的小空间,特别是宣传廊前可重点布置一些花坛、花台,选择花色鲜艳、姿态优美的花木进行绿化。在亭廊旁可种松、柏等常绿树种,设立绿廊、绿亭、坐凳等,供职工工间休息使用。一般车间四旁绿化要从光照、遮阳、防风等方面来考虑。例如,在车间建筑的南向应种植高大荫浓的落叶乔木,借以防止夏季东西日晒;其北向可用常绿和落叶乔灌木相互配置,借以防止冬季寒风和风沙。在不影响生产的情况下,可以用盆景陈设、立体绿化的方式将车间内外绿化连成一个整体,创造一个生动的自然环境。

工厂生产车间周围的绿化比较复杂,绿地大小差异较大,多为条带状和团片状分布在道路两侧或车间周围。由于车间生产特点不同,绿地也不一样。有的车间对周围环境产生不良影响和严重污染,如散发有害气体、烟尘、噪声等。有的车间则对周围环境有一定的要求,如空气洁净程度、防火、防爆、降温、湿度、安静等。因此,生产车间周围的绿化要根据生产特点,职工视觉、心理和情绪特点,为车间创造生产所需要的环境条件,防止和减轻车间污染物对周围环境的影响和危害,满足车间生产安全、检修、运输等方面对环境的要求,为工人提供良好的工作短暂休息用地(表9.11)。

表9.11　生产车间周围的绿化特点及设计要点

生产场地	绿化特点	设计要点
1. 精密仪器车间	对空气质量要求较高	栽植常绿树为主,选用不散放飞絮、种毛、不易掉叶的乔灌木。可栽藤本植物和铺设大块草地
2. 化工车间	有利于毒气的扩散、稀释	栽植抗污能力强、吸污能力高的树种
3. 粉尘车间	有利于吸附粉尘	栽植叶面积大,表皮粗糙,具绒毛和分泌腺脂的植物。结构要紧凑、严密
4. 噪声车间	有利于减弱噪声	栽植枝叶茂密、分枝低矮、叶面积大的乔、灌木。可以常绿、阔叶、落叶树木组成复层混交林带
5. 恒温车间	有利于改善和调节环境小气候	栽植较大型的常绿、落叶混交成自然式绿地。可多种草皮及其他地被植物
6. 食品、医药卫生车间	对空气质量要求较高	栽植能挥发杀菌素的树种。选用不散放飞絮、种毛、不易掉叶的乔灌木。可铺设大块草地
7. 易燃易爆车间	有利于防火	栽植防火树种,并留出足够的消防用地
8. 露天作业区	起隔离、分区、遮阴作用	栽植常绿、落叶混交林带和大树冠的乔木
9. 高温车间	有利于调节气温	栽植高大的阔叶乔木和色彩淡味香的花灌木,可配置园林小品
10. 工艺美术车间	创造优美的环境	栽植姿态优美、色彩丰富的种类,并配置园林小品
11. 供水车间	对空气质量要求较高	栽植常绿树为主,选用不散放飞絮、种毛、不易掉叶的乔灌木
12. 暗室作业车间	形成荫蔽的环境	栽植枝叶浓密的大树或搭设荫棚

　　如图9.2所示为东城热电厂生产区绿地,因地上地下管线而形成行列式种植形式,植物配置高低错落,层次分明,简洁明快,美观大方。

图9.2　东城热电厂生产车间绿地

3）生产辅助区绿地

该区绿地设计在保证生产的前提下，以装饰美化为主，力求形成清洁舒适的工作环境。绿化以草坪和绿色模纹图案为主，只沿周边种植常绿植物，形成厂区绿色背景（图9.3）。

图9.3　东城热电厂热交换站绿地设计

4）工厂小游园

目前很多工厂在厂内因地制宜地开辟小游园，特别是设在自然山地或河边、湖边、海边等工厂更为有利。设置小游园主要是方便职工做操、散步、休息、谈话、听音乐等。如果小游园面积大、设备较全，也可向附近居民开放。园内可用花墙、绿篱、绿廊分隔空间，并因地势高低变化布置园路，点缀小池、喷泉、山石、花廊、坐凳等来丰富园景。有条件的工厂还可以将小游园的水景与贮水池、冷却池等相结合，水边可种植水生花草，如鸢尾、睡莲、荷花或养鱼等。小游园的绿化也可和本厂的俱乐部、电影院、阅览室、体育活动等相结合统一布置，扩大绿化面积，实现工厂花园化（图9.4）。

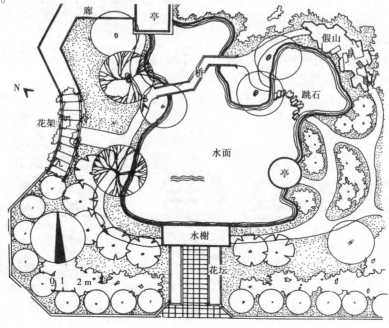

图9.4　工厂小游园

5) 工厂道路的绿化

工厂的道路贯通厂的内外,由于车辆来往频繁,灰尘和噪声的污染较重,工人下班较集中,路旁的建筑设施电杆、电缆、地下给排水管、检查井等纵横交错,都给绿化带来一定困难。因此,绿化前必须充分了解以上设施和路面结构、道路的人流量、通车率、车速、有害气体、液体的排放情况和当地的自然条件等;然后选择生长健壮、适应能力强、分枝点高、树冠整齐、耐修剪、遮阴好、无污染、抗性强的落叶乔木为行道树。

主干宽度为 10 m 左右时,两边行道树多采用行列式布置,创造林荫道的效果。有的大厂主干道较宽,其中间也可设立分车绿带,以保证行车安全。在人流集中、车流频繁的主干道两边,也可设置 1～2 m 宽的绿带,把快、慢车道与人行道分开,以利安全和防尘。绿带宽度在 2 m 时,可种常绿花木和铺设草坪。路面较窄的可在一旁栽植行道树,东西向的道路可在南侧种植落叶乔木,以利夏季遮阴。主要道路两旁的乔木株距因树种不同而不同,通常为 6～10 m。

厂内的次道、人行小道的两旁,宜选用四季有花、叶色富于变化的花灌木进行绿化。道路与建筑物之间的绿化要有利于室内采光和防止噪声及灰尘的污染等;也可利用道路与建筑物之间的空地布置小游园,创造景观良好的休息绿地。

在大型工厂企业内部,为了交通需要常设有铁路。铁路两旁的绿化主要功能是为了减弱噪声、加固路基、安全防护等,因此,在其旁种植灌木要远离铁轨 6 m 以外,种植乔木时要远离 8 m 以上,在弯道内侧应留出 200 m 的安全视距。在铁路与其他道路的交叉处,绿化时要特别注意乔木不应遮挡行车视线和交通标志、路灯照明等。

6) 工厂防护林的设计

在《工厂企业设计卫生标准》中规定:凡是产生有害因素的工业企业与生活区之间应设置一定的卫生防护距离,并在此距离内进行绿化。在化工企业内部,各生产单元之间还可能互相污染,因此在企业内部还应结合道路绿化,围墙绿化,小游园绿化等,用不同形式的防护林带进行隔离。在工厂外围营造防护林可以起到防风、防火或减少有害气体污染、净化空气等作用;还可起到与生活区隔离的作用。

(1)防护林的形式　防护林带因构成的树种不同,故形成的林带断面的形状也不同。它可分为矩形、三角形、马鞍形、梯形等(图 9.5)。

防护林的形式因内部结构不同,可分为透式、半透式、不透式等(表 9.12、图 9.6)。

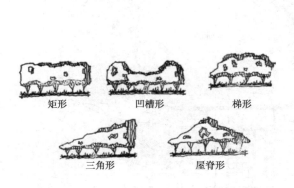

图 9.5　防护林带断面形式示意图

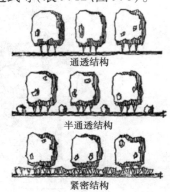

图 9.6　防护林带结构示意图

表 9.12　工厂防护林的形式

结构	说明
透式林带	由乔木组成,株行距较大(3 m×3 m),风从树冠下和树冠上方穿过,从而减弱风速,阻挡污染物质。在林带背后 7 倍树高处风速最小;52 倍树高处风速与林前相等,可在污染源较近处使用
半透式林带	以乔木为主,外侧配置一行灌木(2 m×3 m)。风的部分从林带孔隙中穿过,在林带背后形成一小旋涡,而风的另一部分从树冠上面走过,在 30 倍树高处风速较低,适于沿海防风或在远离污染源处使用
不透式林带	由乔木和耐阴小乔或灌木组成,风基本上从树冠上绕行,使气流上升扩散,在林源背后急速下沉。它适用于卫生防护林或在远离污染源处使用

(2)防护林的树种选择和设置

①树木选择。防护林的树种应注意选择生长健壮、抗性强的乡土树种。防护林的树种配置要求常绿与落叶的比例为 1:1,快长与慢长相结合;乔木和灌木相结合;经济树种与观赏树种相结合。

在一般情况下污染空气最浓点到排放点的水平距离等于烟体上升高度的 12~15 倍,所以在主风向下侧设立 2~3 条林带很有好处(图 9.7、图 9.8)。

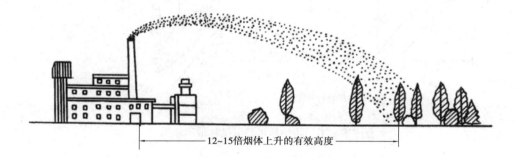

图 9.7　工厂防护林离污染源的距离

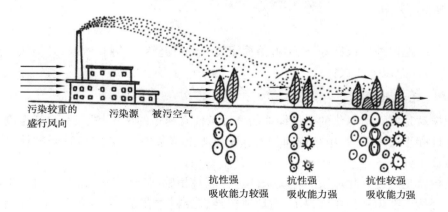

图 9.8　工厂防护林的树种特征

②防护林的设置。如果是污染性的工厂,在工厂的生产区与生活区之间要设置卫生防护林带或防火林带。防护林带的方位应和生产区与生活区的交线相一致,应根据污染轻、重的两个盛行风向而定。其形式有两种:一是"一"字形;二是"L"形。当本地区两个盛行风向呈180°时,则在风频最小风向上风设置工厂,在下风设置生活区,其间设置一条防护林带,呈"一"字形。当本地区两个盛行风向呈一夹角时,则在非盛行风向风频相差不大的条件下,生活区安排在夹角之内,工厂区设在对应的方向,其间设立防护林带,呈"L"形。

工厂防火林带应根据工厂与居住区之间的地形、地势、河流、道路的实际情况而设置。在污染较重的盛行风向的上侧设立引风林带也很重要,特别是在逆温条件下,引风林带能组织气流,使通过污染源的风速增大,促进有害气体的输送与扩散。其方法是设一楔形林带与原防护林带呈一夹角,两条林带之间形成一个通风走廊。这种林带在弱风区或静风区,或有逆温层地区更为重要,它可以把郊区的静风引到通风走廊加快风速,促进有害气体的扩散。当然也可将通向厂区的干道绿带、河流防护林带、农田防护林带相结合形成引风林带(图9.9)。

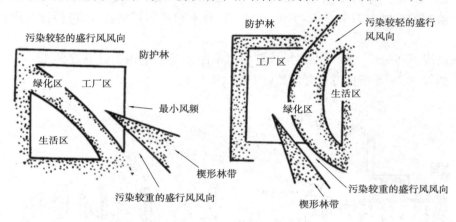

图9.9　工厂防护林带与引风林带示意图

9.2.7　树种规划

要使工厂绿地树种生长良好,植物群落稳定持久,取得较好的绿化效果,必须认真选择绿化树种,原则上应注意以下4点:

1)识地识树,适地适树

识地识树就是要对拟绿化的工厂绿地的环境条件有清晰的认识和了解,包括温度、湿度、光照等气候条件和土层厚度、土壤结构和肥力、pH值等土壤条件,也要对各种园林植物的生物学和生态学特征了如指掌。

适地适树就是根据绿化地段的环境条件选择园林植物,使环境适合植物生长,也使植物能适应栽植地环境。在识地识树前提下,适地适树地选择树木花草,成活率高,生长苗壮,抗性和耐性就强,绿化效果好。

2）注意防污植物的选择

工厂企业是污染源,要在调查研究和测定的基础上,选择防污能力较强的植物,尽快取得良好的绿化效果,避免失败和浪费,发挥工厂绿地改善和保护环境的功能。

3）生产工艺的要求

不同工厂、车间、仓库、料场,其生产工艺流程和产品质量对环境的要求也不同,如空气洁净程度,防火、防爆等。因此,选择绿化植物时,要充分了解和考虑这些对环境条件的限制因素。

4）易于繁殖,便于管理

工厂绿化管理人员有限,为省工节支,宜选择繁殖、栽培容易和管理粗放的树种,尤其要注意选择乡土树种。装饰美化厂容,要选择那些繁衍能力强的多年生宿根花卉。

根据以上几条绿化树种选择的原则,同时针对热电厂主要污染物为二氧化硫和粉尘的特点,结合北方自然条件和植被类型,确定绿化的骨干树种和景观树种如下:

骨干树种:悬铃木、白皮松、大叶女贞、臭椿、国槐、白蜡、银杏、侧柏、泡桐、五角枫等。

景观树种:黄杨、海桐、小叶女贞、棕榈、凤尾兰、枸骨、枸杞、紫穗槐、夹竹桃、石榴、龙柏、桧柏、珊瑚树、石楠、紫薇、月季、桂花、樱花等。

9.2.8　工厂绿化树种选择的原则

工厂绿化树种的选择原则要使工厂绿化树木生长好,创造较好的绿化效果,必须认真地选择能适应本厂的树种,应注意以下 6 点:

①应选择观赏和经济价值高的、有利环境保护的树种。

②选择适应当地气候、土壤、水分等自然条件的乡土树种,特别是应选择那些对有害物质抗性强的或净化能力较强的树种。

③要选择能耐瘠薄,又能改良土壤的树种。

④树种选择要注意速生和慢生相结合,常绿和落叶树种相结合,以满足近、远期绿化效果的需要,冬、夏景观和防护效果的需要。

⑤要选择便于管理的当地乡土树种,价格低、补植方便和容易移栽的树种。

⑥沿海的工厂选择绿化树种要有抗盐、耐湿、抗风、抗飞沙等特性。

9.2.9　工厂绿化常用树种

工厂绿化常用树种如表 9.13 所示。

表9.13　工厂绿化常用树种

抗二氧化硫气体的树种	①抗性强的树种：大叶黄杨、棕榈、十大功劳、重阳木、雀舌黄杨、凤尾兰、无花果、九里香、合欢、瓜子黄杨、蟹橙、枸杞、侧柏、皂荚、海桐、夹竹桃、银杏、刺柏、蚊母、女贞、白蜡、广玉兰、槐树、山茶、构骨、木麻黄、北美鹅掌楸、紫穗槐、小叶女贞、枇杷、相思树、柽柳、黄杨、金橘、榕树、梧桐 ②抗性较强的树种：华山松、楝树、菠萝、粗榧、柿树、白皮松、白榆、丁香、垂柳、云杉、榔榆、沙枣、卫矛、胡颓子、赤松、朴树、枔木、紫藤、杜松、黄檀、板栗、三尖杉、罗汉松、腊梅、细叶榕、无患子、杉木、龙柏、榉树、苏铁、玉兰、太平花、桧柏、毛白杨、厚皮香、八仙花、紫葳、侧柏、丝棉木、扁桃、地锦、银桦、石榴、木槿、枫杨、梓树、蓝桉、月桂、丝兰、红茴香、泡桐、乌桕、广玉兰、桃树、凹叶厚朴、槐树、加拿大杨、柳杉、枣、细叶油茶、旱柳、栀子花、七叶树、连翘、垂柳、椰子、八角金盘、金银木、木麻黄、青桐、蒲桃、日本柳杉、紫荆、小叶朴、臭椿、米兰、花柏、黄葛榕、木菠萝、桑树 ③反应敏感的树种：苹果、悬铃木、云南、松毛樱桃、梅花、梨、雪松、湿地柏、樱花、玫瑰、油松、落叶松、贴梗海棠、月季、郁李、马尾松、白桦、油梨
抗氯气的树种	①抗性强的树种：龙柏、凤尾兰、臭椿、皂荚、苦楝、侧柏、棕榈、榕树、槐树、白蜡、大叶黄杨、构树、九里香、黄杨、杜仲、紫藤、小叶女贞、白榆、厚皮香、山茶、无花果、广玉兰、沙枣、柳树、女贞、樱桃、柽柳、椿树、枸杞、夹竹桃、构骨、合欢 ②抗性较强的树种：桧柏、紫穗槐、江南红豆杉、银桦、杜松、珊瑚树、乌桕、细叶榕、云杉、天竺桂、悬铃木、蒲葵、柳杉、旱柳、栀子花、水杉、太平花、小叶女贞、目木兰、枇杷、蓝桉、鹅掌楸、楝树、瓜子黄杨、梧桐、卫矛、朴树、红花油茶、山桃、重阳木、接骨木、板栗、银杏、刺槐、黄葛榕、地锦、无花果、柽柳、铅笔柏、小叶榕、人心果、罗汉松、桂香柳、毛白杨、木麻黄、米兰、桂花、枣、石楠、蒲桃、芒果、石榴、丁香、榉树、梓树、君迁子、紫薇、白榆、泡桐、扁桃、月桂、紫荆 ③反应敏感的树种：池柏、枫杨、獐子松、紫椴、薄壳山核桃、木棉
抗氟化氢气体的树种	①抗性强的树种：大叶黄杨、构树、青冈栎、白榆、红花油茶、海桐、朴树、侧柏、沙枣、厚皮香、石榴、皂荚、夹竹桃、山茶、槐树、棕榈、银杏、凤尾兰、桑树、柽柳、红茴香、天目琼花、瓜子黄杨、香椿、黄杨、金银花、龙柏、丝棉木、木麻黄、杜仲 ②抗性较强的树种：桧柏、榆树、楠木、丝兰、油茶、女贞、垂枝榕、太平花、鹅掌楸、白玉兰、臭椿、银桦、含笑、珊瑚树、刺槐、紫茉莉、蓝桉、紫薇、无花果、合欢、白蜡、梧桐、地锦、垂柳、杜松、云杉、乌桕、柿树、桂花、白皮松、广玉兰、凤尾兰、山楂、枣树、小叶朴、月季、樟树、旱柳、棕榈、梓树、丁香、木槿、柳杉、小叶女贞 ③反应敏感的树种：葡萄、山桃、梓树、慈竹、白千层、杏、榆叶梅、金丝桃、池柏、梅、紫荆
抗乙烯的树种及对乙烯反应敏感的树种	①抗性强的树种：夹竹桃、棕榈、悬铃木、凤尾兰 ②抗性较强的树种：黑松、枫杨、乌桕、柳树、罗汉松、女贞、重阳木、红叶李、香樟、白蜡、榆树 ③反应敏感的树种：月季、十姐妹、大叶黄杨、苦楝、刺槐、臭椿、合欢、玉兰
抗氨气的树种及对氨气反应敏感的树种	①抗性强的树种：女贞、柳杉、石楠、无花果、紫薇、樟树、银杏、石楠、皂荚、玉兰、丝棉木、紫荆、朴树、木槿、广玉兰、腊梅、杉木 ②反应敏感的树种：紫藤、虎杖、杜仲、枫杨、楝树、小叶女贞、悬铃木、珊瑚树、芙蓉、刺槐、杨树、薄壳山核桃

抗二氧化氮的树种	龙柏、女贞、无花果、刺槐、旱柳、黑松、樟树、桑树、丝棉木、夹竹桃、构树、楝树、乌桕、垂柳、大叶黄杨、玉兰、合欢、石榴、蚊母树、棕榈、臭椿、枫杨、酸枣、泡桐
抗臭氧的树种	枇杷、银杏、樟树、夹竹桃、连翘、悬铃木、柳杉、青冈栎、海州常山、八仙花、枫杨、日本扁柏、日本女贞、冬青、美国鹅掌楸、刺槐、黑松
抗烟尘的树种	香榧、珊瑚树、槐树、苦楝、皂荚、粗榧、桃叶珊瑚、厚皮香、臭椿、榉树、樟树、广玉兰、银杏、三角枫、麻栎、女贞、构骨、榆树、桑树紫薇、樱花、苦槠、桂花、朴树、悬铃木、腊梅、青冈栎、大叶黄杨、木槿、泡桐、黄金树、楠木、夹竹桃、重阳木、五角枫、大绣球、冬青、栀子花、刺槐、乌桕
滞尘能力较强的树种	臭椿、麻栎、凤凰木、冬青、厚皮香、槐树、白杨、海桐、广玉兰、构骨、楝树、柳树、黄杨、珊瑚、皂荚、悬铃木、青冈栎、石楠、朴树、刺槐、樟树、女贞、夹竹桃、银杏、白榆、榕树

9.3　学校园林绿地规划设计

　　学校有不同层次,但都是提高国民文化素质及培养人才的重要基地。其目的是为广大师生员工创造一个良好的生活、学习环境。大专院校一般面积较大,总体布局形式多样。由于学校规模、专业特点、办学方式以及周围的社会条件的不同,其功能分区的设置也不尽相同。一般可分为教学科研区、学生生活区、体育运动区、后勤服务区及教工生活区。

　　学校园林绿地规划设计是城市园林绿地总体规划的一部分,又具有为教育服务的特点。除利用自然条件、历史古迹外,更主要的是人文绿化。学校园林绿地是各校园文化艺术的重要组成部分,其规划设计有不同于一般的要求。

9.3.1　大专院校校园园林绿化

1)大专院校园林绿化的特点

　　学校园林绿化要根据学校自身的特点,因地制宜地进行规划设计,精心施工,才能显出各自特色,并取得绿化效果(表9.14)。

表9.14　大专院校园林绿化的特点

特　点	说　明
学校性质多样	我国各类大专院校校园园林绿化除遵循一般的园林绿化原则之外,还要与学校性质、级别、类别相结合,即与该校教学、学生年龄、科研及试验生产相结合
校舍建筑功能多样	校园内的建筑环境多种多样,有以教学楼为主的,有以宿舍楼为主的,有以实验楼为主的,有以医院医务室为主的,有以办公楼为主的,有以体育场馆为主的,等等。高等院校中还有现代化的环境,使多种多样、风格不同的建筑形体统一在绿色的整体之中,并使人工建筑景观与绿色的自然景观协调统一,达到艺术性、功能性与科学性相协调一致。各种环境绿化相互渗透、相互结合,使整个校园不仅环境质量好,而且有整体美观的风貌

续表

特　点	说　明
师生员工集散性强	学校上课、训练、集会等活动频繁,需要有适合大量的人流聚集或分散的场所。因此,校园绿化要适应这一特点,有一定的集散活动空间,否则即使是优美完好的园林绿化环境,也会因为不适应学生活动需要而遭到破坏。另外,其园林绿化建设要以绿化植物造景为主,树种选择无毒无刺激性异味,对人体健康无损害的树木花草为宜;力求多彩化、香化、富有季相变化的自然景观,尽快达到陶冶情操、促进身心健康的目标
学校所处地理位置、自然条件、历史条件各不相同	各学校所处地理位置、土壤性质、气候变化各不相同,学校历史也各有差异。学校园林绿化也应根据这样的特点,因地制宜地进行规划、设计和植物种类的选择。例如,位于南方的学校,可以选用亚热带喜温植物;北方学校则应选择适合于温带生长环境的植物;在旱、燥气候条件下应选择抗旱、耐旱的树种;在低洼的地区则要选择耐湿或抗涝的植物;积水之处应就地挖池,种植水生植物。具有纪念性、历史性的环境,应设立纪念性景观,或设雕塑,或种植纪念树,或维持原貌,以利教育后代
绿化指标要求高	学校绿化都应根据国家要求,合理分配绿化用地指标,统一规划,合理建设。按国家规定,要达到人均绿地 $7 \sim 11 \ m^2$,绿地率达 30%;对新建院校来说,其园林绿化规划与全校各功能分区规划和建筑规划同步进行,并且可把扩建预留地临时来绿化。对扩建或改建的院校来说,也应保证绿化指标,创建优良的校园环境

2)大专院校园林绿地规划原则(表9.15)

表9.15　大专院校校园林绿地规划原则

规划原则	说　明
校园绿地总体规划与学校总体规划同步进行	学校园林绿地规划是学校总体规划的重要组成部分。特别是新建学校的园林绿地规划必须与学校总体规划同步进行。已有学校在修改总体规划的同时也应依本校规模大小、学校性质、人数定额考虑绿地规划的修改,与学校的道路、建筑给排水、供电、煤气等设施统筹安排合理规划,使各项设施用地比例配合恰当协调。园林绿化风格与学校的建筑风格也应协调一致,创造具有学校特色的景观,避免各项工程不协调现象所产生的浪费
应与学校总体布局形式相协调一致	学校的园林绿化是以建筑为主的庭院环境绿化,其园林绿化的形式应与学校的总体规划协调一致。规则式轴线布局的学校,其园林绿地的总体布置形式应采取规则式;地形起伏大的自然式学校,其园林绿地应采用自然式布局
符合有关的城市园林绿化方针	学校园林绿地总体规划,应正确贯彻执行国家及地方有关的城市园林绿化的方针政策,达到或超过绿化项目的有关定额指标
要因地制宜,具有地方特色和时代精神	各校的园林绿地规划,应充分考虑所在地区的土壤、气候、地形、地质、水源等自然条件,结合环境特点因地制宜地利用地形、河流水系,创造适合绿化的环境,满足各种绿色植物生长的需要 学校的园林绿化设计思想要有地方特色,也要体现时代精神。在规划前要充分调查当地土地利用情况、城市地区规划中土地利用情况、当地风土人情、人文景观,使学校与社会融为一体,使植物景观和人工设施景观体现地方特色,反映现代科学技术水平要求

续表

规划原则	说　明
实用与造景相结合	学校园林绿地要注意造景与使用功能的合理结合,以教学区为中心,重点用绿色植物组织空间,绿化校门区、干道、教学主楼及图书馆的环境。在学生生活区,特别是宿舍周围和体育活动区,应以绿色植物来创造生动的生活空间。在人流量较大的主干道、食堂前、路旁,可设置雕塑、喷泉、宣传廊等。在全校面积较大的集中绿化空间,吸收传统的造园艺术,设置小游园、休息亭、花架、科技画廊、园椅、园凳、纪念碑、雕塑、喷泉、水池等,形成丰富的校园景观,体现学校的文明素质
应考虑便于施工和日常管理	要达到优美的校园景观效果,必须加强日常的管理。绿化总体规划时应充分考虑到各项建设的工程技术水平、苗木和花草的运输以及平时植物的养护管理和病虫害防治

3) 大专院校校园绿地的组成(表9.16)

表9.16　大专院校校园绿地的组成

教学科研区绿地	教学科研区是学校的主体,包括教学楼、实验楼、图书馆以及行政办公楼等建筑,该区也常常与学校大门主出入口综合布置,体现学校的面貌和特色。教学科研区要保持安静的学习与研究环境,其绿地沿建筑周围、道路两侧呈条带状或团块状分布
学生生活区绿地	该区为学生生活、活动区域,分布有学生宿舍、学生食堂、浴室、商店等生活服务设施及部分体育活动器械。有的学校将学生体育活动中心设在学生生活区内或附近。该区与教学科研区、体育活动区、校园绿化景区、城市交通及商业服务有密切联系。该区绿地沿建筑、道路分布,比较零碎、分散
体育活动区绿地	大专院校体育活动场所是校园的重要组成部分,是培养学生德智体美劳全面发展的重要设施。其内容包括大型体育场馆和风雨操场,游泳池、馆,各类球场及器械运动场,等等。该区与学生生活区有较方便的联系。除足球场草坪外,绿地沿道路两侧和场馆周边呈条带状分布
后勤服务区绿地	该区分布着为全校提供水、电、热力及各种气体动力站及仓库、维修车间等设施,占地面积大,管线设施多,既要有便捷的对外交通联系,又要离教学科研区较远,避免干扰。其绿地也是沿道路两侧及建筑场院周边呈条带状分布
教工生活区绿地	该区为教工生活、居住区域,主要是居住建筑和道路,一般单独布置,位于校园一隅,以求安静、清幽。其绿地分布同居住区
校园道路绿地	分布于校园中的道路系统,分隔各功能区,具交通运输功能。道路绿地位于道路两侧,除行道树外,道路外侧绿地与相邻的功能区绿地融合
休息游览区绿地	在校园的重要地段设置的集中绿化区或景区,质高境幽,创造优美的校园环境,供学生休息散步、自学、交往,陶冶情操,热爱校园,起潜移默化作用。该区绿地呈团片状分布,是校园绿化的重点部位

4) 大专院校校园局部绿化设计

校园局部绿化设计包括校门、校园路、校园内各功能区、建筑物附近的绿化设计,是校园园林绿化的各部分的具体绿化施工及管理的依据。

（1）大门的环境绿化设计　学校大门、出入口与办公楼、教学主楼组成校前区或前庭，是行人、车辆的出入之处，具有交通集散功能和展示学校标志、校容校貌及形象的作用，因而校前区往往形成广场和集中绿化区，为校园重点绿化美化地段之一。

学校大门的绿化要与大门建筑形式相协调，以装饰观赏为主，衬托大门及立体建筑，突出庄重典雅、朴素大方、简洁明快、安静优美的高等学府校园环境。

学校大门绿化设计以规划式绿地为主，以校门、办公楼或教学楼为轴线，大门外使用常绿花灌木形成活泼而开朗的门景，两侧花墙用藤本植物进行配置。在学校四周围墙处，选用常绿乔灌木自然式带状布置，或以速生树种形成校园外围林带。大门外面的绿化要与街景一致，但又要体现学校特色。大门内在轴线上布置广场、花坛、水池、喷泉、雕塑和主干道。轴线两侧对称布置装饰或休息性绿地。在开阔的草地上种植树丛，点缀花灌木，自然活泼。或植草坪及整形修剪的绿篱、花灌木，低矮开朗，富有图案装饰效果。在主干道两侧植高大挺拔的行道树，外侧适当种植绿篱、花灌木，形成开阔的绿荫大道。

主要大门景观以建筑为主体，植物配植起衬托作用，更好地体现大门主题建筑特色和雄伟、庄严的气派（图9.10、图9.11）。

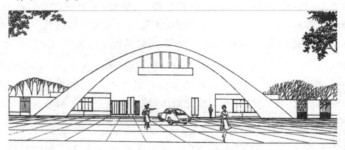

图9.10　学校大门透视图

图9.11　东营职业学院入口景观效果图

（2）道路及广场绿化设计

①道路绿化设计。干道既是校内外交通要道和联系各个分区的绿色通道，也常是不同功能分区的分界线。它具有防风、防尘、减少干扰、美化校园的作用。校园干道的绿化有一板二带、二板三带等主要形式；另有林荫道、花园路等。校园道路两侧行道树应以落叶乔木为主，构成道路绿地的主体和骨架，浓荫覆盖，有利于师生们的工作、学习和生活，在行道树外侧植草坪或点缀花灌木，形成色彩、层次丰富的道路侧旁景观。

②广场绿化设计。校园的广场一般规模较小,位于学校大门内外或干道交叉路口。

交通性广场一般设有花坛或栏杆围地,花坛以种植一、二年生草本植物为主,也可适当种植一些观赏价值较高的矮生花灌木,如月季、苏铁、黄杨球等,但应严格控制树木高度,一般不超过70 cm,不妨碍驾驶员的视线,交通性广场花坛周围可设绿篱、栏杆,在内部宜种植草本花卉或矮株木本花卉。

纪念性广场或雕塑环境的绿化设计,常采用大片的草坪和规整的花坛。选有代表性的、树形优美的常绿灌木树种,形成块面绿化色彩来衬托纪念物或雕塑像。

集散性广场绿化通常布置在建筑物前方。设有大面积的铺装地面和草坪,并适当设置一些花坛或花境;其中草坪周围为开放性,以方便广大师生员工活动、休息和欣赏,同时广阔的空间能更好地衬托主体建筑的雄伟秀丽。草坪要选择耐践踏性能好的。

(3)行政管理区绿化　行政办公楼是学校主要建筑之一。绿化、美化的好坏会直接影响学校的社会声誉。行政办公楼的绿化设计一般采用规则式布局手法,在大楼的前方,一般与大楼的入口相对处,设置花坛、雕塑或大块草坪,在空间组织上留出开朗空间,有利于体现景观,突出办公大楼的主导地位。植物配置起丰富主景观的作用,衬托主体建筑艺术的美。

花坛一般设计成规则的几何形状,其面积根据主体建筑的主题大小和形式以及周围环境空间的大小而定,要保证有一定面积的广场路面,以便人员车辆集散。

行政办公楼前可设置喷水池或纪念性、象征性雕塑以及大面积的草坪。喷水池的形状一般为几何形,也可是单纯的喷泉水池。水池的体量大小乃至喷泉喷水高度,都要设计得与大楼建筑比例相协调。水池是采用平面的还是单层次的或立体多层次的,应根据环境特点和经济条件而决定。

行政办公楼周围的绿化采用乔、灌、草花相结合的形式。乔灌木为常绿和落叶、观花和观叶的树要相结合配置。适当的地方可运用高大落叶或常绿大乔木孤植或丛植,以供遮阴休息之用。树下可设座椅、石凳、石桌等,方便休息、活动。

(4)教学区绿化　教学区以教学楼、图书馆、实验室为主体,是老师和学生上课、做实验的场所。既要安静、卫生、优美,又要满足学生课间休息时间里能够欣赏到优美的植物景观,呼吸新鲜空气,调剂大脑活动,消除上课时的紧张和疲劳。绿色的环境对师生们的视力具有一定的保护作用。

教学楼和图书馆大楼周围绿化以树木为主,常绿、落叶相结合。在教学楼大门两侧可以对称布置常绿树木和花灌木,在靠近教室的南侧要布置落叶乔木,在教学楼的北面,可选择具有一定耐阴性能的常绿树木,以减弱寒冷北风的袭击。乔木一般要距墙 10 m 以外,灌木距墙 2 ~ 3 m,乔木和高度超过一楼窗户的大灌木,要布置在两窗之间的墙前,以免影响室内采光。条件好的学校还可以铺装,以供学生课外活动休息。在其周围还可以多种一些芳香植物类进行绿化,花开放时能释放出使人感到心情舒畅的香味,可让人精神上得到放松。

大楼的东西两侧要布置高大落叶乔木,也可用落叶藤本植物绿化墙面来防止夏季烈日直接照射大楼。还要注意美化功能,楼前地方较宽敞的,可以设置花坛、花境等,美化教学环境。花坛和花境都可以结合草坪进行布置,在草坪的中间设置纪念性雕塑或纪念性构筑物等。雕塑基部配置花坛。基础配置用常绿小灌木,外围布置草花,但色彩必须协调统一。

实验楼绿化设计多采用规则式布局,植物以草坪和花灌木为主,沿边设置绿篱。草坪以观赏为佳或以乔灌木为骨架,配以草坪和地被植物(图 9.12)。

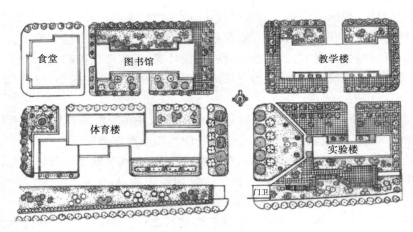

图9.12　教学区绿化设计

（5）生活区绿化　高等院校的生活区包括学生生活区和教工生活区。生活区的绿化功能主要是改善小气候，为广大师生创造一个整洁、卫生、舒适、优美的生活环境。

①学生生活区绿化设计。学生宿舍区由于人口密度大，室内外空气流通和自然采光很重要。绿化必须远离宿舍大楼10 m以上，特别是窗口前附近墙种植要充分注意室内采光和通风的需要。

宿舍楼的北向，道路两侧可配置耐阴花灌木；南向绿化时要全面铺践踏性草坪。宿舍四周用常绿花灌木创造闭合空间（图9.13）。

学生宿舍楼的附近或东西两侧，如有较大面积的绿化用地，则可设置疏林草地或小游园。其中适当布置石凳、石椅、石桌等小品设施，供学生室外学习、休息和社交活动使用。建筑旁用花灌木、窄冠树木。绿地外通常与道路绿化相连，无论有无行道树，绿地外围都用绿篱围护，使其与整个宿舍区环境绿化相协调；并留有多个出入口，以便进出（图9.14）。

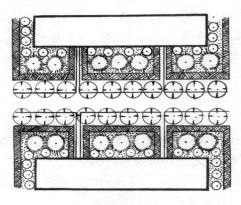

图9.13　宿舍楼区封闭式绿化设计

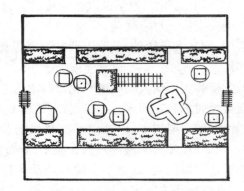

图9.14　宿舍楼区院落式绿化设计

②教职工生活区的绿化设计。教职工生活区的绿化设计要具备遮阴、美化和游览、休息、活动的功能。

教职工在住宅楼周围多采用绿篱和花灌木，适当配置宿根、球根花卉。在距离建筑7 m以外，可以结合道路绿化，种植行道树。由于安全防护需要，住宅楼前常设栅栏和围墙，可以充分利用藤本植物进行垂直绿化。有条件的教工生活区，应设立小游园或小花园。

③学校食堂周围绿化设计。学校食堂周围绿化设计要以卫生、整洁、美观为原则。要选用生长健康、无毒、无臭、无污染和抗病虫树种,最好还具有一定的防尘、吸尘作用的树种。

(6)体育活动区　体育活动区是学生开展体育活动的主要场所。一般规划应在远离教学区或行政管理区,而靠近学生生活区的地方。这样既方便学生进行体育活动,又避免体育活动区的嘈杂声音对教学和工作的影响。在体育活动区外围常用隔离带或疏林将其分隔,减少相互干扰。体育活动区内包括田径场、各种球场、体育馆、训练房、游泳池以及其他供学生从事体育活动的场地和设施。这些地方的绿化要充分考虑运动设施和周围环境特点。

在各种运动场地之间可用常绿乔灌木进行空间分隔,以减少互相之间的干扰,只要不影响运动功能需要,可以多栽植一些树木。特别是单双杠等体操活动场地,可设在大树林的下面,以利夏季活动时遮阴。

(7)学校小游园设计　小游园是学校园林绿化的重要组成部分,是美化校园的精华的集中表现。小游园的设计要根据不同学校特点,充分利用自然山丘、水塘、河流、林地等自然条件,结合布局,创造特色,并力求经济、美观。小游园也可与学校的电影院、俱乐部、图书馆、人防设施等总体规划相互结合,统一规划设计。小游园一般选在教学区或行政管理区与生活区之间,作为各分区的过渡。其内部结构布局紧凑灵活,空间处理虚实并用,植物配置需有景可观,全园应富有诗情画意(图9.15)。

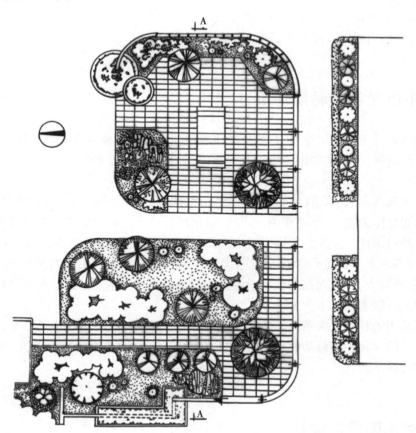

图9.15　校园休息游览绿地

小游园绿地如果靠近大型建筑物而面积小、地形变化不大,可规划为规则式;如果面积较大,地形起伏多变,而且有自然树木、水塘或临近河、湖水边,可规划为自然式。在其内部空间处理上要尽量增加层次,富于变化,充分利用树丛、道路、园林小品或地形将空间巧妙加以分隔,色彩四季多变,将有限空间创造成无限变幻的美妙境界。不同类型的小游园,要选择一些与造型相适应的植物,使环境更加协调、优美,具有观赏价值、生态效益和教育功能。

规则式的小游园可以全部铺设草坪,栽植色彩鲜艳、生长健壮的花灌木或孤植树,适当设置座椅、花棚架,还可以设置水池、喷泉、花坛、花台。花台可以和花架、座椅相结合,花坛可以与草坪相结合,或在草坪边缘,或在草坪中央而形成主景。草坪和花坛的轮廓形状要有统一性,而且符合规则式布局要求。单株种植的树木可以进行空悬式造型,如松树、黄杨、柏树。园内小品多为规则式的造型,园路平直,如有弯曲,也是座椅对称的;如有地势落差,则设置台阶踏步。

自然式小游园,常用乔灌木相结合,用乔灌木丛进行空间分隔组合,并适当配置草坪,多为疏林草地或林边草坪等。如果没有水体的,还可利用自然地形挖池堆山进行地形改造,既创造了水面动景,又产生了山林景观。有自然河流、湖泊等水面的则可加以艺术改造,创造自然山水特色的园景。园中也可设置各种花架、花境、石椅、石凳、石桌、花台、花坛、小水池、假山,但其形状特征必须与自然式的环境相协调。如果用建筑材料设置时,出入口两侧的建筑小品,应用对称均衡形式,但其体量、形状、姿态应有所变化。小游园的外围可以布置绿墙,在绿墙上修剪出景门和景窗,使园内景物若隐若现,别有情趣。

9.3.2 中小学校园林绿地设计

中小学用地分为建筑用地、体育场地和实验用地。中小学建筑主要包括办公楼、教学楼、实验楼和道路广场等,中小学的绿化也就是建筑用地周围的绿化、体育场地的绿化和实验用地的绿化。

中小学建筑周围的绿化往往在建筑周围、道路两侧、广场四周、围墙边呈带状分布。绿化以建筑为主体起立体装饰、美化的作用。因此,绿化规划设计既要考虑建筑的使用功能,又要结合建筑物周围环境条件。往往建筑物大门出入口、建筑门厅和庭院可作为校园绿化的重点,结合建筑、广场校园的主干道进行绿化布置来丰富校园景观。建筑前后进行基础栽植。也就是在5 m以内不种植高大乔木,而在围墙和山墙外要种植高大乔木主要是为了遮阴,校园广场四周及道路绿化种植乔灌木以遮阳为主。

体育场地周围种植高大落叶阔叶乔木为主,地面铺设草坪,尽量少种花灌木。

实验用地的绿化可结合功能要求因地制宜进行。实验用地的树木应挂牌,标明树种名称。便于学生学习科学知识。

9.3.3 幼儿园绿地设计

一般正规幼儿园包括室内活动和室外活动两部分,根据活动要求,室外活动场地又分为公共活动场地、自然科学基地和生活杂物用地。重点绿化区是公共活动场地,根据活动范围的大小,结合各种游戏活动器械的布置,适当设计亭、廊、花架、水池、沙坑等。绿地植物选择要考虑儿童的心理特点和身心健康,要选择形态优美、色彩鲜艳、适应性强、便于管理的植物,不用有飞毛、有毒、有刺、有过敏性的植物。在活动器械附近,以遮阳的落叶乔木为主。角隅处适当点缀花灌木,活动场地尽量铺设耐践踏的草坪,在活动场地周围成行种植乔灌木,形成防护林,能起防风、防尘和降低噪声的作用。建筑周围注意通风和采光,高大的乔木要种植在 5 m 以外的地方。

9.4 医疗机构的绿地设计

医院、疗养院等医疗机构绿地也是城市园林绿地系统的重要组成部分,搞好医疗机构的园林绿化,一方面创造优美安静的疗养和工作环境,发挥隔离和卫生防护功能,有利于患者康复和医务工作人员的身体健康;另一方面,对改善医院及城市的气候,保护和美化环境,丰富市容景观,具有十分重要的作用。

9.4.1 医疗机构的类型

医疗机构的类型如表9.17所示。

表9.17 医疗机构的类型

内 容	功 能
综合性医院	该类医院一般设有内、外各科的门诊部和住院部,医科门类较齐全,可治疗各种疾病
专科医院	这类医院是设某一科或几个相关科的医院,医科门类较单一,专治某种或几种疾病。如妇产医院、儿童医院、口腔医院、结核病医院、传染病医院和精神病医院等。传染病医院及需要隔离的医院一般设在城市郊区
小型卫生院、所	设有内、外各科门诊的卫生院、卫生所和诊所
休、疗养院	用于恢复工作疲劳,增进身心健康,预防疾病或治疗各种慢性病的休养院、疗养院

9.4.2 医疗机构的绿地规划

1) 医院的类型及其规划特点

综合医院是由各个使用要求不同的部分组成的,在进行总体布局时,按各部分功能要求进行。综合医院的平面可分为医务区及总务区两大部分,医务区又分为门诊部、住院部、辅助医疗等部分,如表9.18所示。

表 9.18　综合医院的组成部分

组　成	说　明
门诊部	门诊部是接纳各种病人,对病情进行诊断,确定门诊治疗或住院治疗的地方;同时也是进行防治保健工作的地方。门诊部的位置,一方面要便于患者就诊,靠近街道设置;另一方面又要保证治疗需要的卫生和安静条件。门诊部建筑一般要退后红线 10~25 m
住院部	住院部主要为病房,是医院的主要组成部分,并有单独的出入口,其位置安排在总平面中安静、卫生条件好的地方。要尽可能避免一切外来干扰或刺激,以创造安静、卫生、适用的治疗和疗养环境
辅助医疗部分	门诊部和病房的辅助医疗部分的用房,主要由手术部、中心供应部、药房、X 光室、理疗室和化验室等部分组成。大型医院中可按门诊部和住院部各设一套辅助医疗用房,中小型医院则合用
行政管理部门	主要是对全院的业务、行政与总务进行管理,可单独设立,也可设在门诊部门
总务部门	属于供应和服务性质,一般都设在较偏僻一角,与医务部分既有联系又有隔离。这部分用房包括厨房、锅炉房、洗衣房、事务及杂用房、制药间、车库等

2) 医疗机构园林绿化的基本原则

医院绿化的目的是卫生防护隔离,阻滞烟尘,减弱噪声,创造一个幽雅安静的绿化环境使病人在药物治疗的同时,在精神上可受到优美的绿化环境的良好影响,以利人们防病治病,尽快恢复身体健康。

医院绿化应与医院的建筑布局相一致,除建筑之间应有一定绿化空间外,还应在院内,特别是住院部留有较大的绿化空间,建筑与绿化布局紧凑,方便病人治病和检查身体。建筑前后绿化不宜过于闭塞,病房、诊室都要便于识别。通常医院绿化面积占总用地面积的 70% 以上,才能满足要求。树种选择以常绿树为主,可选用一些具有杀菌及药用的花灌木和草本植物配置。

9.4.3　医疗机构的绿地设计

医疗机构的绿地设计要求如表 9.19 所示。

表 9.19　综合医院的组成部分绿地的设计

绿地组成	设计要求
大门区绿化	大门绿化应与街景协调一致,也要防止来自街道和周围的尘土、烟尘和噪声污染,所以在医院用地的周围应密植 10~20 m 宽的乔灌木防护林带

续表

绿地组成	设计要求
门诊区绿化	门诊部位置靠近出入口,人流比较集中,一般均临街。是城市街道和医院的结合部,场地及周边做适当的绿化布置,以美化装饰为主,布置花坛、花台,有条件的可设喷泉、主题性雕塑,形成开朗、明快的格调。广场周围种植整形绿篱、开阔的草坪和花灌木,但色彩对比不宜刺眼。广场周围还应种植高大乔木以遮阴。门诊楼建筑前的绿化布置应以草坪为主,丛植乔灌木,乔木应离建筑5 m以外栽植,以免影响室内通风、采光及日照 门诊部前需要设有一定面积的广场,同时布置休息绿地也是有必要的。种植落叶乔木作为遮阴树,利用花坛、水池和开花灌木等进行重点美化;周围绿地用较密的乔木和灌木,形成一个比较安静的空间。还可选择有一定分泌杀菌素的树种,如雪松、白皮松、悬铃木和银杏、杜仲、七叶树等有药用价值的乔木作为遮阴树,也可种植一些药用灌木和草花,如女贞、连翘、金银花、木槿、玉簪、紫茉莉、蜀葵等;并可在树荫下、花丛间设置座椅,供病人候诊和休息使用(图9.16、图9.17)
住院区绿化	在住院区的周围,庭园应精心布置。在中心部分可有较规则型的广场,设花坛、喷泉、雕塑、假山石等,放置座椅、棚架(图9.18、图9.19)。面积较大时可采用自然式布置,有少量园林建筑、装饰性小品、水池、雕塑等,形成优美的自然式庭园(图9.20)。有条件的可利用原地形挖池叠山,配置花草、树木等,形成优美的自然景观,但要注意植物的季节变化。常绿树与开花灌木应保持一定的比例,一般为1∶3左右,使花灌木丰富多彩。还可多栽些药用植物和宿根、球根花卉,既有很好的观赏价值,又有良好的收益
辅助区绿化	大型医院中可按门诊部和住院部各设一套辅助医疗用房,中小型医院则可合用。这部分应单独设立,周围密植常绿乔灌木,形成完整的隔离带。特别是手术室、化验室、放射科等,四周的绿化必须注意不种有绒毛和飞絮的植物,防止东、西日晒,保证通风和采光
服务区绿化	周围密植常绿乔灌木作隔离,形成完整的隔离带。医疗机构的绿化,在植物种类选择上,可多种植杀菌能力较强的树种

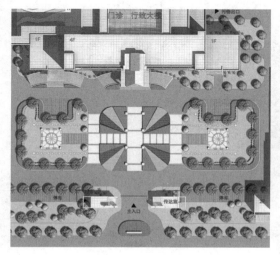

图9.16　医院入口广场绿化设计

图9.17　某综合性医院入口广场效果图

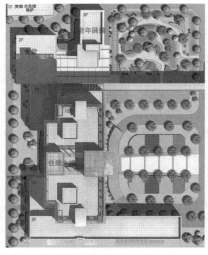

图 9.18　住院部绿化设计图

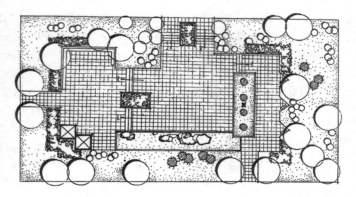

图 9.19　某医院休息绿地（规则式）

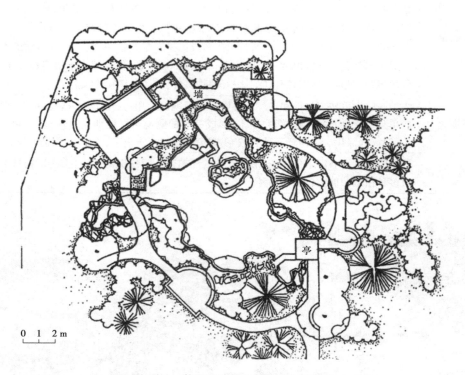

图 9.20　某疗养院休息绿地（自然式）

9.4.4　不同性质医院的一些特殊要求

不同性质医院的特殊要求如表 9.20 所示。

表9.20 不同性质医院的特殊要求

类 型	绿化设计要求
儿童医院	主要接收年龄在14周岁以下的病儿。在绿化布置中要安排儿童活动场地及儿童活动的设施，其造型、色彩、比例尺度都要符合儿童的心理与需要进行设计与布局。树种选择要尽量避免种子飞扬、有臭味、异味、有毒、有刺的植物，以及引起过敏的植物，还可布置些图案式的装饰物及园林小品。良好的绿化环境和优美的布置，可减弱儿童对医院、疾病的心理压力
传染病院	主要接收有急性传染病、呼吸道系统疾病的病人。医院周围的防护隔离带的作用就显得突出，其宽度应比一般医院宽，15～25 m的林带由乔灌木组成，并将常绿树与落叶树一起布置，使之在冬天也能起到良好的防护效果。在不同病区之间也要适当隔离，利用绿地把不同病人组织到不同空间中去休息、活动，以防交叉感染。病人活动区布置一定的场地和设施，以供病人进行休息散步等活动，为他们提供良好的条件

9.4.5 医疗机构绿地树种的选择

在医院、疗养院绿地设计中，要根据医疗单位的性质和功能，合理地选择和配置树种，以充分发挥绿地的功能作用（表9.21）。

表9.21 医疗机构绿地树种的选择

选择杀菌力强的树种	具有较强杀灭真菌、细菌和原生动物能力的树种主要有侧柏、圆柏、铅笔柏、雪松、杉松、油松、华山松、白皮松、红松、湿地松、火炬松、马尾松、黄山松、黑松、柳杉、黄栌、盐肤木、锦熟黄杨、尖叶冬青、大叶黄杨、桂香柳、核桃、月桂、七叶树、合欢、刺槐、国槐、紫薇、广玉兰、木槿、栋树、大叶桉、蓝桉、柠檬桉、茉莉、女贞、日本女贞、丁香、悬铃木、石榴、枣树、枇杷、石楠、麻叶绣球、枸橘、银白杨、钻天杨、垂柳、栾树、臭椿及蔷薇科的一些植物
选择经济类树种	山楂、核桃、海棠、柿树、石榴、梨、杜仲、国槐、山茱萸、白芍药、金银花、连翘、丁香、垂盆草、麦冬、枸杞、丹参、鸡冠花等

9.5 机关单位绿地规划设计

机关单位绿地是指党政机关、行政事业单位、各种团体及部队机关内的环境绿地，也是城市园林绿地系统的重要组成部分。搞好机关单位的园林绿化，不仅为工作人员创造良好的户外活动环境，工休时间得到身体放松和精神享受，给前来联系公务和办事的客人留下美好印象，提高单位的知名度和荣誉度；也是提高城市绿化覆盖率的一条重要途径，对于绿化美化市容，保护城市生态环境的平衡，起着举足轻重的作用；还是机关单位乃至整个城市管理水平、文明程度、文化品位、面貌和形象的反映。

机关单位往往位于街道侧旁，其建筑物又是街道景观的组成部分。因此，园林绿化要结合文明城市、园林城市、卫生和旅游城市的创建工作,在规划阶段就尽可能扩大绿地面积,提高绿地率。大力发展垂直绿化和立体绿化,使机关单位在有限的绿地空间内取得较大的绿化效果,增加绿量。

机关单位绿地主要包括入口处绿地、办公楼前绿地(主要建筑物前)、附属建筑旁绿地、庭院休息绿地(小游园)、道路绿地等(图9.21)。

图9.21　某市政府绿地规划效果图

机关单位绿地的设计要求如表9.22所示。

表9.22　机关单位绿地设计要求

绿地组成	设计要求
大门入口处绿地	大门是单位形象的缩影,入口地也是单位绿化的重点之一。绿地的形式、色彩和风格要与入口空间、大门建筑统一协调,设计时应充分考虑,以形成机关单位的特色及风格。一般大门外两侧采用规则式种植,以树冠规整、耐修剪的常绿树种为主,与大门形成强烈对比,或对植于大门两侧,衬托大门建筑,强调入口空间。在入口轴线对景位置可设计成花坛、喷泉、假山、雕塑、树丛等(图9.22)。大门外两侧绿地,应由规则式过渡到自然式,并与街道绿地中人行道绿化带相结合(图9.23)
办公楼绿地	办公楼绿地可分为楼前装饰性绿地、办公楼入口处绿地及楼周围基础绿地,若空间较大,也可在楼前设置装饰性绿地,两侧为集散和停车广场。大楼前的广场可设置喷泉、假山、雕塑、花坛等,作为入口的对景,两侧可布置绿地。办公楼前绿地以规则式、封闭型为主,对办公楼及空间起装饰衬托美化作用;以草坪铺底,绿篱围边,点缀常绿树和花灌木,或设计为模纹图案,富有装饰效果。办公楼入口处绿地,一般结合台阶,设花台或花坛,用球形或尖塔形的常绿树或耐修剪的花灌木,对植于入口两侧,或用盆栽的苏铁、棕榈、南洋杉、鱼尾葵等摆放于大门两侧(图9.24) 办公楼周围基础绿带,位于楼与道路之间,呈条带状,既美化衬托建筑,又进行隔离,保证室内安静。绿化设计应简洁明快,绿篱围边,草坪铺底,栽植常绿树与花灌木,低矮、开敞、整齐,富有装饰性。在建筑物的背阴面要选择耐阴植物(图9.25)
庭园式休息绿地(小游园)	如果机关单位内有较大面积的绿地,可设计成休息性的小游园。游园中以植物绿化、美化为主,结合道路、休闲广场布置水池、雕塑及花架、亭、桌、椅、凳等园林建筑小品和休息设施,满足人们休息、观赏、散步活动(图9.26、图9.27)
附属建筑绿地	这些地方的绿化首先要满足使用功能,其次要对杂乱的、不卫生、不美观之处进行遮蔽处理,用植物形成隔离带阻挡视线,起卫生防护隔离和美化作用

续表

绿地组成	设计要求
道路绿地	是机关单位绿化的重点,它贯穿于机关单位各组成部分之间,起着交通、空间和景观的联系和分隔作用。道路绿化应根据道路及绿地宽度,可采用行道树及绿化带种植方式。机关单位道路较窄,建筑物之间空间较小,行道树应选择观赏性较强、分枝点较低、树冠较小的中小乔木,株距3~5 m。同时,也要处理好与各种管线之间的关系,行道树种不宜繁杂

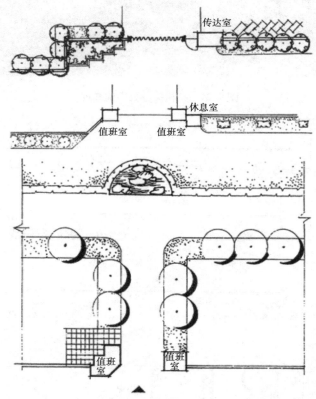

图9.22 机关大门入口处绿化的不同形式

图9.23 沿墙绿地设计

图 9.24　某机关办公楼前绿地

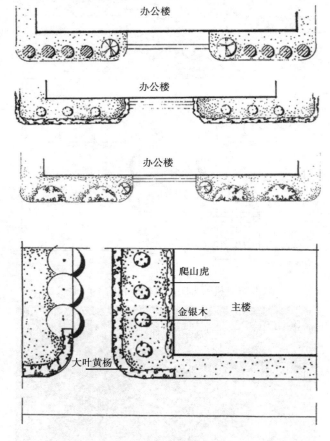

图 9.25　办公室周围绿地

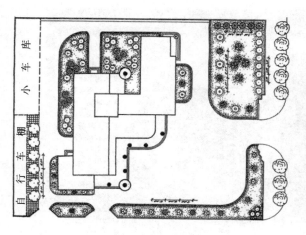

图9.26　机关单位小游园的设计

图9.27　某单位中心游园

9.6　典型实践案例分析

甘肃省第四劳教所绿化设计

1)甘肃省第四劳教所自然概况

天水位于甘肃省东南部,地跨黄河、长江流域,位于渭河、嘉陵江上游,总面积14 325 km²,天水历史悠久,是中华民族及文化的重要发祥地之一。天水古城"两峡峙,一水中流,五城串珠"的格局在中国城市建设上独树一帜,1994年被国务院公布为"中国历史文化名城",是甘肃东部的政治、经济、文化中心。甘肃省第四劳教所位于甘肃省天水市麦积区,处于麦积山脚下,属大陆性季风类型,处于温暖带湿润、半干旱气候过渡。年日照数2 032~2 208 h,年平均气温7~10.9 ℃,无霜期141~202 d,年降水量平均473.1~606.5 mm。海拔1 000~2 100 m;空气相对湿度85%左右。

2)设计思路

依据本次项目的实际情况,劳教所环境景观设计以实用性和观赏性为核心,着重设计办公区域景观,满足入口景观简洁大气,轴线广场的功能性(健身、活动、休闲等)。其余空间以满足车辆及绿化美化的效果。其次是学员区域,以造型植物和灌木为主,既考虑到其安全性,又能体现其绿化景观(图9.28)。

①现代简洁的园林风格,营造和谐清爽的社区环境。

②注重观赏性与实惠性相结合。

③植物选择以北方较易成活且便于养护的类型为主。

3)景观设计总体控制

(1)景观节点及功能区域分析　着重塑造休闲活动空间景观环境(图9.29)。

甘肃省第四劳教所景观规划设计

甘肃省第四劳教所平面图

① 休闲草坪
② 造型灌木景观
③ 篮球场
④ 运动场入口
⑤ 羽毛球场
⑥ 原有柿子树
⑦ 假山叠水
⑧ 雕塑小品
⑨ 亲水平台
⑩ 环湖小径
⑪ 休闲厅
⑫ 特别种植池
⑬ 溪流
⑭ 假山石
⑮ 停车场
⑯ 训练场
⑰ 庭院小径
⑱ 主入口

图 9.28　规划设计平面图

图 9.29　景观节点及功能区域分析

（2）入口　入口处理以简洁大气为主，塑造舒适、美观的入口景观（图 9.30）。

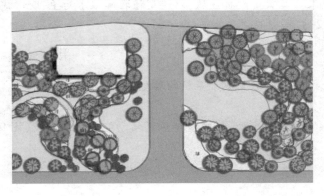

图 9.30　入口处设计

（3）主景区休闲活动空间　主景以水系为主，水系由源、潭、溪、湖四大部分组成。沿水系周围设以亭、桥、亲水平台等为主的空间构成一种自然而和谐的空间环境（图9.31）。

图9.31　主景区休闲活动空间

（4）交通流线　地上停车位约有30个，车行外环设置停车位。景观空间功能分明（图9.32）。

图9.32　交通流线

4）绿化方式

植物景观是生态的重要体现，是劳教所环境景观的绿脉（图9.33）。

图9.33　景观设计鸟瞰图

大部分楼体高，形成的内部空间会使人有压抑感，但绿化植物能够有效地缓解压抑感，故本区域绿化应做好多层次的绿化，以柔化建筑体。尽可能使人在平视地范围内有绿意盎然的感受。

植物景观设计将生态学理论和景观美学运用于植物景观设计之中，注重植物生态功能和观赏效果，生态效益与景观效果并重，营造出别具特色的植物景观，与水体景观和建筑景观和谐交融。

根据当地气候和植被特点，设计中所选用的植物以落叶树种为主，适量配置常绿树种，以保证冬季的光照和四季的景观持续性。通过乔、灌、地被合理搭配，形成多层次的景观结构，既满足了景观的层次感,丰富观赏效果,又能满足植物对阳光强度的不同要求。

植物景观设计不仅要求景观环境在一年四季中具有变化丰富的观赏效果,更要求这种景观效果能长时间地存在,成为结构稳定的绿地系统。形成的四季景观如下:

春景——百卉争春。配置的主要树种有梧桐、白玉兰、碧桃、连翘、紫荆、丁香、榆叶梅等,春季百花齐放,"群华相依笑,垂杨自由舞",形成春季百花争奇斗艳,肆意闹春的植物景观。

夏景——秀木佳荫。配置的主要树种有梧桐、水杉、广玉兰等冠大荫浓的大乔木,形成"佳木秀而繁荫"的植物景观,并对局部地形进行处理,形成微地形,创造高低起伏、开合有间的景观空间。

秋景——绮霞醉秋。配置的树种主要有银杏、柿子、梧桐、红叶李、五角枫等。"碧云天,黄叶地。"绚丽斑斓的叶色和丰硕累累的果实表现出秋季景观的特征——丰收的喜悦和绚丽的秋色。

冬景——松翠梅香。配置的主要树种有雪松、竹子、梅花、石楠、腊梅等,在冬季形成苍翠碧绿的植物景观,同时,以梅花打破冬季植物景观的沉寂与单调。

思考题

1. 单位附属绿地规划设计原则。
2. 单位附属绿地植物的种植设计要求。

学校绿地规划

设计微课

本章小结

单位附属绿地是城市园林绿地系统的重要组成部分。单位附属绿地一般分布广,范围大,在改善城市小气候、减弱噪声、卫生防护、防止污染以及保护城市生态环境方面有着重要作用;并且还能够体现单位的面貌和反映单位的形象。因此,作为单位附属绿地与其他园林绿地类型规划设计一致,但应遵循单位附属绿地的规划设计要求和设计方法。

研讨与练习

1. 简述学校园林绿地规划设计原则。
2. 简述学校园林绿地的组成。
3. 简述工厂绿地的设计原则。
4. 简述工厂绿化树种选择要求。
5. 简述工厂防护林带的位置。
6. 简述医疗机构绿化的基本原则。
7. 简述机关单位绿地的组成。
8. 如何通过绿化设计体现机关单位性质、精神等文化内涵?
9. 简述机关单位绿地规划设计的内容。

本章推荐参考书目

[1] 黄东兵.园林规划设计[M].北京:中国科学技术出版社,2003.

[2] 宁妍妍.园林规划设计[M].沈阳:白山出版社,2003.

[3] 何平,彭重华.城市绿地植物配置及其造景[M].北京:中国林业出版社,2001.

[4] 胡长龙.园林规划设计[M].北京:中国林业出版社,2001.

[5] 赵建明.园林规划设计[M].北京:中国林业出版社,2001.

公园规划设计

[本章学习目标]

知识要求：

1. 应能正确分析各类城市公园的功能、设计原则、设计重点，掌握各类公园的设计方法。

2. 能将前面所学的园林设计理论和植物配置技巧与公园设计理论相结合，并应用于园林创作。

技能要求：

1. 能综合运用园林设计的基本理论和基本技能，创造出布局合理、功能齐全、美观自然的园林空间。

2. 能在公园设计中有意识地运用园林设计理论和植物配置技巧，做到活学活用，将前后知识融会贯通。

10.1 规划设计的基础知识

10.1.1 城市公园的概念

城市公园是供公众游览、观赏、休憩，开展户外科普、文体及健身等活动，向全社会开放，有较完善的设施及良好生态环境的城市绿地，是城市公共绿地的重要组成部分，也是反映城市园林绿化水平的重要窗口，以点的形式合理、均匀地分布于全市。

10.1.2 公园的发展概要

园林的发展已有 6 000 多年的历史，但公园的出现却只是近一二百年的事。17 世纪，英国、法国相继爆发资产阶级革命，革命的浪潮随之席卷全欧。在"自由、平等、博爱"的口号下，新兴资产阶级没收了封建领主及皇室的财产，把大大小小的宫苑和私园都向公众开放，并称之为公园,为19世纪欧洲各大城市产生一批数量可观的公园打下了基础。

真正按近代公园构想及建设的首例公园是由著名的设计师欧姆斯特德(1822—1903年)和他的助手沃克斯(1824—1895年)合作设计的美国纽约中央公园(图10.1)。公园面积340 hm²,以田园风景、自然布置为特色,设有儿童游戏场、骑马道。公园建成后,利用率很高。据统计,1871年的游人量高达1 000万人次(当时全市居民尚不足百万)。纽约中央公园的成功受到了社会的瞩目和赞赏,从而影响了世界各国,推动了城市公园的发展。

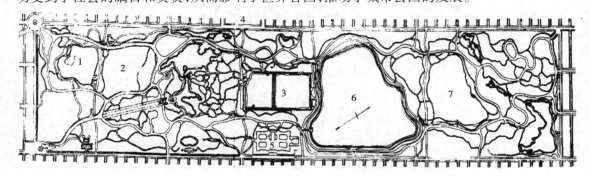

图10.1　纽约中央公园平面图

1.球场　2.草地　3.贮水池　4.博物馆　5.博物馆　6.新贮水池　7.北部草地

(引自冯采芹等《中外园林绿地图集》)

我国公园的发展概况如表10.1所示。

表10.1　我国公园发展概况

时　间	特　点	主要案例
1949年以前	公园性质的园林出现于近代,主要类型包括中国自建公园和租界的公园,一些古典园林也改为公园,门票昂贵,普通百姓无人问津	自建公园有齐齐哈尔的龙沙公园(建于1897年)、无锡的城中公园(建于1906年);租界公园有上海的外滩公园、天津的英国公园等,此外北京相继开放中山公园、北海公园、颐和园,广州开放越秀公园,南京开放玄武湖公园
1949—1952年	以恢复整理旧有公园和改造开放私园为主,新建的较少,并大多为纪念性园林	南京雨花台烈士陵园、浦口公园,长沙烈士陵园,合肥逍遥津公园,郑州人民公园
1953—1957年	全国各城市结合旧城改造和新城开发大量新建公园	北京陶然亭、东单、什刹海、宣武公园,南京绣球、太平、午朝门、九华山、栖霞山公园,哈尔滨斯大林公园、儿童公园、水上体育公园,杭州花港观鱼公园
1958—1965年	全国公园建设速度减慢,工作重心转向强调普遍绿化和园林结合生产,出现了把公园经营农场化、林场化的倾向,新建公园较少	上海长风公园,广州流花湖、东山湖、荔湾湖公园,西安兴庆公园,桂林七星公园
1966—1976年	十年动乱期间城市公园建设事业处于停滞状态	

续表

时 间	特 点	主要案例
1977—1984 年	城市公园建设在医治"文化大革命"创伤的基础上重新起步,数量增加,质量提高,建设速度加快,新建公园 300 多座	上海东安公园、北京紫竹院公园、洛阳植物园、济南环城公园、昆明西华园、杭州太子湾公园、北京丽都公园、北京奥林匹克体育中心、深圳的锦绣中华、北京的雕塑公园、陶然亭公园的华夏名亭园,等等
1985 年以后	公园发展迅速,旅游事业促进了城市公园的发展,数量激增,类型多样化,出现了农业观光园、民俗文化村等主题公园,范围也由大中城市扩大到小城镇	

纵观城市公园的发展,其特点主要表现在以下 4 个方面:

①公园数量不断增加,面积不断扩大。

②公园类型日趋多样化。

③在公园的规划布局上,普遍以植物造景为主,追求真实、朴素的自然美。

④在园林规划设计和园容的养护管理上广泛采用先进的技术设备和科学的管理方法,电脑辅助设计广泛应用,植物的养护一般都实现了机械化。

10.1.3 公园的分类

各国的国情不同,公园分类标准也不同,名称也各有区别(表 10.2)。

表 10.2 公园的分类

1. 中国分类	2. 美国分类		3. 德国分类
①综合性公园	①儿童游戏场	②近邻娱乐公园	①郊外森林及森林公园
②纪念性公园	③特殊运动场	④教育公园	②国民公园
③儿童公园	⑤广场	⑥近邻公园	③运动场及游戏场
④动物园	⑦市区小公园	⑧风景眺望公园	④各种广场
⑤植物园	⑨滨水公园	⑩综合公园	⑤有行道树装饰的道路
⑥古典园林	⑪保留地道路	⑫公园与公园道路	⑥郊外绿地
⑦风景名胜公园			⑦运动设施
⑧居住区小公园			⑧蔬菜园

10.1.4 公园的功能

公园是为城市居民提供室外休息、观赏、游戏、运动、娱乐,由政府或公共团体经营的市政设施。公园补充了城市生活中所缺少的自然山林,冠大荫浓的树木,宽阔的草坪,五彩的花卉,新鲜湿润的空气,为城市居民提供了放松身心、享受自然、陶冶情操的优美环境。同时,公园绿地在净化空气、改善环境方面也发挥着重要作用。因此,公园的功能是多方面的(表10.3)。

表10.3   公园的功能

直接功能	休息娱乐	静态功能:包括观赏、休息
		动态功能:包括运动、游戏、教育
	卫生防护	静态功能:净化空气、保持水土
		动态功能:防火、防灾、避难
间接功能	美化城市:补充自然景观,集中创造丰富多彩的城市园林景观	
	保护生态环境:维持碳氧平衡,净化空气,创造良好的小气候	
	提高市民素质:人们在游览中获得教益,对加强精神文明建设起到积极的促进作用	

10.1.5   公园规划设计原则

①贯彻政府在园林绿化建设方面的方针政策。
②继承和发扬我国传统造园艺术,吸收国外先进经验,创造具有时代特色的新园林。
③表现地方特色和时代风格,避免盲目模仿和景观重复。
④以人为本,为各种不同年龄的人们创造适当的娱乐条件和优美的休息环境。
⑤在城市总体规划或城市绿地系统规划的指导下,使公园在全市分布均衡,并与各区域建筑、市政设施融为一体,既显出各自特色、富有变化,又不相互重复。
⑥因地制宜,充分利用现状及自然地形有机组合成统一体,便于分期建设和日常管理。
⑦正确处理近期规划与远期规划的关系,以及社会效益、环境效益、经济效益的关系。

10.1.6   公园规划的区位条件和环境条件

1)区位条件分析

区位条件分析包括城市性质及自然条件分析,公园在城市中的位置分析,附近公共建筑及停车场地状况分析,游人主要流量分析,公共交通状况分析,公园外围状况分析,气象资料分析,历史沿革及目前使用状况分析,国民素质分析,等等。

2)公园现状条件分析(表10.4)

表10.4   公园现状分析内容

内 容	具体内容
植被分析	现有古树、大树及其他园林植物的品种、数量、分布、高度、覆盖范围、生长状况、观赏价值等
建筑物分析	现有建筑物和构筑物的平面、立面形状、地基标高、质量、面积、使用状况
管线分析	现有地上地下管线的种类、走向、管径、埋置深度

内　容	具体内容
山体分析	现有山体的位置、面积、形状、坡度、高度、土石情况
地形分析	地形、坡度、标高分析
风景分析	风景资源与风景视线的分析
地质分析	地质及土壤情况、地基承载力、滑动系数、土壤坡度的自然稳定角度
水文分析	现有水系的范围、水底标高、河床情况、最低最高水位、常年平均水位、历史上洪水位的标高、水岸线情况，地下水水位与水质

10.1.7　公园绿地设施的安置

为发挥公园的使用功能，公园内应安排各种设施，以满足游人的需求（图10.2）。公园的设施不是孤立的，而是与园内景色相协调的，是公园景色的重要组成部分（表10.5）。

图10.2　公园中的造景设施

表 10.5   公园主要设施

表 10.5   公园主要设施

设施类型	设施包含项目
1.造景设施	树木、草坪、花坛、花台、花境、喷泉、假山、溪流、湖池、瀑布、雕塑、广场
2.休息设施	亭、廊、花架、榭、舫、台、椅凳
3.游戏设施	沙坑、秋千、转椅、滑梯、迷宫、浪木、攀登架、戏水池
4.社教设施	植物专类园、温室、阅览室、棋艺室、陈列室、纪念碑、眺望台、文物名胜古迹
5.服务设施	停车场、厕所、服务中心、饮水台、洗手池、电话亭、摄影部、垃圾箱、指示牌
6.管理设施	公园管理处、仓库、材料场、苗圃、派出所、售票处、配电室

10.2   综合公园规划

综合性公园是城市公园系统的重要组成部分,是城市居民文化生活不可缺少的重要因素,它不仅为城市提供大面积的种植绿地,而且具有丰富的户外游憩活动内容,适合于各种年龄和职业的城市居民进行一日或半日游赏活动,是全市居民共享的"绿色空间"。

10.2.1   公园出入口的确定与设计

1)公园出入口的组成及设计要点

公园出入口一般包括主要出入口、次要出入口和专用出入口 3 种。为了集散方便,入口处还设有园内和园外的集散广场(表 10.6)。

表 10.6   公园出入口的组成及设计要点

组 成	特 点	设计要点
1.主要出入口	主要出入口是公园大多数游人出入公园的地方,一般直接或间接通向公园的中心区。一般包括大门建筑、入口前广场、入口后广场 3 个部分	位置上要求面对游人的主要来向,直接和城市街道相连,位置明显,但应避免设于几条主要街道的交叉口上,以免影响城市交通组织;地形上要求有大面积的平坦地形;外观上要求美观大方
2.次要出入口	次要出入口是为了方便附近居民使用或为园内局部地区某些设施服务的	要求方便本区游人出入,一般设在游人流量较小但邻近居住区的地方
3.专用出入口	专用出入口是为了园务管理需要而设的,不供游览使用	其位置可稍偏僻,以方便管理又不影响游人活动为原则

续表

组　成	特　点	设计要点
4.出入口前广场	位于大门外,起集散作用	应退后于街道,要考虑游人集散量的大小,一般要与公园的规模、游人量、园门前道路宽度与形状,其所在城市街道的位置等相适应。应设停车场和自行车存放处
5.出入口后广场	处于大门入口之内,它是园外和园内集散的过渡地段,往往与主路直接联系	面积可小些。可以设丰富出入口景观的园林小品如花坛、水池、喷泉、雕塑、花架、宣传牌、导游图和服务部等
6.大门	作为游人进入公园的第一个视线焦点,给游人第一印象	其平面布局、立面造型、整体风格应根据公园的性质和内容来具体确定,一般公园大门造型都与其周围的城市建筑有较明显的区别,以突出其特色

2)公园大门常见设计手法

　　现代公园常采用开放式布局,大门只是一个标志(图10.3)。公园大门入口通常采用的手法有先抑后扬式、开门见山式、外场内院式、"T"字形障景式等(表10.7)。

图10.3　韩国首尔奥林匹克公园大门

表10.7　公园大门常见设计手法

常用手法	特　点
1.先抑后扬	入口处设障景,转过障景后豁然开朗,造成强烈的空间对比
2.开门见山	入园后园林景观一目了然
3.外场内院	以大门为界,大门外为交通场地,大门内为步行内院
4."T"字形障景	进门后广场与主要园路"T"字形相连

3)公园出入口布局

　　公园出入口布局形式包括对称均衡与不对称均衡两种,如表10.8所示。

表 10.8　公园出入口的布局

布局形式	举　例
对称均衡 （有明确的中轴线）	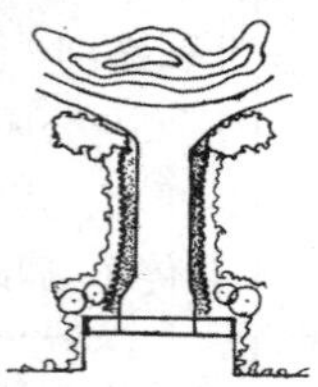 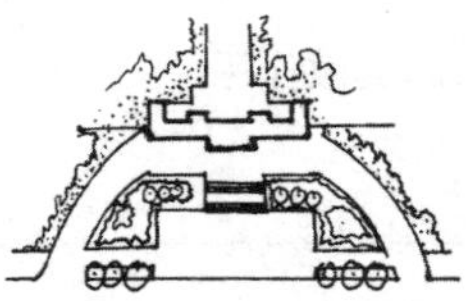 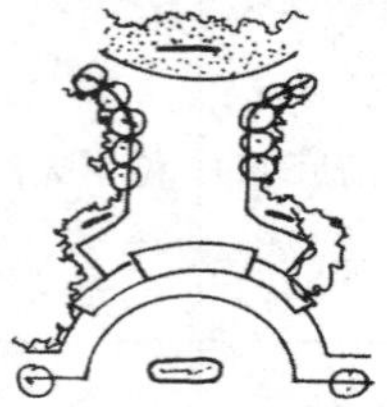
不对称均衡 （无明确的中轴线）	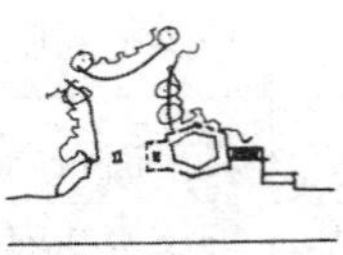 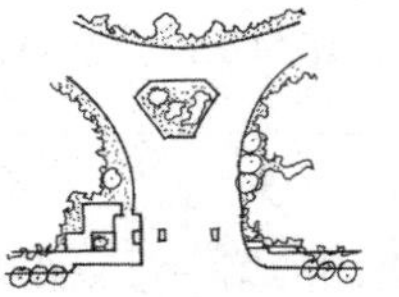 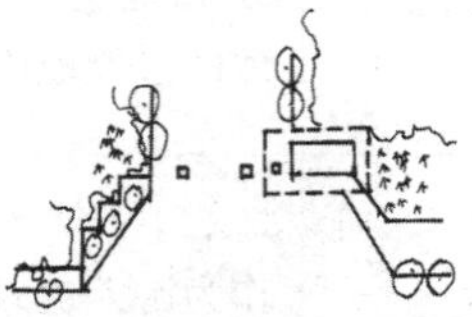

10.2.2　公园的分区规划

所谓分区规划,就是将整个公园分成若干个区,然后对各区进行详细规划。根据分区的标准不同可分为两种形式。

1)景色分区

景色分区是我国古典园林特有的规划方法,现代公园规划时也经常采用。景色分区的特点是从艺术的角度来考虑公园的布局,含蓄优美,韵味无穷,往往将园林中自然景色、艺术境界与人文景观特色作为划分标准,每一个景区有一个主题。

公园中构成主题的因素通常有山水、建筑、动物、植物、民间传说、文物古迹等。

景色分区的形式多样,每个公园风格各异,景色分区可有很大的不同(表 10.9)。

表 10.9　公园景色分区

分类依据	景区类型	举　例
1.按景区的感受效果划分	开朗的景区、雄伟的景区、幽深的景区、清静的景区	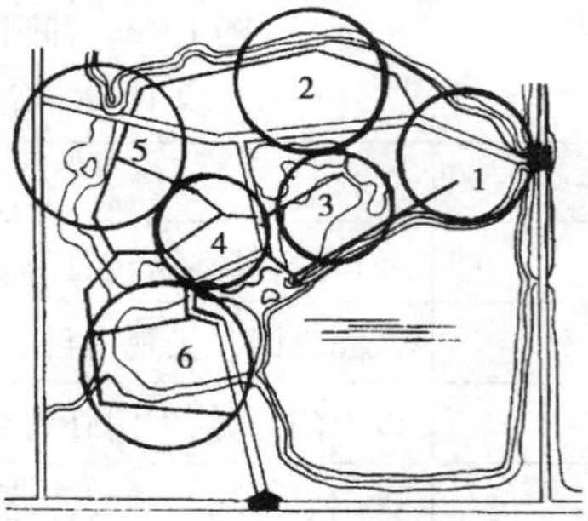 杭州花港观鱼公园（图 10.4）,面积 18 hm², 共分 6 个景区,包括鱼池古迹区（图中的 1）、大草坪区(图中的2)、红鱼池区(图中的3)、牡丹园区(图中的4)、密林区(图中的5)、新花港区(图中的6)。每一景区都有一个主题
2.按复合式的空间组织划分	园中之园、岛中之岛	
3.按季相景观划分	春景区、夏景区、秋景区、冬景区	
4.按造园材料划分	山景区、水景区、花卉景区、林地景区	

图 10.4　杭州花港观鱼公园

2) 功能分区

功能分区理论从实用的角度规划公园的活动内容,强调宣传教育与游憩活动的完美结合。公园的规划通常多以功能分区为主,结合游人的活动内容及公园的植物景观进行分区规划,一般分为文化娱乐区、观赏游览区、安静休息区、体育活动区、儿童活动区、老人活动区、园务管理区等(表 10.10)。

表 10.10　公园功能分区及其规划设计

	功能规划设计要点	绿化规划设计要点
1. 文化娱乐区	此区主要通过游玩的方式进行文化教育和娱乐活动,具有活动场所多、活动形式多、人流多等特点,可设置展览馆、露天剧场、文娱室、阅览室、音乐厅、茶座等园内主要建筑,常位于公园的中部,成为全园布置的重点。各建筑物、活动设施之间保持一定的距离以避免相互干扰,并利用树木、建筑、山石等加以隔离,充分体现公园的特色。该区应尽可能接近公园出入口或与出入口有方便的联系,要求较平坦的地形,考虑设置足够的道路广场,以便快速集散人群	常设计大型的建筑物、广场、雕塑等。绿化要求以花坛、花境、草坪为主,以便于游人的集散。可以适当地点缀种植几种常绿的大乔木,不宜多栽植灌木。树木的枝下净空间应大于 2.2 m,以免影响视线和人流的通行。在大量游人活动较集中的地段,可设置开阔的大草坪。为与建筑相协调,多采用规则式或混合式的绿化配置形式
2. 观赏游览区	本区以观赏、游览参观为主,是公园中景色最优美的区域。包括小型动植物园、专类园、盆景园、名胜古迹区、纪念区等。观赏游览区行进参观路线的组织规划是十分重要的,道路的平、纵曲线、铺装材料、铺装纹样、宽度变化都应适应于景观展示、动态观赏的要求进行规划设计	应选择现状地形、植被等比较优越的地段设计布置园林景观。植物的设计应突出季相变化的特点。技法如下: ①把盛花植物配置在一起,形成花卉观赏区或专类园 ②以水体为主景,配置不同的植物以形成不同情调的景致 ③利用植物组成群落以体现植物的群体美 ④用借景手法把园外的自然风景引入园内,形成内外一体的壮丽景观

续表

	功能规划设计要点	绿化规划设计要点
3. 安静休息区	提供安静优美的自然环境,供人在此安静休息、散步、打拳、练气功和欣赏自然风景。在公园内占的面积比例较大,是公园的重要部分。安静活动的设施应与喧闹的活动隔离,以防止活动时的干扰。离主要出入口可以远些,用地应选择具有一定地形起伏、原有树木茂盛、景色优美的地方。安静休息区可分布于多处,其中的建筑宜散不宜聚	多用自然式植物配置方式,并以密林为主,形成优美的林缘线、起伏的林冠线,突出植物的季相变化。建筑布局宜散不宜聚,宜素雅不宜华丽,可结合自然风景设立亭、台、廊、花架、坐凳等
4. 体育活动区	提供开展体育活动的场所,可根据当地的具体情况决定取舍。比较完整的体育活动区一般设有体育场、体育馆、游泳池及各种球类活动、健身器材的场所。该区的功能特征是使用时间比较集中,对其他区域干扰较大。设计时要尽量靠近城市主干道,或设置专用入口,可因地制宜地设置游泳池、溜冰场、划船码头、球场等	宜选择生长快,高大挺拔,冠下整齐,不落花落果、散发飞毛的树种。树种的色调不宜过于复杂,并应避免选用树叶发光发亮的树种,否则会刺激运动员的视线。球类运动场周围的绿化地,要离运动场 5 ~ 6 m。在游泳池附近绿化可以设置一些花廊、花架,不要种植带刺或夏季落花落果的花木和易染病虫害、分蘖强的树种。日光浴场周围应铺设柔软而耐踩踏的草坪。本区最好用常绿的绿篱与其他功能区隔离分开并以规则式的绿化配置为主
5. 儿童活动区	为促进儿童的身心健康而设立的活动区。本区需接近出入口,并与其他用地有分隔。有些儿童由成人携带,还要考虑成人的休息和成人照看儿童时的需要。其中设儿童游戏场和儿童游戏设施,要符合儿童的尺度和心理特征,色彩明快、尺度合理。布置秋千、滑梯、电动设施、涉水池等幼儿游戏设施以及攀岩、吊索等有惊无险的少年活动设施,还需设置厕所、小卖部等服务设施	树木种类宜丰富,以生长健壮、冠大荫浓的乔木为主,不宜种植有刺、有毒或有强烈刺激性反应的植物。出入口可配置一些雕像、花坛、山石或小喷泉等,配以体形优美、奇特、色彩鲜艳的灌木和花卉,活动场地铺设草坪,四周要用密林或树墙与其他区域相隔离。植物配置以自然式绿化配置为主
6. 老人活动区	此区是供老年人活跃晚年生活,开展政治、文化、体育活动的场所。要求有充足的阳光、新鲜的空气、紧凑的布局和丰富的景观	植物配置应以落叶阔叶林为主,保证夏季阴凉、冬季阳光,并应多植姿态优美的开花植物、色叶植物,体现鲜明的季相变化
7. 园务管理区	该区是为公园经营管理的需要而设置的专用区域。一般设置有办公室、值班室、广播室及维修处、工具间、堆场杂院、车库、温室、苗圃、花圃、食堂、宿舍等。园务管理区一般设在既便于公园管理又便于与城市联系的地方,四周要与游人有所隔离,要有专用的出入口	植物配置多以规则式为主,建筑物面向游览区的一面应多植高大乔木,以遮挡游人视线。周围应有绿色树木与各区分离,绿化因地制宜,并与全园风格相协调

10.2.3　公园规划的容量分析

公园游人的容量可计算为：

$$C = \frac{A}{A_m}$$

式中　C——公园游人容量，人；

A——公园总面积，m^2；

A_m——公园游人人均占有面积，$m^2/$人。

市区级公园游人人均占有公园面积以 60 m^2 为宜，居住区公园、带状公园和居住小区游园以 30 m^2 为宜；风景名胜区游人人均占有公园面积宜大于 100 m^2。

在假日和节日里，游人的容纳量为服务范围居民人数的 15% ~ 20%，每个游人在公园中的活动面积为 10 ~ 50 m^2。

在 50 万人以上人口的城市中，全市性综合公园至少应能容纳全市居民中 10% 的人同时游园。

10.2.4　确定公园用地比例

公园的用地比例因公园中的陆地面积的不同而略有差别（表 10.11）。

表 10.11　公园用地比例/%

用地类型	陆地面积/hm²			
	5 ~ 10	10 ~ 20	20 ~ 50	> 50
园路及铺装场地	8 ~ 18	5 ~ 15	5 ~ 15	5 ~ 10
管理建筑	<1.5	<1.5	<1.0	<1.0
游憩建筑	<5.5	<4.5	<4.0	<3.0
绿化用地	>70	>75	>75	>80

10.2.5　公园的园路布局

公园园路的规划设计应以总体设计为依据，确定园路宽度、平曲线和竖曲线的线型以及路面结构（表 10.12）。

表 10.12　园路的规划设计

规划项目	规划设计要点
1. 园路类型	①主干道。全园主道,联系公园各区、主要活动建筑设施、风景点,要处理成园路系统的主环,方便游人集散,成双、通畅、蜿蜒、起伏、曲折并组织大区景观。路宽 4 ~ 6 m,纵坡 8% 以下,横坡 1% ~ 4%。路面应以耐压力强、易于清扫的材料铺装 ②次干道。是公园各区内的主道,引导游人到各景点、专类园,可自成体系布置成局部环路,沿路景观宜丰富,可多用地形的起伏展开丰富的风景画面。路宽 2 ~ 3 m。铺装形式宜大方而美观 ③专用道。多为园务管理使用,在园内与游览路分开,应减少交叉,以免干扰游览 ④散步道。为游人散步使用,宽 1.2 ~ 2 m。铺装形式宜美观自然
2. 园路线型设计	园路线型设计应与地形、水体、植物、建筑物、铺装场地及其他设施结合,形成完整的风景构图,创造连续展示园林景观的空间或欣赏景物的透视线
3. 园路布局	公园道路的布局要根据公园绿地内容和游人容量大小来定。要求主次分明,因地制宜,与地形密切配合。如山水公园的园路要环山绕水(图 10.5),但不应与水平行,因为依山面水,活动人次多,设施内容多;平地公园的园路要弯曲柔和,密度可大,但不要形成方格网状;山地路纵坡 12% 以下,弯曲度大,密度应小,以免游人走回头路。大山的园路可与等高线斜交,蜿蜒起伏,小山园路可上下回环起伏
4. 弯道的处理	路的转折应衔接通顺,符合游人的行为规律。园路遇到建筑、山、水、树、陡坡等障碍,必然会产生弯道。弯道有组织景观的作用,弯曲弧度要大,外侧高,内侧低,外侧应设栏杆,以防发生事故
5. 园路交叉口处理	两条园路交叉或从一条干道分出两条小路时,会产生交叉口。两路相交时,交叉口应做扩大处理,做正交方式,形成小广场,以方便行车、行人。小路应斜交,但应避免交叉过多,两个交叉口不宜太近,要主次分明,相交角度不宜太小。"丁"字交叉口交点,可点缀风景。上山路与主干道交叉要自然,藏而不显,又要吸引游人上山
6. 园路与建筑关系	园路通往大建筑时,为了避免路上游人干扰建筑内部活动,可在建筑前设集散广场,使园路由广场过渡再和建筑联系;园路通往一般建筑时,可在建筑前适当加宽路面,或形成分支,以利游人分流。园路一般不穿过建筑物,而从四周绕过
7. 园路与桥	桥的风格、体量、色彩应与公园总体周围环境相协调。桥的作用是联络交通,创造景观,组织导游,分隔水面,有利造景、观赏。但要注明承载和游人流量的最高限额。桥应设在水面较窄处,桥身应与岸垂直。主干道上的桥以平桥为宜,拱度要小,桥头应设广场,以利游人集散;小路上的桥多用曲桥或拱桥,以创造桥景
8. 园路绿化	①主要干道的绿化,可采用列植高大、荫浓的乔木,树下配植较耐阴的草坪植物,园路两旁可以用耐阴的花卉植物布置花境 ②次要道路两旁可布置林丛、灌丛、花境加以美化 ③散步小路两旁的植物景观应最接近自然状态,可布置色彩丰富的乔灌木树丛

图 10.5 园路

10.2.6 公园的地形设计

公园地形处理,以公园绿地需要为主要依据,充分利用原地形、景观,创造出自然和谐的景观骨架(表 10.13)。

表 10.13 公园的地形处理

类 型	功能作用	设计要点	例 图
1. 平地	为公园中平缓用地,适宜开展娱乐活动及休息观景	平地处理应注意与山坡、水体联系自然,形成"冲积平原"景观,利于游人观景和进行群体娱乐活动。平地应铺设草坪覆盖,以防尘、防水土冲刷。林中空地宜处理为闭锁空间,适宜夏季活动;集散广场、交通广场等为开敞空间,适宜节日活动	
2. 山丘	主要功能是供游人登高眺望,或阻挡视线,分隔空间,组织交通等	山丘可分为主景山、配景山两种。①主景山的设计,可利用原有山丘改造,也可由人工创造,与配景山、平地、水景组合,创造主景。一般高 10~30 m,体量大小适中,给游人有活动的余地。山体要自然稳定,其坡度超过自然安息角时应采取护坡工程措施。优美的山面应向着游人主要来向,形成视线交点。山体组合应注意形有起伏,坡有陡缓,峰有主次,山有主从。建筑应设于山地平坦台地之上,以利游人观景休息 ②配景山的大小、高低以遮挡视线为宜。配景山的造型应与环境相协调统一,形成带状,蜿蜒起伏,有断有续,其上以植被覆盖,护坡可用挡土墙及小道排水,形成山林气氛	

续表

类　型	功能作用	设计要点	例　图
3. 水体	水体可创造明净、爽朗、秀丽的景观，还可养鱼、种植水生植物，大水面还可开展各种水上运动	首先要因地制宜地选好位置。"高方欲就亭台，低凹可开池沼"，这是历来造园家常用的手法。其次，要有明确的来源和去脉，因为无源不持久，无脉造水灾。池底应透水，大水面应辽阔、开朗，以利开展群众活动；可分隔，但不可居中；四周要有山和平地，以形成山水风景。小水面应迂回曲折，引人入胜，有收有放，层次丰富，增强趣味性。再次，水体与环境配合，创造出山谷、溪流；与建筑结合，造成园中园、水中水等层次丰富的景观	

10.2.7　公园中的建筑

建筑作为公园绿地的组成要素，包括组景建筑（图 10.6）、管理用建筑、服务性建筑等。它们或在公园的布局和组景中起着重要的作用，或为游人的活动提供方便（表 10.14）。

图 10.6　组景建筑

表 10.14　公园中的建筑及其设计

建筑类型	形　式	设计要点
1. 组景建筑	亭、廊、榭、舫、楼阁、塔、台、花架等	①"巧于因借，精在体宜"，根据具体环境和功能选择建筑的类型和位置 ②全园的建筑风格要一致，与自然景色要协调统一 ③建筑本身要讲究造型艺术，既要有统一风格，又不能千篇一律。个体之间要有一定变化对比，要有民族形式、地方风格、时代特色 ④多布置于视线开阔的地方作为艺术构图中心
2. 管理用建筑	变电室、泵房等	位置宜隐蔽，不能影响和破坏景观
3. 服务性建筑	小卖部、餐厅、厕所等	以方便游人为出发点。如厕所的服务半径不宜超过 250 m；各厕所内的蹲位数应与公园内的游人分布密度相适应；在儿童游戏场附近，应设置方便儿童使用的厕所；公园还应设方便残疾人使用的厕所

10.2.8 公园的供电规划

公园中由于照明、交通、游具等能源的需要,电气设施是不可少的。在开展电乐活动的公园、开放地下岩洞的公园和架空索道的风景区中,应设两个电源供电。

1)变电所

变电所位置应设在隐蔽之处,闸盒、接线盒、电动开关等不得露在室外。

2)电动游乐设施

公园照明灯及其他游人能触到的电动器械,都必须安装漏电保护自动开关。

城市高压输配电架空线以外的其他架空线和市政管线不宜通过公园,特殊情况时过境应符合下列规定:选线符合公园总体设计要求;管线从乔、灌木设计位置下部通过时,其埋深应大于1.5 m,从现状大树下部通过,地面不得开槽且埋深应大于3 m。对管线采取必要的保护措施;公园内不宜设置架空线路,必须设置时,应符合下列规定:避开主要景点和游人密集活动区;不得影响原有树木的生长,对计划新栽的树木,应提出解决树木和架空线路矛盾的措施,乔木林有架空线通过时,要有保证树木正常生长的措施。

10.2.9 给排水及管线规划

1)给水

根据灌溉、湖池水体大小、游人饮用水量、卫生和消防的实际需要确定。给水水源、管网布置、水量、水压应做配套工程设计,给水以节约用水为原则,设计人工水池、喷泉、瀑布。喷泉应采用循环水,并防止水池渗漏。取用地下水或其他废水,以不妨碍植物生长和污染环境为准。给水灌溉设计应与种植设计配合,分段控制,浇水龙头和喷嘴在不使用时应与地面平。饮水站的饮用水和天然游泳池的水质必须保证清洁,符合国家规定的卫生标准。我国北方冬季室外灌溉设备、水池,必须考虑防冻措施。木结构的古建筑和古树的附近,应设置专用消防栓。养护园林植物用的灌溉系统应与种植设计配合,喷灌或滴灌设施应分段控制。

2)排水

污水应接入城市活水系统,不得在地表排泄或排入湖中,雨水排放应有明确的引导去向,地表排水应有防止径流冲刷的措施。

10.2.10 种植规划

公园的种植规划应在公园的总体规划过程中,与功能分区、道路系统、地貌改造以及建筑布置等同时进行,确定适宜的种植类型。

公园的种植规划要注意以下4个方面。

1）符合公园的活动特点

①保证公园良好的卫生和绿化环境。公园四周宜以常绿树种为主布置防护林；园内除种植树木外，尽可能多地铺设草皮和种植地被植物，以免尘土飞扬；绿化应发挥遮阴、创造安静休息环境、提供活动场地等多方面的功能。

②根据不同分区的功能要求进行植物配置（如前述功能分区植物规划）。

③植物配置应注意全园的整体效果。全园应有基调树种，做到主体突出、富有特色。各区可根据不同的活动内容安排不同的种植类型，选择相应的植物种类，使全园风格既统一又有变化。

2）树种的选择

在美观丰富的前提下尽可能多地选用乡土树种。乡土树种成活率高，易于管理，既经济又有地方特色。还要充分利用现有树木，特别是古树名木。

3）利用植物造景，充分体现园林的季相变化和丰富的色彩

园林植物的形态、色彩、风韵随着季节和物候期的转换而不断变化，要利用这一特性配合不同的景区、景点形成不同的美景。如以丁香、玉兰为春的主题进行植物造景，春天满园飘香，春意盎然；以火炬树、黄栌、银杏为秋的主题造景，秋季层林尽染，韵味无穷。

4）合理确定种植比例

①种植类型比例：一般密林40%，疏林和树丛25%～30%，草地20%～25%，花卉3%～5%。

②常绿属与落叶树的比例：

华北地区：常绿树30%～50%，落叶树50%～70%。

长江流域：常绿树50%，落叶树50%。

华南地区：常绿树70%～90%，落叶树10%～30%。

10.3　专类公园规划

10.3.1　儿童公园

儿童公园是儿童户外活动的集中场所，可为儿童创造丰富多彩的、以户外活动为主的良好环境，让儿童在活动中接触大自然、熟悉大自然、热爱科学、锻炼身体与增长知识。儿童公园一般分为综合性儿童公园、特色性儿童公园和小型儿童乐园等。如大连儿童公园（图10.7）、杭州儿童公园（图10.8）、重庆儿童公园（图10.9）为综合性儿童公园，哈尔滨儿童公园属于特色性儿童公园，小型儿童乐园则经常附设于普通综合性公园中。

1）儿童户外活动特点

①儿童活动的年龄聚集性强，年龄相仿的儿童多在一起游戏。

②儿童活动的自由度大，容易造成绿地的穿插破坏。

③时间性与季节性强，以周末与节假日活动为主，尤以暑假进行户外活动的时间最长。同

一季节晴天活动的人多于阴雨天。

④儿童的心理与生理特点,对环境质量要求高。生理上要求日光充足,温湿度适中,空气清新;心理上要求景观明快、造型丰富生动。虽然儿童喜欢艳丽的色彩,但大量的绿色与开朗的景观有利调节视力、振奋精神。

⑤除一些机动玩具项目外,儿童的活动量一般较大,消耗能量多。

2) 功能分区及主要设施(表 10.15)

表 10.15   儿童公园的功能分区及设施

分　区	设　施
1.幼儿区	滑梯、斜坡、沙坑、阶梯、游戏矮墙、涉水池、摇椅、跷跷板、电瓶车、桌椅、游戏室
2.学龄儿童区	滑梯、秋千、攀岩、迷宫、涉水池、戏水池、自由游戏广场
3.体育活动区	溜冰场、球类场地、碰碰车、单杠、双杠、跳跃触板、吊环
4.娱乐科技活动区	攀爬架、平衡设施、水上滑索、水车、杠杆游戏设施、放映室、幻想世界
5.办公管理区	

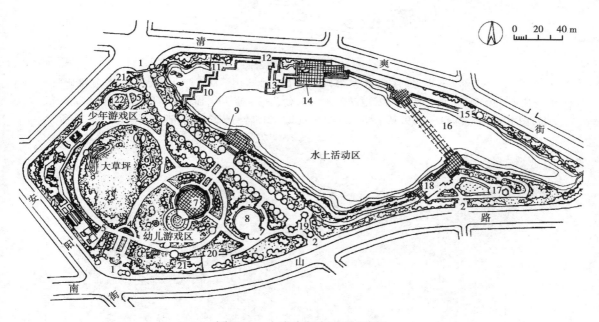

图 10.7   大连儿童公园总平面图

1.主要入口   2.次要入口   3.雕塑   4.五爱碑   5.勇敢之路   6.组亭   7.露天讲坛   8.电动飞机场
9.眺望台   10.曲桥   11.水榭   12.长廊   13.双方亭   14.码头   15.四方亭   16.铁索桥   17.六角亭
18.科技宫   19.小卖部   20.办公室   21.厕所   22.水井

图10.8　杭州儿童公园

1.大门　2.小卖部　3.雕像　4.喷水池　5.照壁　6.万水千山活动区　7.露天舞台　8.游船码头
9.花架廊　10.秋千　11.浪船　12.电动玩具　13.幼儿戏水池　14.游艺室　15.跷跷板　16.滑梯
17.图书室　18.陈列室　19.童车场　20.光电玩具　21.转椅　22.小卖部　23.边门　24.厕所

01 北次入口广场	10 生态探索湿地	19 林中木制组合玩具	28 小动物之家	37 嗅觉触觉主题花园	46 入口售票亭	55 塑动感乐园
02 北次入口岗亭	11 生态观察小屋	20 南瓜车	29 咖啡馆	38 视觉主题花园	47 旱喷	56 草丘
03 冒险船	12 冒险悬索桥	21 林中攀爬玩具	30 室外休闲桌椅	39 排球场地	48 兔子草丘	57 地道迷宫
04 戏水广场	13 跳瞭塔	22 树屋	31 幼儿塑胶活动场地	40 攀爬活动场地	49 山顶观景平台	58 山顶观景台
05 儿童戏水池	14 冒险素索桥	23 魔法兔子特色修剪绿篱	32 沙坑	41 跳床活动场地	50 水战区	59 自然草坡
06 泳池服务建筑	15 生态观察小屋	24 特色字母座椅	33 休息木平台	42 开放草坪	51 水池	60 极速天地
07 中央木平台	16 魔法森林大门	25 魔法泉（雾喷）	34 休息座椅	43 入口售票亭	52 戏水区	61 小草地
08 沙池	17 小木屋	26 兔子舞印特色铺装	35 直圆管理房（含厕所小卖）	44 地球主题雕塑小品	53 戏水区	62 南次入口
09 儿童泳池	18 小溪	27 小动物饲养区	36 工具储存翻箱	45 成长主题雕塑广场	54 球类综合活动场地	

图10.9　重庆儿童公园

3）规划设计要点（表10.16）

表10.16　儿童公园的规划设计

项　目	规划设计要点
1. 规划布置	①面积不宜过大 ②用地比例可按幼儿区1/5、少年儿童区3/5、其他1/5的比例进行用地划分 ③绿化用地面积应占50%左右，绿化覆盖率宜占全园的70%以上 ④道路网宜简单明确，便于辨别方向 ⑤幼儿活动区宜靠近大门出入口 ⑥建筑小品、游戏器械应形象生动，组合合理（图10.10） ⑦要重视水景的应用以满足儿童的喜水心理 ⑧各活动场地中应设置座椅和休息亭廊，供看护儿童的成年人使用
2. 绿化配置	①忌用有毒、有刺、有过多飞絮、易招致病虫害和散发难闻气味的植物种类。如凌霄、夹竹桃、漆树、枸骨、刺槐、黄刺梅、蔷薇、悬铃木等 ②应选用叶、花、果形状奇特，色彩鲜艳，能引起儿童兴趣的树木如马褂木、白玉兰、紫薇等 ③乔木以冠大浓荫的落叶树种为宜，分枝点不宜低于1.8 m，灌木宜选用发枝力强、直立生长的中、高型树种 ④植物配置要以绿色为基调，以造成既有变化又完整统一的绿色环境
3. 道路与场地	①道路宜成环路并简单明确，便于辨认方向 ②应根据公园的大小设一个主要出入口、1~2个次要出入口，特征要鲜明 ③主要道路宜能通行汽车和童车，不宜设置台阶 ④道路应选用平整并有一定摩擦力的铺装材料
4. 建筑和小品	①造型应形象生动 ②色彩应鲜明丰富 ③比例尺度要适宜
5. 水池和沙坑	①水是儿童公园中重要的游戏资源，利用水可开发出各种为孩子喜欢的活动内容，但要保证游戏的安全。如涉水池，水深宜在20 cm以内，北方的冬季还可利用浅水作滑冰场地 ②玩沙能激发儿童的想象力和创造力。孩子们对沙子有着独特的兴趣，喜欢用湿沙堆成城堡、隧道、陷阱等。沙坑附近应设计水源，并在沙坑中配置雕塑、安排滑梯、攀登架等运动设施

图10.10　儿童公园的形象、图案符合儿童心理

10.3.2　老年公园

当今社会出现了人口老龄化的趋势。老年公园可适应老年人的生理特征和心理要求,满足老年人娱乐、休闲、户外交往的要求,丰富他们的晚年生活。老年人对环境的感知和体验有其独到之处,对娱乐内容的要求也不同于其他群体,公园的设计必须在了解老年人的心理特征和娱乐偏好的基础上进行。

1)老年人户外活动特点

(1)社会性　老年人社会责任心较强,渴望参加社会活动和集体活动,不愿孤独。
(2)怀旧性　对年轻时体验过的活动情有独钟。
(3)趣味性　喜欢热闹,对各种文体活动兴趣较大。
(4)持久性　由于空闲时间较多,对所喜爱的活动专注力较强,能长期坚持。
(5)选择性　由于文化素养、身体素质和爱好不同,对娱乐活动有所选择。主动性游乐的意愿强,不愿过多地受人牵制。
(6)局限性　由于年龄的增高,生理与心理的变化使活动内容受到限制。

2)功能分区

根据老年人的户外活动特点,老年公园的功能分区与其他综合性公园有相似之处又略有区别,可分为活动健身区、安静休息区、文娱活动区、遛鸟区等(表10.17)。

表 10.17　老年公园的功能分区

功能分区	必要性分析	设施或内容
1. 活动健身区	体能的下降和疾病的困扰使老年人更加珍视健康和注重锻炼,体育锻炼已成为许多老年人每天的必修课,因此活动健身区是必不可少的	可安排适应老年人活动特征的门球、钓鱼、太极拳等场地,设置进行轻柔运动的健身设施,局部铺设足底按摩的卵石路面,周边设舒适的座椅、凉亭等
2. 安静休息区	为老年人聊天提供清新自然、安静宜人的环境	安排幽静的密林,林中空地设桌椅、亭廊
3. 文娱活动区	老年人常因共同的文娱爱好而自发地组织在一起,如唱京剧、合唱、跳交谊舞等	园林建筑可分组而设,以避免不同文娱爱好群体之间的相互干扰
4. 遛鸟区	爱鸟养鸟的老年人所占比例较大,他们往往喜欢清晨遛鸟并相互交流养鸟心得	安排悬挂鸟笼的位置,周围安排休息坐凳

3)老年公园的规划设计要点(表10.18)

表 10.18　老年公园的规划设计

项　目	规划设计要点
1. 活动设施	应根据老年人的娱乐特点,结合地形、建筑、园林植物等综合考虑 ①以主动性的文体活动为主,充分调动老年人身心的内在积极因素 ②内向活动内容(如茶室)和外向活动内容(如演讲厅)使不同性格的老年人各得其所 ③集体活动与单独活动相结合,主动休息与被动休息相结合,室内活动与室外活动相结合,学习活动与娱乐活动相结合

续表

项 目	规划设计要点
2. 建筑小品	①以老年人为中心,综合考虑建筑的功能要求和造景要求,力求实用、美观并方便使用 ②考虑老年人的活动特点,注重建筑小品的舒适性和安全性,如座椅多设扶手椅,并以木制和藤制为佳
3. 道路与场地	道路宜平坦而防滑,在水池旁或高处的路旁应设置保护栏杆,道路转弯、交叉口及主要景点应设路标
4. 园林植物	①以落叶阔叶林为主,夏季能遮阴,冬季又能让阳光透过 ②配置色彩绚丽、花朵芬芳的植物,以利于老年人消除疲劳,愉悦身心 ③注重保健植物的应用,包括芳香植物如桂花、丁香、腊梅、香樟、茉莉花、玫瑰花等;杀菌植物如侧柏、圆柏、沙地柏、杨树、樟树、银杏等

10.3.3 体育公园

1)体育公园的性质与任务

体育公园是专供市民开展群众性体育活动的公园,大型体育公园(如北京奥林匹克公园,图 10.11)体育设施完善,可承办运动会,也可开展其他活动。

图 10.11 北京奥林匹克公园

2)体育公园的规划设计原则

①保证有符合技术标准的各类体育运动场地和较齐全的体育设施。
②以体育活动场所和设施为中心,保证绿地与体育场地平衡发展。
③分区合理,使不同年龄、不同爱好的人能各得其所。
④应以污染少、观赏价值高的植物种类为主进行绿化。

3）体育公园的功能分区

体育公园一般分为室内场馆区、室外体育活动区、儿童活动区、园林区等（表 10.19）。

表 10.19　体育公园的功能分区

分区	内容	设施	设计要点	面积/%
室内场馆区	各种室内运动设施	各种运动设施、管理室、更衣室等	建筑如体育馆、室内游泳馆、附属建筑集中于此区。在建筑前或大门附近应安排停车场，适当点缀花坛、喷泉等以调节小气候	5~10
室外体育活动区	具有各种运动器械的设备场所	田径场、球场、游泳池等	安排规范的室外活动场地，并于四周设看台	50~60
儿童活动区	儿童游戏之用	各种游乐器具	应位于出入口附近或较醒目的地方。体育设施应能满足不同年龄阶段儿童活动的需要，以活泼的造型、欢快的色彩为主	15~20
园林区	供游人参观休息	水池、植物、座椅等	在不影响体育活动的前提下，应尽可能增加绿地面积，以达到改善小气候条件、创造优美环境的目的。绿地中可安排一些小型体育锻炼设施	10~30

4）体育公园的绿化规划

（1）出入口绿化　出入口附近绿化应简洁明快，可设置一些花坛和平坦的草坪，如兼作停车场可用草坪砖铺设，花坛花卉应以具有强烈运动感的色彩为主，创造欢快、活泼的气氛。

（2）室内场馆周围的绿化　场馆出入口要留出集散场地；场馆周围应种植乔灌木树种以衬托建筑本身的雄伟。

（3）室外运动场的绿化　体育场周围宜栽植分枝点较高的乔木树种，不宜选用带刺的和易引起过敏的植物。场地内可种植耐踩踏的草坪。

（4）园林区绿化　园林区是绿化设计的重点，要求在功能上既要有助于一些体育锻炼的特殊需要，又能对整个公园的环境起到美化和改善小气候的作用。应选择具有良好观赏价值和较强适应性的树种。

（5）儿童活动区　以开花艳丽的灌木和落叶乔木为主，但不能选用有毒、有刺、有异味和易引起过敏的植物种类。

10.3.4　植物园

植物园是进行植物科学研究和引种驯化，并供观赏、游憩及开展科普活动的绿地（厦门植物园，见图 10.12），以大量的植物种类取胜（图 10.13），主要任务包括科学研究、观光游览、科学普及、科学生产等。

N

0 100 200 m

杨桃园

花卉基地

木菠萝园

百花厅

芒果园

龙眼荔枝园

镜湖

竹类园

玉翠轩

柑橘园

丹湖餐馆

水乡馆

荫谷馆

清舒馆

人心果园

丹湖

临峰馆

太平岩盆景园

翠湖山庄

岭南馆

万笏朝天

沧海亭

多肉植物园

杜鹃园

采叶园

闽馆

马尾松林

翠湖春

灌木藤本植物园

象鼻山

百米花廊

桉树园

水榭

翠湖

工艺厂

玫瑰园

芳香植物引种驯化区

紫云岩

锁云竹轩

温室

荫棚

松杉园

餐厅

引种馆

荫池

虹桥

棕榈园

标本楼

冰厅

药用植物园

长啸洞

临风亭

松鹤亭

云潭

天介寺

树木园

南洋杉林

儿童游戏场

图 10.12 厦门植物园平面图

图 10.13　北京植物园局部

1) 植物园的类型（表 10.20）

表 10.20　植物园的分类

分　类	特　征	举　例
1.综合性植物园	兼备科研、游览、科普及生产多种职能的规模较大的植物园。一般规模较大,占地面积在 100 hm² 左右	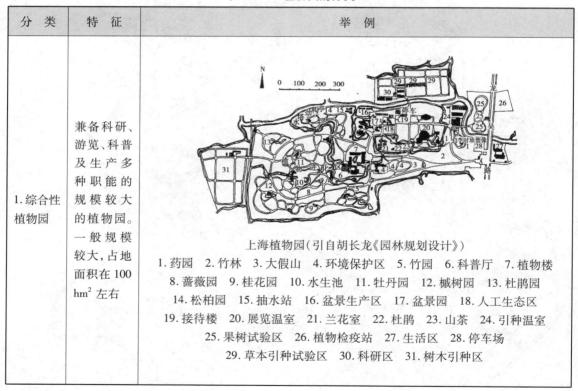 上海植物园(引自胡长龙《园林规划设计》) 1.药园　2.竹林　3.大假山　4.环境保护区　5.竹园　6.科普厅　7.植物楼 8.蔷薇园　9.桂花园　10.水生池　11.牡丹园　12.槭树园　13.杜鹃园 14.松柏园　15.抽水站　16.盆景生产区　17.盆景园　18.人工生态区 19.接待楼　20.展览温室　21.兰花室　22.杜鹃　23.山茶　24.引种温室 25.果树试验区　26.植物检疫站　27.生活区　28.停车场 29.草本引种试验区　30.科研区　31.树木引种区

续表

分类	特征	举例
2.专业性植物园	是根据一定的学科、专业内容布置的植物标本园、树木园、花卉园、药圃等	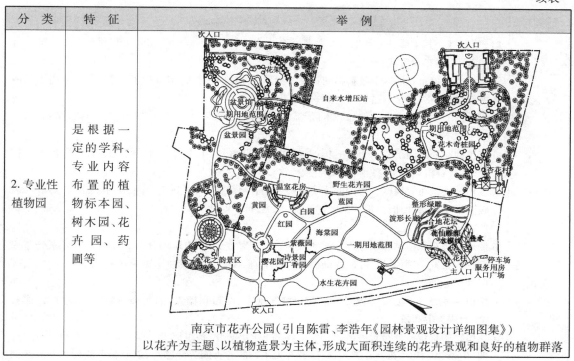 南京市花卉公园(引自陈雷、李浩年《园林景观设计详细图集》) 以花卉为主题、以植物造景为主体,形成大面积连续的花卉景观和良好的植物群落

2) 植物园规划的主要内容(表10.21)

表10.21　植物园规划的主要内容

规划内容	规划设计要点
1.园址选择	①地形条件。植物园应以平坦、向阳的场地为主,以满足植物园在引种驯化的过程中栽植植物的需要。在此基础上,植物园还应具有复杂的地形、地貌,以满足植物对不同生态环境的要求,并形成不同小气候。要有高山、平地、丘陵、沟谷及不同坡度、坡向等地形、地貌的组合。不同的海拔高度,可为引种提供有利因素,如在长江以南低海拔地区,由于夏季炎热,引种东北的落叶松等树种不易成功,但在庐山植物园海拔高度1 100 m以上就能引种成功而且生长良好 ②土壤条件。土壤选择的基本条件是:能适合大多数植物的生长,要求土层深厚、土壤疏松肥沃、腐殖质含量高、地下害虫少、旱涝容易控制。在此基础上,还要有不同的土壤条件、不同的土壤结构和不同的酸碱度。因为一个园内土壤有不同的组成、不同的酸度、不同的深度、不同的土壤腐殖质含量和含水量,才能给引种驯化工作创造良好的条件。如杜鹃、山茶、毛竹、马尾松、栀子花、红松等为酸性土植物;柽柳、沙棘等为碱性土植物;大多数花草树木是中性土植物 ③水利条件。植物园要有充足的水源。一方面水体可以丰富园内的景观,提供灌溉水源,另一方面,具有高低不同的地下水位,能解决引种驯化栽培的需要。植物园内的水体,最好具有泉水、溪流、瀑布、河流、湖沼等多种形式,并有动水区、静水区及深水区、浅水区之分 ④植被条件。选定的植物园用地内原有植被要丰富。植被丰富说明综合自然条件好,选作植物园用地是合适的 ⑤其他条件。植物园一般位于城市的近郊区,具有方便的交通条件,具有与城市一样的供电系统和排水系统。应位于城市活水的上流和城市主要风向的上风方向,要远离厂矿区、污染的水体和大气

续表

规划内容	规划设计要点
2. 植物园的分区	(1)展览区。其主要任务是以科学普及教育为主,同时也为科学研究创造有利条件。展览区有以下 7 种布置方式: ①按进化系统布置展区。按植物的进化系统和植物科、属分类结合起来布置,反映植物界发展由低级到高级进化的过程,如上海植物园 ②按植物的生活型布置。例如乔木区、灌木区、藤本植物区、多年生草本植物区、球根植物区、一年生草本植物区等 ③按植物对环境因子要求布置。例如,旱生生物群落、中生生物群落、湿生生物群落、盐生生物群落、岩石植物群落、沙漠植物群落等 ④按植被类型布置展区。我国的主要植被类型有热带雨林、亚热带季雨林、亚热带常绿阔叶林、暖温带落叶阔叶林、温带针阔叶混交林、寒温带针叶林、亚高山针叶林、草原草甸灌丛带、干草原带、荒漠带等 ⑤按地理分布和植物区系原则来布置展区。以植物原产地的地理分布或以植物的区系分布原则进行布置。例如,以亚洲、欧洲、大洋洲、非洲、美洲的代表性植物分区布置,同一洲中又按国别而分别栽培 ⑥按植物的经济用途来布置展区。例如按纤维类、淀粉和糖类、油脂类、鞣料类、芳香类、橡胶类、药用类等布置 ⑦按植物的景观特征布置展区。把有一定特色的园林植物组成专类园,如牡丹、芍药、梅花、杜鹃、山茶、月季、兰花等专类园;或以芳香为主题的芳香园等专题园;以园林手法为主的展区如盆景桩景展区,花境、花坛展区等 (2)科研区。包括试验地、苗圃、引种驯化区、生产示范区、检疫地等。这部分是专供科学研究以及生产的用地,是植物园中不向群众开放的区域。一般要有一定的防范措施,做好保密工作和保护措施,与展览区要有一定的隔离 (3)生活区。为保证植物优质环境,植物园与城市市区一般有一定距离,如果大部分职工在植物园内居住,在规划时,则应考虑设置宿舍、浴室、锅炉房、餐厅、综合性商店、托儿所、幼儿园、车库等设施,其布局规划与城市中一般生活区相似,但应处理好与植物园的关系,防止破坏植物园内的景观
3. 道路系统	①道路系统　道路布局最好与分区系统取得一致,如以植物园中的主干道作为大区的分界线,以支路和小路作为小区界限 ②道路布局　大多采用自然式道路布局 ③道路宽度　一般分三级,即主路、次路、小路。主路一般宽 4~7 m,为主要展览区之间的分界线和联系纽带。次路 3~4 m 宽,主要用于游人进入各主要展览区和主要建筑物,是各展览区内的主要通道,一般不通行大型汽车。次路是各区或专类园的界线,并将各区或各类园联系起来。小路 1~2 m 宽,它是深入到各展览小区的游览路线,一般以步行为主,为方便游人近距离观赏植物及管理人员日常养护而建,有时也起到景区分界线的作用 ④路面铺装　支路和小路可进行装饰性铺装,铺装材料和铺砌方式多种多样,以增添园景的艺术性。路面铺装以外的部分可以留出较宽的路肩,铺设草皮或作花坛花境,配以花灌木和乔木作背景树,使沿路景观丰富多彩
4. 建筑设施	①展览性建筑如展览温室可布置于出入口附近、主干道轴线上 ②科研用房如繁殖温室应靠近苗圃、试验地 ③服务性建筑如小卖部应方便使用

续表

规划内容	规划设计要点
5. 种植设计	①要对科普、科研具有重要价值 ②种植在城市绿化、美化功能等方面有特殊意义的植物种类。根据其经济价值和对环境保护的作用、园林绿化的效果、栽培的前途等综合因素来选择重点种和一般种。对于重点种,可以突出栽植或成片栽植,形成一定的栽培数量 ③在植物园的植物种植株数上,因受面积和种植种类多样性等因素的限制,每一植物种植的株数,也应有一定的规定,初次引种试验栽培的或有前途、有经济价值的植物,或列为重点研究的树种,每种为 20～30 株;一般树种,乔木 5～10 株,灌木 10～15 株

10.3.5 动物园

动物园是在人工饲养条件下,移地保护野生动物,供观赏、普及科学知识、进行科学研究和动物繁育,并具有良好设施的绿地。

1)动物园的类型

依据动物园的位置、规模、展出的形式,一般将动物园划分为 4 种类型。

(1)城市动物园 一般位于大城市的近郊区,用地面积大于 20 hm²,展出的动物种类丰富,常常有几百种至上千种,展出形式比较集中,以人工兽舍结合动物室外运动场为主。我国的北京动物园(图 10.14)、杭州动物园(图 10.15)、上海动物园以及美国纽约动物园均属此类。其中,北京动物园是中国开放最早、珍禽异兽种类最多的动物园,国际国内动物交换频繁,多次在国外进行大熊猫展和金丝猴展。

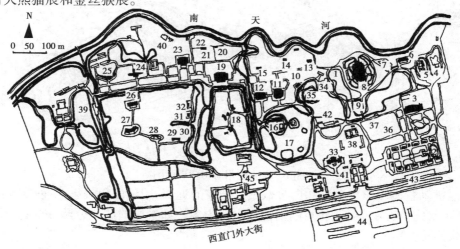

图 10.14 北京动物园总平面图

1.小动物 2.猴山 3.象房 4.黑熊山 5.白熊山 6.猛兽室 7.狼山 8.狮虎山 9.猴楼 10.猛禽栏 11.河马馆 12.犀牛馆 13.鹈鹕房 14.鸵鸟房 15.麋鹿苑 16.鸣禽馆 17.水禽湖 18.鹿苑 19.羚羊馆 20.斑马 21.野驴 22.骆驼 23.长颈鹿馆 24.爬虫馆 25.华北鸟 26.金丝猴 27.猩猩馆 28.海兽馆 29.金鱼廊 30.扭角羚 31.野豕房 32.野牛 33.熊猫馆 34.食堂 35.茶点部 36.儿童活动场 37.阅览室 38.饲料站 39.兽医院 40.冷库 41.管理处 42.接待处 43.存车处 44.电车场

图10.15　杭州动物园平面图

（2）专类动物园　该类型动物园多数位于城市的近郊，用地面积较小，一般为 5～20 hm²。大多数以展示具有地方或类型特点的动物为主要内容。如泰国的鳄鱼公园、蝴蝶公园，北京的百鸟苑均属于此类。

（3）人工自然动物园　该类型动物园多数位于城市的远郊区，用地面积较大，一般在上百公顷。动物的展出种类不多，通常为几十个种类。一般模拟动物在自然界的生存环境散养，富于自然情趣和真实感。此类动物园在世界上呈发展趋势。

（4）自然动物园　大多数位于自然环境优美，野生动物资源丰富的森林、风景区及自然保护区。自然动物园用地面积大，动物以自然状态生存。游人可在自然状态下观赏野生动物，富于野趣。在非洲、美洲、欧洲许多国家公园里，均以观赏野生动物为主要游览内容。

除上述 4 种类型的动物园以外,为满足当地游人的需要,还常采取在综合性公园内设置动物展区的形式,或在城市的绿地中布置动物角,多布置以鸟类、金鱼类、猴类展区为主。

2)动物园规划的主要内容

为了保证动物园的规划设计全面合理、切实可行,在总体规划时,必须由园林规划设计人员、动物学专家、饲养管理人员共同参与规划计划的制订。

动物园规划设计的主要内容是确定指导思想、规划原则、建设的规模、类型、功能分区、动物展览的方式、园林环境和建筑形式的风格,以及服务半径、管理设施配套等(表 10.22)。

表 10.22　动物园规划的主要内容

规划内容	规划设计要点
1.园址的选择	①环境方面　为满足来自不同生态环境的动物的需要,动物园址应尽量选择在地形地貌较为丰富、具有不同小气候的地方 ②卫生方面　为了避免动物的疾病、吼声、恶臭影响人类,动物园宜建在近、远郊区。原则上在城市的下游、下风地带,要远离城市居住区。同时要远离工业区,防止工业生产的废气、废水等有害物质危害动物的健康 ③交通方面　要有方便的交通条件,以利运输和交流 ④工程方面　选址要有配套较完善的市政条件(水、电、煤气、热力等),保证动物园的管理、科研、游览、生活的正常运行
2.总体规划要点	①动物园应有明确的功能分区,相互间应有方便的联系,以便于游人参观 ②动物园的导游线是建议性的,设置时应以景物引导,符合人行习惯(一般逆时针靠右走)。同时,要使主要动物笼舍和出入口广场、导游线有良好的联系,以保证全面参观和重点参观的游客能方便地到达和游览 ③动物笼舍的安排应集中与分散相结合,建筑形式的设计要因地制宜与地形结合,创造统一协调的建筑风格 ④动物园的兽舍必须牢固,动物园四周应有坚固的围墙、隔离沟和林墙,以防动物逃出园外,伤害人畜
3.分区规划	(1)科普馆　它是全园科普、科研活动的中心,馆内可设标本室、解剖室、化验室、研究室、宣传室、阅览室、录像放映厅等。一般布置在出入口较宽阔地段,交通方便 (2)动物展区　它由各种动物笼舍组成,是动物园用地面积最大的区域 ①按动物的进化顺序安排,即由低等动物到高等动物:无脊椎动物—鱼类—两栖类—爬行类—鸟类—哺乳类。在这一顺序下,结合动物的生态习性、地理分布、游人爱好、珍稀程度、建筑艺术等,作局部调整。不同展览区应有绿化隔离 ②按动物的地理分布安排,即按动物生活的地区,如欧洲、亚洲、非洲、美洲、大洋洲等,这种布置方法有利于创造出不同景区的特色,给游人以明确的动物分布概念 ③按动物生态安排,即按动物生态环境,如分水生、高山、疏林、草原、沙漠、冰山等,这种布置对动物生长有利,园林景观也生动自然 ④按游人爱好、动物珍贵程度、地区特产动物安排,如我国珍稀动物大熊猫是四川特产,成都动物园将熊猫馆安排在入口附近的主要位置。一般游人喜爱的猴、猩猩、狮、虎等也多布置在主要位置上 (3)服务休息区　它包括科普宣传廊、小卖部、茶室、餐厅、摄影部等。要求使用方便 (4)办公管理区　它包括饲料站、兽疗所、检疫站、行政办公室等,其位置一般设在园内隐蔽偏僻处,与动物展区、动物科普馆等既要有绿化隔离又要有方便的联系。此区设专用出入口,以便运输与对外联系,有的将兽医站、检疫站设在园外

续表

规划内容	规划设计要点
4. 道路与建筑规划	动物园的道路一般有主要导游路(主要园路)、次要导游路(次要园路)、便道(小径)、专用道路(供园务管理之用)4 种。主要道路或专用道路要能通行消防车,便于运送动物、饲料和尸体等,路面必须便于清扫 由于动物园的导游线带有建议性,因而,其主干道和支路的布局可有多种布局形式,规划时可根据不同的分区和笼舍布局采用合适的形式 ①串联式　建筑出入口与道路连接。适于小型动物园 ②并联式　建筑在道路的两侧,需次级道路联系,便于车行、步行分工和选择参观。适于大中型动物园 ③放射式　从入口可直接到达园内各区主要笼舍,适于目的性强、游览时间短暂的对象如国内外宾客、科研人员等的参观 ④混合式　它是以上几种方式根据实际情况的结合,是通常采用的一种方式。它既便于很快地到达主要动物笼舍,又具有完整的布局联系
5. 动物园绿地规划	(1)绿化布局 ①"园中园"方式　即将动物园同组或区动物地段视为具有相同内容的"小园",在各"小园"之间以过渡性的绿带、树群、水面、山丘等加以隔离 ②"专类园"方式　如展览大熊猫的地段可栽植多品种竹丛,既反映熊猫的生活环境,又可观赏休息;大象、长颈鹿产于热带,可构成棕榈园、芭蕉园、椰林的景色 ③"四季园"方式　即将植物依生长季节区分为春、夏、秋、冬各类,并视动物原产地的气候类型相应配置,结合丰富的地形设计,体现该种动物的气候环境 (2)树种选择 ①从组景要求考虑　进入动物园的游人除观赏动物外,还可通过周围的植物配置了解、熟悉与动物生长发育有关的环境,同时产生各种美好的联想。如杭州动物园,在猴山周围种植桃、李、杨梅、金橘、柚等,以造成花果山气氛;在鸣禽馆栽桂花、茶花、碧桃、紫藤等,笼内配花木,可勾画出鸟语花香的画面 ②从动物的生态环境需要考虑　结合动物的生态习性和生活环境,创造自然的生态模式 ③从满足遮阴、游憩等要求考虑　如种植冠大荫浓的乔木,满足人和动物遮阴的要求,在服务休息区内可采用疏林草地、花坛等绿化手法进行处理,以便为游人提供良好的游憩环境 ④从结合生产考虑　在笼舍旁、路边隙地可种植女贞、水蜡、四季竹、红叶李,为熊猫、部分猴类和小动物提供饲料。此外,榆、柳、桑、荷叶、聚合草等都可作饲料用

10.4　主题公园规划

10.4.1　主题公园的产生及在我国的发展

　　主题公园也称主题游乐园或主题乐园,是在城市游乐园的基础上发展起来的,它是通过对

特定主题的整体设计,创造出特色鲜明的体验空间,进而使游人获得一气呵成的游览经历,兼有休闲娱乐和教育普及的双重功能,以满足不同年龄层次游憩需求的一种现代公园。往往以一个特定的内容为主题,规划建造出与其氛围相应的民俗、历史、文化和游乐空间,使游人能切身感受、亲自参与一个特定内容,是集特定的文化主题内容和相应的游乐设施为一体的游览空间,其内容给人以知识性和趣味性,较一般游乐园更加丰富多彩,更具有吸引力。

世界上第一个主题公园诞生在荷兰,但世界上最著名的主题公园是位于美国佛罗里达的迪斯尼乐园。这是一个充满情节的"游戏王国",是一个引导游人自发地探究主题、体验空间的经典范例。20世纪80年代以后,主题公园这种新型旅游休闲产业高速发展,风靡全世界。

我国主题公园产业的发展是国内旅游业发展到一定阶段的产物。1989年深圳的"锦绣中华",开创了中国主题公园的先河。"锦绣中华"位于深圳华侨城,占地30 hm²,园内按照中国版图布置微缩景观,共分为古建类、山水名胜类、民居民俗类3大类。古建类又分为宫、寺、庙、祠、楼、塔、桥等;山水名胜类囊括了中国名江大川、三山五岳;民居民俗类则反映了我国多民族国家风格迥异的建筑及生活习俗。游"锦绣中华",可"一眼望尽千年华夏文化,一日畅游万里大好河山"。继"锦绣中华"之后,又在深圳兴建了"中国民俗文化村""世界之窗",同样在全国旅游业产生了震撼性的影响,使全国各地掀起主题公园建设的热潮。

10.4.2　中国主题公园的分类

目前,主题公园大致可分为微缩景观园、民俗景观类、古建筑类、影视城类、自然生态类、文化主题园、观光农业园等(表10.23)。

表10.23　主题公园的分类

分　类	说　明
1. 微缩景观园	将大范围的园林景观加以提炼、概括、缩小,并集中展示于一园。人们在短时间内可以观赏到琳琅满目的园林景观,如深圳的锦绣中华(图10.16)、北京的"老北京微缩景园"等
2. 民俗景观、古建筑类	按空间线索展示不同的地域、不同民族的风俗、文化景观,让游人可以领略到他乡的风土人情,如中华民族园、昆明云南民族村、杭州的宋城、苏州的吴城、上海影视乐园中的"老上海"、宁波的"中国渔村"等
3. 影视城类	影视城类是指以影视作品中展示的电影、电视场景作为主题进行规划立意,常常结合实际的影视拍摄进行布置,做到拍摄与游览两者并重,如涿州影视城、北京北普陀影视城、杭州横店影视城、上海影视乐园、上海大观园、美国迪斯尼乐园中的"童话乐园"等
4. 自然生态类	以自然界的生态环境、野生动物、野生植物、海洋生物等作为主题,如我国各地建成和正在建设的野生动物园、湿地公园和海洋馆等
5. 文化主题园	文化主题园是指以历史题材或文学作品中描述的场景、人物、文化作为主题,进行景观布置,如三国城、水泊梁山宫、封神演义宫、西游记宫、中国成语艺术宫、文化艺术中心(图10.17)等

续表

分 类	说 明
6. 观光农业园	观光农业园是指以现有或开发的农业和农村资源为对象,按照现代旅游业的发展规律和构成要素,对其进行改造、配套、组装深度开发,赋予其观赏、品尝、购买、娱乐、劳动、学习和居住等不同的旅游功能,创造出可经营的、具有农业特色和功能的旅游资源及其产品,形成一产和三产相融合,生产和消费相统一的新型产业形态。具体还包括多元综合型(如北京锦绣大地农业观光园)、科技示范型(如陕西杨凌农科城、上海浦东孙桥现代农业开发区)、高效生产型(如河北北戴河集发生态农业示范观光园、宁夏银川葡萄大观园)、休闲度假型(如广东东莞的"绿色世界"、北京顺义的"家庭农场")等

图 10.16　深圳锦绣中华的微缩长城景观

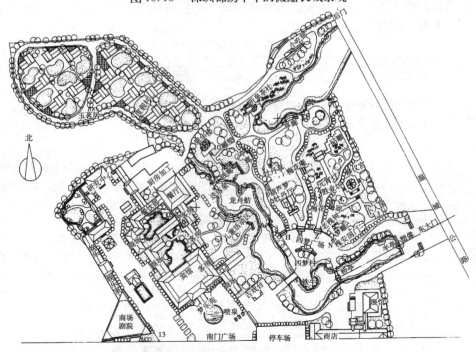

图 10.17　江西汤显祖文化艺术中心

规划设计按汤显祖 4 个代表性名剧《牡丹亭》《南柯记》《紫钗记》和《邯郸记》为构思依据,
将中国灿烂的戏剧文化和独特的园林艺术糅为一体

10.4.3　主题公园的规划设计

　　主题公园的设计要素,可以概括为主题内容、表达方式、空间形态和环境氛围。在主题公园的设计中,要兼顾其功能性、艺术性和技术可行性,要满足大多数游人的审美情趣和精神需求,并将生态造景的观点贯彻始终。如深圳华侨城欢乐谷二期主题公园(图10.18)的规划设计,将自然生态环境和生物群落作为设计主题,在老金矿区、飓风湾区、森林探险区和休闲区4个主题景区的设计中,始终将各主题的故事线索贯穿于娱乐设施、景观设置及绿化配置中,融参与性、观赏性、娱乐性、趣味性于一体,是一座主题鲜明的、高科技的现代化主题乐园。

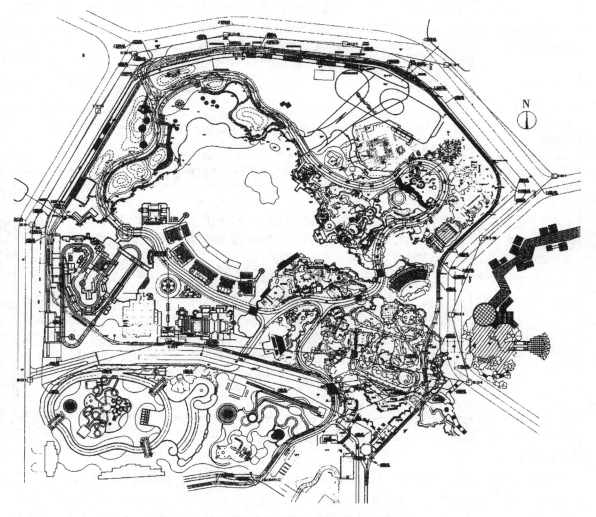

图 10.18　深圳华侨城欢乐谷二期主题公园总平面图
(引自袁凌《主题公园特色景观的创造》,中国园林,2002.4)

1)主题性原理

　　主题是一个主题公园的核心和特色,主题的独特性是主题公园成功的基石,是该公园区别于其他主题公园、游乐场的关键所在。确定特色鲜明的主题是使游乐园富于整体感和凝聚力的重要途径,也是一个主题公园进行策划、构思、规划设计的第一步。主题公园中内容的选择和组织都应是围绕着该公园的特定主题进行的。因此,主题的选择和定位对主题公园的环境形象、整体风格都会产生重要的影响。

如何利用造园各要素表达出乐园所要体现的主题内容是乐园设计中重点考虑的问题,充分发挥各类建筑、道路、广场、建筑小品、植物、地形、水体等要素的造景功能,结合文化、科技、历史、风情等内容可创造出丰富的主题内涵(表10.24)。

表 10.24　主题的确定

考虑因素	说　明
1. 主题公园所在城市的地位和性质	主题公园所在城市与公园的兴衰有着密切的关系。一个城市的地位和性质决定了建在该城市的主题公园是否能够拥有充足的客源,该公园是否可以持续运营、健康发展。如北京作为全国政治文化中心,游客很多,人们到北京后也希望能了解到世界的风土人情,世界公园的建设就顺应了这些要求
2. 主题公园所在城市的历史与人文风情	一座城市的历史记载着这个城市的发展历程,人们希望了解这座城市的人文风情、历史文化,主题公园的选材相应地也要从这些方面进行考虑
3. 主题公园所在城市特有的文化	一座城市的文化是经过上百年甚至上千年的发展而逐渐沉积下来的,经过发展,它逐渐形成了这座城市有代表特色的内涵,利用这种特色文化就可以创造出独特的主题
4. 从人们的游赏要求出发,结合具体条件选择主题	我国早期的主题公园获得成功的重要因素就是抓住了当时国门大开,国民渴望了解外面世界的游赏要求,在主题公园中集中反映世界各国精华旅游景观,使游人在一个公园内可集中领略中国和世界各国风情
5. 注重参与性内容	我国的旅游者已从以前单纯的观光旅游逐渐转到要求参与到乐园项目中,从被动转为主动,并要求常看常新,具有刺激性、冒险性。因此参与性、互动性是主题公园的发展方向。沃特·迪斯尼在进行迪斯尼乐园设计构思时,把游人也当作表演者。他认为,观众不参与,主题公园中精心设计的各种表演都将徒劳,起不了太大的作用。我国近几年兴起的水上乐园、阳光健身广场等主题公园,在设计时以游客参与性项目为主,有力地吸引了游客

2)表现手法

主题公园的设计与城市公园的设计有共同之处,如地形的处理、空间的处理等,但由于其突出主题性、参与性,所以主题公园的设计更有其特别之处。许多的主题公园在突出"乐"上做文章,以游乐参与作为重头戏,故其设计也应相应借鉴、综合一些娱乐设施、场所的设计手法(表10.25)。

表 10.25 主题公园的设计

表现手法	说　明
1. 空间与环境设计	主题公园通过优美的空间造型,创造出丰富的视觉效果。形成空间的元素有建筑物、铺装材料、植物、水体、山石等,这些元素的不同组合可产生或亲切质朴,或典雅凝重,或轻盈飘逸,或欢快热烈的空间效果。我国造园艺术源远流长,风格独特,在主题公园的设计中体现民族的特点,突出园林风格,将优美的园林景致和现代化的娱乐设计、特色主题内容相结合,是我国许多大中型主题公园的特色
2. 内容与主题设计	做好"游戏规则"的运用。"游戏规则"是指用游戏或拟态等方式诱导人们对环境的体察、感知,激发人们对活动的参与性,这种游戏规则可以是时间性的,也可以是情节性的。其突出的特点是让游客以从未经历过的新奇方式参与到游乐活动之中,通过游人的参与,成功诱发人们对环境的兴趣,让游人感受到自己是乐园环境的一分子融入乐园之中,增强游乐内容和环境的吸引力。在迪斯尼乐园,游客在体验某种游戏或场景时,很少是作为观众出现的,而几乎都是以参加者的身份出现;在未来乐园,游人乘坐飞船在太空山里盘旋遨游;在幻想乐园,游人被带到白雪公主和 7 个小矮人的森林和钻石矿中;在西部乐园,游人用老式步枪在乡村酒吧中射击,乘坐采矿列车在旧矿山中穿梭,体验西部开拓时代的生活
3. 游乐大环境的塑造	参照中国传统庙会手法,创造富有弹性的大娱乐环境。中国传统庙会的布局是将大型的马戏、杂技、戏剧、武术等表演场置于中心部位,四周用各种摊点、活动设施、剧场、舞台等创造一个围台空间——中心广场,各处有路通向广场,形成一个气氛热烈的活动区域,各种活动内容在广场附近展开。这种琳琅满目的铺陈手法在现代主题公园的规划设计中可以进行借鉴,将娱乐资源聚集在一个相对集中的场地中,形成热闹、欢快的游乐大环境

3）园内园林景观设计

主题公园与城市公园的植物景观规划有很多互通之处,其首要之处是创造出一个绿色氛围。主题乐园的绿地率一般都应在 70% 以上,这样才能创造一个良好的适于游客参观、游览、活动的生态环境。许多成功的主题公园,都拥有优美的园林景观,使游人不但能体会主题内容给予的乐趣,而且可以在林下、花丛边、草坪上享受植物给予人们的清新和美感。植物景观规划可从以下 5 个方面重点考虑:

①绿地形式采用现代园艺手法,成片、成丛、成林,讲究群体色彩效应,乔、灌、草相结合,形成复合式绿化层次,利用纯林、混交林、疏林草地等结构形式组合不同性格的绿地空间。

②各游览区的过渡都结合自然植物群落进行,使每一游览区都掩映在绿树丛中,增强自然气息,突出生态造园。

③采用多种植物配置形式与各区呼应,如规则式场景布局采用规则式绿地形式,自由组合的区域布局则用自然种植形式与之协调,使绿地与各区域形成一个统一和谐的整体。

④植物选择上立足于当地乡土树种,合理引进优良品系,形成乐园自己的绿地特色。

⑤充分利用植物的季相变化增加乐园的色彩和时空的变幻,做到四季景致各不相同,丰富游览情趣。常绿树和落叶树、秋色叶树的灵活运用,季相配置,以及观花、观叶、观干树种的协调搭配,可以使乐园中植物景观丰富多彩,增强景观的变化。

10.5 典型实践案例分析

杭州太子湾公园

太子湾一带曾是南宋庄文、景献两太子的游憩地,位于西湖西南隅,处于西湖环湖景区的重要地段。总面积为17.75 hm²,东邻张苍水、章太炎纪念馆,连接小有天园和净慈寺,南倚九曜山和南屏山,西接赤山埠,内临小南湖,越水杉隔离带跨南山路,与花港观鱼、苏东坡纪念馆及苏堤相望。

古时的太子湾为西湖一角,由于山峦泥沙世代流泻冲刷,逐渐淤塞为沼泽洼地。新中国成立后曾是两次疏浚西湖的淤泥堆积处。西湖泥覆盖层达2~3 m,表面为喷浆泥,经阳光暴晒,满是龟裂,一步一坑,踏之如履软絮。土壤色黑,物理性质差,山麓山坳土质为砂质黏土和砂质重黏土。

太子湾的地质,大部分为石炭系二叠系灰岩,只有西北部为砂岩,山上部分岩石裸露,上层厚薄不等。

1985年,西湖引水工程开挖的引水明渠穿过太子湾中部,钱塘江水自南而北泄入小南湖。明渠较直,渠道两旁壁立约1 m高之挡土墙。一组组低矮的黄石假山连续排列在挡土墙上。明渠两旁堆积着开山挖渠清出的泥土和道渣,形成一块台地、两列低丘。太子湾紧接南屏、九曜两山北坡,夏季无风,冬季风厉,气候条件不佳。近山麓处地势稍高,其余12 hm²空地皆为半沼泽平地,局部地块为农民菜地。

造园前的太子湾,植被稀少而单纯,西部靠山麓处有一片杂木林,赤山埠凉亭旁有一片生长良好的香樟,东部与张苍水墓道接壤处分布着为数不多的枫杨、水杉、香樟和桂花,沿南兰路有宽度约为30 m的水杉、池杉隔离带,而近12 hm²的半沼泽平地上,除几株大叶柳和枫杨外,几乎没有树木,地面长满藤蔓,冬季叶落枝垂,一片枯败景象。

长期以来,西湖的旅游特点是西北繁华,东南冷落。社会各界纷纷呼吁尽快发掘利用南线风景资源,均衡南北两线的游览容量,丰富游览内容。

西湖引水工程竣工后,人们发现并开始注意这块风水宝地。为了保护好西湖和这片不可多得的风景资源区,1987年底,在研讨太子湾地区的规划时认为,应把太子湾规划为一个与左邻右舍相协调、相顾盼、相呼应的供人们休闲游憩的自然山水园,从而确定了太子湾自然山水园的公园性质。1988年春着手进行规划设计,同年7月,由杭州园林建设处组织施工,1990年局部竣工开园。

1)总体规划

太子湾公园的总体构思本着遵从西湖、别开生面、回归自然、返璞归真的宗旨,充分体现我国以绿为主、以植物造景为主的建园方针。

古人说:"既雕且凿,复归于朴。"("虽由人作,宛如天开"之意)又说:"拙而自然,便是巧处,巧失自然,便是拙处。"德国诗人歌德认为,艺术家和大自然有着双重关系,既是自然的主宰,又是自然的奴隶。法国雕塑大师罗丹觉得大自然中的一切都是美的,愿做自然的知己,像朋友那样和花草树木谈话。

随着科学技术和工业的高速发展,人类把原始、朴拙、野逸的大自然改造成一座座现代化城

市,失去生态平衡的大自然正在向人类报复,人们希望重新投入自然的怀抱,与大自然和平共处,共融共存。

上述便是公园总体构思的理论依据。

在创作太子湾公园的过程中,借助诗人的胸襟为公园立意,借助画家的眼睛为公园造型,用工程师的缜密思维从事造园实践。设计师在顺应现代人崇尚自然的普遍心理,在继承传统的基础上,借鉴欧美园林文化之精华,融中西造园艺术和回归自然的现代意识于一体,创造一种蕴含哲理、野逸自由、简朴壮阔又富有诗情画意和田园风韵的独特新风格,努力在人们心目中开垦一片超凡脱俗的陶然乐土。

太子本是龙种。在总体构思中规划了一条"白龙"和一条"青龙"(图10.19)。中部曲曲折折奔流而下的主河道象征"白龙",西部自山麓向山顶蜿蜒舒展的草坡象征青龙。两条龙一上一下、一动一静,烘托出了太子湾的历史印迹和环境氛围。

2)布局

造园,其实就是在大地上画山水画。"山为体,石为骨,土为肉,林木为衣,草为毛发,水为血脉,寺观、村落、桥梁为装饰。"

太子湾公园的总体布局和大章法,可以用符号 OSO 来概括,左边的圆圈代表引水河湾以东蕴含东方哲理的山水园,右边的圆圈代表引水河湾以西富有西方色彩的山水园,中间的 S 代表东西方园林文化交融合流的引水河湾。

太子湾公园平面图(摹自《中国优秀园林规划设计集(三)》)

图10.19　太子湾公园总平面图

太子湾公园的规划布局与景观设计把握因山就势、顺应自然、追寻天趣的总原则。遵循山有气脉、水有源头、路有出入、景有虚实的自然规律和艺术规律。在地形改造、水系处理、道路设计这造园3大关键环节上大做文章。这3个环节解决得好，全园的骨架就漂亮，肌肤就丰满，血脉就流通，穿花戴草，装点修饰，不但事半功倍，且能锦上添花。

（1）分区　全园共分6个区，即入口区、琵琶洲景区、逍遥坡景区、望山坪景区、凝碧庄景区、公园管理区。

琵琶洲是全园最大的环水绿洲，带状的山冈，半开放的林中空地，成丛的植被将这一景区装点得别有韵致。人们在山冈上漫步或在林中空地上坐憩时，均可俯视河湾、草坪、树木和全园远近景色。如果说引水河湾为游人创造了一段段平视的、深远的风景的话，琵琶洲、玉鹭池、逍遥坡则为游人展开了一幅幅俯视的、平远的、壮阔的风景画面，这一高一低的地形处理和造景手法带来的新鲜感起到了激发心潮、变换游兴的积极作用，并使公园中部的主景区变得丰富多彩。

逍遥坡是公园西部田园牧歌式的壮阔境域，游人步入此区，不约而同地感受到浓郁的异国情调。

（2）地形　用挖池掘溪、堆丘开路的办法，大刀阔斧地改造过于低平的地形和不够活泼自然的西湖引水明渠，组织和创造池、湾、溪、坡、坪、林、山麓平台、林、中空地、疏林草地大大小小、虚虚实实的园林空间（图10.20）。取掘渠之土加宽和增高琵琶洲，使之形成南高北低、绵延起伏、曲折入画的山谷河湾景观，挖玉鹭池土填逍遥坡，取东、西两小池及溪湾之土就近堆丘，小丘高度自南而北逐渐降低，小丘数量自南而北逐渐减少，恰似九曜、南屏两山向平陆延伸过渡的坡脚或余脉。所有园路均低于绿地，以利排水。

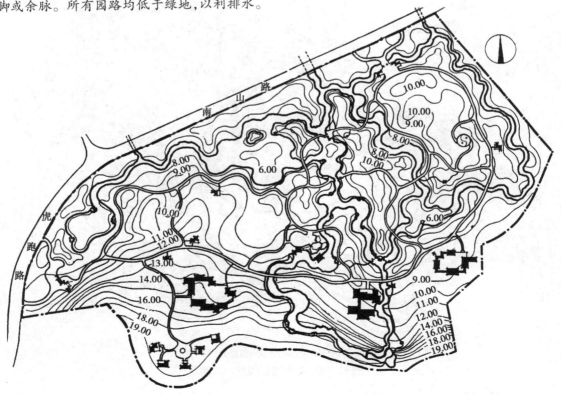

图10.20　太子湾公园竖向设计图

(3)水系 流水多趣,活水常鲜。太子湾公园可以凭借钱塘江——西湖引水工程带来的便利,将园内部分水系变为动水景观。引水河道如将军领卒,主宰着所有池湾溪流的动向和流量。近期,引水河道接纳钱塘江水后沿池湾溪流左右迂回,分3个出水口泄入西湖;远期,于引水洞口上方筑邀月潭蓄积山水,旁设隐蔽水泵,将引进的钱塘江水抽入潭中,复将蓄水吐出,经珠帘壁、追云泷、试胆涧层层下跌,造成飞瀑激流叠水的动水景观,最后也回归河道池湾,泄入西湖,周而复始地推动太子湾公园所有水系的良性大循环。

为了顺应自然,避忌过分的雕琢,让长长的缓坡直接伸进水中,使人和水更为亲近融和。但是,西湖泥堆积处开挖的池湾,土岸松软,极易坍塌,在常水位以下又不得不驳坎。中部河道的首要功能是引入钱塘江水,为避免水流冲刷,非驳坎不可,太子湾公园水系的水位引水时是高水位,不引水时是常水位(西湖常水位是黄海标高7. 15 m),两水位之高差在60 cm以上,这就为景观设计带来了一定的困难。为了使引水和景观两全其美,将引水河道两岸削成缓坡,在常水位以下驳毛石坎,常水位以上则断断续续、疏疏密密地点缀少许湖石,并用湖石因地制宜地筑几个高低石矶,以方便游览和丰富景观。临水坡岸则种植宿根花卉和水生湿生植物,以减弱冲刷,保持水土。

(4)绿化 植物配置力求单纯简洁,高层突出乐昌含笑、川含笑等木兰科植物;中层春季突出樱花和玉兰,秋季突出丹枫和银芦;低层突出火棘和三颗针;地被突出宿根花卉和水生湿生植物;草坪为剪股颖、瓦巴斯等常绿草种,部分草坪为狗牙根。配置时去细碎、重整体、忌雕琢、求气势,着意创造树成群、花成片、草成坪、林成荫的壮阔景观。

现将太子湾公园各景区的绿化设计分述如下:

太子湾公园与南山路、虎跑路之间的隔离带以水杉、池杉等乔木为主,边缘部分配置桂花、石楠、绣球、金钟、棣棠、鸡爪槭、红枫、火棘、三颗针等植物。

主入口铺装地的树池中配置着几株无患子,铺装地北缘土丘上配置着成丛的乐昌含笑,林下种植适量的梅树,形成一列高大的障景。

公园西部有一片全园最大的草坪,称为逍遥坡,逍遥坡上种植着常绿的瓦巴斯草。

琵琶洲及玉鹭池东面的岛上,成丛种植着乐昌含笑、玉兰、鸡爪槭、红枫、樱花、十姐妹等植物。引水河道及玉鹭池岸边疏疏密密地配置着黄菖蒲、鸢尾、银芦等宿根花卉,曲桥两岸的成片红枫与水生植物交相辉映,组成丹枫白芦景观。逍遥坡大草坪西侧和天缘台北边是麻栎、化香、青冈、苦槠、白果、香樟为主的杂木林,林缘种植了适量的樱花,逍遥坡以西的树林、水池边缘和玉鹭池边缘也分布着适量的红枫和鸡爪槭。天缘台周围的假山石壁用凌霄、木香等攀缘植物进行了垂直绿化。

公园东部有一块很大的草坪,称为望山坪。望山坪上种植着狗牙根草,望山坪与琵琶洲之间是樱花林,琵琶洲四周种有为数不少的玉兰,构成樱花玉兰景观。望山坪以南的太极坪、放怀亭一带配置着适量的湿地松,望山坪东面种植了杂交鹅掌楸、石楠等植物,望山坪东北面和东面的溪边种植了腊梅、石楠、樱花、湿地松、刚竹等植物,保留了原有的几株枫杨和桂花。

(5)建筑 建筑不多,体量不大,仅设置了必要的休息观景建筑及管理、服务、卫生用房,格调求新,造型求美,不论功能如何,外观一律要求协调统一、悦目入画。建筑材料简朴粗犷,一律用带皮原木或水泥仿带皮原木做柱子和墙面,茅草或树皮盖顶,不加雕琢,不施粉彩,渲染野逸、朴实、原始的村野韵味。仿树段门标、仿大树门柱、仿大树古桥、装饰性园灯以及少许木屋茅亭在树丛中隐现,起到恰如其分的引景和点缀作用。

(6)道路　园路共分3级,3 m车道环行,2.5 m主干道中行,其余园路1~2 m不等,沟通东西南北。

石拱桥1座,木桥7座,涵洞桥3座,木桥简朴大方,带有乡土气息和田园风味。

入口道路为八字形,宽4 m,进入大门后展现一片铺装地。铺装地东端道路宽3 m,环绕南屏九曜山麓到西部出入口,是全园唯一一条可以行驶机动车辆的道路。铺装地西端为宽2.5 m的主干道,车行道与主干道正好接成一圈,形成公园的外环交通线。2 m宽的园路共有5条,中部沿引水主河湾还有一条1.5 m宽的南北干线。这6条园路构成了沟通环线的南北纵干线。以上园路共同组成了公园的道路框架。此外,全园还广泛分布着1~1.5 m宽的嵌草石板路。所有道路都采用石材铺设。

(7)用地平衡　见表10.26。

表10.26　用地平衡表

项　目	绿　地	水　体	道　路	建　筑	其　他	合　计
面积/m²	35 530	26 370	12 800	2 500	300	177 500
百分率/%	76.3	14.9	7.2	1.4	0.2	100

该项目获1995年城乡建设部优秀设计一等奖,全国第7届优秀工程设计铜质奖(图10.21)。

图10.21　太子湾公园鸟瞰图

(资料来源:刘少宗《中国优秀园林设计集》)

思考题

请结合以下问题,对太子湾公园的规划设计进行赏析:

1.分析太子湾公园所在地建设前的自然条件,对建设公园有何利弊。

2.分析太子湾公园的总体风格。太子湾公园采用了哪种分区方法?各区有何特色?

3.太子湾公园的规划设计是怎样与周围的西湖风景取得协调的?

生态修复背景下
的公园建设微课

本章小结

　　本章讲述了综合性公园、儿童公园、老年公园、体育公园、植物园、动物园、主题公园的规划设计,其中老年公园、主题公园是新型的公园类型,在学习中可结合新近出现的相关实例,不断扩充知识范围。本章的内容综合性较强,需要在前面的园林设计基本理论的运用和平时丰富的知识积累的基础上进行学习。各类公园的分区规划及各区的设计要点是本章学习的重点。通过本章的学习,要求能够具备全盘考虑各种园林要素的综合能力,根据不同的立地条件设计出符合功能要求的各类公园。

研讨与练习

　　1.综合性公园按功能分区时,一般分为哪些区? 各区怎样进行绿化配置?

　　2.公园的种植规划应注意哪些问题?

　　3.儿童公园、老年公园的规划设计与一般公园有何区别?

　　4.体育公园怎样进行分区? 各区怎样进行绿化?

　　5.植物园和动物园怎样进行选址? 各怎样进行分区规划?

　　6.主题公园一般有哪些类型? 在规划设计中怎样体现主题性原理?

本章推荐参考书目

[1] 杨永胜,金涛.现代城市景观设计与营建技术[M].北京:中国城市出版社,2002.

[2] 刘少宗.中国优秀园林设计集[M].天津:天津大学出版社,1997.

11 屋顶花园设计

[本章学习目标]

知识要求：
1. 了解屋顶花园设计的基本知识。
2. 掌握屋顶花园设计的原则和方法。

技能要求：
1. 具备屋顶花园植物配置与养护的基本能力。
2. 能够进行屋顶花园设计。

11.1 屋顶花园设计的基础知识

近年来，伴随着我国城市建设的发展，大中型城市有进一步高密度化和高层化的发展趋势，城市绿地越来越少，多、高层建筑的大量涌现，人们的工作与生活环境越来越拥挤。在这种情形下，为了尽可能增加工作与生活区域的绿化面积，满足城市居民对绿地的向往及对户外生活的渴望，提高工作效率，改善生活环境，在多层或高层建筑中利用屋顶、阳台或其他空间进行绿化，是一项非常有意义的工作。

11.1.1 屋顶花园的作用

屋顶绿化可改善日趋恶化的人类生存环境，改善城市高楼大厦及道路的硬质铺装取代自然土地和植被的现状，改善因过度砍伐自然森林、废气污染而造成的城市热岛效应，减轻沙尘暴等恶劣气象现象对人类的危害；增加城市绿化面积，开拓人类绿化空间，对改善生态环境有着重要的作用。

1）改善特定范围内居住环境的小气候，创造良好生活环境

（1）保温隔热作用　一个绿化屋顶就是一台自然空调。近年来城市建筑物逐渐增多，由于太阳辐射引起的建筑物能量积聚也随之增多,再加上家用燃料、工业、机动车增加的能量源源不断,造成城市气候的能量剩余非常惊人,特别是在夏天,同没有建筑物的地区相比,市内的气温显著升高,在建筑物密集的市区,会出现令人难以忍受的高温,因此会对人的健康产生长期的负面影响。而实验证明,与没有绿化的屋面相比,绿化屋顶在夏季可以降低温度,在酷热的夏天,当温度30 ℃时,没有绿化的地面已达到不堪忍受的40～50 ℃,而绿化屋顶基层10 cm处,温度则为舒适的20 ℃(图11.1),由此可知,屋顶花园在夏季可起到隔热的作用。冬季,建筑材料迅速地辐射冷却,而绿化屋顶像一个温暖罩保护着建筑物,又能起到保温的作用(图11.2)。

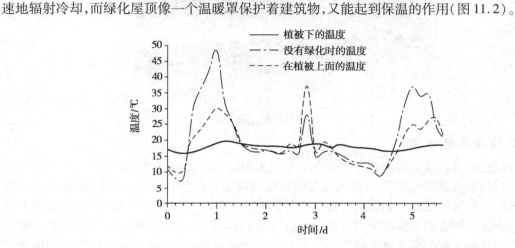

图11.1   炎热的夏天绿化屋顶10 cm深处的温度同没有绿化的平面的温度比较

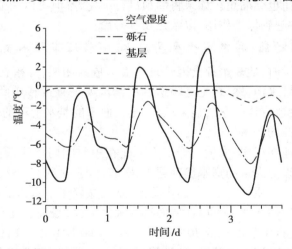

图11.2   寒冷的冬天绿化屋顶5 cm处和砾石屋顶的温度与空气湿度的比较

(2)隔音作用   因为植物层对声波具有吸收作用,因而绿化后的屋顶可以隔音和减低噪声,按照霍希尔·施密德原理,绿化后的屋顶与没有绿化的屋顶相比,可减低噪声20～30 dB(分贝)。屋顶土层12 cm厚时隔音大约为40 dB。20 cm厚时隔音大约为46 dB。

(3)提供休憩和娱乐活动场所   在建筑密集的城市中,人们常常为满眼都是冰冷的混凝土构筑物、周围见不到一点绿色而烦躁,利用屋顶空间进行绿化,既可开辟休憩和活动场所,又可点缀街景,增添城市建筑的艺术魅力(图11.3)。

图 11.3　深圳华侨城某屋顶花园

2）对建筑构造层的保护

平屋面建筑,屋顶构造的破坏多数情况下是由屋面防水层温度变化引起的,还有少部分是承重物件引起的,温度变化会引起屋顶构造的膨胀或收缩,使建筑物出现裂缝,导致雨水的渗入,形成渗漏。空气迅速变化的温度对建筑物特别有害,如冬天,经过一个寒冷的夜晚,到了白天,短时间内建筑物表面的温度突然升高,而在此之前建筑物件还结着冰;夏天,在夜晚降温之后,白天的建筑物表面的温度也会很快显著升高。由于温度的变化,建筑材料将会受到很大的负荷,其强度会降低,寿命也会缩短。如果将屋顶进行绿化,不但可以调节夏天和冬天的极端温度,还可以对建筑物构件起到保护作用,以致延长其寿命。

3）屋顶绿化具有储水功能,并能减少屋面泄水,减轻城市排水系统的压力

通常在进行城区建设时,地表水都会因建筑物而形成封闭层,降落在建筑表面的水按惯例都会通过排水装置引到排水沟,然后,不是输送到澄清池就是直接转送到自然或人工的排水设施中,这样常用的做法会造成地下水的显著减少,随之而来的是水消耗的持续上升,这种恶性循环将最终导致地下水资源的严重枯竭。

同没有建造房子的地面相比,大量的降水不可能在短时间内排泄,有可能造成城市内洪水的危害。而绿化屋面可以把大量的降水储存起来,实验表明,大约有一半的降水滞留在屋面上,贮藏于植物的根部和栽培介质中,待日后逐步蒸发,从而减轻了下水道的压力,对城市环境起到了平衡作用。绿化屋面的储水作用可以使屋面排水大量减少,减轻了城市排水系统的压力。实验表明,绿化屋顶可以使排水强度减低 70%(图 11.4,VEITSHOEHEIM 的巴伐利亚园艺站),这无疑可以作为排水工程中确定下水管道、溢洪管或储水池尺寸时节省费用的根据,同时也可以显著减少处理污水的费用。

4）屋顶绿化可以使自然降水渗入地下

绿化屋顶系统本身不能把地表水渗漏掉,因为建筑系统的上部结构和下部结构是封闭的,故屋顶水应该不再引向下水道而是让其渗入地下,或蒸发掉,重新形成地下水和自然水。可见,屋顶绿化是改善城市生态环境的良好开端。

5）归还大自然有效的生态面积,完善生态系统

在屋顶上首先为叶蜂、步行虫和蝴蝶找到了良好的生存环境;另外,在屋顶上还可以繁殖一

些濒危的植物种类，因为这里可以少受人为干涉。

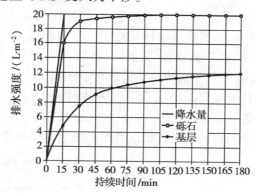

图 11.4　10 cm 的屋面基层与平屋顶上砾石面排水比例的比较

6）屋顶绿化是人类可持续发展战略的重要组成部分

地面上的花园给人们沐浴阳光、休闲活动带来了很多方便（图 11.5），但通常在开敞的空间营造起来的花园价格非常昂贵，其中土地资金占很大一部分，屋顶花园则相对有很大的优势，从占用土地上讲，是免费的。相比之下，屋顶花园要比地面上开敞空间的花园投资少得多。

人们建设一栋楼房，等于占用一块土地，若是把屋面建成生态屋面系统，无论是种植瓜果蔬菜，还是各种花草，相当于把被占用的土地挽救回来，这样不但美化了生活，还利用了这块土地。

图 11.5　自己管理花园已成为一种休闲时尚

总之，对于城市来说，建造屋顶花园是调节小气候、净化空气、降低室温的一项重要措施，也是美化城市、增加景观层次的一种好办法。

11.1.2　屋顶花园的产生与发展

屋顶花园并非现代园林发展的产物，它的历史可以追溯到 2 500 多年前的巴比伦"空中花园"，它被世人列为"古代世界七大奇迹"之一。

20 世纪二三十年代，当西方建筑工业化尚处于初期时，有人分析了平屋顶优于老式坡屋顶，提出平屋顶被利用作"地面"，为我们提供在大城市中这片铺满石头的不毛之地上重新调节气候的条件,每一块被占用来盖房子的地块,可以在屋顶上得到补偿。"从天空上俯瞰屋顶苍翠的未来城市,将会呈现一片无尽的空中花园景色。"(格罗比乌斯:《新建筑与包豪斯》)

由于建筑工程技术的进步,新型建筑材料和施工技术的发展,在屋顶上建造花园已经是轻而易举的工程。20世纪50年代以来,在英国、美国、德国、日本等国家不断建造了屋顶花园,近二三十年来更为普遍。首先在公共建筑的屋顶建造花园,逐渐应用于居住建筑。与建筑的功能和外观相结合,建造形式多样的花园,屋顶花园的面积也越来越大。例如,美国加特维大楼为一座6层台阶式建筑,分别在各层都建造花园,高低错落,连成一片,构成多彩多姿的立体景观,使各层都能观赏窗外屋顶的花园,打破高层建筑远离地面绿地的局限性(图11.6)。

图11.6　美国加特维大楼台阶式屋顶花园

德国每秒钟有20 m² 的绿地因修建道路、停车场、住宅和工厂而消失。为此,园艺师和建筑师要把这些消失的绿地之一从住宅或其他建筑物的屋顶上复活。据德国屋顶园艺师协会的调查,约有100万 m² 屋顶已绿化。汉诺威市应用清一色草皮屋顶住宅组成居民区,每户屋顶都种有0.6 m高的绿草。居民认为,这种环境里没有汽车噪声和污染,冬暖夏凉,优美而舒适。

日本东京规定,凡是新建建筑物占地面积超过1 000 m² 者,屋顶必须有20%的绿色植物覆盖,否则要被处以罚款。目前,该市屋顶绿化率已达到14%以上。

屋顶绿化呈现出勃勃生机,一些发达国家在新营造的建筑群中,在设计楼房图纸时就考虑了屋顶花园项目,造园水平越来越高(图11.7—图11.12)。

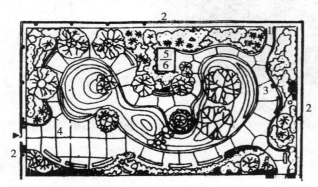

图11.7　美国北萨克拉门托太平洋电讯大楼屋顶花园

1.入口　2.建筑物　3.饮水　4.内院　5.电梯　6.贮藏室

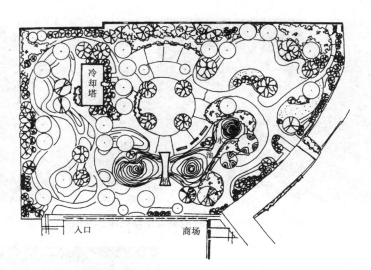

图 11.8　美国奥克兰凯泽中心屋顶

（引自封云、林磊《公园绿地规划设计》）

图 11.9　德国达姆施塔特屋顶花园

图 11.10　纽约的空中花园

图 11.11　纽约高架屋顶花园

图 11.12　日本群马县某屋顶花园立面图及效果图

　　近年来,我国有些大中城市也开始了屋顶绿化。设计师们也开始有意识地在建筑设计中考虑屋顶绿化的因素。实践证明,屋顶绿化是节约土地、开拓城市空间、改善人居环境的有效办法。但是对不少城市的建设来说,屋顶绿化至今还处于被忽视的境地,这实际上也是一种资源浪费。据测定,一座城市如果把屋顶都利用起来进行绿化,那么这座城市中的二氧化碳较之绿化前要低 70%。因此,开发屋顶花园的前景十分广阔。深圳、广州、上海、重庆等城市,已经对屋顶和楼群顶作为新的绿源进行普遍开发,取得了良好的环境效益、生态效益和社会效益。

11.1.3　屋顶花园的防水与荷载

1)屋顶花园屋面面层结构基本构造

　　一般屋顶花园屋面面层结构从上到下依次是:植物和景点层、排水口及种植穴、管线预留与找坡、种植介质层(包括灌溉设施、喷头、置景石)、过滤层、排水层、找平层、保温隔热层、现浇混凝土楼板或预制空心楼板(表 11.1、图 11.13)。

表 11.1 屋顶花园屋面面层结构基本构造

自上而下的结构层	主要功能及要求
1. 植物和景点层	是屋顶花园的主要功能层,生态、经济、社会效益都体现于这一层当中。所以这一层很重要,植物的选择要遵循适地适树原则,景点设置要注意荷载不能超过建筑结构的承重能力,同时还要满足艺术要求
2. 种植基质层	为使植物生长良好,同时尽量减轻屋顶的附加荷重,种植基质一般不直接用地面的自然土壤(主要是因为土壤太重),而是选用既含各种植物生长所需元素又较轻的人工基质,如蛭石、珍珠岩、泥炭及其与轻质土的混合物等
3. 过滤层	为防止种植土中的小颗粒及养料随水流失而堵塞排水管道,采用在种植基质层下铺设过滤层的方法,常用过滤层的材料有粗沙(50 mm 厚),炭渣,玻璃纤维布,稻草(30 mm厚)。所要达到的质量要求是,既可通畅排灌又可防止颗粒渗漏
4. 排水层	排水层设在防水层之上,过滤层之下。其作用是排除上层积水和过滤水,但又储存部分水分供植物生长之用。主要材料有陶粒、碎石、轻质骨料厚 200 ~ 100 mm 或 200 mm厚砾石或 50 mm 焦渣层
5. 防水层	采用柔性(油毡卷材)防水层、刚性防水层或新材料(如三元乙丙防水布),但目前使用最多的是柔性防水层

图 11.13 屋顶绿化体系结构

2) 防水构造

防水处理的成败直接影响屋顶花园的使用效果及建筑物的安全,屋顶花园建成后一旦发现漏水,就得部分或全部重新返工。因此,防水层的处理是屋顶花园的技术关键,也是人们最为关注的问题。

目前在屋顶花园建设上使用的防水处理方法主要有"刚""柔"之分,各有特点。刚性防水层主要是在屋面板上铺筑 50 mm 厚细石混凝土,内中放φ4@200 双向钢筋网片一层(此种做法即成整筑层),在混凝土中可加入适量微膨胀剂、减水剂、防水剂等添加剂,以提高其抗裂、抗渗性能。这种防水层比较坚硬,能防止根系发达的乔灌木穿透,起到保护屋顶的作用,而且使整个屋顶有较好的整体性,不易产生裂缝,使用的寿命也长,但是自重较大,一般是柔性防水层的2 ~ 3倍,因而对于屋顶绿化来说,更倾向采用柔性防水层。目前大多数建筑物都用柔性防水层防渗漏。屋顶花园中常用"三毡四油"或"二毡三油",再结合聚氯乙烯泥或聚氯乙烯涂料处理。

近年来,一些新型防水材料也开始投入使用,已投入屋顶施工的有三元乙丙防水布,使用效果不错。国外还有尝试用中空类的泡沫塑料制品作为绿化土层与屋顶之间的良好排水层和填充物,以减轻自重。也有用再生橡胶打底,加上沥青防水涂料,粘贴厚 3 mm 玻璃纤维布作为防水层,这样做更有利于快速施工。

另据报道,中国建筑科学研究所等单位研制的 JG 系列屋顶保温防水材料,是一种利用废橡胶改性沥青作为防水层的防水黏结材料,它吸取橡胶弹性好,温度适应范围广,比沥青有较高黏结性、防水性等优点,并克服了沥青热淌冷脆等缺点,具有不透水、黏结性强、耐老化等优点,且造价低廉,自重较轻,比较适合于做屋顶花园的防水层。

针对屋面渗透问题,目前又有人提出了"生态种植屋面复合排水呼吸系统"的概念。采用先进的屋面生态防水换气导水技术,达到顺应自然的屋面防水的长期目标,其中心思想是"引导",不与大自然相抗衡,通过导水、排潮、换气和植被的生态循环,解决保温层内积水饱和问题以及内外温差气压问题,达到隔水、防水、美化环境的多重目标。该系统是在原有防水设计基础上发展起来的,既克服了卷材防水层的不足,又利用了种植层的隔热保温作用特点。其机理是客土层既是植被的培土层、排水层,又起到吸水、隔绝热量和保护屋面找坡层或基层的作用。植被吸收室内外排出的二氧化碳,呼出氧气,同时又有吸收客土层中水分的作用,因为植被能吸收太阳辐射的热量,通过光合作用转化为生化能,从而改变能量存在的形式。此外其表面的反射热小,长波辐射小,冬季又有较好的保温性能,所以植被也具有良好的保温性能。通过排气,可将室内的潮湿水汽及浑浊空气向室外大气排放。所排出的较温暖且含二氧化碳的空气又有利于植被生长,室外新鲜空气可同时从导管进入室内,由此促进空气流动,减缓室内外气压差,减少甚至不再形成冷凝水积聚现象。屋面滤水层滤下的雨水,通过区间找平层纵横交错的排水槽系统迅速排泄,不会在屋面形成积水,故无水向下渗漏。屋面水箱连通若干根支管,在客土层内分区布置,利用节水灌溉技术,在旱、夏季给植被层补充水分,有利于植被生长,植被生长又利于夏季隔热、降低室温,如此形成一个大的生态循环系统。

3) 屋顶荷载的减轻

屋顶绿化设计首先要考虑屋面荷载的大小。屋面荷载应先算出单位面积的荷载,进行结构计算。一般苗圃式屋顶花园,荷载为 200 kg/m^2,庭园式花园荷载为 500 ~ 1 000 kg/m^2。如果设计荷载不合适,则会影响建筑造价或造成安全隐患。

为减轻屋顶的荷载,一方面要借助于层顶结构选型,减轻结构自重和结构自防水问题;另一方面就是减轻屋顶花园所需"绿化材料"的自重,包括将排水层的碎石改成轻质的材料等。上述两方面要结合起来考虑,使屋顶建筑的功能与绿化的效果完全一致,既能隔热保温,又能减缓柔性防漏材料的老化(表 11.2)。

表 11.2　屋顶荷载的减轻的方法

序号	方法简述
1	减轻种植基质重量,采用轻基质如木屑、蛭石、珍珠岩等
2	植物材料尽量选用一些中、小型花灌木以及地被植物、草坪等,少用大乔木
3	可少设置园林小品及选用轻质材料如轻型混凝土、竹、木、铝材、玻璃钢等制作小品(如凉亭、棚架、假山石、室外家具及灯饰)等
4	用塑料材料制作排灌系统及种植池
5	采用预制的植物生长板,生长板采用泡沫塑料、白泥炭或岩棉材料制成,上面挖有种植孔

续表

序号	方法简述
6	合理布置承重,把较重物件如亭台、假山、水池安排在建筑物主梁、柱、承重墙等主要承重构件上或者是这些承重构件的附件的附近,以利用荷载传递,提高安全系数
7	减轻防水层重量,如选用较轻的三元乙丙防水布等
8	减轻过滤层和排水层重量,尽量选用轻质材料,如用玻璃纤维布作过滤层比粗沙要轻,用陶粒作排水层比砾石要轻

11.2　屋顶花园的设计与营造

11.2.1　屋顶花园的特点

如果是早些年,你登高望远,那么映入眼帘的可能是一片失望:那黑压压、灰蒙蒙的屋顶上残破不堪的隔热层;或是乱七八糟的违章建筑横陈于上……然而,如果你现在再次登高,那你看到的肯定与前述景象大相径庭,宛若两个天地,一栋栋颇具现代化气息的高楼,以及一幢幢新的住宅小区慢慢替代了老式小区,那屋顶上多半变成了"郁郁葱葱",有些住户利用屋顶花园种植花草树木,其中,有些还在并不宽敞的露台种上了大型树种,屋顶着绿渐成时尚。但是屋顶花园绿化并不像地面花园绿化那么简单,它有其自身的一些特点。

(1)生态因子的影响　屋顶生态因子与地面不同,如日照、温度、空气成分、风力等随着层高的增加而变化(表11.3)。

表11.3　屋顶生态因子的影响

生态因子	影　响
1.光照	屋顶相对比地面接收的太阳辐射、光照强度要大,光照时间长,如6层屋顶,冬季光照强度比地面大 $300 \sim 400$ lx,夏季大 $500 \sim 800$ lx,因此促进植物光合作用,对植物生长有利
2.温度	屋顶处于较高位置,温度应低于地面,但由于屋面日照辐射强,钢筋混凝土等屋面材料经太阳辐射升温快,反射强。夏季白天屋面温度比地面高 $3 \sim 5$ ℃,晚上由于屋面风力大,温度又比地面低 $2 \sim 3$ ℃。屋面温差较大,有利于植物营养物质的积累。冬季屋顶花园的土温比周围园林土温高 5 ℃以上
3.风力	一般屋面高度为十几米至几十米,风力往往比地面大 $1 \sim 2$ 级。处于风口的建筑,四周相对空旷,屋面风力更大。风力大使屋面温度、湿度受影响,对高大植物生长不利

(2)造园及植物选择有一定的局限性　因屋顶承重能力的限制,无法具备与地面完全一致的土壤环境,因此,在设计时应避免地貌高差过大,在植物的选择上应尽量避免采用深根性或生长迅速的高大乔木,一般选耐干燥气候、浅根性、低矮健壮、能抗风、有较强耐旱能力、耐移植、生长缓慢的植物。

总之,屋顶花园位于空中楼顶上,与大地土壤不再相连,属典型的人工地面,故其生态环境与地面差别很大,对于植物来说,其有利因素与不利因素如表11.4所示。

表 11.4　屋顶花园对于植物的影响

有利因素	不利因素
①与地面相比,屋顶光照强,光照时间长,大大促进光合作用 ②昼夜温差大,利于植物的营养积累 ③屋顶上气流通畅清新,污染明显减少,受外界影响小,有利于植物的生长和保护	①植物易受干旱威胁 ②土温、气温变化较大,对有些植物生长不利 ③屋顶风力一般比地面大 ④与地面相比,屋顶增加了承重和防水投资,施工和养护的费用也有所增加

（3）绿地边界规整　屋顶形状一般为规则的几何形状且多重复出现,尤其在小区中更为明显。设计时应注意协调统一又富于变化,形成韵律。

11.2.2　屋顶花园的分类

按照不同的分类标准,屋顶花园的分类方法也有所区别。

1）按建筑结构与屋顶形式分类

它可分为坡屋顶绿化和平屋顶绿化两类。

（1）坡屋顶绿化　住宅建筑的屋顶分为人字形坡屋面、单斜坡屋面。在一些低层住宅建筑或平房屋面上可采用适应性强、栽培管理粗放的藤本植物,如葛藤、爬山虎、南瓜、葎草、葫芦等,尤其在近郊,低层住宅的屋面常与屋前屋后相结合,种植一些经济植物,如郊区的农民大多采用这种方式种植蔬菜、水果,收益也较高。在欧洲,常见建筑屋顶种植草皮,形成绿茵茵的"草房",让人倍感亲切,而日本建筑师藤森照信设计的"国际式乡土建筑"——东京韭菜住宅,则在坡屋顶上预设的种植穴里种上了韭菜。

（2）平屋顶绿化　平屋顶在现代建筑中较为普遍,这是发展屋顶花园最有潜力的部分,根据我国屋顶花园现有的特点,可将平屋顶绿化分为 3 种,如表 11.5 所示。

表 11.5　平屋顶绿化类型及布置方法

平屋面绿化类型	布置方法
1. 苗圃式	从生产效益出发,将屋顶作为生产基地,种植蔬菜、中草药、果树、花木和农作物。在农村利用屋顶扩大副业生产,取得经济效益,甚至可以利用屋顶养殖观赏鱼类,建造"空中养殖场"(图 11.14)
2. 周边式	沿屋顶女儿墙四周设置种植槽,槽深 0.3～0.5 m。根据植物材料的数量和需要来决定槽宽,最窄的种植槽宽度为 0.5 m,最宽可达 1.5 m 以上。这种布局方式较适合于住宅楼、办公楼和宾馆的屋顶花园。在屋顶四周种植高低错落,疏密有致的花木,中间留有人们活动的场所,设置花坛、坐凳等(图 11.15)。四周绿化还可选用枝叶垂挂的植物,以美化建筑的立面效果
3. 庭院式	是屋顶绿化中质量较高的形式,根据屋面大小和使用功能要求,将地面的庭园移植到屋面上,在屋顶上设有树木、花坛、草坪,并配有园林建筑小品,如水池花架、室外家具等。这种形式多用于宾馆、酒店,也适合用于企事业单位及居住区公共建筑的屋顶绿化(图 11.16—图 11.19)

图 11.14　上海世博园新西兰馆蔬菜屋顶花园

图 11.15　某屋顶花园

图 11.16　某屋顶花园平面图
（引自成都蜀汉园林有限公司）

图 11.17　某屋顶花园的效果图
（引自成都蜀汉园林有限公司）

图 11.18　上海世博园卢森堡馆屋顶花园

图 11.19　某屋顶花园效果图
（引自成都市园林技术工程公司）

2）按功能分类（表11.6）

表11.6　屋顶花园的类型

类　型	特　点
1. 休闲屋顶	在屋顶进行绿色覆盖的同时,建造园林小品、花架、廊亭,以营造出休闲娱乐、高雅舒适的空间。给都市中人提供一个释放工作压力、排解生活烦恼、修身养性、畅想未来的优美场所（图11.20）
2. 生态屋顶	在屋面上覆盖绿色植被,并配有给排水设施,使屋面具备隔热保温、净化空气、阻止噪声、吸收灰尘、增加氧气的功能,从而提高人们的生活品位。生态屋面不但能有效增加绿地面积,更能有效维持自然生态平衡,减轻城市热岛效应,提升整个楼盘档次,让屋顶变为"金顶",卖层变为热卖层
3. 种植屋顶	屋顶光照时间长、昼夜温差大、远离污染源,所种的瓜果蔬菜含糖量比地面提高5%以上,碳水化合物丰富,那是用金钱也难买的纯天然绿色食品。这种屋面适合居民住宅屋顶。能够有一个绿色的庭院,并能采摘食用自己亲手种植的果实,能使人享受劳动的愉悦、清爽的环境、洁净的空气、丰富的含氧量,甚至还有一份意外的经济回报
4. 多功能屋顶	集"休闲屋面""生态屋面""种植屋面"于一体的屋顶绿化方式。它能够兼优并举,使一个建筑物呈多样性,让人们的生活丰富多彩,尽享其中之乐趣,有效地提高生活品质,促使环境的优化组合,让我们的生存环境进一步地人性化、个性化、优美化,体现出人与大自然和谐共处、互为促进的理性生态。一般适合酒店、写字楼、办公楼等

图11.20　某屋顶花园

11.2.3 屋顶花园的设计与营造及其原则

1) 屋顶花园的设计与营造

屋顶花园的设计手法与地面庭院大致相同,但是又有它的特殊要求。设计时必须结合承重能力、使用功能、生态效应及艺术效果综合考虑,可巧借主体建筑及周围建筑物的特性,充分发挥地势高、视域广等特点,运用植物高差变化和园林小品等造园要素,借鉴传统园林中借景、组景、点景、障景等基本技法,设计出有品位、有个性的屋顶花园。

(1)屋顶花园设计与营造的形式　如表11.7所示。

表 11.7　屋顶花园设计与营造的形式

形　式	特　点
1. 花园形式	做成小游园的形式服务于游人,多用于服务性建筑物如宾馆、酒楼等,能为客人提供游憩空间。小游园应有适当起伏的地貌,配以小型亭、花架等园林建筑小品,并点缀以山石。选择浅根性的小乔木,与灌木、花卉、草坪、藤本植物等搭配。为满足植物根系生长需要,种植土要40～60 cm厚,局部可设计成60～80 cm。此类屋顶花园要特别注意在建筑设计时统筹考虑,以满足屋顶花园对屋顶承重能力的要求,设计时应尽量使较重的部位(如亭、花架、山石等)设计在承重梁柱上方的位置
2. 色块图案形式	采用大叶黄杨、红叶小檗、金叶女贞、红花檵木、六月雪、黄金叶等观叶植物或整齐、艳丽的各色草花配以草坪构成图案,俯视效果好,多用于屋顶高低交错时低层屋顶的绿化。因其注重整体视觉效果,内部可不设园路,只留出管理用通道
3. 时令布置形式	采用盆栽花卉,根据其盛花期随时更换,并可在楼的边缘处摆放悬垂植物,兼顾四周女儿墙的绿化。此法多用于低层屋顶绿化

(2)屋顶绿化布局的技巧　屋顶花园布局的难点很大程度上在于如何突破空间的限制。屋顶花园空间的束缚主要表现在两个方面:一是屋顶的形状以长方形居多,非常规整、缺乏变化,这在一定程度上增加了设计的难度;二是屋顶的面积也是一定的,不能调节,而且一般都偏小,这往往使设计者有束手束脚之感。这两大束缚,是对屋顶造园的严重制约,但设计者若能因地制宜地巧作处理,同样会取得小中见大、步移景异的艺术效果。常用的技法如表11.8所示。

表 11.8　屋顶花园布局的技巧

技　法	具体做法
1. 转移注意力	大多数屋顶花园基本是狭长的,设计中,如果全部是开敞的,一眼就能看到底,也就是所谓的一览无余。但如果用植物把屋顶花园分成多个空间,则可增加其空间的层次感,因为这些植物迷惑了你,虽然花园依旧是那么大,不过已不能一眼就看到边。分隔用的屏障,可以简单地由较为高大的植物组成,也可用植篱,或者用爬满植物的棚架
2. 园中园	把屋顶花园分成不同的部分,它们之间通过藤架、凉亭或拱架联系,这样从一个空间到另一个空间,给人以别有洞天的感觉。把屋顶花园分为不同的空间,安排不同的内容也就很容易了
3. 利用对角线	对于矩形和正方形基地来说,绝对景深最深的是其对角线,所以调整轴向也是常用的技法之一。对于正方形来说,轴间角自然是45°,若是狭长的基地,可以连续使用45°的对角线,这样可使园子看上去要比实际的大得多

　　例如,广州是设计和建造屋顶花园水平较高的城市,20 世纪 70 年代建造了东方宾馆和白天鹅宾馆的屋顶花园,后来建造了中国大酒店、花园酒店、广东大厦等屋顶花园(图 11.21—图 11.23)。

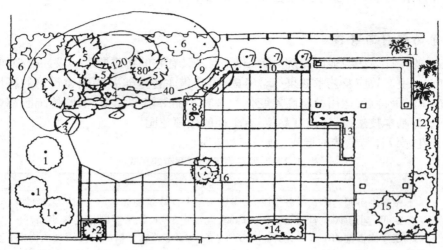

图 11.21　广州某酒店屋顶花园

1.桂花　2.散尾葵　3.狗牙花　4.杜鹃　5.苏铁　6.硬枝黄蝉　7.米仔兰（球形）　8.簕杜鹃　9.大叶紫薇　10.大叶紫苏　11.美丽针葵　12.棕竹　13.花坛　14.红铁树　15.佛肚竹　16.三药桃榔

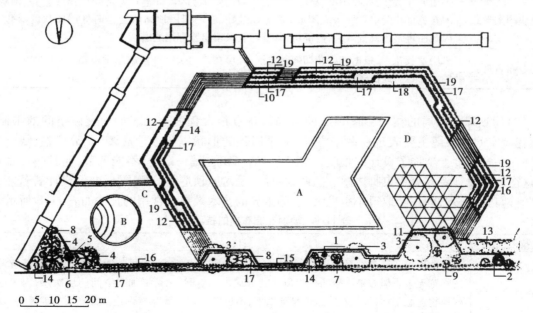

图 11.22　广州花园酒店屋顶花园

1.苏铁　2.竹柏　3.雷州榕　4.大叶紫薇　5.含笑　6.狗牙花　7.白蝉　8.石榴　9.小叶紫薇　10.大红花　11.桂花　12.红背桂　13.海桐　14.九里香　15.红樱　16.鹰爪　17.黄素馨　18.洒金榕　19.天冬　C,D.人工草坪

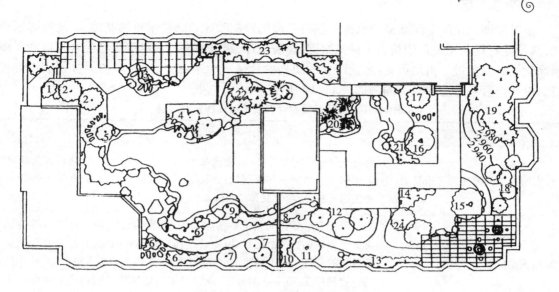

图11.23　广州某医院屋顶花园

1.棕竹　2.茶花　3.文殊兰　4.垂柳　5.狗牙花　6.白蝉　7.黄蝉　8.美人蕉　9.红鸡蛋花

10.黄素馨　11.玉棠春　12.小叶紫薇　13.洒金榕　14.红桑　15.大叶紫薇　16.荷花玉兰　17.石榴

18.九里香　19.短穗鱼尾葵　20.美丽针葵　21.紫苏　22.山棕　23.佛肚竹　24.桂花

（3）屋顶绿化设计与营造的步骤　如表11.9所示。

表11.9　屋顶绿化设计与营造的步骤

步　骤	处理方法
1.确定屋顶设计的形式	前面讲述了屋顶绿化的类型,在设计之前,要根据设计单位或个人的要求、屋面地形的具体情况、面积的多少、建造的目的等选择一种合适的设计类型进行设计
2.对屋顶进行结构层的处理	对屋顶的每一层次都要处理好,否则日后返工相当麻烦,特别是防水层和排水层,前者是直接针对居住的人,后者针对植物的生长。因此作为设计施工人员一定要把好这个关
3.确定屋顶的功能分区	可根据选择的类型进行功能分区,一般屋顶作休息用,分区不复杂,总的来说分休闲区、活动区
4.确定荷载的大小	设计时一定要考虑屋顶每平方米所承受的荷载量,把重量大的尽量放在承重梁上,采用材料也尽量选用轻质材料
5.注意植物的选择	由于屋顶生态的特殊性,在选择植物时,不能选过大的,尽量选择常绿树种、浅根系的适合当地生长的树种
6.总体布局	要自由灵活,功能合理,绿化效果好

（4）屋顶花园设计与营造时应注意的问题　屋顶绿化的设计和营造是一种不占地面土地的绿化形式,其应用越来越广泛,但是由于屋顶绿化具有其特殊性,因此要巧妙利用建筑物的屋顶、平台、阳台、窗台、女儿墙及墙面等开辟绿化场地,并使之有园林艺术的感染力。

　　由于屋顶绿化的空间布局受到建筑固有平面的限制和建筑结构承重的制约,与露地造园相比,其设计既复杂又关系到相关工种的协同,建筑设计、建筑结构和水电等工种配合与协调是屋顶绿化成败的关键。由此可见,屋顶绿化的规划设计是一项难度大、限制多的园林规划设计项目。设计与营造时应注意的问题如表11.10所示。

表11.10　屋顶花园设计与营造时应注意的问题

注意的问题	解决方法
1.实用是屋顶绿化的建造目的	衡量一处屋顶绿化的好坏,除满足不同的使用要求外,绿化覆盖率指标必须保证在50%～70%,只有保证了一定数量的种植物,才能发挥绿化的生态效益、环境效益和经济效益
2.精美是屋顶绿化的特色	屋顶绿化若是要让人们上去游憩的那种,就应比露地绿化建造得更精美。屋顶绿化的景物配置、植物选配均应是当地的精品,并精心设计植物造景的特色。由于场地窄小,道路迂回,屋顶上的游人路线、建筑小品的位置和尺度,更应仔细推敲,既要与主体建筑物及周围大环境保持协调一致,又要有独特的园林风格
3.安全是屋顶绿化的保证	建筑物能安全地承受屋顶绿化所加的荷重,如植物、土壤和其他园林建筑小品设施的重量。此外,屋顶的防水也要注意。园林小品、土木工程施工和种植施工养护,必须以不损坏防水层为前提。另外,屋顶沿女儿墙四周的绿化必须设有牢固的防护措施,以防人、物落下
4.休闲是屋顶绿化的功能体现	在屋顶上建园林小品、长廊花架、座椅板凳、花草树木等,为人们提供了一种休闲娱乐、高雅舒适的空间,给人们提供缓解生活压力、修身养性的优美场所

2) 屋顶花园设计与营造的原则(表11.11)

表11.11　屋顶花园设计与营造的原则

屋顶花园设计与营造应注意的问题	屋顶花园设计与营造的原则
屋顶花园成败的关键在于减轻屋顶荷载,改良种植土,以及排水设施、屋顶结构选型和植物的选择与种植设计等问题	1.以植物造景为主,把生态功能放在首位 2.确保营造屋顶花园所增加的荷重不超过建筑结构的承重能力,屋面防水构造能安全使用 3.屋顶花园相对于地面的公园、游园等绿地来讲面积较小,必须精心设计,才能取得较为理想的艺术效果 4.尽量降低造价,从现有条件来看,只有较为合理的造价,才有可能使屋顶花园得到普及而遍地开花

11.3 屋顶花园植物配置

11.3.1 屋顶花园植物配置的特点

1)屋顶植物配置对树种要求有特殊性

首先要考虑荷载问题,屋顶上要求选择小乔木、灌木、地被草皮等,应该尽量采用轻型基质栽培。如:使用屋顶绿化专用无土草坪,在生产无土草坪时,可以根据需要调整基质用量,用以代替屋顶绿化所需的同等厚度的壤土层,从而大大减轻屋顶承重。

其次要选浅根系的树种,由于植被下面长期保持湿润,并且有酸、碱、盐的腐蚀作用,会对防水层造成长期破坏。同时,屋顶植物的根系会侵入防水层,破坏房屋屋面结构,造成渗漏。屋顶花园防漏还有个难点是:屋顶上面有土壤和绿化物覆盖,如果渗漏,很难发现漏点在哪里,难以根治,因此要求选浅根系的植物。

最后要考虑屋顶环境成活难问题,植物要在屋顶上生长并非易事,由于屋顶的生态环境与地面有明显的不同,需要根据各类植物生长特性,选择适合屋顶生长环境的植物品种。宜选择耐寒、耐热、耐旱、耐瘠,生命力旺盛的花草树木。花木最好选择袋栽苗,以保证成活。

2)栽培介质对屋顶植物配置有一定限制性

传统的壤土不仅重,而且容易流失,如果土层太薄,极易迅速干燥,对植物的生长发育不利。如果土层厚一些,满足了植物生长,又不能满足屋顶承重要求。因此,应该选用质地轻的无土基质来代替壤土,可以直接使用营养袋基质栽培的花木和无土栽培的草坪毯。我国常采用蛭石、锯木屑、蚯蚓土、炭渣、腐叶土、膨胀珍珠岩、泡沫有机树脂制品等按不同比例和材料混合而成的介质。

3)屋顶植物配置的景观效果具有独特性

屋顶花园面积都不大,绿化花木的生长又受屋顶特定的环境所限制,可供选择的品种有限。宜以草坪为主,适当搭配灌木、盆景,还要重视芳香和彩色植物的应用,做到高矮疏密错落有致、色彩搭配和谐合理。

11.3.2 屋顶花园植物配置的设计原则

1)屋顶花园植物的选择与装饰

由于屋顶自然环境与地面、室内差异很大,因此,一般应选择阳性的、耐旱、耐寒的浅根性植物,还必须属低矮、抗风、耐移植的品种。常见的有罗汉松、瓜子黄杨、大叶黄杨、雀舌黄杨、锦熟黄杨、珊瑚树、棕榈、蚊母、丝兰、栀子花、巴茅、龙爪槐、紫荆、紫薇、海棠、腊梅、寿星桃、白玉兰、紫玉兰、天竺、杜鹃、牡丹、茶花、含笑、月季、橘子、金橘、茉莉、美人蕉、大丽花、苏铁、百合、百枝莲、鸡冠花、枯叶菊、桃叶珊瑚、海桐、构骨、葡萄、紫藤、常春藤、爬山虎、六月雪、桂花、菊花、麦冬、葱兰、黄馨、迎春、天鹅绒草坪、荷花、桂花等。可因时因地区确定使用材料。

　　屋顶花园植物装饰,可以利用檐口、雨篷坡屋顶、平屋顶、梯形屋顶进行。根据种植形式的不同,常有用观花、观叶及观果的盆栽形式,如盆栽月季、夹竹桃、火棘、桂花、彩叶芋等,也可利用空心砖做成25 cm高的各种花槽,用厚塑料薄膜内衬,高至槽沿,底下留好排水孔,花槽内填入培养介质,栽植各类草木花卉,如一串红、凤仙花、翠菊、百日草、矮牵牛等,也可栽种各种木本花卉,还可用木桶或大盆栽种木本花卉点缀其中,在不影响建筑物负荷量的情况下,也可搭设荫棚栽种葡萄、紫藤、凌霄、木香等藤本植物。在平台的墙壁上、篱笆壁上,可以栽种爬山虎、常春藤等。

　　根据屋顶花园承载力及种植形式的配合和变化,可以使屋顶花园产生不同的特色。承载力有限的平屋顶,可以种植地被或其他矮型花灌木,如垂盆草、半支莲及爬蔓植物,如爬山虎、紫藤、五叶地锦、凌霄、薜荔等直接覆盖在屋顶,形成绿色的地毯。对于条件较好的屋顶,可以设计成开放式的花园,参照园林式的布局方法,可以做成自然式、规则式、混合式。但总的原则是要以植物装饰为主,适当堆叠假山、置石、棚架、花墙等,形成现代屋顶花园。在城市的屋顶花园中,应特别注意少建或不建亭、台、楼、阁等建筑设施,而注重植物的生态效应。

2)屋顶花园植物配置的设计原则(表11.12)

表11.12　屋顶花园植物配置的设计原则

原　　则	具体做法
1.选择耐旱、抗寒性强的矮灌木和草本植物	利于植物的运输、栽种和管理
2.选择阳性、耐瘠薄的浅根性植物	屋顶花园大部分地方为全日照直射,光照强度大,植物应尽量选用阳性植物,但在某些特定的小环境中,如花架下面或靠墙边的地方,日照时间较短,可适当选用一些半阳性的植物种类,以丰富屋顶花园的植物品种,屋顶的种植层较薄,为了防止根系对屋顶建筑结构的侵蚀,应尽量选择浅根系的植物
3.选择抗风、不易倒伏、耐积水的植物种类	在屋顶上空风力一般较地面大,特别是雨季或有台风来临时,风雨交加对植物的生存危害最大,加上屋顶种植层薄,土壤的蓄水性能差,一旦下暴雨,易造成短时积水,故应尽可能选择一些抗风、不易倒伏,同时又能耐短时积水的植物
4.选择以常绿为主,冬季能露地越冬的植物	宜用叶形和株形秀丽的品种,为了使屋顶花园更加绚丽多彩,体现花园的季相变化,还可适当栽植一些色叶树种;另在条件许可的情况下,可布置一些盆栽的时令花卉,使花园四季有花
5.尽量选用乡土植物,适当引种绿化新品种	乡土植物对当地的气候有高度的适应性,在环境相对恶劣的屋顶花园,选用乡土植物有事半功倍之效,同时考虑到屋顶花园的面积一般较小,为将其布置得较为精致,可选用一些观赏价值较高的新品种,以提高屋顶花园的档次

11.3.3　屋顶花园植物养护管理

屋顶花园建成后,就要对各种草坪、地被、花木进行养护管理,由于屋顶的特殊性,一般要求有园林绿化种植管理经验的专职人员来承担。养护管理是保证成活的关键环节,必须给予足够的重视。具体管理方法如表 11.13 所示。

表 11.13　屋顶花园植物养护管理

类　别	管理方法
1. 栽植后的管理	1)立支柱:为防止较大树被风吹倒,应立支柱支撑。支柱一般采用木杆或竹竿,长度视树高而定,以能支撑树高的 1/3 ~ 1/2 处即可。支柱下端打入土中 20 ~ 30 cm。立支柱的方式有单支式、双支式和三支式 3 种,一般采用三支式。支法有斜支和立支。支柱与树干间应用草绳隔开,并将两者捆紧
	2)浇水:栽植后,应于当日内灌透水一遍。所谓透水,是指灌水分 2 ~ 3 次进行,每次都应灌满土堰,前次水完全渗透后再灌下一次。隔 2 ~ 3 天后浇第二遍水,隔 7 天后浇第三遍水。以后 14 天浇一次,直至成活。对于珍贵树木,增加浇水次数,并经常向树冠喷水,以降低植株温度,减少蒸腾。在浇完第一遍水后的次日,应检查树苗是否歪斜,发现后应及时扶正,并用细土将堰内缝隙填严,将苗木固定好。在浇 3 遍水之间,待水分渗透后,用小锄或铁耙等工具将表土锄松,减少水分蒸发
2. 日常管理	1)浇水:对于屋顶花园的浇水,要注意干透浇透,春季和冬季尽量少浇,而夏、秋两季由于温度高水分蒸发快,坚持早晚各浇一次,早上 7:00—8:00 浇,晚上 6:00 左右浇较为合适
	2)施肥:一般要求在秋季施足底肥,春季施追肥,而夏季、冬季视情况而施肥
	3)中耕除草:对屋顶花园来说由于面积不大,管理较方便,对草坪的杂草要随时清理,每年可中耕 1 ~ 2 次
	4)病虫管理:要做到以防为主,防治结合,一旦发现病虫要及时防治,以防传播
	5)修剪:对屋顶上的植物要进行修剪,去除枯枝败叶,及时清理现场,减少病菌传染

11.4　典型实践案例分析

北京望京 A4 一区屋顶花园

望京 A4 一区屋顶花园,坐落在 5 m 高的地下车库上,周围有 9 座塔楼围合,可俯视花园景观。花园占地面积 1.22 hm²,园林设计通过自然地形、竹林、绿篱色带,配合建筑小品的矮墙、花池、花架和地面的竖向变化形成不同的空间组合,并且通过高低错落有致且色彩丰富的植物组合形成不同的植物景观,给居民提供丰富多彩的休憩空间。

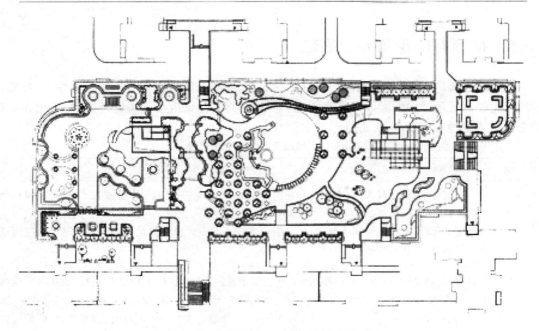

图 11.24　望京 A4 一区屋顶花园平面图

（资料来源：金柏苓、张爱华《园林景观设计详细图集》）

思考题

1. 该屋顶花园与普通花园相比有何不同？

2. 结合你所在城市的屋顶花园建设情况，与本例相比，分析屋顶花园在改善居住区绿化方面所发挥的作用。

本章小结

本章主要从 3 个方面阐述了屋顶花园的设计，重点讲述的是屋顶花园的设计与营造及其原则，植物的配置，要求理解并掌握，在实践中能灵活运用，在设计时如何考虑屋顶的防水与荷载，选择什么形式设计，配置哪些植物等。同时要了解屋顶花园设计的一些基本知识。

屋顶花园设计微课

研讨与练习

1. 屋顶花园有哪些结构层？如何进行防水？

2. 设计时如何考虑屋顶荷载问题？

3. 屋顶花园的特点是什么？

4. 屋顶花园分为哪些类型？

5. 屋顶花园如何进行设计与营造？

6. 屋顶花园植物配置的原则是什么？

7. 如何对屋顶花园进行养护与管理？

本章推荐参考书目

［1］杰瑞·哈勃,等.屋顶花园——阳台与露台设计［M］.北京:中国建筑工业出版社,2006.

［2］黄金琦.屋顶花园设计与营造［M］.北京:中国林业出版社,1994.

附　录

附录1　实训内容

　　安排的主要实训内容均是行业市场中应用广泛的项目:私家小花园设计、街道小游园设计、校园入口广场绿地规划设计、屋顶花园设计、居住区绿地规划设计、儿童公园规划设计。它们的设计理念、创作手法、空间布局、植物配置、建筑材料与构造技术应用等方面,都较敏感地反映园林规划设计界的新趋势。通过这些项目的训练,使学生对园林设计的整个过程有一个较全面的了解,并加深对所学知识的理解和综合应用,力求使所学内容更加贴近市场的需求,为培养良好的独立设计能力打下扎实的基础。

实训1　私家小花园设计

1)实训目标

　　这是园林规划入门的第一个实训。在二年级学习了"园林建筑设计"课程的基础上,要求学生从简单的园林设计开始,认识园林规划的基本要求和考虑因素,并从小型园林的布局中掌握园林设计的特点。

　　通过简单而完整的园林绿地设计达到以下实训目标:

　　①收集相关资料,学习优秀案例,初步了解独立式住宅小花园设计中的总平面布局、景观空间组合、主要景点设计及植物配置设计等特点。

　　②熟悉居家生活中人体活动尺度与室外环境空间的关系,了解园林设计中的比例尺度的推敲方法。

　　③初步了解园林规划的步骤和基本方法,学习分析和比较方案。

　　④初步掌握方案的表达方法。学习小花园总平面、主要景点立面或效果图的表现方法。掌握第一次草图、工具草图和正式图的表现技法。通过本次实训,将《园林美术》《园林设计初步》和《园林效果图表现技巧》所学的技法——"铅笔淡彩"运用于方案的表达中。同时,要训练学

生的口头表达能力。

2）设计任务

拟在某城市一风景区内,建一小型独立式住宅私家后花园或前花园,面积约300 m²,地形可自己设定。其具体要求如下:

（1）设计要求

①设计应根据该地形特征与周围环境等因素进行综合考虑,平面布局合理（要有动与静空间的划分）,满足业主居家的功能要求。

②要求立意新颖,富有居家的个性,特色鲜明。

③因地制宜,巧于组景,植物配置合理。

④各小品风格要协调统一,有整体感,应注意小品的尺度与人的户外活动关系,设计得当,比例尺度适宜。

（2）图纸要求

①平面图:1:50（要标明主要植物配置的名称,不得少于10种）。

②功能分区示意图。

③两个主要景点小品立面或效果图。

④规划说明（200字左右,要有表达设计创意的小花园命名）。

⑤图幅:2号图1张。

⑥表现方式为铅笔淡彩。图纸应按规定要求无缺漏,图面比例准确,表达清楚,具有较好的表现力。

3）方法步骤

①充分了解任务书的要求,研读相关领域的优秀案例。

②调研当地的气候、土壤、地质条件等自然环境;了解私家小花园周边环境、业主生活习惯、兴趣爱好、当地民俗风情等情况;确定设计风格。

③实地考察测量,或者通过其他途径获得现状平面图。

④分析各种因素,做出总体构思,进行功能分区和草图设计。

⑤经推敲,确定总平面图。

⑥绘制正图。包括功能分区图、平面图、局部小景效果图或总体鸟瞰图、植物配置、编写设计说明等。

4）设计特点分析提示

私家小花园设计
小技巧

了解私家小花园布局的几种常见形式,掌握私家小花园规划设计要点,结合周边环境设计一个融休闲功能、艺术于一体的私家小花园。主要空间应包括以下内容:

①适当面积的铺装场地,以供家人聚集、锻炼等活动。

②美观实用的休闲空间,如坐凳、亭或廊架。

③其他你认为需要的业主户外休闲特色活动的相关空间。

[学生设计作品点评]

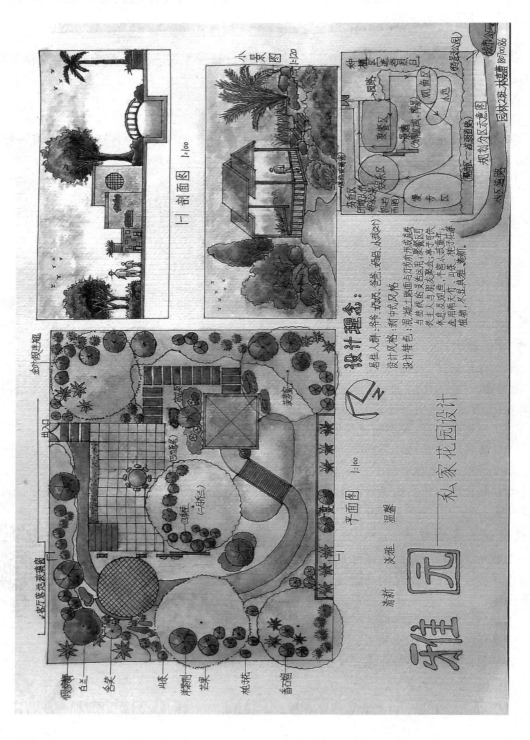

优点:作为第一个设计课题,设计构思较完整,能较好地表达设计意图;景观功能分析表达明确;各图纸表达完整,图面整洁,符合题意要求,较好地完成了私家小花园设计的实训任务。

不足之处:设计特色不够突出,园路线型虽流畅但欠深入推敲,应注意构图排版。

实训2　街道小游园设计

1)实训目标

街道小游园是城市园林绿地中应用最广、形式变化最为丰富的一种重要的园林绿地。继承我国优秀园林传统,对于更好地创造新园林实践具有很高借鉴作用。分析研究优秀案例的创作思想,启发与指导初学者的创作实践,以提高设计技巧与手法。

通过本次实训,达到以下实训目标:

①开阔眼界,通过调研学习国内外优秀的街道小游园的设计实例了解其具体的设计手法,并能学会灵活应用。

②掌握街道小游园的设计方法与步骤,提高设计水平。

③掌握街道小游园设计的表现方法,掌握钢笔淡彩绘制方案的表现技巧。

2)设计任务

拟在某城市某一街区内,建一街道小游园,面积约 3 000 m²,以改善城市设计景观和人们的生活环境。地形可选在本市,具体要求如下:

(1)设计要求

①充分考虑周边环境的关系,游人的生理与心理需求,有独到的设计理念,特色鲜明。

②因地制宜,巧于组景,规划布局能满足功能要求,分区合理(要有公共空间、半公共空间、私密空间的划分),空间设计恰当。

③植物配置合理,注意植物的选择要符合街道小游园种植特点。

④小品设计美观实用,比例尺度适宜。

(2)图纸要求

①规划平面图:1:200(要标明主要植物配置的名称,不得少于 20 种)。

②功能分区示意图。

③两个重要景点的小品效果图。

④规划说明(300 字左右,用仿宋字写,要有体现设计特色的园林命名)。

⑤图幅:2 号图 1 张。

⑥表现方式为钢笔淡彩或计算机表现。图纸能按规定要求无缺漏,图面比例准确,表达清楚,具有较好的表现力。

3)方法步骤

①充分了解任务书的要求,研读相关领域的优秀案例。

②调研当地的气候、土壤、地质条件等自然环境;了解街道小游园周边环境、当地城市建设风格、街道绿化的特点、当地民俗风情、地域特点及人文历史等情况;确定设计风格。

③实地考察测量,或者通过其他途径获得现状平面图。

④分析各种因素,做出总体构思,进行功能分区和草图设计。

⑤经推敲,确定总平面图。

⑥绘制正图。包括功能分区图、平面图、剖面图、局部小景效果图或总体鸟瞰图、植物配置、编写设计说明等。

4)设计特点分析提示

了解街道小游园布局的几种常见形式,掌握街道小游园规划设计要点,结合周边环境设计一个融生态、休闲功能、艺术于一体的街道小游园。设计方案应注意体现当地的地域特色,主要空间应包括以下内容:

①适当面积的铺装小广场,以供游人聚集活动。

②具有当地民俗风情特点的小品、宣传栏、休息设施(如坐凳、亭或廊架)等。

③其他你认为需要的游人户外休闲特色活动的相关空间。

[学生设计作品点评]

优点:该方案的整体性较好,构思完整,能很好地表达设计意图;景观功能分析表达清楚;各图纸表达完整,符合题意要求,较好地完成了街道小游园设计的实训任务。

不足之处:主景空间设计较拘谨,休闲特点可进一步完善;东、西及北部的出入口的过渡空间缺乏深入的推敲。

实训3 校园入口广场规划设计

1)实训目标

校园入口广场是校园园林绿地中应用最广泛、最有校园文化代表性的一种重要的场所。分析研究优秀案例的创作思想,学习设计的经验教训,启发与指导初学者的创作实践,以提高设计技巧与手法。

通过本次实训,达到以下实训目标:

①开阔眼界,通过调研学习国内外优秀的校园入口广场的设计实例了解其具体的设计手法,并能学会灵活应用。

②掌握校园入口广场的设计方法与步骤,提高设计水平。

③掌握校园入口广场设计的表现方法,巩固钢笔淡彩或电脑的方案表现技法。

2)设计任务

拟在某职业技术大学内,新建一入口广场。其具体要求如下:

(1)设计要求

①规划布局能满足大学校园入口广场功能的要求,各空间组织合理,要有停留空间、人流空间及人车分流空间的划分。

②方案构思新颖,富有创意,力求体现该校的校园文化特色,主题鲜明。

③因地制宜,巧于组景,能与其周围的建筑风格协调;合理处理场地地形高差。

④植物配置合理,注意植物的选择要符合大学校园入口广场的种植特点。

⑤景点设计得当,空间比例尺度适宜。

(2)图纸要求

①规划平面图:1:400(彩绘)。

②功能分区示意图。

③植物配置平面图:1:400(墨绘,要有植物配置表,要标明植物规格,主要植物不得少于30种)。

④两个剖面图:1:400。

⑤两个重要景点小品效果图(表现方式自定)。

⑥规划说明(300字左右,要有体现设计特色的广场命名)。

⑦图幅:1号图1张。

⑧表现方式为墨绘淡彩或电脑表现。图纸应按规定要求无缺漏,图面比例准确,表达清楚,具有较好的表现力。

3)方法步骤

①充分了解任务书的要求,研读相关领域的优秀案例。

②调研当地的气候、土壤、地质条件等自然环境;了解校园入口广场周边环境、当地校园建设风格、校园绿化的特点、当地人文历史情况;策划方案,确定设计风格。

③实地考察测量,或者通过其他途径获得现状平面图。

④分析各种因素,做出总体构思,进行功能分区和草图设计。

⑤经推敲,确定总平面图。

⑥绘制正图。包括功能分区图、平面图、剖面图、局部小景效果图或总体鸟瞰图、植物配置、编写设计说明等。

4)设计特点分析提示

了解校园入口广场布局的几种常见形式,掌握校园入口广场规划设计要点,结合周边环境设计一个融生态、功能、艺术于一体的校园入口广场。设计方案应注意体现校园的文化内涵。主要空间应包括以下内容:

①体现该校的校园文化特色铺装广场,以供师生聚集活动。

②具有校园特点的雕塑小品、宣传栏、休息设施(如坐凳、亭或廊架)等。

③其他你认为需要的校园入口广场特色的相关空间。

[学生设计作品点评]

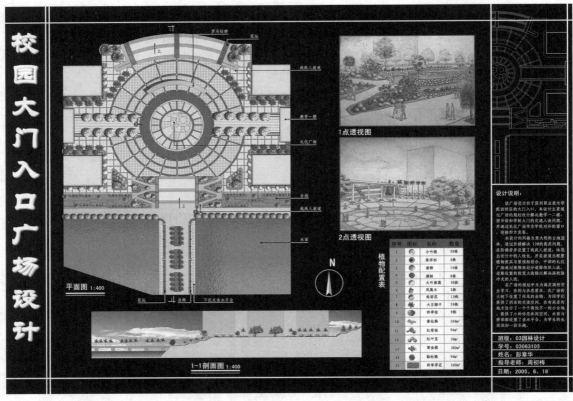

优点:该方案整体性较好,景观空间组织较好地结合了地形,基本符合校园入口广场的要求,计算机绘图表达能力好。

不足之处:方案所表达的校园文化内涵需进一步挖掘,要突出设计特色;入口处人流较大,要注意桥面花坛的宽度的推敲。

实训 4　屋顶花园设计

1）实训目标

屋顶花园作为一种不占用地面土地的绿化形式,其应用越来越广泛。它的价值不仅在于能为城市增添绿色,而且能减少城市园林绿地材料屋顶的辐射热,减弱城市的热岛效应。如果能很好地加以利用和推广,形成城市的空中绿化系统,对城市环境的改善作用是不可估量的。通过分析研究优秀案例的创作手法,启发与指导初学者的创作实践,以提高设计技巧。

通过本次实训,达到以下实训目标:

①培养独立工作能力,提高设计水平,掌握屋顶花园设计的设计方法与步骤。

②开阔眼界,通过调研学习中外优秀的屋顶花园设计实例,了解其具体的设计手法,并能学会灵活应用。

③掌握屋顶花园规划设计特点,注意处理好植物配置的问题。

④学会屋顶花园设计成果的表达方法,进一步巩固钢笔淡彩绘制园林规划设计方案的表现技巧。

2）设计任务

拟在某城市某一公司 18 层办公楼上(场地景观东南向较好,西北向较差),建一屋顶花园,以改善办公环境。其具体要求如下:

（1）设计要求

①具有创意的设计理念,富有个性,特色鲜明。

②规划布局能满足功能要求,分区合理(要有公共空间、半公共空间、私密空间的划分),空间设计(含高差处理)恰当。

③因地制宜,巧于组景,植物配置合理,注意植物的选择要符合屋顶花园的种植特点。

④小品设计安全得当,比例尺度适宜。

（2）图纸要求

①规划总平面图:1:150(彩绘,注明主要景点)。

②功能分区示意图。

③植物配置图:1:150(墨绘,要有植物配置表,要标明植物规格,主要植物不得少于 30 种)。

④两个剖面图:1:150。

⑤3 个重要景点小品效果图(表现方式自定)。

⑥规划分区示意图。

⑦规划说明(300 字左右,要有体现设计特色的花园命名)。

⑧图幅:1 号图 1 张。

⑨表现方式为墨绘淡彩或电脑表现。图纸能按规定要求无缺漏,图面比例准确,表达清楚,具有较好的表现力。

3）方法步骤

①充分了解任务书的要求,研读相关领域的优秀案例。

②调研当地的气候、土壤、地质条件等自然环境;了解屋顶花园周边环境、建筑设计风格,当

地民俗风情、生活习惯、兴趣爱好、当地人文历史情况;确定设计风格。

③实地考察测量,或者通过其他途径获得现状平面图。

④分析各种因素,作出总体构思,进行功能分区和草图设计。

⑤经推敲,确定总平面图。

⑥绘制正图。包括功能分区图、平面图、剖面图、局部小景效果图或总体鸟瞰图、植物配置、编写设计说明等。

4)设计特点分析提示

了解屋顶花园布局的几种常见形式,掌握屋顶花园规划设计要点,结合周边环境设计一个融生态、休闲功能、艺术于一体的屋顶花园。植物配置设计应注意美观、实用与安全性的有机结合。主要空间应包括以下内容:

①适当面积的铺装小广场,以供人们聚集活动。

②适当的休息设施,如坐凳、亭或廊架。

③其他你认为需要的户外休闲特色活动的相关空间。

花园设计小技巧

[学生设计作品点评]

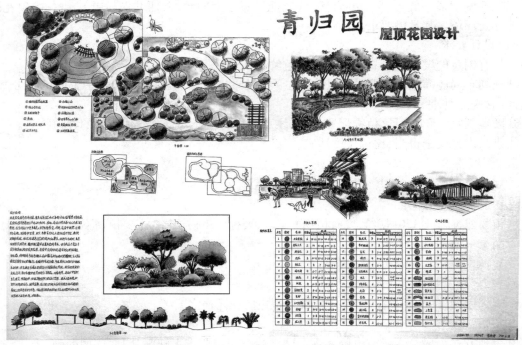

优点:设计构思较完整,能较好地表达设计意图;景观功能分析表达明确,景观空间组织较灵活,较好地结合了地形;各图纸表达完整,图面整洁,符合题意要求,较好地完成了屋顶花园设计的实训任务。

不足之处:要注意方案的使用功能的合理性;深圳气候炎热,注意屋顶花园植物设计的特点与要求;注意项目用地与周边环境相协调;注意出入口处过渡空间的深入推敲。

实训5 居住小区中心绿地规划设计

1）实训目标

居住小区中心绿地是目前城市园林绿地中应用最广泛、形式变化最为丰富的一种重要的园林。本次实训分析研究优秀案例的创作思想，启发与指导学生的创作实践，积累设计经验，以提高设计技巧与手法。

通过本次实训，达到以下实训目标：

①开阔眼界，通过调研学习优秀的居住小区中心绿地的设计实例，了解其具体的设计手法，并能学会灵活应用。

②掌握居住小区中心绿地的规划设计方法与步骤，提高设计水平。

③了解居住小区中心绿地规划设计特点，认识园林植物在居住区绿地中的重要作用，掌握植物的造景设计手法。

④进一步掌握居住小区中心绿地设计成果的表现方法，熟练掌握钢笔淡彩绘制园林规划设计方案的表现技巧。

2）设计任务

拟在某城市一居住小区内，建一中心小游园，为小区居民提供一个良好的居住环境。其具体要求如下：

（1）设计要求

①充分考虑当代居住小区使用者的生理与心理需求，富有创意的设计理念，特色鲜明。

②能因地制宜，巧于组景，规划布局能满足功能要求，分区合理（要有公共空间、半公共空间、私密空间的划分），空间设计恰当。

③植物配置合理，注意植物的选择，符合当地居住区小游园的种植特点。

④主要景点小品设计得当，比例尺度适宜。

（2）图纸要求

①规划总平面图：1:400（彩绘，注明主要景点）。

②功能分区示意图。

③两个剖面图：1:200。

④3个重要景点小品效果图（表现方式自定）。

⑤植物配置图：1:400（墨绘，要有植物配置表，要标明植物规格，主要植物不得少于40种）。

⑥规划说明（500字左右，要有体现设计特色的小游园命名）。

⑦图幅：1号图1张。

⑧表现方式为墨绘淡彩或计算机表现。图纸能按规定要求无缺漏，图面比例准确，表达清楚，具有较好的表现力。

3）方法步骤

①充分了解任务书的要求，研读相关领域的优秀案例。

②调查当地的气候、土壤、地质条件等自然环境。了解居住区小游园周边环境、建筑设计风格，当地民俗风情特色、当地居民休闲时的兴趣爱好、当地人文历史情况；确定设计风格。

③实地考察测量，或者通过其他途径获得现状平面图。

④分析各种因素，做出总体构思，进行草图设计。

⑤经推敲，确定总平面图。

⑥绘制正图。包括功能分区图、平面图、剖面图、局部小景效果图或总体鸟瞰图、植物配置图表、编写设计说明等。

4) 设计特点分析提示

了解居住小区中心绿地布局的几种常见形式，掌握小游园规划设计要点，结合周边环境设计一个融生态、休闲功能、艺术于一体的小游园。主要用地应包括以下内容：

①适当面积的铺装广场，以供居民聚集、锻炼等活动。

②适当的休息设施，如坐凳、亭及廊架。

③可供老人、儿童休闲娱乐的场地。

④其他你认为需要的居民休闲活动场地。

［学生设计作品点评］

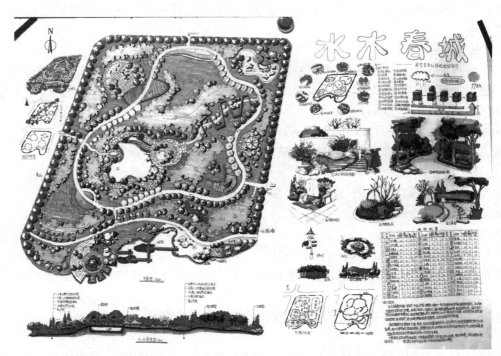

优点：设计构思较完整，能较好地表达设计意图；景观功能分析表达明确，竖向设计较合理，水岸景观空间布局较灵活；各图纸表达完整，图面整洁，符合题意要求，较好地完成了居住小区中心绿地设计的实训任务。

不足之处：主次景点与周边环境结合较生硬，空间布局欠灵活，应深入推敲；整体与局部需

进一步优化;植物配置设计可进一步优化。

实训6　儿童公园规划设计

1)实训目标

儿童公园是目前城市园林绿地中应用较广泛、形式变化较为丰富的一种重要的园林。通过分析研究优秀案例的创作思想、经验教训,启发与指导学生的创作实践,以提高设计技巧与手法。

通过本次实训,达到以下实训目标:

①开阔眼界,通过调研学习中外优秀的儿童公园的设计实例了解其具体的设计手法,并学会灵活应用。

②掌握儿童公园的规划设计方法与步骤,进一步提高设计水平。

③了解儿童公园规划设计特点,认识园林植物在儿童公园中的重要作用,掌握植物的造景设计手法。

④掌握儿童公园设计成果的表现方法,熟练掌握钢笔淡彩绘制园林规划设计方案的表现技巧。

2)设计任务

拟在某城市一湖滨地段,建一中小型儿童公园,为当地儿童提供一个良好的休闲娱乐活动场地。其具体要求如下:

(1)设计要求

①充分了解当代儿童的生理与心理需求,富有创意的设计理念,个性特色鲜明。

②因地制宜,巧于组景,规划布局能满足功能要求,分区合理,空间设计恰当。

③植物配置合理,注意植物的选择要符合儿童公园的种植特点,要注意安全性。

④小品设计应亲切活泼可爱,比例尺度适宜。

(2)图纸要求

①规划总平面图:1:400(彩绘,注明主要景点)。

②植物配置平面图:1:400(墨绘,要有植物配置表,要标明植物规格,主要植物不得少于50种)。

③两个剖面图:1:200。

④3个重要景点小品效果图(表现方式自定)。

⑤规划分区示意图。

⑥规划说明(500字左右,要有体现设计特色的公园命名)。

⑦图幅:1号图1张。

⑧表现方式为墨绘淡彩或计算机表现。图纸能按规定要求无缺漏,图面比例准确,表达清楚,具有较好的表现力。

3)方法步骤

①充分了解任务书的要求,研读相关领域的优秀案例。

②调研当地的气候、土壤、地质条件等自然环境;了解儿童公园周边环境、当地儿童设施建设水平,当地儿童民俗特色、兴趣爱好、当地人文历史情况;确定设计风格。

③实地考察测量,或者通过其他途径获得现状平面图。

④分析各种因素,做出总体构思,进行功能分区和草图设计。

⑤经推敲,确定总平面图。

⑥绘制正图。包括功能分区图、平面图、剖面图、局部小景效果图或总体鸟瞰图、植物配置、编写设计说明等。

4)设计特点分析提示

了解儿童公园布局的几种常见形式,掌握儿童公园规划设计要点,结合周边环境设计一个融寓教于乐、休闲游憩功能、艺术、生态于一体的儿童公园。设计应注意以下问题:

①抓住儿童的兴趣爱好,让设计方案富有创意。

②注重功能分区(要有动与静空间的划分)及主要活动内容,可列此表。

儿童公园功能分区、占总用地比例及主要活动项目表

功能分区	占总用地的比例/%	内设主要活动项目
1.幼儿区		
2.学龄儿童区		
3.体育活动区		
4.娱乐科技活动区		
5.其他(如办公管理区等)		

[学生设计作品点评]

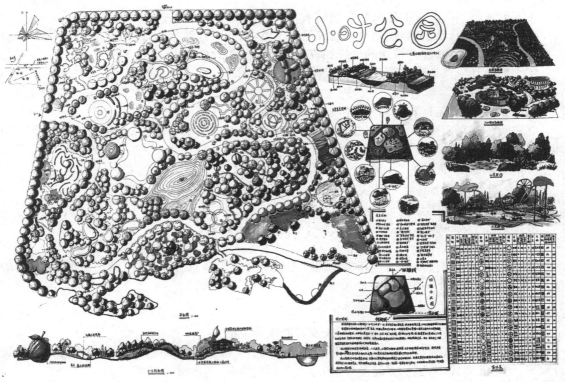

优点:设计构思较完整,能较好地表达设计意图,方案构思较新颖;景观功能分析表达明确,

景观空间组织较灵活;各图纸表达完整,图面整洁,符合题意要求,较好地完成了儿童公园设计的实训任务。

　　不足之处:水岸设计欠深入推敲;主要出入口灰空间设计应细化;应注意进一步突出儿童公园的特色。

附录2　工学结合优秀案例

　　案例一选自深圳职业技术学院园林规划设计研究所,由周初梅、张华、刘学军3位老师带领周婉玲等5位学生共同完成的一个企业投标项目,设计周期为23天(详见书前缩减版彩页1~29页,原为A3文本)。

　　案例二选自深圳职业技术学院风景园林专业2020届的毕业设计,由周初梅老师指导,由钟晴等7位2020届毕业生共同完成的一个工学结合实践项目(详见书前缩减版彩页30~31页,原为A1展板)。

　　将市场的实际项目导入教学,加强工学结合;鼓励学生参加实际设计项目,通过真刀真枪演练,使学生对园林设计的整个过程有一个较全面的了解,加深对所学知识的综合理解与应用,培养创新能力。想方设法,创造条件,充分调动学生的积极性。在真题真做的实践教学中,在教师的精心指导下,按市场招投标程序严格把关,控制设计周期,提高方案质量。在强调实训效率的同时,也使学生口头表达能力、职业精神与素养、团体协作意识等方面得到充分锻炼和提高,有效提升学生的综合素质和能力。强调工学结合,与市场接轨,这对学生尽早了解市场、熟悉市场、加强竞争意识非常有帮助。

案例二作品展示

附录3　公园设计规范*　主要部分参考

第一章　总　则

第1.0.1条　为全面地发挥公园的游憩功能和改善环境的作用,确保设计质量,制定本规范。

第1.0.2条　本规范适用于全国新建、扩建、改建和修复的各类公园设计。居住用地、公共设施用地和特殊用地中的附属绿地设计可参照执行。

第1.0.3条　公园设计应在批准的城市总体规划和绿地系统规划的基础上进行。应正确处理公园与城市建设之间,公园的社会效益、环境效益与经济效益之间以及近期建设与远期建设之间的关系。

第1.0.4条　公园内各种建筑物、构筑物和市政设施等设计除执行本规范外,尚应符合现行有关标准的规定。

第二章　一般规定

第一节　与城市规划的关系

第2.1.1条　公园的用地范围和性质,应以批准的城市总体规划和绿地系统规划为依据。

第2.1.2条　市、区级公园的范围线应与城市道路红线重合,条件不允许时,必须设通道使主要出入口与城市道路衔接。

第2.1.3条　公园沿城市道路部分的地面标高应与该道路路面标高相适应,并采取措施,避免地面径流冲刷、污染城市道路和公园绿地。

第2.1.4条　沿城市主、次干道的市、区级公园主要出入口的位置,必须与城市交通和游人走向、流量相适应,根据规划和交通的需要设置游人集散广场。

第2.1.5条　公园沿城市道路、水系部分的景观,应与该地段城市风貌相协调。

第2.1.6条　城市高压输配电架空线通道内的用地不应按公园设计。公园用地与高压输配电架空线通道相邻处,应有明显界限。

第2.1.7条　城市高压输配电架空线以外的其他架空线和市政管线不宜通过公园,特殊情况时过境应符合下列规定:

一、选线符合公园总体设计要求;

二、通过乔、灌木种植区的地下管线与树木的水平距离符合附录二的规定;

三、管线从乔、灌木设计位置下部通过,其埋深大于1.5 m,从现状大树下部通过,地面不得开槽且埋深大于3 m。根据上部荷载,对管线采取必要的保护措施;

四、通过乔木林的架空线,提出保证树木正常生长的措施。

第二节　内容和规模

第2.2.1条　公园设计必须以创造优美的绿色自然环境为基本任务,并根据公园类型确定其特有的内容。

　　第2.2.2条　综合性公园的内容应包括多种文化娱乐设施、儿童游戏场和安静休憩区,也可设游戏型体育设施。在已有动物园的城市,其综合性公园内不宜设大型或猛兽类动物展区。全园面积不宜小于 10 hm^2。

　　第2.2.3条　儿童公园应有儿童科普教育内容和游戏设施,全园面积宜大于2 hm^2。

　　第2.2.4条　动物园应有适合动物生活的环境;游人参观、休息、科普的设施;安全、卫生隔离的设施和绿带;饲料加工场以及兽医院。检疫站、隔离场和饲料基地不宜设在园内。全园面积宜大于 20 hm^2。

　　专类动物园应以展出具有地区或类型特点的动物为主要内容。全园面积宜在 5 ~ 20 hm^2。

　　第2.2.5条　植物园应创造适于多种植物生长的立地环境,应有体现本园特点的科普展览区和相应的科研实验区。全园面积宜大于 40 hm^2。

　　专类植物园应以展出具有明显特征或重要意义的植物为主要内容。全园面积宜大于 2 hm^2。

　　盆景园应以展出各种盆景为主要内容。独立的盆景园面积宜大于 2 hm^2。

　　第2.2.6条　风景名胜公园应在保护好自然和人文景观的基础上,设置适量游览路、休憩、服务和公用等设施。

　　第2.2.7条　历史名园修复设计必须符合《中华人民共和国文物保护法》的规定。为保护或参观使用而设置防火设施、值班室、厕所及水电等工程管线,也不得改变文物原状。

　　第2.2.8条　其他专类公园,应有名副其实的主题内容。全园面积宜大于 2 hm^2。

　　第2.2.9条　居住区公园和居住小区游园,必须设置儿童游戏设施,同时应照顾老人的游憩需要。居住区公园陆地面积随居住区人口数量而定,宜在 5 ~ 10 hm^2。居住小区游园面积宜大于 0.5 hm^2。

　　第2.2.10条　带状公园,应具有隔离、装饰街道和供短暂休憩的作用。园内应设置简单的休憩设施,植物配置应考虑与城市环境的关系及园外行人、乘车人对公园外貌的观赏效果。

　　第2.2.11条　街旁游园,应以配置精美的园林植物为主,讲究街景的艺术效果并应设有供短暂休憩的设施。

第三节　园内主要用地比例

　　第2.3.1条　公园内部用地比例应根据公园类型和陆地面积确定。其绿化、建筑、园路及铺装场地等用地的比例应符合表2.3.1的规定。

　　第2.3.2条　表2.3.1中Ⅰ、Ⅱ、Ⅲ3项上限与Ⅳ下限之和不足100%,剩余用地应供以下情况使用:

　　一、一般情况增加绿化用地的面积或设置各种活动用的铺装场地、院落、棚架、花架、假山等构筑物;

表 2.3.1　公园内部用地比例/%

陆地面积/hm²	用地类型	综合性公园	儿童公园	动物园	专类动物园	植物园	专类植物园	盆景园	风景名胜公园	其他专类公园	居住区公园	居住小区游园	带状公园	街旁游园
<2	I	—	15~25	—	—	—	15~25	15~25	—	—	—	10~20	15~30	15~30
	II	—	<10	—	—	—	<1.0	<1.0	—	—	—	<0.5	<0.5	<0.5
	III	—	<40	—	—	—	<7.0	<8.0	—	—	—	<2.5	<2.5	<1.0
	IV	—	>65	—	—	—	>6.5	>65	—	—	—	<75	>65	>65
2~<5	I	—	10~20	—	10~20	—	10~20	10~20	—	10~20	10~20	—	15~30	15~30
	II	—	<1.0	—	<2.0	—	<1.0	<1.0	—	<1.0	<0.5	—	<0.5	<0.5
	III	—	<4.0	—	<12	—	<7.0	<8.0	—	<5.0	<2.5	—	<2.0	<1.0
	IV	—	>65	—	>65	—	>70	>65	—	>70	>75	—	>65	>65
5~<10	I	8~18	8~18	—	8~18	—	8~18	8~18	—	8~18	8~18	—	10~25	10~25
	II	<1.5	<2.0	—	<1.0	—	<1.0	<2.0	—	<2.0	<0.5	—	<0.5	<0.2
	III	<5.5	<4.5	—	<14	—	<5.0	<8.0	—	<8.0	<2.0	—	<1.5	<1.3
	IV	>70	>6.5	—	>65	—	>70	>70	—	>70	>75	—	>70	>70
10~20	I	5~15	—	5~15	—	—	5~15	—	—	5~15	—	—	10~25	—
	II	<1.5	—	<10	—	—	<1.0	—	—	<0.5	—	—	<0.5	—
	III	<4.5	—	<14	—	—	<4.0	—	—	<3.5	—	—	<1.5	—
	IV	>75	—	>65	—	—	>75	—	—	>80	—	—	>70	—
20~<50	I	5~15	—	5~15	—	5~10	—	—	—	5~15	—	—	10~25	—
	II	<1.0	—	<1.5	—	<0.5	—	—	—	<0.5	—	—	<0.5	—
	III	<4.0	—	<12.5	—	<3.5	—	—	—	<1.5	—	—	<1.5	—
	IV	>75	—	>70	—	>85	—	—	—	>80	—	—	>70	—
>50	I	5~10	—	5~10	—	3~8	—	—	3~8	5~10	—	—	—	—
	II	<1.0	—	<1.5	—	<0.5	—	—	<0.5	<0.5	—	—	—	—
	III	<3.0	—	<11.5	—	<2.5	—	—	<2.5	<1.5	—	—	—	—
	IV	>80	—	>75	—	>85	—	—	>85	>85	—	—	—	—

注：I——园路及铺装用地；II——管理建筑；III——游览、休憩、服务、公用建筑；IV——绿化用地。

二、公园陆地形状或地貌出现特殊情况时园路及铺装场地的增值。

第 2.3.3 条　公园内园路及铺装场地用地，可在符合下列条件之一时按表 2.3.1 规定值适当增大，但增值不得超过公园总面积的 5%。

一、公园平面长宽比值大于 3；

二、公园面积一半以上的地形坡度超过 50%；

三、水体岸线总长度大于公园周边长度。

第四节　常规设施

第 2.4.1 条　常规设施项目的设置，应符合表 2.4.1 的规定。

表 2.4.1　公园常规设施

设施类型	设施项目	陆地规模/hm²					
		<2	2~<5	5~<10	10~<20	20~<50	>50
游憩设施	亭或廊	○	○	●	●	●	●
	厅、榭、码头	—	○	○	○	○	○
	棚架	○	○	○	○	○	○
	园椅、园凳	●	●	●	●	●	●
	成人活动场	○	●	●	●	●	●
服务设施	小卖店	○	○	●	●	●	●
	茶座、咖啡厅	—	—	○	○	●	●
	餐厅	—	—	○	○	●	●
	摄影部	—	—	○	○	○	●
	售房厅	○	○	○	○	○	○
公用设施	厕所	○	●	●	●	●	●
	园灯	○	●	●	●	●	●
	公用电话	—	○	○	●	●	●
	果皮箱	●	●	●	●	●	●
	饮水站	○	○	○	○	○	○
	路标、导游牌	○	○	○	○	○	●
	停车场	—	○	○	○	●	●
	自行车存放处	○	○	●	●	●	●
管理设施	管理办公室	○	●	●	●	●	●
	治安机构	—	—	○	●	●	●
	垃圾站	—	—	○	●	●	●
	变电室、泵房	—	—	○	○	●	●
	生产温室荫棚	—	—	○	○	○	●
	电话交换站	—	—	—	○	○	●
	广播室	—	—	○	●	●	●
	仓库	—	○	●	●	●	●
	修理车间	—	—	—	○	●	●
	管理班(组)	—	○	○	○	●	●
	职工食堂	—	—	○	○	○	●
	淋浴室	—	—	—	—	○	●
	车库	—	—	—	○	○	●

注:"●"——应设;"○"——可设。

　　第 2.4.2 条　公园内不得修建与其性质无关的、单纯以营利为目的的餐厅、旅馆和舞厅等建筑。公园中方便游人使用的餐厅、小卖店等服务设施的规模应与游人容量相适应。

　　第 2.4.3 条　游人使用的厕所面积大于 10 hm² 的公园,应按游人容量的 2% 设置厕所蹲位(包括小便斗位数),小于 10 hm² 者按游人容量的 1.5% 设置;男女蹲位比例为 1~1.5:1;厕所的服务半径不宜超过 250 m;各厕所内的蹲位数应与公园内的游人分布密度相适应;在儿童游戏场附近,应设置方便儿童使用的厕所;公园宜设方便残疾人使用的厕所。

第2.4.4条　公用的条凳、座椅、美人靠(包括一切游览建筑和构筑物中的在内)等,其数量应按游人容量的20%～30%设置,但平均每1 hm² 陆地面积上的座位数最低不得少于20,最高不得超过150。分布应合理。

第2.4.5条　停车场和自行车存车处的位置应设于各游人出入口附近,不得占用出入口内外广场,其用地面积应根据公园性质和游人使用的交通工具确定。

第2.4.6条　园路、园桥、铺装场地、出入口及游览服务建筑周围的照明标准,可参照有关标准执行。

第三章　总体设计

第一节　容量计算

第3.1.1条　公园设计必须确定公园的游人容量,作为计算各种设施的容量、个数、用地面积以及进行公园管理的依据。

第3.1.2条　公园游人容量应按下式计算

$$C = \frac{A}{A_m} \tag{3.1.2}$$

式中　C——公园游人容量,人;

A——公园总面积,m²;

A_m——公园游人人均占有面积,m²/人。

第3.1.3条　市、区级公园游人人均占有公园面积以60 m² 为宜,居住区公园、带状公园和居住小区游园以30 m² 为宜;近期公共绿地人均指标低的城市,游人人均占有公园面积可酌情降低,但最低游人人均占有公园的陆地面积不得低于15 m²。风景名胜公园游人人均占有公园面积宜大于100 m。

第3.1.4条　水面和坡度大于50%的陡坡山地面积之和超过总面积的50%的公园,游人人均占有公园面积应适当增加;其指标应符合表3.1.4的规定。

表3.1.4　水面和陡坡面积较大的公园游人人均占有面积指标

水面和陡坡面积占总面积比例/%	0～50	60	70	80
近期游人占有公园面积/(m²·人⁻¹)	>30	>40	>50	>75
远期游人占有公园面积/(m²·人⁻¹)	>60	>75	>100	>150

第二节　布　局

第3.2.1条　公园的总体设计应根据批准的设计任务书,结合现状条件对功能或景区划分、景观构想、景点设置、出入口位置、竖向及地貌、园路系统、河湖水系、植物布局以及建筑物和构筑物的位置、规模、造型及各专业工程管线系统等做出综合设计。

第3.2.2条　功能或景区划分,应根据公园性质和现状条件,确定各分区的规模及特色。

第3.2.3条　出入口设计,应根据城市规划和公园内部布局要求,确定游人主、次和专用出入口的位置;需要设置出入口内外集散广场、停车场、自行车存车处者,应确定其规模要求。

第3.2.4条　园路系统设计,应根据公园的规模、各分区的活动内容、游人容量和管理需要,确定园路的路线、分类分级和园桥、铺装场地的位置和特色要求。

第3.2.5条　园路的路网密度,宜为 200～380 m/hm²;动物园的路网密度宜为 160～300 m/hm²。

第3.2.6条　主要园路应具有引导游览的作用,易于识别方向。游人大量集中地区的园路要做到明显、通畅、便于集散。通行养护管理机械的园路宽度应与机具、车辆相适应。通向建筑集中地区的园路应有环行路或回车场地。生产管理专用路不宜与主要游览路交叉。

第3.2.7条　河湖水系设计,应根据水源和现状地形等条件,确定园中河湖水系的水量、水位、流向;水闸或水井、泵房的位置;各类水体的形状和使用要求。游船水面应按船的类型提出水深要求和码头位置;游泳水面应划定不同水深的范围;观赏水面应确定各种水生植物的种植范围和不同的水深要求。

第3.2.8条　全园的植物组群类型及分布,应根据当地的气候状况、园外的环境特征、园内的立地条件,结合景观构想、防护功能要求和当地居民游赏习惯确定,应做到充分绿化和满足多种游憩及审美的要求。

第3.2.9条　建筑布局,应根据功能和景观要求及市政设施条件等,确定各类建筑物的位置、高度和空间关系,并提出平面形式和出入口位置。

第3.2.10条　公园管理设施及厕所等建筑物的位置,应隐蔽又方便使用。

第3.2.11条　需要采暖的各种建筑物或动物馆舍,宜采用集中供热。

第3.2.12条　公园内水、电、燃气等线路布置,不得破坏景观,同时应符合安全、卫生、节约和便于维修的要求。电气、上下水工程的配套设施、垃圾存放场及处理设施应设在隐蔽地带。

第3.2.13条　公园内不宜设置架空线路,必须设置时,应符合下列规定:

一、避开主要景点和游人密集活动区;

二、不得影响原有树木的生长,对计划新栽的树木,应提出解决树木和架空线路矛盾的措施。

第3.2.14条　公园内景观最佳地段,不得设置餐厅及集中的服务设施。

第三节　竖向控制

第3.3.1条　竖向控制应根据公园四周城市道路规划标高和园内主要内容,充分利用原有地形地貌,提出主要景物的高程及对其周围地形的要求,地形标高还必须适应拟保留的现状物和地表水的排放。

第3.3.2条　竖向控制应包括下列内容:山顶;最高水位、常水位、最低水位;水底;驳岸顶部;园路主要转折点、交叉点和变坡点;主要建筑的底层和室外地坪;各出入口内、外地面;地下工程管线及地下构筑物的埋深;园内外佳景的相互因借观赏点的地面高程。

第四节　现状处理

第3.4.1条　公园范围内的现状地形、水体、建筑物、构筑物、植物、地上或地下管线和工程设施,必须进行调查,作出评价,提出处理意见。

第3.4.2条　在保留的地下管线和工程设施附近进行各种工程或种植设计时,应提出对原有物的保护措施和施工要求。

第3.4.3条　园内古树名木严禁砍伐或移植,并应采取保护措施。

第3.4.4条　古树名木的保护必须符合下列规定:

一、古树名木保护范围的划定必须符合下列要求：

1. 成林地带外缘树冠垂直投影以外5.0 m所围合的范围；

2. 单株树同时满足树冠垂直投影及其外侧5.0 m宽和距树干基部外缘水平距离为胸径20倍以内。

二、保护范围内，不得损坏表土层和改变地表高程，除保护及加固设施外，不得设置建筑物、构筑物及架（埋）设各种过境管线，不得栽植缠绕古树名木的藤本植物。

三、保护范围附近，不得设置造成古树名木处于阴影下的高大物体和排泄危及古树名木的有害水、气的设施。

四、采取有效的工程技术措施和创造良好的生态环境，维护其正常生长。

第3.4.5条　原有健壮的乔木、灌木、藤本和多年生草本植物应保留利用。在乔木附近设置建筑物、构筑物和工程管线，必须符合下列规定：

一、水平距离符合附录二、三的规定；

二、在上款规定的距离内不得改变地表高程；

三、不得造成积水。

第3.4.6条　有文物价值和纪念意义的建筑物、构筑物，应保留并结合到园内景观之中。

第四章　地形设计

第一节　一般规定

第4.1.1条　地形设计应以总体设计所确定的各控制点的高程为依据。

第4.1.2条　土方调配设计应提出利用原表层栽植土的措施。

第4.1.3条　栽植地段的栽植土层厚度应符合附录四的规定。

第4.1.4条　人力剪草机修剪的草坪坡度不应大于25%。

第4.1.5条　大高差或大面积填方地段的设计标高，应计入当地土壤的自然沉降系数。

第4.1.6条　改造的地形坡度超过土壤的自然安息角时，应采取护坡、固土或防冲刷的工程措施。

第4.1.7条　在无法利用自然排水的低洼地段，应设计地下排水管沟。

第4.1.8条　地形改造后的原有各种管线的覆土深度，应符合有关标准的规定。

第二节　地表排水

第4.2.1条　创造地形应同时考虑园林景观和地表水的排放，各类地表的排水坡度宜符合表4.2.1的规定。

表4.2.1　各类地表的排水坡度/%

地表类型		最大坡度	最小坡度	最适坡度
草地		33	1.0	1.5~10
运动草地		2	0.5	1
栽植地表		视土质而定	0.5	3~5
铺装场地	平原地区	1	0.3	/
	丘陵山区	3	0.3	/

第4.2.2条　公园内的河、湖最高水位,必须保证重要的建筑物、构筑物和动物笼舍不被水淹。

第三节　水体外缘

第4.3.1条　水工建筑物、构筑物应符合下列规定:

一、水体的进水口、排水口和溢水口及闸门的标高,应保证适宜的水位和泄洪、清淤的需要;

二、下游标高较高致使排水不畅时,应提出解决的措施;

三、非观赏型水工设施应结合造景采取隐蔽措施。

第4.3.2条　硬底人工水体的近岸2.0 m范围内的水深,不得大于0.7 m,达不到此要求的应设护栏。无护栏的园桥、汀步附近2.0 m范围以内的水深不得大于0.5 m。

第4.3.3条　溢水口的口径应考虑常年降水资料中的一次性最高降水量。

第4.3.4条　护岸顶与常水位的高差,应兼顾景观、安全、游人近水心理和防止岸体冲刷。

第五章　园路及铺装场地设计

第一节　园　路

第5.1.1条　各级园路应以总体设计为依据,确定路宽、平曲线和竖曲线的线型以及路面结构。

第5.1.2条　园路宽度宜符合表5.1.2的规定。

表5.1.2　园路宽度/m

园路级别	陆地面积/hm²			
	<2	2 ~ <10	10 ~ <50	>50
主路	2.0 ~ 3.5	2.5 ~ 4.5	3.5 ~ 5.0	5.0 ~ 7.0
支路	1.2 ~ 2.0	2.0 ~ 3.5	2.0 ~ 3.5	3.5 ~ 5.0
小路	0.9 ~ 1.2	0.9 ~ 2.0	1.2 ~ 2.0	1.2 ~ 3.0

第5.1.3条　园路线型设计应符合下列规定:

一、与地形、水体、植物、建筑物、铺装场地及其他设施结合,形成完整的风景构图;

二、创造连续展示园林景观的空间或欣赏前方景物的透视线;

三、路的转折、衔接通顺,符合游人的行为规律。

第5.1.4条　主路纵坡宜小于8%,横坡宜小于3%,粒料路面横坡宜小于4%,纵、横坡不得同时无坡度。山地公园的园路纵坡应小于12%,超过12%应做防滑处理。主园路不宜设梯道,必须设梯道时,纵坡宜小于36%。

第5.1.5条　支路和小路,纵坡宜小于18%。纵坡超过15%的路段,路面应做防滑处理;纵坡超过18%,宜按台阶、梯道设计,台阶踏步数不得少于2级,坡度大于58%的梯道应做防滑处理,宜设置护栏设施。

第5.1.6条　经常通行机动车的园路宽度应大于4 m,转弯半径不得小于12 m。

第5.1.7条　园路在地形险要的地段应设置安全防护设施。

第5.1.8条　通往孤岛、山顶等卡口的路段,宜设通行复线;必须沿原路返回的,宜适当放宽路面。应根据路段行程及通行难易程度,适当设置供游人短暂休憩的场所及护栏设施。

第5.1.9条　园路及铺装场地应根据不同功能要求确定其结构和饰面。面层材料应与公园风格相协调,并宜与城市车行路有所区别。

第5.1.10条　公园出入口及主要园路宜便于通过残疾人使用的轮椅,其宽度及坡度的设计应符合《方便残疾人使用的城市道路和建筑物设计规范》(JGJ 50)中的有关规定。

第5.1.11条　公园游人出入口宽度应符合下列规定:

一、总宽度符合表5.1.11的规定;

表5.1.11　公园游人出入口总宽度下限/(m·万人$^{-1}$)

游人人均在园停留时间/h	售票公园	不售票公园
>4	8.3	5.0
1~4	17.0	10.2
<1	25.0	15.0

注:单位"万人"指公园游人容量。

二、单个出入口最小宽度1.5 m;

三、举行大规模活动的公园,应另设安全门。

第二节　铺装场地

第5.2.1条　根据公园总体设计的布局要求,确定各种铺装场地的面积。铺装场地应根据集散、活动、演出、赏景、休憩等使用功能要求作出不同设计。

第5.2.2条　内容丰富的售票公园游人出入口外集散场地的面积下限指标以公园游人容量为依据,宜按500 m^2/万人计算。

第5.2.3条　安静休憩场地应利用地形或植物与喧闹区隔离。

第5.2.4条　演出场地应有方便观赏的适宜坡度和观众席位。

第三节　园　桥

第5.3.1条　园桥应根据公园总体设计确定通行、通航所需尺度并提出造景、观景等项具体要求。

第5.3.2条　通过管线的园桥,应同时考虑管道的隐蔽、安全、维修等问题。

第5.3.3条　通行车辆的园桥在正常情况下,汽车荷载等级可按汽车——10级计算。

第5.3.4条　非通行车辆的园桥应有阻止车辆通过的措施,桥面人群荷载按3.5 kN/m^{2}计算。

第5.3.5条　作用在园桥栏杆扶手上的竖向力和栏杆顶部水平荷载均按1.0 kN/m计算。

第六章　种植设计

第一节　一般规定

第6.1.1条　公园的绿化用地应全部用绿色植物覆盖。建筑物的墙体、构筑物可布置垂直绿化。

第6.1.2条　种植设计应以公园总体设计对植物组群类型及分布的要求为根据。

第6.1.3条　植物种类的选择,应符合下列规定:

一、适应栽植地段立地条件的当地适生种类;

二、林下植物应具有耐阴性,其根系发展不得影响乔木根系的生长;

三、垂直绿化的攀缘植物依照墙体附着情况确定;

四、具有相应抗性的种类;

五、适应栽植地养护管理条件;

六、改善栽植地条件后可以正常生长的,具有特殊意义的种类。

第6.1.4条　绿化用地的栽植土壤应符合下列规定:

一、栽植土层厚度符合附录四的数值,且无大面积不透水层;

二、废弃物污染程度不致影响植物的正常生长;

三、酸碱度适宜;

四、物理性质符合表6.1.4的规定;

五、凡栽植土壤不符合以上各款规定者必须进行土壤改良。

表6.1.4　土壤物理性质指标

指　标	土层深度范围/cm	
	0~30	30~110
质量密度/(g·cm⁻³)	1.17~1.45	1.17~1.45
总孔隙度/%	>45	45~52
非毛管孔隙度/%	>10	10~20

第6.1.5条　铺装场地内的树木其成年期的根系伸展范围,应采用透气性铺装。

第6.1.6条　公园的灌溉设施应根据气候特点、地形、土质、植物配置和管理条件设置。

第6.1.7条　乔木、灌木与各种建筑物、构筑物及各种地下管线的距离,应符合附录二、三的规定。

第6.1.8条　苗木控制应符合下列规定:

一、规定苗木的种名、规格和质量;

二、根据苗木生长速度提出近、远期不同的景观要求,重要地段应兼顾近、远期景观,并提出过渡的措施;

三、预测疏伐或间移的时期。

第6.1.9条　树木的景观控制应符合下列规定。

一、郁闭度

1. 风景林地应符合表6.1.9的规定。

表6.1.9　风景林郁闭度

类　型	开放当年标准	成年期标准
密林	0.3~0.7	0.7~1.0
疏林	0.1~0.4	0.4~0.6
疏林草地	0.07~0.20	0.1~0.3

2.风景林中各观赏单元应另行计算,丛植、群植近期郁闭度应大于0.5;带植近期郁闭度宜大于0.6。

二、观赏特征

1.孤植树、树丛:选择观赏特征突出的树种,并确定其规格、分枝点高度、姿态等要求、与周围环境或树木之间应留有明显的空间;提出有特殊要求的养护管理方法;

2.树群:群内各层应能显露出其特征部分。

三、视距

1.孤立树、树丛和树群至少有一处欣赏点,视距为观赏面宽度的1.5倍和高度的2倍;

2.成片树林的观赏林缘线视距为林高的2倍以上。

第6.1.10条　单行整形绿篱的土地生长空间尺度应符合表6.1.10的规定。双行种植时,其宽度按表6.1.10规定的值增加0.3~0.5 m。

表6.1.10　各种单行绿篱空间尺度/m

类　型	地上空间高度	地上空间宽度
树墙	>1.60	>1.50
高绿篱	1.20~1.60	1.20~2.00
中绿篱	0.05~1.20	0.80~1.50
矮绿篱	0.50	0.30~0.50

第二节　游人集中场所

第6.2.1条　游人集中场所的植物选用应符合下列规定:

一、在游人活动范围内宜选用大规格苗木;

二、严禁选用危及游人生命安全的有毒植物;

三、不应选用在游人正常活动范围内枝叶有硬刺或枝叶形状呈尖硬剑、刺状以及有浆果或分泌物坠地的种类;

四、不宜选用挥发物或花粉能引起明显过敏反应的种类。

第6.2.2条　集散场地种植设计的布置方式,应考虑交通安全视距和人流通行,场地内的树木枝下净空应大于2.2 m。

第6.2.3条　儿童游戏场的植物选用应符合下列规定:

一、乔木宜选用高大荫浓的种类,夏季庇荫面积应大于游戏活动范围的50%;

二、活动范围内灌木宜选用萌发力强、直立生长的中高型种类,树木枝下净空应大于1.8 m。

第6.2.4条　露天演出场观众席范围内不应布置阻碍视线的植物,观众席铺栽草坪应选用耐践踏的种类。

第6.2.5条　停车场的种植应符合下列规定:

一、树木间距应满足车位、通道、转弯、回车半径的要求。

二、庇荫乔木枝下净空的标准:

1.大、中型汽车停车场:大于4.0 m;

2.小汽车停车场:大于2.5 m;

3.自行车停车场:大于2.2 m。

三、场内种植池宽度应大于1.5 m,并应设置保护设施。

第6.2.6条　成人活动场的种植应符合下列规定：

一、宜选用高大乔木，枝下净空不低于2.2m；

二、夏季乔木庇荫面积宜大于活动范围的50%。

第6.2.7条　园路两侧的植物种植，应符合下列规定：

一、通行机动车辆的园路，车辆通行范围内不得有低于4.0m高度的枝条；

二、方便残疾人使用的园路边缘种植应符合下列规定：

1. 不宜选用硬质叶片的丛生型植物；

2. 路面范围内，乔、灌木枝下净空不得低于2.2m；

3. 乔木种植点距路缘应大于0.5m。

第三节　动物展览区

第6.3.1条　动物展览区的种植设计，应符合下列规定：

一、有利于创造动物的良好生活环境；

二、不致造成动物逃逸；

三、创造有特色植物景观和游人参观休憩的良好环境；

四、有利于卫生防护隔离。

第6.3.2条　动物展览区的植物种类选择应符合下列规定：

一、有利于模拟动物原产区的自然景观；

二、动物运动范围内应种植对动物无毒、无刺、萌发力强、病虫害少的中慢长种类。

第6.3.3条　在笼舍、动物运动场内种植植物，应同时提出保护植物的措施。

第四节　植物园展览区

第6.4.1条　植物园展览区的种植设计应将各类植物展览区的主题内容和植物引种驯化成果、科普教育、园林艺术相结合。

第6.4.2条　展览区展示植物的种类选择应符合下列规定：

一、对科普、科研具有重要价值；

二、在城市绿化、美化功能等方面有特殊意义。

第6.4.3条　展览区配合植物的种类选择应符合下列规定：

一、能为展示种类提供局部良好生态环境；

二、能衬托展示种类的观赏特征或弥补其不足；

三、具有满足游览需要的其他功能。

第6.4.4条　展览区引入植物的种类，应是本园繁育成功或在原始材料圃内生长时间较长、基本适应本地区环境条件者。

第七章　建筑物及其他设施设计

第一节　建筑物

第7.1.1条　建筑物的位置、朝向、高度、体量、空间组合、造型、材料、色彩及其使用功能应符合公园总体设计的要求。

第7.1.2条　游览、休憩、服务性建筑物设计应符合下列规定：

一、与地形、地貌、山石、水体、植物等其他造园要素统一协调；

二、层数以一层为宜，起主题和点景作用的建筑高度和层数服从景观需要；

三、游人通行量较多的建筑室外台阶宽度不宜小于 1.5 m，踏步宽度不宜小于 30 cm，踏步高度不宜大于 16 cm；台阶踏步数不少于 2 级；侧方高差大于 1.0 m 的台阶，设护栏设施；

四、建筑内部和外缘，凡游人正常活动范围边缘临空高差大于 1.0 m 处，均设护栏设施，其高度应大于 1.05 m；高差较大处可适当提高，但不宜大于 1.2 m；护栏设施必须坚固耐久且采用不易攀登的构造，其竖向力和水平荷载应符合本规范第 5.3.5 条的规定；

五、有吊顶的亭、廊、敞厅，吊顶采用防潮材料；

六、亭、廊、花架、敞厅等供游人坐憩之处，不采用粗糙饰面材料，也不采用易刮伤肌肤和衣物的构造。

第 7.1.3 条　游览、休憩建筑的室内净高不应小于 2.0 m；亭、廊、花架、敞厅等的楣子高度应考虑游人通过或赏景的要求。

第 7.1.4 条　管理设施和服务建筑的附属设施、其体量和烟囱高度应按不破坏景观和环境的原则严格控制；管理建筑不宜超过 2 层。

第 7.1.5 条　"三废"处理必须与建筑同时设计，不得影响环境卫生和景观。

第 7.1.6 条　残疾人使用的建筑设施，应符合《方便残疾人使用的城市道路和建筑物设计规范》（JGJ 50）的规定。

第二节　驳岸与山石

第 7.2.1 条　河湖水池必须建造驳岸并根据公园总体设计中规定的平面线型、竖向控制点、水位和流速进行设计。岸边的安全防护应符合本规范第 7.1.2 条第三款、第四款的规定。

第 7.2.2 条　素土驳岸

一、岸顶至水底坡度小于 100% 者应采用植被覆盖；坡度大于 100% 者应有固土和防冲刷的技术措施；

二、地表径流的排放及驳岸水下部分处理应符合有关标准的规定。

第 7.2.3 条　人工砌筑或混凝土浇筑的驳岸应符合下列规定：

一、寒冷地区的驳岸基础应设置在冰冻线以下，并考虑水体及驳岸外侧土体结冻后产生的冻胀对驳岸的影响，需要采取的管理措施在设计文件中注明；

二、驳岸地基基础设计应符合《建筑地基基础设计规范》（GBJ 7）的规定。

第 7.2.4 条　采取工程措施加固驳岸，其外形和所用材料的质地、色彩均应与环境协调。

第 7.2.5 条　堆叠假山和置石，体量、形式和高度必须与周围环境协调，假山的石料应提出色彩、质地、纹理等要求，置石的石料还应提出大小和形状。

第 7.2.6 条　叠山、置石和利用山石的各种造景，必须统一考虑安全、护坡、登高、隔离等各种功能要求。

第 7.2.7 条　叠山、置石以及山石梯道的基础设计应符合《建筑地基基础设计规定》（GBJ 7）的规定。

第 7.2.8 条　游人进出的山洞，其结构必须稳固，应有采光、通风、排水的措施，并应保证通行安全。

第 7.2.9 条　叠石必须保持本身的整体性和稳定性。山石衔接以及悬挑、山洞部分的山石之间、叠石与其他建筑设施相接部分的结构必须牢固，确保安全。山石勾缝做法可在设计文件中注明。

第三节　电气与防雷

第7.3.1条　园内照明宜采用分线路、分区域控制。

第7.3.2条　电力线路及主园路的照明线路宜埋地敷设,架空线必须采用绝缘线,线路敷设应符合本规范第3.2.13条的规定。

第7.3.3条　动物园和晚间开展大型游园活动、装置电动游乐设施、有开放性地下岩洞或架空索道的公园,应按两路电源供电设计,并应设自投装置;有特殊需要的应设自备发电装置。

第7.3.4条　公共场所的配电箱应加锁,并宜设在非游览地段。园灯接线盒外罩应考虑防护措施。

第7.3.5条　园林建筑、配电设施的防雷装置应按有关标准执行。园内游乐设备、制高点的护栏等应装置防雷设备或提出相应的管理措施。

第四节　给水排水

第7.4.1条　根据植物灌溉、喷泉水景、人畜饮用、卫生和消防等需要进行供水管网布置和配套工程设计。

第7.4.2条　使用城市供水系统以外的水源作为人畜饮用水和天然游泳场用水,水质应符合国家相应的卫生标准。

第7.4.3条　人工水体应防止渗漏,瀑布、喷泉的水应重复利用;喷泉设计可参照《建筑给水排水设计规范》(GBJ 15)的规定。

第7.4.4条　养护园林植物用的灌溉系统应与种植设计配合,喷灌或滴灌设施应分段控制。喷灌设计应符合《喷灌工程技术规范》(GBJ 85)的规定。

第7.4.5条　公园排放的污水应接入城市污水系统,不得在地表排放,不得直接排入河湖水体或渗入地下。

第五节　护　栏

第7.5.1条　公园内的示意性护栏高度不宜超过0.4 m。

第7.5.2条　各种游人集中场所容易发生跌落、淹溺等人身事故的地段,应设置安全防护性护栏;设计要求可参照本规范第7.1.2条的规定。

第7.5.3条　各种装饰性、示意性和安全防护性护栏的构造做法,严禁采用锐角、利刺等形式。

第7.5.4条　电力设施、猛兽类动物展区以及其他专用防范性护栏,应根据实际需要另行设计和制作。

第六节　儿童游戏场

第7.6.1条　公园内的儿童游戏场与安静休憩区、游人密集区及城市干道之间,应用园林植物或自然地形等构成隔离地带。

第7.6.2条　幼儿和学龄儿童使用的器械,应分别设置。

第7.6.3条　游戏内容应保证安全、卫生和适合儿童特点,有利于开发智力,增强体质。不宜选用强刺激性、高能耗的器械。

第7.6.4条　游戏设施的设计应符合下列规定:

一、儿童游戏场内的建筑物、构筑物及设施的要求:

1. 室内外的各种使用设施、游戏器械和设备应结构坚固、耐用，并避免构造上的硬棱角；

2. 尺度应与儿童的人体尺度相适应；

3. 造型、色彩应符合儿童的心理特点；

4. 根据条件和需要设置游戏的管理监护设施。

二、机动游乐设施及游艺机，应符合《游艺机和游乐设施安全标准》（GB 8408）的规定。

三、戏水池最深处的水深不得超过 0.35 m，池壁装饰材料应平整、光滑且不易脱落，池底应有防滑措施。

四、儿童游戏场内应设置坐凳及避雨、庇荫等休憩设施。

五、宜设置饮水器、洗手池。

第 7.6.5 条　游戏场地面

一、场内园路应平整，路缘不得采用锐利的边石；

二、地表高差应采用缓坡过渡，不宜采用山石和挡土墙；

三、游戏器械下的场地地面宜采用耐磨、有柔性、不扬尘的材料铺装。

附录一　本规范术语解释

序号	术语名称	曾用名称	解　释
1	公园		供公众游览、观赏、休憩、开展科学文化及锻炼身体等活动，有较完善的设施和良好的绿化环境的公共绿地。公园类型包括综合性公园、居住区公园、居住区小游园、带状公园、街旁游园和各种专类公园
2	儿童公园	儿童乐园	单独设置供儿童游戏和接受科普教育的活动场所。有良好的绿化环境和较完善的设施，能满足不同年龄儿童的需要
3	儿童游戏场	儿童乐园	独立或附属于其他公园中，游戏器械较简单的儿童活动场所
4	风景名胜公园	郊野公园	位于城市建成区或近郊区的名胜风景点、古迹点，以供城市居民游览、休憩为主，兼为旅游点的公共绿地。有别于大多位于城市远郊区或远离城市以外，景区范围较大，主要为旅游点的各级风景名胜区
5	历史名园		具有悠久历史，知名度高的园林，往往属于全国、省、市、县级的文物保护单位
6	街旁游园	小游园、街头绿地	城市道路红线以外供行人短暂休息或装饰街景的小型公共绿地
7	古树名木		古树指树龄在百年以上的树木，名木指珍贵、稀有的树木，或具有历史、科学、文化价值以及有重要纪念意义的树木
8	主题建筑物或构筑物		指公园中代表公园主题的建筑物或铺装场地、陵墓、雕塑等构筑物
9	风景林		公园或风景区中由乔、灌木及草本植物配置而成，具备较高观赏价值的树丛、树群组合的树林类型
10	公园游人容量		指游览旺季星期日高峰小时内同时在园游人数

附录二　公园树木与地下管线最小水平距离/m

名　　称	新植乔木	现状乔木	灌木或绿篱外缘
电力电缆	1.50	3.50	0.50
通信电缆	1.50	3.50	0.50
给水管	1.50	2.00	—
排水管	1.50	3.00	—
排水盲沟	1.00	3.00	—
消防龙头	1.20	2.00	1.20
煤气管道（低中压）	1.20	3.00	1.00
热力管	2.00	5.00	2.00

注：乔木与地下管线的距离是指乔木树干基部的外缘的净距离。灌木或绿篱与地下管线的距离是指地表处分蘖枝干中最外的枝干基部的外缘与管线外缘的净距离。

附录三　公园树木与地面建筑物、构筑物外缘最小水平距离/m

名　　称	新植乔木	现状乔木	灌木或绿篱外缘
测量水准点	2.00	2.00	1.00
地上杆柱	2.00	2.00	—
挡土墙	1.00	3.00	0.50
楼　房	5.00	5.00	1.50
平　房	2.00	5.00	—
围墙（高度小于2 m）	1.00	2.00	0.75
排水明沟	1.00	1.00	0.50

注：同附录二注。

附录四　栽植土层厚度/cm

植物类型	栽植土层厚度	必要时设置排水层的厚度
草坪植物	>30	20
小灌木	>45	30
大灌木	>60	40
浅根乔木	>90	40
深根乔木	>150	40

附录五　本规范用词说明

一、为便于在执行本规范条文时区别对待，对于要求严格程度不同的用词说明如下：

1. 表示很严格，非这样做不可的：

正面词采用"必须";

反面词采用"严禁"。

2. 表示严格,在正常情况下均应这样做的:

正面词采用"应";

反面词采用"不应"或"不得"。

3. 表示允许稍有选择,在条件许可时,首先应这样做的:

正面词采用"宜"或"可";

反面词采用"不宜"。

二、条文中指明必须按其他有关标准执行的写法为,"应按……执行"或"应符合……要求(或规定)"。非必须按所指定的标准执行的写法为,"可参照……的要求(或规定)"。

*备注:详细的《中华人民共和国行业标准公园设计规范》可查阅最新标准,可扫描封底二维码查看,并在电脑上进入重庆大学出版社官网下载。

主要参考文献

［1］周维权.中国古典园林史［M］.北京:清华大学出版社,2008.

［2］彭一刚.中国古典园林分析［M］.北京:中国建筑工业出版社,2018.

［3］洪得娟.景观建筑［M］.上海:同济大学出版社,1999.

［4］王晓俊.风景园林设计［M］.3版.南京:江苏科学技术出版社,2009.

［5］董晓华,等.园林规划设计［M］.北京:高等教育出版社,2021.

［6］扬向青.园林规划设计［M］.南京:东南大学出版社,2004.

［7］胡长龙.园林规划设计［M］.北京:中国农业出版社,2010.

［8］王绍增.城市绿地规划［M］.北京:中国林业出版社,2012.

［9］王浩,等.城市生态园林与绿地系统规划［M］.北京:中国林业出版社,2003.

［10］黄东兵.园林规划设计［M］.北京:高等教育出版社,2012.

［11］贾建中.城市绿地规划设计［M］.北京:中国林业出版社,2001.

［12］潘谷西.中国建筑史［M］.北京:中国建筑工业出版社,2015.

［13］伊安·麦克哈格.设计结合自然［M］.瑞经伟,译.北京:中国建筑工业出版社,2020.

［14］吴家华.环境设计史纲［M］.重庆:重庆大学出版社,2002.

［15］卢新海.园林规划设计［M］.北京:化学工业出版社,2011.

［16］王晓俊.西方现代园林设计［M］.南京:东南大学出版社,2001.

［17］周武忠.城市园林艺术［M］.南京:东南大学出版社,2000.

［18］扬赉丽,等.城市园林绿地规划设计［M］.北京:中国林业出版社,2019.

［19］俞孔坚,等.景观设计:专业、学科与教育［M］.北京:中国建筑工业出版社,2016.

［20］田学哲.建筑初步［M］.3版.北京:中国建筑工业出版社,2010.

［21］王深法.风水与人居环境［M］.北京:中国环境科学出版社,2003.

［22］俞孔坚.理想景观探源［M］.北京:商务印书馆,1998.

［23］陈雷,李浩年.园林景观设计详细图集2［M］.北京:中国建筑工业出版社,2001.

［24］沈葆久,等.深圳新园林［M］.深圳:海天出版社,1994.

［25］郑强,卢圣.城市园林绿地规划［M］.北京:气象出版社,2007.

［26］凯文·林奇.城市意象［M］.方益萍,何晓军,译.北京:华夏出版社,2001.

［27］杨·盖尔.交往与空间［M］.何人可,译.北京:中国建筑工业出版社,1992.

［28］针之谷钟吉.西方造园变迁史［M］.邹洪灿,译.北京:中国建筑工业出版社,1991.

［29］托伯特·哈姆林.建筑形式美的原则［M］.邹德侬,译.北京:中国建筑工业出版社,1982.

［30］王浩,谷康,高晓君.城市休闲绿地图录［M］.北京:中国林业出版社,1999.

［31］封云.公园绿地规划设计［M］.2 版.北京:中国林业出版社,2004.

［32］孟刚,等.城市公园设计［M］.上海:同济大学出版社,2003.

［33］唐俊昆.现代疗养旅游及度假村建筑［M］.天津:天津科学技术出版社,1988.

［34］刘永德.建筑外环境设计［M］.北京:中国建筑工业出版社,1996.

［35］段广德,闫晓云,崔丽萍.城市园林设计集萃［M］.北京:中国林业出版社,2004.

［36］赵建民.园林规划设计［M］.北京:中国农业出版社,2001.

［37］王浩,等.观光农业园规划与经营［M］.北京:中国林业出版社,2003.

［38］刘少宗.中国优秀园林设计集［M］.天津:天津大学出版社,1997.

［39］张家骥.中国园林艺术大辞典［M］.太原:山西教育出版社,1997.

［40］王其亨,等.风水理论研究［M］.天津:天津大学出版社,2003.

［41］《建筑设计资料集》编委会.建筑设计资料集:3［M］.2 版.北京:中国建筑工业出版社,1994.

［42］周初梅,等.园林建筑设计［M］.2 版.北京:中国农业出版社,2009.

［43］朱建宁.户外的厅堂［M］.昆明:云南大学出版社,1999.

［44］刘晓明,吴宗江.梦中的天地［M］.昆明:云南大学出版社,1999.

［45］朱建宁.永久的光荣［M］.昆明:云南大学出版社,1999.

［46］章俊华.内心的庭园［M］.昆明:云南大学出版社,1999.

［47］朱建宁.情感的自然［M］.昆明:云南大学出版社,1999.

［48］夏建统.对岸的风景［M］.昆明:云南大学出版社,1999.

［49］王向荣.理性的浪漫［M］.昆明:云南大学出版社,1999.

［50］朱建达.小城镇住宅区规划与居住环境设计［M］.南京:东南大学出版社,2001.

［51］林其标,林燕,赵维稚.住宅人居环境设计［M］.广州:华南理工大学出版社,2000.

［52］方咸孚,李海涛.居住区的绿化模式［M］.天津:天津大学出版社,2001.

［53］刘延枫,肖敦余.低层居住群空间环境规划设计［M］.天津:天津大学出版社,2001.

［54］姚时章,王江萍.城市居住外环境设计［M］.重庆:重庆大学出版社,2000.

［55］周俭.城市住宅区规划原理［M］.上海:同济大学出版社,1999.

［56］宁妍妍.园林规划设计［M］.沈阳:白山出版社,2003.

［57］杰瑞·哈勃,大卫·史蒂芬.屋顶花园——阳台与露台设计［M］.吴晓敏,钟山风,译.北京:中国建筑工业出版社,2006.

［58］黄金琦.屋顶花园设计与营造［M］.北京:中国林业出版社,1994.

［59］张浪.图解中国园林建筑艺术［M］.合肥:安徽科学技术出版社,1997.

［60］刘管平,宛素春.建筑小品实录［M］.北京:中国建筑工业出版社,1993.

［61］钱浩.中国旅游名胜全书［M］.北京:中国画报出版社,2002.

［62］日本土木学会.滨水景观设计［M］.孙逸增,译.大连:大连理工大学出版社,2002.

［63］丰田幸夫.风景建筑小品设计图集［M］.黎雪梅,译.北京:中国建筑工业出版社,1999.

［64］尼古拉斯·T.丹尼斯,凯尔·D.布朗.景观设计师便携手册［M］.刘玉杰,吉庆萍,俞孔坚,译.北京:中国建筑工业出版社,2002.

[65] 李道增. 环境行为概论[M]. 北京:清华大学出版社,1999.

[66] 林玉莲,胡正凡. 环境心理学[M]. 北京:中国建筑工业出版社,2012.

[67] 刘庭风. 岭南园林　广东园林[M]. 上海:同济大学出版社,2003.

[68] 冯采芹,蒋筱荻,詹国英. 中外园林绿地图集[M]. 北京:中国林业出版社,1992.

[69] 赵娜冬,段智君. 浅析主题公园设计手法的发展趋向[J]. 中国园林,2003(11):44-46.

[70] 孟兆祯. 人与自然协调　科学与艺术交融[J]. 北京林业大学学报,2002(9):288-289.

[71] 徐雁南. 城市绿地系统布局多元化与城市特色[J]. 北京林业大学学报:人文社会科学版,2004(12):64-66.

[72] 胡玎. 一学两名　园林和景观[J]. 园林,2005(10):28-29.

[73] 陆佳,王祥荣. 上海浦东外高桥保税区生态力度系统评价与规划[J]. 中国园林,1998(3):10-13.

[74] 刘静,孙凤岐. 城市公共空间景观设计与法规及规划的相关问题解析[J]. 中国园林,2004(6):18-20.

[75] 严玲璋. 可持续发展与城市绿化[J]. 中国园林,2003(5):45-48.

[76] 冷平生. 园林生态学[M]. 北京:中国农业出版社,2005.

[77] 徐文辉. 城市园林绿地系统规划[M]. 武汉:华中科技大学出版社,2007.

[78] 马建武. 园林绿地规划[M]. 北京:中国建筑工业出版社,2007.

[79] 陈莉,李佩武,李贵才,等. 应用 CITY GREEN 模型评估深圳市绿地净化空气与固碳释氧效益[J]. 生态学报,2009(1):272-282.

[80] 赵彩君,刘晓明. 城市绿地系统对于低碳城市的作用[J]. 中国园林,2010(6):23-26.

[81] 周道瑛. 园林植物种植设计[M]. 北京:中国林业出版社,2008.

[82] 坎农·艾弗斯. 景观植物配置设计[M]. 李婵,译. 沈阳:辽宁科学技术出版社,2019.

[83] 顾小玲. 景观设计艺术[M]. 南京:东南大学出版社,2004.

[84] 奈杰尔·丁奈特. 自然主义种植设计基本指南[M]. 王春玲,王春能,译. 北京:中国林业出版社,2021.

[85] 城市绿地分类标准(CJJ/T 85—2017).

[86] 园林基本术语标准(CJJ/T 91—2017).

[87] 城市道路绿化规划与设计规范(CJJ 75—97).

[88] 城市居住规划设计标准(GB 50180—2018).

[89] 公园设计规范(CJJ 51192—2016).

[90] 风景名胜区规划规范(GB 50298—1999).

[91] 环境空气质量标准(GB 3095—2012).

[92] 城市用地分类与规划建设用地标准(GB50137—2021).

[93] 建筑构造通用图集(14BJ2—2).

[94] 城市综合交通体系规划标准(GB/T51328—2018).

[95] 苏州世外园林景观工程网.

[96] 中国风景园林网.

[97] 景观中国网.

[98] 土人景观网.